高等院校电工电子技术类课程"十二五"规划教材

省精品课程教材

微机原理与接口技术

（修订版）

主　编　谢四连　董　辉　许岳兵
副主编　刘伟群　邝劲松　朱高峰
　　　　赵志刚　龙祖强　解志坚
主　审　成　运　张宁丹

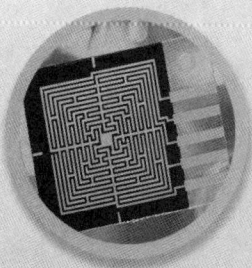

中南大学出版社
www.csupress.com.cn

内容提要

本书内容分为两部分：第一部分全面系统地介绍了 Intel 系列微处理器的工作原理、指令系统以及汇编语言程序设计方法；第二部分阐述了半导体存储器、中断控制器、定时/计数器、DMA 控制器、串行接口、并行接口、总线技术、数模和模数转换接口及其相关技术。本书内容充实，重点突出，所选例题均具有较强的代表性并上机调试通过，适合举一反三，所有章节都附有相应的习题，不同专业可根据需要选用。

本书融合作者多年的教学经验，深知作为初学者学习微机原理与接口技术的特点，对学习中的重点和难点都有相应的例题。

本书适合作为计算机应用、自动化、机电与通信类等专业的本科与专科教材，也可作为工程技术人员参考用书。

图书在版编目(CIP)数据

微机原理与接口技术/谢四连,董辉,许岳兵主编 . —修订本
—长沙:中南大学出版社,2015.8
ISBN 978 - 7 - 5487 - 1887 - 1

Ⅰ.微...　　Ⅱ.①谢...②董...③许　　Ⅲ.①微型计算机 - 理论 - 高等学校 - 教材②微型计算机 - 接口技术 - 高等学校 - 教材　　Ⅳ.TP36

中国版本图书馆 CIP 数据核字(2015)第 183864 号

微机原理与接口技术
(修订版)

谢四连　董辉　许岳兵　主编

□责任编辑　　胡小锋
□责任印制　　易红卫
□出版发行　　中南大学出版社
　　　　　　　社址:长沙市麓山南路　　　邮编:410083
　　　　　　　发行科电话:0731-88876770　　传真:0731-88710482
□印　　装　　长沙印通印刷有限公司

□开　　本　　787×1092 1/16　□印张 22　□字数 544 千字
□版　　次　　2015 年 8 月第 1 版　□印次　2018 年 8 月第 2 次印刷
□书　　号　　ISBN 978 - 7 - 5487 - 1887 - 1
□定　　价　　46.00 元

前　言

　　微机原理与接口技术是计算机、电子、通信、控制类专业一门重要的必修课程。通过理论学习和实验，学生应掌握微型计算机组成原理、接口技术及 80x86 汇编语言程序设计的基本方法，掌握 8086 微处理器及其主要接口芯片的功能、结构、编程方法以及基本外部设备的接口技术，具备基本的微机系统设计、维护与软硬件开发能力。

　　本书共分为 11 章。第 1 章介绍微机的发展，特点，分类，微处理器、微机和微机系统的基本组成，微型计算机主要性能指标及应用等。第 2 章介绍微处理器的发展，8086 微处理器功能结构及外部特征，8086 微处理器的基本时序及 80x86 系列微处理器的特点。第 3 章介绍汇编语言基础，包括汇编语言基本语法、汇编语言伪指令、80x86 的寻址方式和指令系统。第 4 章介绍汇编语言程序设计，包括顺序程序设计、分支程序设计、循环程序设计和子程序设计等四种常用的程序设计方法，也是汇编语言程序设计的基础，复杂的程序都可由它们来构成。第 5 章介绍半导体存储器的组成与连接及其高速缓冲存储器的工作原理。第 6 章介绍CPU 和外设之间的数据传送方式、接口电路的工作原理和使用方法。第 7 章介绍可编程中断控制器 8259A 的工作原理以及初始化编程。第 8 章介绍可编程并行接口 8255A、定时/计数器 8253、可编程串行通信接口 8251A 的工作原理、初始化编程及其在微型计算机中的应用。第 9 章介绍可编程 DMA 控制器 8237A 的工作原理、初始化编程及其在微型计算机中的应用。第 10 章介绍微机常见的总线技术。第 11 章介绍模数(A/D)和数模(D/A)转换接口的工作原理和主要技术指标等。

　　本书每章后有相应的习题。

　　本书第 1 章、第 9 章由湖南人文科技学院赵志刚编写，第 2 章、第 4 章由衡阳师范学院许岳兵编写，第 3 章由衡阳师范学院龙祖强编写，第 5 章由湖南人文科技学院朱高峰编写，第 6 章、第 7 章由湘南学院董辉编写，第 8 章由湘南学院邝劲松编写，第 10 章由湖南人文科技学院刘伟群编写，第 11 章由湖南人文科技学院谢四连编写，湖南农业大学解志坚参与了部分章节的修订，最后由谢四连统稿。本书参考了许多兄弟院校的教材，得到了光电信息技术湖南省应用基础研究基地(项目编号：2012FJ4385)、光学湖南省重点建设学科的支持，在此表示衷心的感谢。

　　我们还要特别感谢中南大学出版社的同志们对本书出版做了大量艰苦而细致的工作。

　　由于时间仓促和作者水平有限，书中肯定还存在错误和不足之处，恳请读者指正和谅解，您的指正是我们的期待，我们的联系方式：xsl–12234@163.com。

　　最后，我们要感谢所有本书的读者，并祝你们早日成才。

编　者

2015 年 7 月

前　言

目 录

第 1 章　微型计算机概论

1.1　微型计算机概述

1.1.1　微型计算机的发展概况

电子计算机的产生和发展是 20 世纪最重要的科技成果之一。从第一台电子计算机面世以来，到现在才 60 余年，计算机科学已成为一门发展快、渗透性强、影响深远的学科，计算机产业已在世界范围内发展成为具有战略意义的产业。计算机科学和计算机产业的发达程度已成为衡量一个国家的综合国力强弱的重要指标。

20 世纪 40 年代，无线电技术和无线电工业的发展为电子计算机的研制准备了物质基础。在第二次世界大战期间，美国军方为了解决计算大量军用数据的难题，成立了由宾夕法尼亚大学莫克利(J. W. Mauchly)和埃克特(J. P. Eckert)领导的研究小组，开始研制世界上第一台现代电子计算机。经过三年的紧张工作，第一台电子计算机 ENIAC(电子数字积分计算机：Electronic Numerical Integrator And Computer)于 1946 年问世。ENIAC 由 17468 个电子管、1500 个继电器、7 万个电阻器、1 万个电容器和 6000 多个开关组成，重达 30 吨，占地 160 多平方米，耗电 150 kW，每秒钟只能进行 5000 次加法运算或者 400 次乘法运算。ENIAC 计算机存在两个主要缺点：一是存储容量太小，只能存 20 个字长为 10 位的十进制数；二是用线路连接的方法来编排程序，因此每次解题都要依靠人工改接连线，准备时间大大超过实际计算时间。以现代的眼光来审视 ENIAC，虽然功能远不如今天的计算机，但它的诞生宣告了计算机时代的开始，为人类开辟了一个崭新的信息时代，使得人类社会发生了巨大的变化。

1945 年在 ENIAC 计算机研制的同时，冯·诺依曼和莫尔小组合作研制了 EDVAC 计算机。冯·诺依曼提出了在数字计算机内部的存储器中存放程序的概念，这是所有现代电子计算机的模板，被称为"冯·诺依曼结构"，按这一结构建造的电脑称为冯·诺依曼计算机。冯·诺依曼计算机具有如下基本特点：

(1)计算机由运算器、控制器、存储器、输入设备和输出设备五部分组成。

(2)采用存储程序的方式，程序和数据放在同一个存储器中，指令和数据可以送到运算器中运算，即由指令组成的程序是可以修改的。

(3)数据以二进制码表示。

(4)指令按顺序执行。

到今天为止，电子计算机硬件所采用的物理器件有了飞速的发展，电子计算机的发展经历了由第一代电子管计算机、第二代晶体管计算机、第三代集成电路计算机到第四代大规模和超大规模集成电路计算机的四代发展过程。通过进一步的深入研究,人们发现了电子元件的局限性,因而从理论上来说,电子计算机的发展也有一定的局限性,未来的计算机将朝着半导体技术、光学技术和电子仿生相结合的方向发展。近年来,由于超导器件、集成光学器件、电子仿生器件和纳米技术的迅速发展,使得超导计算机、量子计算机、光子计算机、生物计算机和神经网络计算机等新型计算机成为了科学家研究和开发的热点。目前,已经有了第五代"非冯·诺依曼"计算机和第六代"神经网络"计算机的研制计划。

70 余年来,随着集成电路集成度和性能的不断改善,微处理器和微型计算机得到了飞速发展,微处理器的集成度几乎每 2 年翻一番,2 到 4 年更新换代一次,现在已经进入第五代。

1. 第一代 4 位和低档 8 位微处理器

1971 年 Intel 公司研制成功世界上第一款 4 位微处理器 4004,随后推出了它的改进型 Intel 4040,以它为核心的微机是 MCS-4。1972 年 Intel 公司推出了第一款 8 位通用微处理器 8008,以它为核心的微机是 MCS-8。通常 Intel 4004、4040、8008 被称为第一代微处理器,字长为 4 位或 8 位,集成度大约为 2000 管/片,时钟频率为 1 MHz。软件主要使用机器语言及简单的汇编语言。

2. 第二代中高档 8 位微处理器

1974 年以后中高档 8 位微处理器相继问世,其典型代表有:1973 年 Intel 公司推出的 8080;1974 年 Motorola 公司推出的 MC6800;1975 年 Zilog 公司推出的 Z-80,运用于单板机 TP801;Rockwell 公司推出的 6502,运用于 APPLE-II。第二代微处理器,字长为 8 位,集成度大约为 9000 管/片,时钟频率为 2~4 MHz。软件主要使用汇编语言,也可以使用高级语言,如 BASIC、FORTRAN 和 PASCAL 等。

3. 第三代 16 位微处理器

随着超大规模集成电路工艺的成熟,一块硅片上可以集成几万个晶体管。1978—1979 年,一些公司推出了 16 位的微处理器,其典型代表有:Intel 公司推出的 8086;Motorola 公司推出的 MC68000;Zilog 公司推出的 Z8000。第三代微处理器,字长为 16 位,集成度大约为 20000 管/片,时钟频率为 4~8 MHz。在软件方面,具有丰富的指令系统和完善的操作系统。

Intel 8086 芯片拥有 16 位的内部寄存器和数据总线,可在芯片内进行 16 位的数据操作,它包含了 29000 个晶体管,时钟频率为 4.77 MHz,地址总线为 20 位,可以直接寻址 1 MB 的内存。但是 8086 不兼容原来的 8 位机,为了和原来的 8 位机相兼容,Intel 公司推出了 8088CPU,其指令系统完全与 8086 兼容,内部仍然为 16 位功能结构,而外部数据总线则为 8 位,IBM 公司以 8088CPU 组成了微机系统 IBM PC 和 IBM PC/XT。在 1980 年以后,微处理器生产厂家在提高电路的集成度、速度和功能方面进行了努力,Intel 公司推出了 80286,Motorola 公司推出 MC68010 等 16 位超级微处理器。虽然 80286 仍然为 16 位结构,但是集成度达到了 13.4 万个晶体管,时钟频率提高到了 20 MHz,内部和外部数据总线为 16 位,地址总线为 24 位,可以直接寻址 16 MB 的内存。从 80286 开始,CPU 的工作方式也演变为了两种:实模式和保护模式。

4. 第四代 32 位微处理器

1983 年以后,相继出现了 Intel 80386 和 MC68020 等 32 位的微处理器。80386 采用流水线控制,集成了 27.5 万个晶体管,时钟频率有 12.5/20/25/33 MHz 几种,内部和外部数据总线以及地址总线均为 32 位,可直接寻址 4 GB 内存,同时具有保护和虚拟存储功能,虚拟空间可达 64TB。1989 年，Intel 公司又推出了性能更强的 32 位微处理器 80486，它将 80386、80387 数字协处理和 8 KB 高速缓冲存储器集成到了一块芯片上，其集成度为 120 万晶体管/片，时钟频率为 16～40 MHz。80486 首次采用了 RISC（精简指令集）技术，使 CPU 可以一个时钟周期执行一条指令；同时，它采用突发总线技术与外部 DMA 进行高速数据交换，大大加快了数据传输速度。同期推出的高性能的 32 位微处理器还有 Motorola 公司的 MC68040 和 NEC 公司的 V80 等。

5. 第五代 64 位高档微处理器

1993 年，Intel 公司推出新一代微处理器芯片 Pentium，其外部数据总线为 64 位，主频有 60/66/75/90/100/120/133/150/166/200 MHz，内部集成度达 300 万晶体管/片。Pentium 微处理器是为迎接 Windows 操作系统和多媒体时代的来临全新设计的，采用了全新的体系结构，内部采用了超标量流水线设计、双 Cache 结构和分支指令预测等新技术。随后 Intel 陆续推出了 Pentium Pro、Pentium MMX、Pentium Ⅱ、Pentium Ⅲ 和 Pentium Ⅳ，这些 CPU 内部的寄存器都是 32 位数据宽度，所以仍属于 32 位微处理器。2001 年，Intel 和 HP 公司合作推出 64 位的微处理器芯片安腾（Itanium），采用全新体系结构，芯片内部有 128 个整数寄存器和 128 个浮点寄存器，采用三级高速缓存，用 64 位的指令集，按指令并行技术运行，从此微处理器进入了 64 位时代。

1.1.2 微型计算机的特点

由于微型计算机广泛采用了集成度相当高的大规模（Large Scale Integration：LSI）和超大规模（Very Large Scale Integration：VLSI）集成电路，因此微型计算机除了具备一般电子数字计算机的运算速度快、计算精确和通用性强等常规功能外，还具有如下特点：

（1）可靠性高、对使用环境要求低。由于微处理器及其配套系列芯片上采用大规模和超大规模集成电路，这就减少了大量的焊点、连线、接插件等不可靠因素，同时由于集成电路芯片本身功耗低、发热量小，大大提高了微型计算机的可靠性，因而也降低了对使用环境的要求，普通的办公室和家庭环境都可满足要求。

（2）体积小、重量轻、耗电省。由于采用大规模和超大规模集成电路，从而微处理器及配套支持芯片的尺寸均较小，最大也不过几百平方毫米。另外，目前微型计算机中的芯片大多采用 MOS 和 COMS 工艺，耗电量非常低。

（3）性价比高。随着微电子学的高速发展和集成电路技术的不断成熟，微处理器及其配套系列芯片的价格越来越低，微机的成本不断下降，同时过去许多只在大、中型计算机中采用的技术也在微机中采用，使得许多微型计算机的性能实际上超过了一些老式的中、小型计算机的水平，但是价格要比中、小型计算机低得多。显然，低价格对于微型计算机的推广和普及是极为有利的。

（4）结构简单、设计灵活、适应性强。微型计算机多采用模块化的硬件结构，特别是采用总线结构后，使微型计算机系统成为一个开放的体系结构，系统中各功能部件通过标准化的插槽和接口相连，用户选择不同的功能部件（板卡）和相应外设就可构成不同要求和规模的微型计算机系统。由于微型计算机的模块化结构和可编程功能，使得一个标准的微型计算机在不改变系统硬件设计或只部分地改变某些硬件时，在相应软件的支持下就能适应不同的应用任务的要求，或升级为更高档次的微机系统，从而使微型计算机具有很强的适应性和宽广的应用范围。

(5)维护方便。现在用微处理器及其系列产品所构成的微型计算机已逐渐趋于标准化、模块化和系列化,从硬件结构到软件配置都作了较全面的考虑。一方面,微机一般都可用自检诊断及测试发现系统故障;另一方面,发现故障以后,排除故障也比较容易。

1.2　微型计算机系统组成

微型计算机诞生于20世纪70年代初,从工作原理上讲,与其他几类计算机并没有本质上的差别。所不同的是由于采用了集成度较高的器件,使得其在结构上具有独特的特点。微型计算机由五部分组成,即运算器、控制器、存储器、输入设备和输出设备五部分组成,每一部分分别按要求执行特定的功能。

从系统组成的观点来看,微型计算机系统通常由硬件系统和软件系统两大部分组成。硬件系统一般是指组成计算机的电子元器件、电子线路和机械装置等实体,其基本功能是在计算机程序的控制下完成对数据的输入、输出、存储和处理等任务。软件系统就是程序和程序运行所需要的数据及有关文档资料,其基本功能是控制、管理和维护计算机系统运行,解决用户的各种实际问题。图1-1就是微型计算机系统的组成框图。

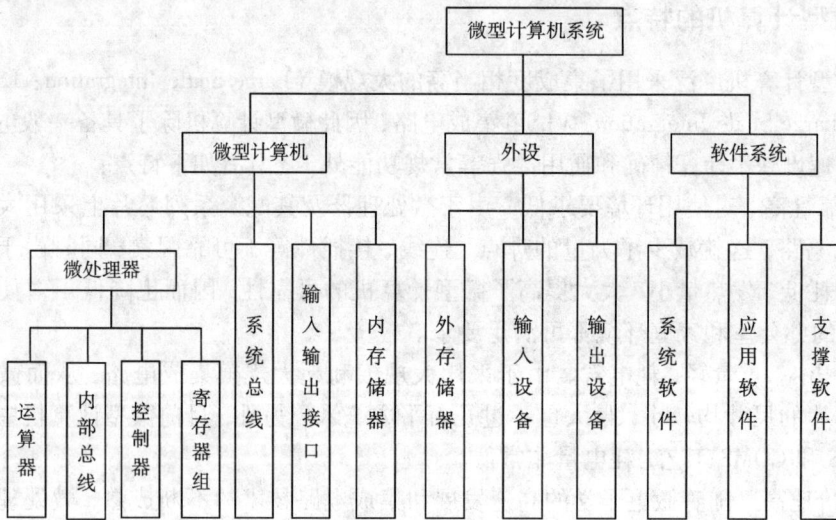

图1-1　微型计算机系统的基本组成

1.2.1　微型计算机的硬件系统

微型计算机的硬件系统以微处理器为核心,配以内存储器以及输入/输出(I/O)接口和相应的辅助电路而构成,采用总线结构来实现相互之间的信息传递。图1-2为典型的微型计算机硬件系统的构成框图。

1.微处理器(Microprocessor)

微处理器是微机控制和处理的核心。微处理器的全部电路集成在一块大规模集成电路芯片上。它包括运算器(ALU)、寄存器组、控制器,这3个基本部分由内部总线连接在一起。

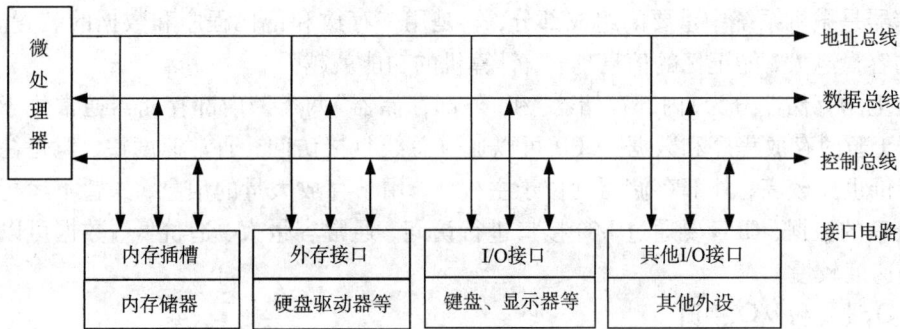

图 1 – 2　微型计算机硬件系统的结构框图

微处理器把一些信号通过寄存器或缓冲器送到集成电路的引脚上，以便与外部的微机总线相连接。

运算器(Arithmetic Unit)：它是能执行算术运算和逻辑操作的部件。它从存储器或寄存器中获得操作数，按照指令操作码的规定进行运算，然后将运算的结果送回寄存器或存储器中。它既能执行算术运算(定点运算、浮点运算)，又能执行"与"、"或"和"非"等逻辑运算。

寄存器组：每个微处理器中都有多个寄存器，用来存放操作数、中间结果、状态标志以及指令地址等信息。

控制器：控制器是计算机的控制中心，它负责对程序的指令进行分析，然后根据分析结果发出一定的时序信号，控制并协调输入设备、输出设备、运算器和存储器等功能部件。例如，控制算术逻辑运算单元(ALU)的操作、控制寄存器之间的数据传送、控制微处理器与输入/输出接口或存储器之间的数据传送等。

这三个基本部分在微处理器内由内部总线连接在一起，其结构如图 1 – 3 所示。

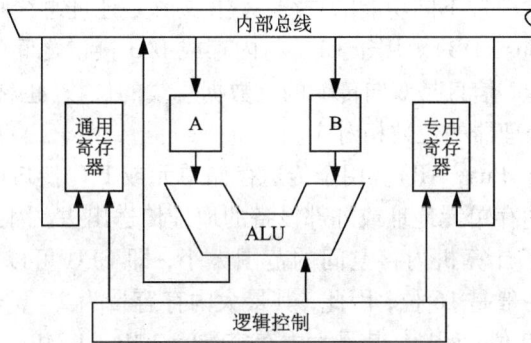

图 1 – 3　微处理器内部结构图

在微处理器内部，这三部分之间的信息交换是采用总线结构来进行的，总线是各组件之间信息传输的公共通路，微处理器内部的总线称为"内部总线"(或"片内总线")，对于微型计算机而言，微处理器通常也被称为 CPU(Central Processing Unit，中央处理单元)。

2. 存储器（Memory）

存储器是微机系统中重要的组成部分，它是用来存放和记忆程序和数据的装置。显然，存储器的容量越大，能记忆的信息越多，计算机的功能就越强。

微机上的存储器分为"内部存储器"和"外部存储器"两类。内部存储器通常位于微机主板上，用于暂时存放程序和数据，CPU 可以通过总线直接访问，通常速度快，但是往往容量较小、造价也比较高；外部存储器则位于主板外，用于存放大量的信息，如暂不运行的程序和暂不处理的数据，CPU 要通过 I/O 接口进行访问，通常容量大、造价低、数据可以长期保存，但是速度较慢。

3. I/O 设备和 I/O 接口

I/O 设备是指微机上配备的输入/输出设备，也称为外部设备或外围设备（简称外设），它主要为微机提供具体的输入/输出手段。输入设备是微机系统用来接受信息的部件，目前常见的有键盘、鼠标、摄像头、扫描仪等。输出设备的种类比较多，常用的有显示器、打印机、语音输出装置等。I/O 设备的实质是完成信息的转换，把微机发出的电信号转换成文字、数字、声音等形式。

由于各种外设的工作速度、驱动方法各异，不能直接将它们简单地连接到总线与 CPU。因此，需要一个接口部件来完成它们之间的速度匹配、信号变换、与 CPU 联络等工作。这部分电路被称为 I/O 接口电路，简称 I/O 接口。在微机系统中，较复杂的 I/O 接口电路一般都被放在电路插板上，由其一侧引出连接外设的插座，另一侧做成插入端，只要将它们插入总线插槽就可以将它们连接到系统总线上。

4. 系统总线（System Bus）

系统总线是微机中各种部件之间传递信息的一组公共数据传输线路，通常把 CPU 芯片内部的总线称为内部总线，而连接系统各部件间的总线称为外部总线或称为系统总线。微机采用总线结构以后，系统中各功能部件之间的相互关系变为各个部件面向总线的单一关系。一个部件只要符合总线标准，就可以连接到采用这种总线标准的系统中，便于系统功能的扩展。系统总线实际上包含三种不同功能的总线：数据总线、地址总线和控制总线。

- 数据总线（Data Bus，DB）。用于 CPU 与内存或 I/O 接口之间的数据传递。它是 CPU 同各部件交换信息的通道，信息是双向传输的。数据总线的位数（也称为宽度）是微机的一个很重要的指标，它和微处理器的位数相对应。

- 地址总线（Address Bus，AB）。用于传送存储单元或 I/O 接口的地址信息。CPU 通过地址总线把需要访问的内存单元地址或外部设备的地址传送出去，因此，信息是从 CPU 单向传输的。它的条数决定了计算机内存空间的范围大小，即 CPU 可以直接寻址的内存范围。如 8 位微机的地址总线一般是 16 位，因此，其最大内存容量为 2^{16} B = 64 KB；16 位微机（比如 8086）的地址总线为 20 位，所以，其最大内存容量为 2^{20} B = 1 MB；32 位微机（比如 80486）的地址总线通常是 32 位，其最大内存容量为 2^{32} B = 4 GB。

- 控制总线（Control Bus，CB）。用于传送控制器的各种控制信息。其中包括 CPU 送往存储器和输入/输出接口电路的控制信号，如读信号、写信号和中断响应信号等；还包括其他部件送到 CPU 的信号，如时钟信号、中断请求信号和准备就绪信号等。

CPU 通过系统总线与存储器和 I/O 接口相连，用于选择具体的存储单元，向控制总线提供存储读写控制信号，确定存储器访问的性质，然后就可以在数据总线上进行数据交换，完成存储器的读或写操作。CPU 采用同样的操作序列可以完成对 I/O 端口的访问。在一个系统中，除了 CPU 有控制使用总线的能力外，DMA 控制器和协处理器等设备也有控制和使用总线的能力。

1.2.2　微型计算机的软件系统

软件是微机系统必不可少的组成部分，软件系统是运行、管理和维护微机的各类程序、数据和文档的总称。软件不仅控制计算机运行，管理和控制微机软硬件资源，也提供用户使用微机的界面。微机的软件系统由系统软件、应用软件和支撑软件组成。

1. 系统软件

系统软件是一类对计算机系统本身进行管理与控制的软件，它提供用户使用计算机操作环境以及应用软件的运行环境。系统软件通常包括：操作系统、语言处理程序、诊断调试程序、设备调试程序以及为提高机器效率而设计的各种程序。

操作系统是最基本的系统软件，它负责管理计算机系统的全部软件资源和硬件资源，合理地组织计算机各部分协调工作，为用户提供操作界面和运行平台。目前常用的微机操作系统主要有：Windows XP，Windows 7，Windows 8 等。

2. 应用软件

应用软件是指用户利用计算机以及计算机所提供的各种系统软件，开发解决各种实际问题的程序。例如常用的有：绘图软件 AutoCAD、图像处理软件 Photoshop、文字处理软件 Microsoft Word、游戏软件 QQ 游戏平台等。应用软件也可以逐步标准化和模块化，慢慢形成为解决各种典型问题的应用程序的组合，称为软件包。

3. 支撑软件

支撑软件是支持各种软件的开发与维护的软件，又称为软件开发环境。它主要包括环境数据库、各种接口软件和工具组。著名的软件开发环境有 IBM 公司的 Web Sphere，微软公司的 Visual Studio. NET 等。

数据库管理系统是支撑软件的一种，它是有效执行数据存储、共享和处理的工具。目前，微机系统中常用的单机数据库管理系统有 DBASE、FoxBase、Visual FoxPro 等，适合于网络环境的大型数据库管理系统有 Sybase、Oracle 和 SQL Server 等。当今数据库管理系统主要应用于档案管理、财务管理和人事管理等众多信息系统的数据存储与处理。

现代计算机硬件和软件之间的界限越来越模糊，软件与硬件在逻辑上是等价的。软件实现的功能可以用硬件来实现，称为硬化或固化。例如，微机的 ROM 芯片中固化了系统的引导程序等；同样地，硬件实现的功能也可以用软件来实现，称为硬件软化。例如汉卡被汉字软件取代，防病毒卡被查、杀病毒的软件取代，解压卡被解压软件取代等。在一个计算机系统中，硬件与软件之间的功能分配及相互配合是设计的关键问题之一，通常需要综合考虑价格、速度、存储容量、灵活性、适应性以及可靠性等诸多因素。

1.3　微型计算机的主要性能指标及应用

1.3.1　微型计算机的主要性能指标

评价一个微型计算机系统功能的强弱或者性能的好坏，需要从多个方面进行综合考虑。

但对于一般的使用人员来说，一台微机性能的好坏，主要是看它的数据处理能力，包括运算速度、存储容量等，此外还要看系统的可靠性、通用性和价格等各个方面。一般主要用以下几个指标来评价微型计算机的性能。

1. 字长

微机的字长是指微处理器内部一次可以并行处理二进制代码的位数，它一般决定于微机的通用寄存器、内存储器、ALU 的位数和数据总线的宽度。字长越长，所表示的数据精度就越高；在完成同样精度的运算时，字长越长的微处理器数据处理速度越高。与字长相对应，总线的宽度，尤其是数据总线的宽度也能反映系统性能。通常 CPU 的内部和外部数据总线宽度一致，但有些 CPU 为了改进运算能力，加宽了内部数据总线的宽度，使得内部字长和外部数据总线宽度不一致。如 Intel8088 微处理器内部数据总线为 16 位，而芯片外部数据引脚只有 8 位，Intel 80386SX 微处理器内部为 32 位数据总线，而外部数据引脚为 16 位。对这类芯片仍然以它们的内部数据总线宽度为字长，但把它们称作"准××位"芯片。例如，8088 被称为"准 16 位"微处理器芯片，80386SX 被称作"准 32 位"微处理器芯片。

2. 运算速度

运算速度是衡量计算机系统的一个重要性能指标。微型计算机一般采用主频来描述运算速度，是指 CPU 在单位时间（秒）内发出的脉冲数。一般来说，在同一类 CPU 中，主频越高，单位时间内执行的指令数就越多，CPU 的运算速度就越快。目前微处理器的主频都在 2 GHz 以上。

微型计算机的运算速度还可以用 MIPS 来描述，即每秒中执行的百万条指令数。MIPS 数值越大，计算速度越快。通常 MIPS 的大小一方面决定于微处理器工作时钟频率，另一方面又取决于计算机指令系统的设计、CPU 的体系结构等。当代微机的运算速度已达 3200 MIPS 以上。

3. 存储容量

存储容量反映了计算机系统所能存储的信息量，表示存储器容量的基本单位是字节（Byte，简称 B）。此外还有 KB、MB、GB、TB 等单位，约定 8 位二进制代码为一个字节，1024B = 1 KB，1024 KB = 1 MB，1024 MB = 1 GB，1024 GB = 1TB。由于存储器不仅用于长期存储信息，还为 CPU 加工信息提供场所，所以存储容量的增大，对提高系统的运行速度也有很大的影响。

计算机的存储系统分为内存和外存两种。内部存储器的主要作用是存放当前需要运行的程序和加工的数据，通常内存容量越大，运行速度越快，目前微机内存通常都在 1 GB 以上；外部存储器的主要作用是为内存提供后备的程序和数据，目前市场上微机大多具有几百、上千 GB 的外存容量。

4. 存取速度

存储器完成一次读/写操作所需要的时间称为存取时间，存取时间越短，则存取速度越快，它是反映存储器性能的一个重要参数。在计算机运行时，有大量的存储器访问操作，存储器的存取速度直接影响到整个计算机系统的运行速度。如果微处理器的运行速度快，但相对应的存储器访问速度较慢，整个系统的性能仍很难得到较好的改善。目前，用于内存的半导体存储器芯片的存取时间一般为几十纳秒；对外存储器，如硬盘而言，通常用转速来衡量其存取速度。

　　5. I/O 设备的性能

　　在微机系统中，除主机之外，外部设备占据了重要的地位。计算机信息输入、输出、存储都必须由外设来完成，微机系统一般都配置了硬盘、显示器、打印机、网卡等外设。微机系统所配置的外设，其速度快慢、容量大小、分辨率高低等技术指标都对微机系统的整体性能有影响。一般所配外设越多，系统功能就越强。

　　6. 系统软件配置

　　系统软件是计算机系统不可缺少的组成部分。作为一个计算机系统，硬件系统提供了程序运行的基本环境，其功能最终要靠软件来实现。系统软件配置是否齐全，软件功能的强弱，是否支持多任务、多用户操作等都是微机硬件系统性能能否得到充分发挥的重要因素。例如是否有功能强、能满足应用要求的操作系统，可供选用的工具软件和应用软件等，都是在购置微型计算机系统时需要考虑的。

1.3.2　微型计算机的分类

　　经历了 40 多年的发展，微型计算机不仅种类多，型号也各异。若要对微型计算机进行分类，常见的分类方法有以下三种。

　　1. 按组装形式和系统规模分类

　　按微型计算机的组织结构和规模，可分为单片机、单板机、个人计算机、笔记本电脑和掌上电脑。

　　(1) 单片机。单片机是把一个计算机系统集成到一块芯片上，而不是完成某个逻辑功能的芯片。它是一种将 CPU 单元、部分存储器、部分 I/O 接口单元和内部系统总线等单元集成在一个超大规模集成电路芯片内的计算机，具有完整的微型计算机功能。单片机具有体积小、可靠性高、成本低等特点，广泛应用于智能仪表、家用电器与工业控制等领域。

　　(2) 单板机。单板机是将计算机的各个部分配置在一块印刷电路板上，包括微处理器、存储器、I/O 接口以及定时器等。功能比单片机强，适用于过程控制领域。

　　(3) 个人计算机。它是我们常说的 PC (Personal Computer) 机，主要是将一块主机母板、若干接口卡、硬盘和电源等组装在一个机箱内，并配置显示器、键盘、鼠标与打印机等外围设备和系统软件构成的微型计算机系统。个人计算机具有功能强、配置灵活和软件丰富等特点，广泛应用于办公、商业和日常生活等许多领域。

　　(4) 笔记本电脑。它是将一块尺寸较小的主机母板，并配置显示器、键盘、鼠标与硬盘等外围设备和系统软件构成的微型计算机系统。笔记本电脑具有功能强、体积小和便于携带等特点，广泛应用于办公、商业和家庭等许多领域。

　　(5) 掌上电脑。它是一种尺寸比笔记本更小的便携式个人计算机，功能相对简单些。

　　2. 按微处理器的位数分类

　　微处理器的处理位数由运算器能直接并行处理的二进制数的位数决定。目前微型计算机可以分为 4 位机、8 位机、16 位机、32 位机和 64 位机。

　　(1) 4 位机。4 位机中使用字长为 4 位的微处理器，由于价格低廉，它作为各种控制器广泛应用于电子仪器、家用电器等领域。

　　(2) 8 位机。8 位机是以 8 位微处理器为核心的微机。如早期的 Z80 单片机、IBM 最初的个人计算机和目前使用的 MCS-51 系列单片机，其主要应用于字符信息处理和简单的工业控制领域。

(3)16 位机。16 位机是以 16 位微处理器为核心的微机。如 PC/AT 个人计算机和 MCS - 96 系列单片机,与 8 位机相比具有更高的运算速度和更强的性能,可以用于多任务处理,因此应用领域更加广泛。

(4)32 位机。32 位机是以 32 位微处理器为核心的微机。如 80386、80486、Pentium 系列个人计算机,ARM966T 单片机等。

(5)64 位机。64 位机是以 64 位微处理器为核心的微机。近年出厂的微机 CPU 都是 64 位的了,包括 AMD 速龙、羿龙、闪龙,英特尔的奔腾 D,酷睿构架所有 E 系列/Q 系列,最新 Nehalem 构架的 i7/5/3 等。

3. 按应用范围和表现形式分类

微机按应用领域和表现形式可以分为通用计算机和专用计算机,也可以分为民用机、工控机和军用机。

(1)通用计算机。通用计算机指传统意义上的计算机系统,适用于解决多种一般问题,该类计算机使用通用性较强,能解决多种类型的问题,应用领域广泛,在科学计算、数据处理和过程控制等多种用途中都能适用。

(2)专用计算机。专用计算机是指为完成某一特定功能所设计的计算机系统。用以解决某个特定方面的问题,配有为解决某问题的软件和硬件,适用于某一特殊的应用领域,如卫星上使用的计算机、智能仪表、军事装备等方面使用的计算机。

1.4　微型计算机的应用

由于微机具有体积小、价格低、耗电少和可靠性高等优点,所以应用范围十分广泛。不仅在科学计算、信息处理和自动控制等方面占有重要位置,并且渗透到日常生活的方方面面,正在改变着传统的工作、学习和生活方式,推动着社会的发展。归纳起来,目前有以下几个应用领域:

1. 科学计算与数据处理

科学计算和数据处理是计算机最原始和比重最大的应用领域。在科学研究中,工程设计和航天航空等领域,存在大量复杂的数学计算问题,如卫星轨道的计算、建筑结构的力学分析、数学中的推理论证、航天测控数据的处理、天气预报、地震预测等,利用计算机的高速计算、大存储容量和连续运算的能力,可以实现上述人工无法解决的数学计算问题。

2. 过程检测与控制

过程检测与控制是微机应用的一个重要领域。在生产过程中安装自动检测装置,将其输出信号传送进计算机,计算机对输入信号和控制要求进行对比分析,然后做出控制决策,通过输出装置带动执行机构,改变被控对象,实现生产过程的自动化。现在,在工业生产领域随处可见微机控制的自动化生产线,大大提高了控制的自动化水平,还可以提高控制的及时性和准确性,从而改善劳动条件、提高产品质量及合格率。

3. 信息管理和事务管理

在短时间内完成对大量信息的处理是进入信息时代的必然要求。微型计算机配上数据库管理软件后,可以对各种数据按不同要求及时进行记录、整理、计算、加工成所需要的数据。

若配上一些专用器件(如传感器),还可以处理光、热、声音、力等物理信号。

4. 计算机辅助设计

在建筑工程设计、机械产品设计和超大规模集成电路设计等复杂设计中,为保证质量和缩短周期,目前普遍借助计算机进行设计,即计算机辅助设计 CAD(Computer Aided Design)。CAD 技术的应用范围不断扩大,目前又派生出了计算机辅助制造 CAM(Computer Aided Manufacturing)、计算机辅助测试 CAT(Computer Aided Testing)和将设计、测试、制造融为一体的计算机集成制造系统 CIMS(Computer Integrated Manufacturing Systems)等新的技术分支。

5. 计算机仿真

在对一些复杂的工程问题、经济学问题和控制算法等进行研究时,首先建立数学模型,用计算机仿真的方法对相关的理论、算法和设计方案等进行综合、分析和评估,可以节省大量的人力物力。在控制理论与控制工程领域,常用 MATLAB 对复杂的理论算法进行仿真;在军事研究领域,常用仿真的方法来代替真正的军事演习。

6. 人工智能

人工智能是用计算机来研究、开发用于模拟、延伸和扩展人的智能的理论、方法、技术及应用系统的一门新的技术科学。人工智能是计算机科学的一个分支,它企图了解智能的实质,并生产出一种新的能以人类智能相似的方式做出反应的智能机器,该领域的研究包括机器人、语言识别、图像识别、自然语言处理和专家系统等。"智能化"是当前新技术、新产品、新产业的重要发展方向,应用相当广泛,如:智能机器人、智能仪表、智能汽车和智能材料等等。

1.5 计算机中数的表示与编码

计算机的最基本功能是进行数据的计算和加工处理。数在计算机中是以器件的物理状态来表示的。为了方便和可靠,在计算机中采用了二进制数字系统,即计算机中要处理的所有数据,都采用二进制数字系统来表示,所有的字母、符号也都采用二进制编码来表示。

1.5.1 数制及其转换

人们在生产实践和日常生活中创造了多种表示数的方法,这些数的表示规则称为数制,也称为进位计数制。数制是以表示数值所用的数字符号的个数来命名的,如八进制、十进制和十六进制等。各种数制中数字符号的个数称为该数制的基数。一个数可以用不同计算制来表示它的大小,虽然形式不同,但数的量值则是相等的。在日常生活中,最常用的是十进制。

1. 数的表示方法

(1)十进制数的表示方法

十进制计数法的特点是:

①使用 10 个数字符号 0,1,2,…,9 的不同组合来表示一个十进制数。这些符号数称为数码,数码的个数称为基数,十进制数的基数是 10。

②一个数中,每个数码表示的值不仅取决于数码本身,还取决于它处的位置。对每一个数码赋以不同的位值,称为位权。位权的大小是以基数为底,数码所在位置的序号为指数的整数次幂。如十进制数 235,其百位上的权为 10^2、十位上的权为 10^1、个位上的权为 10^0。

③逢十进一。

任何一个十进制数可表示为:

$$N = \sum_{i=-m}^{n-1} a_i \times 10^i \qquad\qquad (1-1)$$

式(1-1)中:m 表示小数位的位数,n 表示整数位的位数,a_i 为第 i 位上的数码(可以是 $0 \sim 9$ 十个数字符号中的任何一个)。

(2)二进制、八进制和十六进制的表示方法

式(1-1)可推广到任意进制数。设其基数用 R 表示,则任意数 N 为:

$$N = \sum_{i=-m}^{n-1} a_i \times R^i \qquad\qquad (1-2)$$

对于二进制,$R=2$,a_i 为 0 或 1,逢二进一。

$$N = \sum_{i=-m}^{n-1} a_i \times 2^i \qquad\qquad (1-3)$$

对于八进制,$R=8$,a_i 为 0,1,2,$\cdots$,7 中的任意一个,逢八进一。

$$N = \sum_{i=-m}^{n-1} a_i \times 8^i \qquad\qquad (1-4)$$

对于十六进制,$R=16$,a_i 为 0,1,2,$\cdots$,9,A,B,C,D,E,F 中的任意一个,逢十六进一。

$$N = \sum_{i=-m}^{n-1} a_i \times 16^i \qquad\qquad (1-5)$$

以上几种进制数有以下共同特点:

①每种计数值有一个确定的基数 R,每一位的系数为 a_i 有 R 种可能的取值;

②按"逢 R 进一"方式计数。在计数中,小数点右移一位相当于乘以 R;反之相当于除以 R。

2.常见数制之间的转换

(1)R 进制转换成十进制

方法:按权展开求和法,即将各位数码乘以各自的位权然后相加。

例 1-1 二进制转换成十进制

$10.01B = 1 \times 2^1 + 0 \times 2^0 + 0 \times 2^{-1} + 1 \times 2^{-2} = 2 + 0 + 0.25 = 2.25D$

例 1-2 十六进制转换成十进制

$(7A.8)_{16} = 7 \times 16^1 + A \times 16^0 + 8 \times 16^{-1} = 112 + 10 + 0.5 = (122.5)_{10}$

(2)十进制转换成 R 进制

方法:整数部分和小数部分须分别遵守不同的转换规则。

整数部分采取"除基数取余倒排法":即整数部分不断除以 R 取余数,直到商为 0 为止,余数倒排(最先得到的余数为最低位,最后得到的余数为最高位)。

小数部分采取"乘基数取整顺取法":即小数部分不断乘以 R 取整数,直到小数为 0 或达到有效精度为止,顺序排列得到的整数(最先得到的整数为最高位(最靠近小数点),最后得到的整数为最低位)。

例 1-3 十进制转换为二进制数

方法:整数部分采取"除 2 取余倒排法",小数部分采取"乘 2 取整顺取法"。

$$(23.75)_{10} = (10111.11)_2$$

整数部分   小数部分

余数   取出整数

```
 2 | 23                              0.75
 2 | 11  ……1                        ×2
    2 | 5  ……1                      1.50 ──→ 1
       2 | 2  ……1                    ×2
          2 | 1  ……0                1.0 ──→ 1
             0    ……1
```

（3）二进制、八进制、十六进制之间的相互转换

由于二进制、八进制、十六进制之间存在特殊关系，即 $8^1 = 2^3$，$16^1 = 2^4$，所以 1 位八进制数相当于 3 位二进制，1 位十六进制数相当于 4 位二进制；相反，3 位二进制相当于 1 位八进制数（以小数点分隔，前后不足 3 位添 0 补足 3 位），4 位二进制相当于 1 位十六进制数（以小数点分隔，前后不足 4 位添 0 补足 4 位）。

例 1 - 4 $(1111010001011110.0011001)_2 = (F45E.32)_{16}$

$$(1111 \quad 0100 \quad 0101 \quad 1110 \quad . \quad 0011 \quad 0010)_2$$
$$\downarrow \quad\quad \downarrow \quad\quad \downarrow \quad\quad \downarrow \quad\quad\quad \downarrow \quad\quad \downarrow$$
$$(F \quad\quad 4 \quad\quad 5 \quad\quad E \quad\quad\quad 3 \quad\quad 2)_{16}$$
$$\downarrow \quad\quad \downarrow \quad\quad \downarrow \quad\quad \downarrow \quad\quad\quad \downarrow \quad\quad \downarrow$$
$$(1111 \quad 0100 \quad 0101 \quad 1110 \quad . \quad 0011 \quad 0010)_2$$

例 1 - 5 把八进制数 $(2376.16)_8$ 转换为二进制数。

八进制 1 位	2	3	7	6	.	1	6
二进制 3 位	010	011	111	110	.	001	110

最后结果为：$(2376.16)_8 = (10011111110.00111)_2$

注意：整数前的高位零和小数后的低位零可取消。

1.5.2 数据表示

1. 机器数与真值

日常生活中遇到的数，除了无符号数外，还有有符号数。由于计算机只能直接识别二进制数值，所以所有的符号都必须用二进制数值代码来表示，通常用二进制数的最高位表示符号。

把一个数及其符号位在机器中的一组二进制数表示形式，称为"机器数"。机器数所表示的值称为该机器数的"真值"。例如：

            $+78 = 01001110$ $-78 = 11001110$

在计算机中，一般用若干个二进制位表示一个数或一条指令，把它们作为一个整体来处理、存储和传送。这种作为一个整体来处理的二进制位串，称为计算机字。表示数据的字称为数据字，表示指令的字称为指令字。计算机是以字为单位进行处理、存储和传送的，所以运算器中的加法器、累加器以及其他一些寄存器，都选择与字长相同位数。字长一定，则计算机数据字所能表示的数的范围也就确定了。因此，机器数表示的数的范围受设备限制。例如使用 8 位字长计算机，可表示无符号整数的最大值是 255D = 11111111B。运算时，若数值超出机器数所能表示的范围，就会停止运算和处理，这种现象称为溢出。

2. 原码

设数 X 的原码记作 $[X]_{原}$，如机器字长为 n，则原码定义如下：

$$[X]_{原} = \begin{cases} X, & 0 \leqslant X \leqslant 2^{n-1} - 1 \\ 2^n - 1 + [X], & -(2^{n-1} - 1) \leqslant X \leqslant 0 \end{cases}$$

在原码表示法中，最高位为符号位(正数为 0，负数为 1)，其余数字位表示数的绝对值。例如：

$$[+1]_{原} = 00000001 \qquad [+127]_{原} = 01111111$$
$$[-1]_{原} = 10000001 \qquad [-127]_{原} = 11111111$$

由此可看出，8 位原码表示数的范围为 $-127 \sim +127$，16 位原码表示数的范围为 $-32767 \sim +32767$；"0"的原码有两种表示法：

$$[+0]_{原} = 00000000 \qquad [-0]_{原} = 10000000$$

采用原码表示，优点是转换非常简单，可根据正负号将最高位置 0 或 1 即可。但原码表示在进行加减运算时很不方便，如果两数符号相同，则数值相加，符号不变；如果两数符号不同，数值部分实际上是相减，须比较两个数哪个绝对值大，才能决定运算结果的符号和值。按照上述运算方法设计的算术运算电路很复杂，为此，引入了补码和反码表示法，它可以使正、负数的加法和减法运算简化为单一相加运算。

3. 反码

设数 X 的反码记作 $[X]_{反}$，如机器字长为 n，则反码定义如下：

$$[X]_{反} = \begin{cases} X, & 0 \leqslant X \leqslant 2^{n-1} - 1 \\ (2^n - 1) - [X], & -(2^{n-1} - 1) \leqslant X \leqslant 0 \end{cases}$$

例如：

$$[+1]_{反} = 00000001 \qquad [+127]_{反} = 01111111$$
$$[-1]_{反} = 11111110 \qquad [-127]_{反} = 10000000$$
$$[+0]_{反} = 00000000 \qquad [-0]_{反} = 11111111$$

可看出，8 位反码表示的最大值、最小值，表示数的范围与原码相同。与原码相比，符号位可以作为数值参与运算，但计算完后，仍需要根据符号位进行调整。另外 0 的反码同样也有两种表示方法：+0 的反码是 00000000，-0 的反码是 11111111。

4. 补码

设数 X 的补码记作 $[X]_{补}$，如机器字长为 n，则补码定义如下：

$$[X]_{补} = \begin{cases} X, & 0 \leqslant X \leqslant 2^{n-1} - 1 \\ (2^n - 1) - [X] + 1, & -(2^{n-1} - 1) \leqslant X \leqslant 0 \end{cases}$$

正数与原码相同；对于负数，数符位为 1，数值位为 X 的绝对值取反加 1。例如：

$$[+1]_补 = 00000001 \qquad [+127]_补 = 01111111$$

$$[-1]_补 = 11111111 \qquad [-127]_补 = 10000001$$

$$[+0]_补 = 00000000 \qquad [-0]_补 = 00000000$$

可看出，0 的补码表示方法是唯一的，即 00000000。因而可以用多出来的一个编码 1000000 来扩展补码所能表示的数值范围，即将负数最小 −127 扩大到 −128。这就是补码与反码、原码最小值不同的原因。

补码的运算方便，能把二进制的减法运算化成加法运算，所以使用较广泛。

5. 补码的加减法运算

在计算机中，凡是有符号数一律采用补码表示，运算结果自然也是补码。其运算特点是：符号位和数值位一起参与运算，并且自动获得结果（包含符号位和数值位）。

（1）加法规则

$$[X+Y]_补 = [X]_补 + [Y]_补$$

两数补码的和等于两数和的补码。不论加数和被加数的正负，只要直接用它们的补码相加，当结果不超出补码所表示的范围时，计算结果便是正确的补码形式；当计算结果超出补码表示范围时，结果出错，溢出。

（2）减法规则

$$[X-Y]_补 = [X]_补 + [-Y]_补$$

不论减数和被减数的正负，上述补码减法规则都是正确的。同样，由最高位向更高位的进位会自动丢失而不影响运算结果的正确性。

例如 −6 +4 的运算如下：

```
  11111010 …………… −6 的补码
+ 00000100 …………… 4 的补码
  11111110 …………… 运算结果 −2
```

运算结果 11111110 是 −2 的补码表示。由此可看出，补码的符号可以作为数值参与运算，且计算完后，不需要根据符号位进行调整。

又如 (−9) + (−3) 的运算如下：

```
   11110111 …………… −9 的补码
 + 11111101 …………… −3 的补码
 ⬚11110100 …………… 运算结果 −12
```

运算结果丢失高位 1，机器数 11110100 是 −12 的补码表示。

6. 数的顶点与浮点表示法

计算机中运算的数，有整数，也有小数，如何确定小数点的位置呢？通常有两种约定：一种是规定小数点的位置固定不变，这种机器数称为定点数。通常，把小数点固定在有效数位的最前面或者末尾，这样就形成了两类定点数：定点整数、定点小数。另一种是小数点的位置可以浮动，这种机器数称为浮点数。微型机多选用定点数。

（1）定点数表示法

① 定点整数

定点整数将小数点位置固定在最低数据位的右边,因此定点整数表示的是纯整数。定点整数分为带符号和不带符号的两类。对带符号的整数,符号位放在最高位。整数表示的数是精确的,但数的范围是有限的。根据存放数的字长,它们可以用8、16、32 位等表示,当以补码形式表示时,各自表示数的范围见表1-1。

表 1-1　不同位数和数的表示范围

二进制位数	无符号整数的表示范围	有符号整数的表示范围
8	$0 \sim (2^8 - 1)$	$-2^7 \sim (2^7 - 1)$
16	$0 \sim (2^{16} - 1)$	$-2^{15} \sim (2^{15} - 1)$
32	$0 \sim (2^{32} - 1)$	$-2^{31} \sim (2^{31} - 1)$

例如,假定整数占8 位,则数值-25 存放的形式如下:

1	0	0	1	1	0	0	1

②定点小数

定点小数将小数点位置固定在符号位和有效数值部分之间,因此,它只能表示小于1 的纯小数。定点小数表示如下:

符号位	数值部分

·←小数点位置

例如,假定小数占8 位,则数值-0.125 存放的形式如下:

1	0	0	1	0	0	0	0

·←小数点位置

(2)浮点数表示法

由于定点数表示数的范围有限,如 N 位的无符号定点整数,表示的范围是 0 到 2^N 之间。为了扩大计算机中数值数据的表示范围,采用浮点数(科学表示法)来表示数值。浮点数由两部分组成,即尾数和阶码。例如,$0.52541 \times 10^{2-}$,0.52541 是尾数,2 是阶码。浮点数在计算机中的存储格式为:

阶符	阶码	数符	尾数

其中,阶码是一个带符号的整数;尾数是纯小数,表示数的有效部分;底数是约定的,在机器数中不出现。在浮点数表示中,数符和阶符都各占1 位,阶码的位数决定数的大小范围,尾数的位数决定数的精度。

例如:$(123.456)_{10}$可表示为 0.123456×10^3。

同样地,二进制数$(-110.011)_2$可表示为 -0.110011×2^{11},假设阶码为 6 位,尾数为 8 位,则$(-110.011)_2$在计算机中的浮点数表示为:

0	000011	1	11001100
↑	↑	↑	↑
阶符	阶码	数符	尾数

1.5.3　非数值信息的表示

1. ASCII 码

ASCII 码(American Standard Code for Information Interchange)是美国信息交换标准代码的简称。ASCII 码占一个字节,用其中的低 7 位用于编码,称为标准 ASCII 码,表示了 128 个不同的字符。其中 95 个字符可以显示,包括大小写英文字母、数字、运算符号、标点符号等。另外的 33 个字符,是不可显示的,它们是控制码。第 0~32 号及第 127 号(共 34 个)是控制字符或通讯专用字符,如控制符:LF(换行)、CR(回车)、FF(换页)、DEL(删除)、BEL(振铃)等;通讯专用字符:SOH(文头)、EOT(文尾)、ACK(确认)等;第 33~126 号(共 94 个)是字符,其中第 48~57 号为 0~9 十个阿拉伯数字;第 65~90 号为 26 个大写英文字母,第 97~122 号为 26 个小写英文字母,其余为一些标点符号、运算符号等。如表 1-2 为 ASCII 码字符编码表。在计算机的存储单元中,一个 ASCII 码值占一个字节(8 个二进制位),其最高位(d_7)用作奇偶校验位。

表 1-2　ASCII 码字符编码表

低 4 位码 (d3d2d1d0)	高 3 位码(d6d5d4)							
	000	001	010	011	100	101	110	111
0000	NUL	DLE	SP	0	@	P	`	p
0001	SOH	DC1	!	1	A	Q	a	q
0010	STX	DC2	"	2	B	R	b	r
0011	ETX	DC3	#	3	C	S	c	s
0100	EOT	DC4	$	4	D	T	d	t
0101	ENQ	NAK	%	5	E	U	e	u
0110	ACK	SYN	&	6	F	V	f	v
0111	BEL	ETB	'	7	G	W	g	w
1000	BS	CAN	(	8	H	X	h	x
1001	HT	EM	)	9	I	Y	i	y
1010	LF	SUB	*	:	J	Z	j	z
1011	VT	ESC	+	;	K	[	k	{
1100	FF	FS	,	<	L	\	l	|
1101	CR	GS	–	=	M	]	m	}
1110	SO	RS	.	>	N	^	n	~
1111	SI	US	/	?	O	_	o	DEL

2. BCD 码

BCD 码又称 8421 码,是用 4 位二进制编码表示一位十进制数的方式(即 BCD 码)。

例如：BCD 码 1000 0011 0110 1001 按 4 位一组分别转换，结果是十进制数 8369。一位 BCD 码中的 4 位二进制代码都是有权的，从左到右按高位到低位依次权是 8、4、2、1。因此，BCD 码是一种有权码。1 位 BCD 码最小数是 0000，最大数是 1001。

注意：$(10010010)_2 = (146)_{10}$，$(10010010)_{BCD} = (92)_{10}$

3. GB 2312 字符集

GB 2312 又称为 GB 2312 – 80 字符集，全称为《信息交换用汉字编码字符集·基本集》，由原中国国家标准总局发布，1981 年 5 月 1 日实施，是中国国家标准的简体中文字符集。GB2312 标准共收录 6763 个汉字，其中一级汉字 3755 个，二级汉字 3008 个。它所收录的汉字已经覆盖 99.75% 的使用频率，基本满足了汉字的计算机处理需要。GB2312 规定一个汉字用两个字节表示，每个汉字只能用低 7 位，最高位为 0。但是 ASCII 码用一个字节的低 7 位表示，最高位也恒为 0，这样就无法区分。因此，在计算机内部，汉字编码全部用机内码表示，机内码就是将国标码两个字节的最高位设定为 1，这样就可以和 ASCII 码区分开，保持了中英文的兼容性。

习 题 1

1.1　简述微型计算机在其不同发展阶段中各自的特点。

1.2　Intel 80x86 微处理器有几代？各代的名称是什么？

1.3　简述微处理器、微型计算机、微型计算机系统三个术语。

1.4　简述微型计算机的工作过程。

1.5　简述衡量微型计算机性能的几个指标。

1.6　把下列十进制数转换成二进制数、八进制数、十六进制数。

　　① 7.75　　　　　　　　　② 39.25

1.7　把下列二进制数转换成十进制数。

　　①1101.01　　　　　　　　② 101011.1

1.8　求下列带符号十进制数的 8 位补码。

　　① +36　　　② –7　　　③ –0　　　④ –128

第 2 章　微处理器结构

2.1　微处理器概述

2.1.1　微处理器的基本概念

计算机由运算器、控制器、存储器、输入设备和输出设备五大部件构成。其中运算器和控制器是计算机的核心，它们之间的信息传输频繁。为了提高信息传输速度，在结构上将它们安排在相对集中的位置。在采用大规模集成电路技术设计和制造时，它们被集成制造在单个芯片上，称为微处理器，也称中央处理单元，即 CPU（Central Processing Unit）。

微处理器型号较多，如 Intel 公司的 8080、8086/8088、80286/386/486、Pentium；Zilog 公司的 Z80；Motorola 公司的 6800、6809、68000 等。

单一的微处理器还不能说是一台微机，它必须与存储器、输入/输出（I/O）接口电路，以及必要的输入/输出设备组合起来，才构成一台微机。根据所配置的存储器的容量大小、I/O 接口和 I/O 设备的多少，以及制造结构的不同，微机可分为单片计算机、单板计算机和通用微机。单片计算机简称单片机，又称微控制器，属于嵌入式微处理器。它将 CPU、存储器和一些 I/O 接口电路集成在一块集成电路芯片中。由于单片机具有体积小、价格低等特点，因此被广泛应用在工业过程控制、智能化仪器仪表、机电一体化产品及家用电器等领域。单板计算机是微机早期的一种简化形式，它是将 CPU、存储器和简单的 I/O 接口系统做在一块线路板上构成的微机系统。

微处理器的性能大致上反映了它所配置的微机的性能，微处理器的主要性能指标有 11 项，下面分别介绍。

1. 字长

所谓字长，即 CPU 一次性加工运算二进制数的最长位数。字长是处理器性能指标的主要量度之一，它与计算机其他性能指标（如内存最大容量、文件的最大长度、数据在计算机内部的传输速度、计算机处理速度和精度等）有着十分密切的关系。字长是计算机系统体系结构、操作系统结构和应用软件设计的基础，也是决定计算机系统综合性能的基础。

2. 主频

主频也就是 CPU 的时钟频率，简单地说就是 CPU 运算时的工作频率，单位是 MHz，用来表示 CPU 的运算速度。一般说来，主频越高，单位时间里完成的指令数也越多，当然 CPU 的速度也就越快。不过由于各种各样的 CPU 的内部结构不尽相同，因此并非所有的时钟频率相同的 CPU 其性能都一样。外频是系统总线的工作频率；倍频则是指 CPU 外频与主频相差的倍数。三者有着十分密切的关系，即：主频＝外频×倍频。

3. 工作电压

工作电压（Supply Voltage）指的是 CPU 正常工作所需的电压。早期 CPU（80286～80486）的工作电压为 5 V，由于制造工艺相对落后，以致 CPU 发热量大，寿命短。随着 CPU 的制造工艺与主频的提高，CPU 的工作电压逐步下降，到奔腾时代，电压曾有过 3.5 V，后来又下降到 3.3 V，甚至降到了 2.8 V，Intel 最新出品的 Coppermine 已经采用 1.6 V 的工作电压了。低电压能解决耗电过大和发热过高的问题，这对于笔记本电脑尤其重要。随着 CPU 的制造工艺与主频的提高，近年来各种 CPU 的工作电压有逐步下降的趋势。

4. 内存总线速度与扩展总线

内存总线速度（Memory Bus Speed）一般等同于 CPU 的外频。内存总线的速度对整个系统性能来说很重要，由于内存速度的发展滞后于 CPU 的发展速度，为了缓解内存带来的瓶颈，开发了二级（L2）缓存，来协调两者之间的差异，内存总线速度就是指 CPU 与二级高速缓存以及内存之间的工作频率。

扩展总线（Expansion Bus）指的是安装在微机系统上的局部总线。如 VESA 或 PCI 总线，它们是 CPU 联系外部设备的桥梁。

5. 地址总线宽度

地址总线宽度决定了 CPU 可以访问存储器的物理地址空间，简单地说就是 CPU 到底能够使用多大容量的内存。地址线的宽度为 20 位的微机，最多可以直接访问 1 MB 的物理空间，但是对于 386 以上的微机系统，地址线的宽度为 32 位，最多可以直接访问 4096 MB（4 GB）的物理空间。

6. 数据总线宽度

数据总线负责整个系统数据的传输，而数据总线宽度则决定了 CPU 与二级高速缓存、内存以及输入/输出设备之间一次数据传输的信息量。

7. 协处理器

协处理器主要的功能就是负责浮点运算。在 486 以前的 CPU 里面，是没有内置协处理器的，主板上可以另外加一个外置协处理器，其目的就是增强浮点运算的功能。486 以后的 CPU 一般都内置了协处理器，协处理器也不再局限于增强浮点运算功能，含有内置协处理器的 CPU，可以加快特定类型的数值计算，某些需要进行复杂计算的软件系统（如高版本的 AutoCAD）就需要协处理器支持。

8. 流水线技术和超标量

流水线（PipeLine）是 Intel 首次在 486 芯片中开始使用的技术。流水线的工作方式就像工业生产上的装配流水线。在 CPU 中由 5～6 个不同功能的电路单元组成一条指令处理流水线，然后将一条 80x86 指令分成 5～6 步后再由这些电路单元分别执行，这样就能实现在一个 CPU 时钟周期完成一条指令，因此提高了 CPU 的运算速度。超流水线是指 CPU 内部的流水线超过通常的 5～6 步以上，例如，Pentium Pro 的流水线就长达 14 步。将流水线的步（级）数设计得越多，其完成一条指令的速度就越快，因此才能适应工作主频更高的 CPU。

超标量是指在一个时钟周期内 CPU 可以执行一条以上的指令。只有 Pentium 级以上的 CPU 才具有这种超标量结构，这是因为现代的 CPU 越来越多地采用了精简指令集技术。80486 以下的 CPU 属于低标量结构，即在这类 CPU 内执行一条指令至少需要一个或一个以上的时钟周期。

9. 高速缓存

高速缓存(Cache)用来解决 CPU 与内存之间传输速度的匹配。分内置和外置两种,内置的高速缓存的容量和结构对 CPU 的性能影响较大,容量越大,性能也就相对较高。不过高速缓冲存储器均由静态 RAM 组成,结构较复杂,在 CPU 管芯面积不能太大的情况下,高速缓存的容量不可能做得太大。采用回写(Write Back)结构的高速缓存,它对读和写操作均有效,速度较快。而采用通写(Write Through)结构的高速缓存,仅对读操作有效。在 80486 以上的计算机中基本采用了回写式高速缓存。

10. 动态处理

动态处理是应用在高能奔腾处理器中的新技术,创造性地把三项专为提高处理器对数据的操作效率而设计的技术融合在一起。这三项技术是多路分流预测、数据流量分析和猜测执行。动态处理并不是简单执行一串指令,而是通过操作数据来提高处理器的工作效率。

(1)多路分流预测

多路分流预测通过几个分支对程序流向进行预测。采用多路分流预测算法后,处理器便可参与指令流向的跳转。它预测下一条指令在内存中位置的准确度可以高达 90% 以上。这是因为处理器在取指令时,还会在程序中寻找未来要执行的指令。这个技术可加速向处理器传送任务。

(2)数据流量分析

数据流量分析抛开原程序的顺序,分析并重排指令,优化执行顺序。处理器读取经过解码的软件指令,判断该指令能否处理或是否需与其他指令一并处理,然后,处理器再决定如何优化执行顺序以便高效地处理和执行指令。

(3)猜测执行

猜测执行是提前判断并执行有可能需要的程序指令,从而提高执行速度。当处理器执行指令时(每次五条),采用的是"猜测执行"的方法。这样可使 Pentium II 处理器超级处理能力得到充分的发挥,从而提升软件性能。被处理的软件指令是建立在猜测分支基础之上的,因此结果也就作为"预测结果"保留起来。一旦其最终状态能被确定,指令便可返回到其正常顺序并保持永久的机器状态。

11. 制造工艺

Pentium CPU 的制造工艺是 0.35 μm,Pentium II CPU 可以达到 0.25 μm,最新的 CPU 制造工艺可以达到 0.045 μm,并且将采用铜配线技术,可以极大地提高 CPU 的集成度和工作频率。

2.1.2　微处理器典型结构与功能

典型的微处理器的结构如图 2 - 1 所示。由图可见,微处理器主要由运算器、控制器和寄存器阵列组成。

(1)运算器:包括算术逻辑单元(ALU),用来对数据进行算术和逻辑运算,运算结果的一些特征由标志寄存器储存。

(2)控制器:包括指令寄存器、指令译码器以及定时与控制电路。根据指令译码的结果,以一定时序发出相应的控制信号,用来控制指令的执行。

（3）寄存器阵列：包括一组通用寄存器和专用寄存器。通用寄存器用来临时存放参与运算的数据，专用寄存器通常有指令指针 IP(或程序计数器 PC)和堆栈指针 SP 等。

在微处理器内部，这三部分之间的信息交换是采用总线结构来实现的，总线是各组件之间信息传输的公共通路，这里的总线称为"内部总线"(或称"片内总线")，用户无法直接控制内部总线的工作，因此内部总线是透明的。

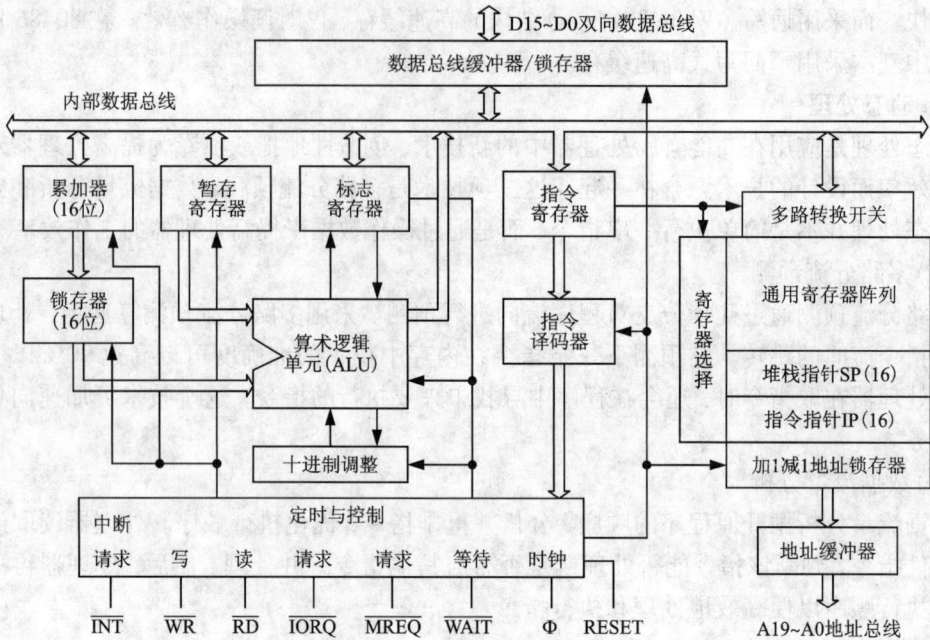

图 2-1　微处理器的典型结构

2.1.3　Intel 80x86 系列微处理器

美国 Intel 公司是目前世界上最有影响的处理器生产厂家，也是世界上第一个处理器芯片的生产厂家，其生产的 80x86 系列处理器一直是个人微机的主流处理器，该系列处理器的发展就是微型计算机发展的一个缩影。

1. 16 位 80x86 处理器

1971 年，Intel 公司生产的 4 位处理器芯片 4004 宣告了微型计算机时代的到来。1972年，Intel 公司开发了 8 位处理器 8008 芯片；1974 年，生产了 Intel 8080；1977 年，Intel 公司将 8080 及其支持电路集成在一块集成电路芯片上，形成了性能更高的 8 位处理器 8085。从1978 年开始，Intel 公司在其 8 位处理器基础上，陆续推出了 16 位结构的 8086、8088 和 80286（也可以表示成 Intel 286，本书采用 80286 这种形式）等处理器，它们在 IBM PC 系列机中获得广泛应用，被称为 16 位 80x86 处理器。

（1）8086

1978 年，Intel 公司推出 16 位 8086 处理器，这是该公司生产的第一个 16 位芯片。8086的数据总线为 16 位，地址总线为 20 位，主存容量为 1 MB，时钟频率为 5 MHz。8086 支持的所有指令，即指令系统(Instruction Set)成为整个 Intel 80x86 系列处理器的 16 位基本指令集。

为了方便与当时的 8 位外部设备连接，1979 年，Intel 公司推出准 16 位处理器 8088。8088 只是将外部数据总线设计为 8 位，内部仍保持 16 位结构，指令系统等都与 8086 相同。随后的 80186 和 80188 则分别是以 8086 和 8088 为核心并配以支持电路构成的芯片，但它们在 8086 指令系统的基础上增加了若干条实用指令，涉及堆栈、输入/输出、移位、乘法、支持高级语言等操作。

处理器芯片的对外引脚(Pin)用于与其他电路进行连接，以构成微型计算机。处理器引脚也常称为处理器总线(Bus)，主要由三组信号总线组成：数据总线(Data Bus，DB)、地址总线(Address Bus，AB)和控制总线(Control Bus，CB)。

数据总线是处理器与存储器或外设交换信息的通道，其个数(条数)就是一次能够传送数据的二进制位数，通常等于处理器字长。

地址总线用于指定存储器或外设的具体单元，其个数反映处理器能够访问的主存储器容量或外设范围。由于每个信号只能为高或低电平两种状态，对应 1 或 0 两种编码，所以对于 20 位地址信号线的 8086 来说，最多能够组合 2^{20} 个状态(编码)。每个编码就是一个地址，每个地址指示一个存储单元或 I/O 端口，其中包含一个字节(Byte)数据。这样，8086 的主存容量为 2^{20}B = 1024 × 1024B = 1024KB = 1MB，这里 1KB = 2^{10}B = 1024B。

控制总线用于控制处理器数据传送等操作，例如，存储器读信号($\overline{\text{MEMR}}$)有效说明处理器正在从存储器中读取信息，还有存储器写($\overline{\text{MEMW}}$)、外设读($\overline{\text{IOR}}$)、外设写($\overline{\text{IOW}}$)等信号。

(2)80286

1982 年，Intel 公司推出仍为 16 位结构的 80286 处理器，但地址总线扩展为 24 位，即主存储器具有 16MB 容量。80286 设计了与 8086 一样的工作模式——实模式(Real Mode)，还新增了保护模式(Protected Mode)。在实模式下，80286 相当于一个快速 8086。在保护模式下，80286 提供了存储管理、保护机制和多任务管理的硬件支持。这些传统上由操作系统实现的功能在处理器硬件支持下，使微机系统的性能得到极大提高。

2. IA - 32 处理器

IBM PC 系列机的广泛应用推动了处理器芯片的生产。Intel 公司在推出 32 位结构的 80386 处理器后，确定 80386 芯片的指令集结构(Instruction Set Architecture，ISA)为以后开发的 80x86 系列处理器的标准，称为 Intel 32 位结构(Intel Architecture - 32，IA - 32)。现在，Intel 公司的 80386、80486 以及 Pentium 各代处理器统称为 IA - 32 处理器或 32 位 80x86 处理器。

(1)80386

1985 年，Intel 80x86 微处理器进入第三代 80386。80386 处理器采用 32 位结构，数据总线为 32 位，地址总线也是 32 位，可寻址 4GB(1GB = 2^{30}B = 1024 MB)主存，时钟频率有 16、25 和 33 MHz。IA - 32 指令系统在兼容原 16 位 80286 指令系统的基础上，全面升级为 32 位，还新增了有关位操作、条件设置等指令。

80386 除保持与 80286 兼容外，又提供了虚拟 8086 工作模式(Virtual 8086 Mode)。虚拟 8086 模式是在保护模式下的一种特殊状态，类似于 8086 工作模式但又接受保护模式的管理，能够模拟多个 8086 处理器。32 位 PC 的 Windows 操作系统采用保护模式，其 MS - DOS 命令行(环境)就是虚拟 8086 模式，而早期采用的 DOS 操作系统是以实模式为基础建立的。

为了适应便携机的要求，Intel 公司在 1990 年生产的低功耗节能型芯片中，增加了一种新的工作状态：系统管理模式(System Management Mode, SMM)。它是指当处理器进入这种工作状态后，处理器会根据当时不同的使用环境，自动减速运行，甚至停止运行。这时处理器还可以控制其他部件停止工作，从而使微机的整体耗电降到最少。

(2)80486

1989 年，Intel 公司推出 80486 处理器。它的内部集成了 120 万个晶体管，最初的时钟频率为 25 MHz，但很快发展到 33 MHz 和 50 MHz。从结构上来说，80486 = 80386 + 80387 + 8KB Cache，即 80486 把 80386 处理器与 80387 数学协处理器和 8KB 高速缓冲存储器(Cache)集成在一个芯片上，使处理器的性能大大提高。

传统上，中央处理单元 CPU 主要是整数处理器。为了协助处理器处理浮点数据(实数)，Intel 公司设计了数学协处理器，后被称为浮点处理单元(Floating - point Processing Unit, FPU)。配合 8086 和 8088 整数处理器的数学协处理器是 8087，配合 80286 的是 80287，配合 80386 的是 80387。而从 80486 开始，FPU 已经被集成到处理器中。这样，IA - 32 处理器能够直接支持浮点数据的操作指令。

高速缓冲存储器是处理器与主存之间速度很快但容量较小的存储器，可以有效地提高整个存储器系统的存取速度。80486 不仅在芯片内部集成有 8 KB 第一级高速缓存(L1 Cache)，而且支持外部第二级高速缓存(L2 Cache)。

Intel 80x86 系列处理器是传统的复杂指令集计算机(Complex Instruction Set Computer, CISC)，它采用大量的、复杂的但功能强大的指令来提高性能。复杂指令一方面提高了处理器性能，另一方面却为进一步提高性能带来了麻烦。所以，人们又转而设计主要由简单指令组成的处理器，以期在新的技术条件下生产更高性能的处理器，这就是精简指令集计算机(Reduced Instruction Set Computer, RISC)。80486 及以后的 IA - 32 处理器吸取 RISC 技术特长并将其融入 CISC 中，同时采用流水线方式的指令重叠执行方法，使 80486 可以在一个时钟周期执行完一条简单指令。指令流水线技术是将指令的执行划分成多个步骤，在多个部件中独立地进行，这样使得多条指令可以在不同的执行阶段同时进行，就像工厂中的产品流水线一样。

80486 DX4 综合了此前所使用的所有技术，是 80486 处理器中最快的一种芯片。它采用时钟倍频(Clock Doubling)思想，将外部时钟频率 25 MHz 或 33 MHz 提高 3 倍作为内部工作时钟频率，形成 75 MHz 或 100 MHz 两款产品。以前的微机系统中，处理器的内部时钟频率和外部时钟频率是一样的。处理器的时钟频率提高了，系统的运行速度当然也就提高了。但是，当外部数据传输频率太高时，会给外围部件、主板等设计带来困难。为了既能尽量提高处理器的时钟频率以增强性能，又能迁就较慢速的外围部件，使高频率的处理器照样能够使用，Intel 公司使用了这种时钟倍频技术。

(3)Pentium

Pentium 芯片即俗称的 80586 处理器，因为数字很难进行商标版权保护的缘故而特意取名。其实，Pentium 是源于希腊文"pente"(数字 5)，再加上后缀 - ium(化学元素周期表中命名元素常用的后缀)变化而来的。同时，Intel 公司为其取了一个响亮的中文名称"奔腾"，并进行了商标注册。

Intel 公司于 1993 年制造成功 Pentium。其内部时钟频率有 120、133、166 和 200 MHz 等

多款，外部频率主要是 60 MHz 和 66 MHz。Pentium 虽然仍属于 32 位结构，但其与主存连接的外部数据总线却是 64 位的，这样大大提高了存取主存的速度。

Pentium 引入了超标量（Superscalar）技术，内部具有可以并行工作的两条整数处理流水线，可以达到每个时钟周期执行两条指令。Pentium 还将 L1 Cache 分成两个彼此独立的 8KB 代码和 8KB 数据高速缓冲存储器，即双路高速缓冲结构，这种结构可以减少争用 Cache 的情况。另外，Pentium 对浮点处理单元作了重大改进，包含了专用的加法、乘法和除法单元。Pentium 还对常用的简单指令直接用硬件逻辑实现，对指令的微代码进行了重新设计。这些都提高了 Pentium 的整体性能。

（4）Pentium Pro

Pentium Pro 于 1995 年正式推出，原来被称为 P6，中文名称为"高能奔腾"。Pentium Pro 由两个芯片组成：一是含 8KB 代码和 8KB 数据 L1 Cache 的 CPU，它由 550 万个晶体管构成；二是 CPU 上还封装了 256KB 或 512 KB 的 L2 Cache，它由 1550 万或 3100 万个晶体管构成。Pentium Pro 扩展了超标量技术，具有 12 级指令流水线，能同时执行 3 条指令。Pentium Pro 在处理器结构上的最大革新是采用了动态处理技术，以使处理器尽量繁忙，避免可能引起的流水线停顿。

（5）Pentium II

前面所述的各代 IA－32 处理器都新增了若干实用指令，但非常有限。为了顺应微机向多媒体和通信方向发展，Intel 公司及时在其处理器中加入了多媒体扩展（Mutli-Mediae Xtension，MMX）技术。MMX 技术于 1996 年正式公布，它在 IA－32 指令系统中新增了 57 条整数运算多媒体指令，可以用这些指令对图像、音频、视频和通信方面的程序进行优化，使微机对多媒体的处理能力较原来有了大幅度提升。MMX 指令应用于 Pentium 处理器就是 Pentium MMX（多能奔腾）。MMX 指令应用于 Pentium Pro 处理器就是 Pentium II，它于 1997 年推出。

在以往的结构中，L1 Cache 最快，在处理器内部与处理器同频工作；L2 Cache 次之，在主板上与主板同频（即处理器外部频率）工作。处理器与 L2 Cache 间的通道和处理器与系统其他部件间的通道共用一条 64 位总线，这就造成主板总线上数据传输混乱、拥挤；而且由于主板的总线工作频率远低于处理器内部主频（多倍关系），使得数据传输速度较慢。Pentium II 采用双重独立总线（Dual Independent Bus）结构，处理器与 L2 Cache 间单独使用一条 64 位的背侧总线，且其工作频率独自与处理器的主频保持 1/2 的关系。这样，便提高了 L2 Cache 的速度。Pentium II 内部 L1 Cache 增大为 32KB ＋32KB，L2 Cache 为 512 KB。对于 233/266/300/333 MHz 内频的 Pentium II，其外频是 66 MHz；后来，内频为 350/400/450 MHz 的 Pentium II 采用 100 MHz 外部频率。

（6）Pentium III

1999 年，针对因特网和三维多媒体程序的应用要求，Intel 公司在 Pentium II 的基础上又新增了 70 条 SSE（Streaming SIMD Extensions）指令（原称为 MMX－2 指令），开发了 Pentium III。SSE 指令侧重于浮点单精度多媒体运算，极大地提高了浮点 3D 数据的处理能力。SSE 指令类似于 AMD 公司发布的 3D Nowl 指令。由于这些多媒体指令具有显著的单指令多数据（Single Instruction Multiple Data，SIMD）处理能力，即一条指令可以同时进行多组数据的操作，所以现在统称为 SIMD 指令。

后来，Intel 公司又推出了代号"Coppermine（铜矿）"的改进型 Pentium III。它将半速于 CPU 的 L2 Cache 改成集成在 CPU 芯片中的全速 L2 Cache，集成了约 1000 万个晶体管，内频达到 1GHz，而外频是 133 MHz。

（7）Pentium 4

Pentium Pro、Pentium II 和 Pentium III 都基于 P6 微结构。2000 年 11 月，Intel 公司推出 Pentium 4。它采用全新的称为 NetBurst 的微结构，超级流水线达 20 级。最初的 Pentium 4 新增了 76 条 SSE2 指令集，侧重于增强浮点双精度多媒体运算能力。2003 年，新一代 Pentium 4 处理器又新增了 13 条 SSE3 指令，用于补充完善 SIMD 指令集。该处理器具有 1.25 亿个晶体管、3.4 GHz 时钟频率，L2 Cache 更是达到了前所未有的 1MB 容量。

处理器性能的提高依赖于新工艺和先进体系结构。半导体工艺水平决定了芯片的集成度和可以达到的时钟频率，而体系结构则决定了在相同集成度和时钟频率下处理器的执行效率，所以说体系结构对处理器至关重要。处理器的内部结构通常称为微体系结构或微结构（Microarchitecture）。

Pentium 4 一方面沿袭指令级并行（Instruction – Level Parallel，ILP）方法，通过进一步发掘指令之间可以同时执行的能力来提高性能，如其 NetBurst 微结构；另一方面通过开发线程级并行（Thread – Level Parallel，TLP）方法从更高层次发掘程序中的并行性来提高性能，如其超线程（Hyper Threading，HT）技术。进程（Process）是一段可以独立运行的程序，当一个进程被多个处理器以共享代码和地址空间的形式执行时称为线程（Thread）。在现在服务器应用程序、在线处理、Web 服务甚至桌面应用程序中都包含可以并行执行的多个线程。3.06GHz 的 Pentium 4 开始支持 HT 技术，它使一个物理处理器对操作系统来说看似有两个逻辑处理器，这就允许两个程序线程，不管有关还是无关都可以同时执行。

（8）Celeron 和 Xeon

为了满足不断发展的应用和市场需求，Intel 公司从 Pentium II 开始将同一代处理器产品进一步细分。面向低端（低价位 PC），Intel 公司推出 Celeron（赛扬）处理器；面向高端（服务器），Intel 公司推出 Xeon（至强）处理器。

Celeron 处理器采用减少高速缓存容量、改用低成本封装或降低时钟频率等方法来降低芯片成本，是同代处理器的简化版本，当然性能也有所降低。1998 年，Intel 公司推出首款 Celeron 处理器。它从 Pentium II 衍生而来，核心为 7500 万个晶体管，采用 0.25 pdm 制造工艺，内含 32KB L1 Cache，外部频率仍为 66 MHz。开始推出的 266 和 300 MHz 的 Celeron 处理器不含 L2 Cache，也就没有 Pentium II 的最大技术优势——双重独立总线结构，其性能略高于 233 MHz 的 MMX Pentium。后来推出的 300、333、366 和 533 MHz 的 Celeron 内置了 128KB L2 Cache，性能有了很大提高。2000 年 5 月，生产了基于 Pentium III 的 Celeron II 处理器。它采用 0.18 μm 制造工艺，内频有 533 和 566 MHz，但外频仍然保持为 66 MHz。2001 年，Celeron II 将外频提升为 100 MHz。基于 Pentium 4 等后续产品，同样也有低端 Celeron 处理器。

Xeon 处理器主要用于网络服务器或图形工作站，通过增加 Cache 容量、提高工作频率、支持多处理器、率先采用革新技术等方法提高性能，但价格也相应较高。另外，针对便携式 PC（笔记本电脑）要求功耗低、发热量小等特点，Intel 公司推出了 Pentium M（Mobile）系列处理器；还有 Centrino（迅驰）系列处理器产品，可以支持无线通信。

3. Intel 64 处理器

信息时代的应用对微型计算机性能提出了越来越高的要求,尤其随着互联网和电子商务的发展,人们对服务器的性能提出了更高的要求,32 位处理器已不能适应这一要求。

当前,Intel、AMD、IBM、Sun 等厂商已陆续设计并推出了多种采用 RISC 结构的 64 位处理器。但是,这些 64 位处理器主要面向服务器和工作站等高端应用,不能兼容通用 PC。例如,Intel 公司于 2000 年推出 64 位 Itanium(安腾)处理器,2002 年又推出 Itanium 2 处理器。它们采用了 Intel 和 HP 公司联合开发的显式并行指令计算(Explicitly Parallel Instruction Computing,EPIC)技术。Intel 公司称该处理器的指令集结构为 Intel 64 位(IA－64)结构,以区别于原来的 Intel 32 位(IA－32)结构。虽然这两个名称似乎有继承性,但实际上 IA－64 结构不是 IA－32 结构的 64 位扩展。Itanium 处理器利用超长指令字(Very Long Instruction Word,VLIW)技术,主要依靠软件提高指令级并行性;而 IA－32 处理器利用超标量技术,主要借助硬件提高指令级并行性。

(1)Intel 64 结构

一直以来,80x86 处理器的更新换代都保持与早期处理器的兼容,以便继续使用现有的软硬件资源。但是,Intel 公司迟迟没有将 80x86 处理器扩展为 64 位,这给了 AMD 公司一个机会。AMD 公司是生产 IA－32 处理器兼容芯片的厂商,是 Intel 公司最主要的竞争对手。AMD 公司的 IA－32 兼容处理器,其价格低于 Intel,但性能却没有超越 Intel。于是,AMD 公司于 2003 年 9 月率先推出支持 64 位、兼容 80x86 指令集结构的 Athlon 64 处理器(K8 核心),将桌面 PC 引入了 64 位领域。

2004 年,在 PC 用户对 64 位技术的企盼和 AMD 公司 64 位处理器的压力下,Intel 公司推出了扩展存储器 64 位技术(Extended Memory 64 Technology,EM64T)。EM64T 技术是 IA－32 结构的 64 位扩展,首先应用于支持超线程技术的 Pentium 4 终极版(支持双核技术)和 6xx 系列 Pentium 4 处理器。随着 EM64T 技术的出现,IA－32 指令系统也扩展成为 64 位,称为 Intel 64 结构。

Intel 64 结构为软件提供了 64 位线性地址空间,支持 40 位物理地址空间。IA－32 处理器支持保护模式(含虚拟 8086 方式)、实地址模式和系统管理 SMM 模式,Intel 64 结构则引入了一个新的工作模式:32 位扩展工作模式(IA－32e)。IA－32e 除有一个运行 32 位和 16 位软件的兼容方式外,还有一个 64 位模式。在 64 位工作模式下,允许 64 位操作系统运行存取 64 位地址空间的应用程序,还可以存取 8 个附加的通用寄存器、8 个附加的 SIMD 多媒体寄存器、64 位通用寄存器和 64 位指令指针等。

(2)Intel Core 微结构

桌面 PC 具有快速处理器和性能较高的特点,这是因为它使用先进的微结构,但同时体积、功耗和发热量都很大。而可移动设备却需要在性能与物理封装、电池寿命和冷却方面进行折中。过去,Intel 公司使用 NetBurst 微结构支持高性能计算,使用 Pentium M 微结构支持移动应用。现在,Intel Core(酷睿)微结构同时提高了性能并降低了功耗,成为新一代 Intel 80x86 结构的多核处理器的基础,可以同时适用于桌面、移动和服务器领域。

Core 微结构引入了许多特性,用以支持单线程和多线程任务。例如,宽的动态执行核心、先进的智能 Cache、智能存储器存取和先进的数字媒体增强技术。

(3)多核技术

　　多核(Multi - core)技术是在一个集成电路芯片上制作了两个或多个处理器执行核心,是另一种提升 IA - 32 处理器硬件多线程能力的技术。

　　Intel 公司的奔腾处理器系列基于 NetBurst 微结构实现多核技术。例如,Intel Pentium 至尊版处理器是第一个引入多核技术的 IA - 32 系列处理器,它有两个物理处理器核心,每个处理器核心都包含超线程技术,共支持 4 个逻辑处理器。Intel Pentium D 处理器也具有多核技术,它提供两个处理器核心,但不支持超线程技术。

　　Intel Core Duo 处理器是基于 Pentium M 微结构的多核处理器,Intel 酷睿系列处理器才是基于 Intel Core 微结构的多核处理器,例如,Intel Core 2 Duo 处理器支持双核,Intel Core 2 Quad 处理器则支持 4 核。

　　Intel 公司充分利用集成电路生产的先进技术和处理器结构的革新技术,推出了多种 Intel 80x86 系列处理器芯片。就目前的发展来看,Intel 公司正在利用单芯片多处理器技术生产双核、4 核等多核处理器,并逐渐推广支持 64 位处理器和 64 位软件的微型计算机。

2.2　8086 微处理器的功能结构

2.2.1　8086 微处理器的内部结构

　　8086 微处理器的内部结构如图 2 - 2 所示。按功能可分为两个独立的处理单元:总线接口单元(Bus Interface Unit, BIU)和执行单元(Execution Unit, EU)。

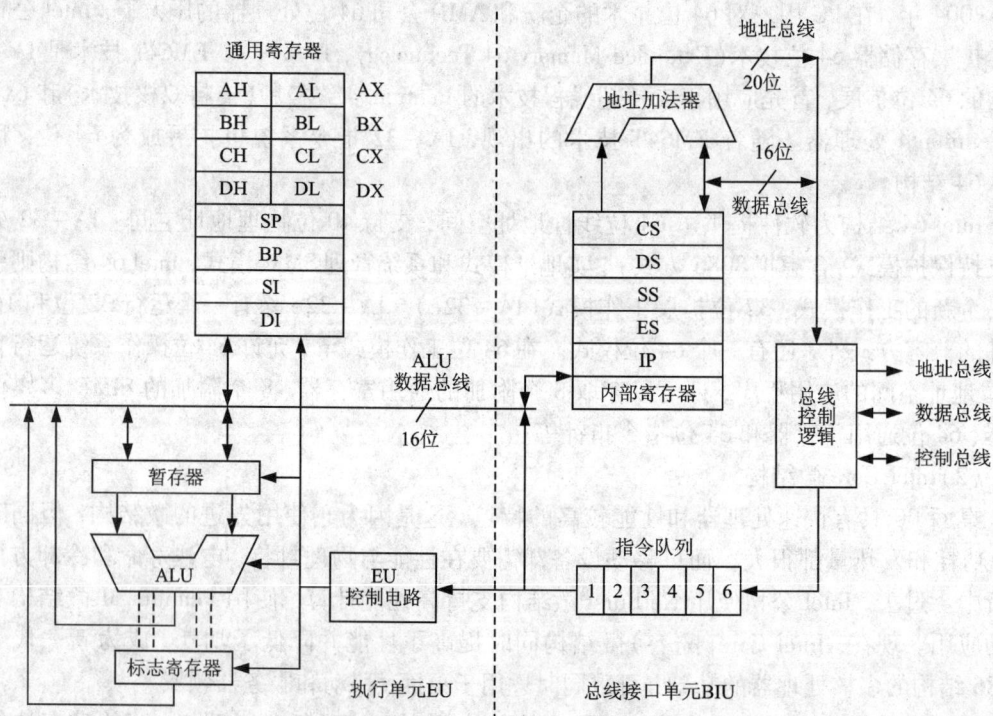

图 2 - 2　8086 微处理器内部结构示意图

1. 总线接口单元

总线接口单元(BIU)由内部寄存器、地址加法器、总线控制逻辑和指令队列等组成。BIU 负责从内存指定区域取出指令送到指令队列中排队;执行指令时所需要的操作数(内存操作数和 I/O 端口操作数)也由 BIU 从相应的内存区域或 I/O 端口中取出,传送给执行部件(EU)。指令执行的结果如果需要存入内存或 I/O 端口,也由 BIU 写入相应的内存区域或 I/O 端口。总之,BIU 的功能是:同外部总线连接,为 EU 和内存(及外设接口)之间提供信息通路。

2. 执行单元

执行单元(EU)由通用寄存器、标志寄存器、算术逻辑单元(ALU)和 EU 控制电路等组成。EU 有如下功能:从 BIU 的指令队列中获得指令,然后执行该指令,完成指令所规定的操作;用来对寄存器内容和指令操作数进行算术和逻辑运算,以及进行内存有效地址的计算;负责全部指令的执行,向 BIU 提供数据和所需访问的内存或 I/O 端口的地址,并对通用寄存器、标志寄存器和指令操作数进行管理。

由于 EU 和 BIU 这两个功能部件能相互独立地进行工作,并在大多数情况下,能使大部分的取指令和执行指令重叠进行。这样 EU 执行的是 BIU 在前一时刻取出的指令,与此同时,BIU 又取出 EU 在下一时刻要执行的指令。所以,在大多数情况下,取指令所需的时间"消失"了(隐含在上一指令的执行之中),大大减少了等待取指令所需的时间,提高了微处理器的利用率和整个系统的执行速度。

2.2.2 8086 的寄存器组

8086 微处理器内部共有 14 个 16 位寄存器,包括通用寄存器、指令指针寄存器、标志寄存器和段寄存器。8086 CPU 内部寄存器如图 2 - 3 所示。

1. 通用寄存器

8086 共有 8 个通用寄存器,即:AX、BX、CX、DX、SP、BP、DI、SI。按它们的功能差别,又可以分为两组:一组是通用数据寄存器;另一组是指令指针和变址寄存器。

(1)通用数据寄存器

通用数据寄存器用来暂时存放计算过程中所用到的操作数、结果或其他信息。既可作为 16 位数据寄存器使用,也可作为 2 个 8 位数据寄存器使用。当用作 16 位时,称为 AX、BX、CX、DX。当用作 8 位时,AH、BH、CH、DH 存放高字节,AL、BL、CL、DL 存放低字节,并且可独立寻址。这样,4 个 16 位寄存器就可当作 8 个 8 位寄存器来使用。这 4 个寄存器都是通用寄存器,但它们又可以用于各自的专用目的。

AX(Accumulator)作为累加器用,所以它是算术运算的主要寄存器。在乘、除等指令中指定用来存放操作数。另外,所有的 I/O 指令都使用这一寄存器与外部设备传送信息。

15	87	0	名称
AH	AX	AL	累加器
BH	BX	BL	基址变址
CH	CX	CL	计数
DH	DX	DL	数据
	SP		堆栈指针
	BP		基址指针
	DI		目的变址
	SI		源变址
	IP		指令指针
	FLAGS		标志
	CS		代码
	DS		数据
	SS		堆栈
	ES		附加

图 2 - 3 8086 CPU 内部寄存器

BX(Base)可以作为通用寄存器使用。此外在计算存储器地址时,它经常用作基址寄存器。

CX(Count)可以作为通用寄存器使用。此外常用来保存计数值,如在移位指令、循环(Loop)和串处理指令中用作隐含的计数器。

DX(Data)可以作为通用寄存器使用。一般在作双字长运算时把 DX 和 AX 组合在一起存放一个双字长数据,DX 用来存放高位字。此外,对某些 I/O 操作,DX 可用来存放 I/O 端口的地址。

(2)指针寄存器和变址寄存器

SP、BP、SI、DI 四个 16 位寄存器可以像通用数据寄存器一样在运算过程中存放操作数,但它们只能以字(16 位)为单位使用。此外,它们更常见的用途是在存储器寻址时,提供偏移地址。因此,它们可称为指针或变址寄存器。在这些寄存器中,SP(Stack Pointer)称为堆栈指针寄存器。BP(Base Pointer)称为基址指针寄存器,它可以与堆栈段寄存器 SS 联用来确定堆栈段中的某一存储单元的地址。SP 用来指示栈顶的偏移地址,BP 可作为堆栈区中的一个基地址以便访问堆栈中的信息。SI(Source Index)源变址寄存器和 DI(Destination Index)目的变址寄存器一般与数据段寄存器 DS 联用,用来确定数据段中某一存储单元的地址。这两个变址寄存器有自动增量和自动减量的功能,所以用于变址是很方便的。在串处理指令中,SI和 DI 作为隐含的源变址和目的变址寄存器,此时 SI 和 DS 联用,DI 和附加段寄存器 ES 联用,分别达到在数据段和附加段中寻址的目的。

2. 指令指针寄存器

指令指针寄存器 IP(Instruction Pionter)用来存放代码段中的偏移地址。在程序运行的过程中,IP 中存放的是 BIU 要取的下一条指令的偏移地址。它具有自动加 1 功能,每当执行一次取指令操作时,它将自动加 1,使它指向要取的下一内存单元,每取一个字节后 IP 内容加 1,而取一个字后 IP 内容则加 2。某些指令可使 IP 值改变,某些指令还可使 IP 值压入堆栈或从堆栈中弹出。

程序员不能对 IP 进行存取操作。程序中的转移指令、返回指令以及中断处理能对 IP 进行操作。

3. 标志寄存器

标志寄存器 FLAGS 是 16 位的寄存器,但 8086 只使用了 9 位,其格式如图 2-4 所示。9 个标志位中有 6 个为状态标志位,3 个为控制标志位,状态标志位是当一些指令执行后,表征所产生数据的一些特征。而控制标志位则可以由程序写入,以控制处理机状态或程序执行方式。

D15	D14	D13	D12	D11	D10	D9	D8	D7	D6	D5	D4	D3	D2	D1	D0
				OF	DF	IF	TF	SF	ZF		AF		PF		CF

图 2-4　标志寄存器格式

(1)状态标志位的功能

①进位标志 CF(Carry Flag)。运算过程中最高位有进位或借位时,CF 置 1;否则置 0。

②奇偶标志 PF(Parity Flag)。该标志位反映运算结果低 8 位中 1 的个数情况,若为偶数个 1,则 PF 置 l;否则置 0。它是早期 Intel 微处理器在数据通信环境中校验数据的一种手段。今天,奇偶校验通常由数据存储和通信设备完成,而不是由微处理器完成。所以,这个标志位在现代程序设计中很少使用。

③辅助进位标志 AF(Auxiliary carry Flag)。辅助进位标志也称"半进位"标志。若运算结果低 4 位中的最高位有进位或借位,则 AF 置 1;否则置 0。AF 一般用于 BCD 运算时是否进行十进制调整的依据。

④零标志 ZF(Zero Flag)。反映运算结果是否为零。若结果为零,则 ZF 置 1;否则置 0。

⑤符号标志 SF(Sign Flag)。记录运算结果的符号。若结果为负,则 SF 置 1;否则置 0。SF 的取值总是与运算结果的最高位相同。

⑥溢出标志 OF(Overflow Flag)。反映有符号数运算结果是否发生溢出。若发生溢出,则 OF 置 1;否则置 0。所谓溢出,是指运算结果超出了计算装置所能表示的数值范围。例如,对于字节运算,数值表示范围为 $-128 \sim +127$;对于字运算,数值表示范围为 $-32768 \sim +32767$。若超过上述范围,则发生了溢出。溢出是一种差错,系统应做相应的处理。

在机器中,溢出标志的判断逻辑式为"OF = 最高位进位⊕次高位进位"。

注意:"溢出"与"进位"是两种不同的概念。某次运算结果有"溢出",不一定有"进位";反之,有"进位",也不一定发生"溢出"。另外,"溢出"标志实际上是针对有符号数运算而言,对于无符号数运算,不考虑溢出标志。

下面,通过具体例子来进一步熟悉这六个状态标志的功能定义。

例 2 - 1　执行如下两条指令后,请指出标志寄存器中各状态标志的值。

```
MOV   AX, 42C5H
ADD   AX, 6A53H
```

上述两条指令执行后,在 CPU 中将完成如下二进制运算:

```
    0100 0010 1100 0101
+   0110 1010 0101 0011
    1010 1101 0001 1000
```

根据前面给出的六个状态标志的功能定义,可得:

CF = 0　　　　　;运算结果最高位无进位
PF = 1　　　　　;运算结果低 8 位中 1 的个数为偶数
AF = 0　　　　　;运算结果低 4 位中最高位无进位
ZF = 0　　　　　;运算结果不为零
SF = 1　　　　　;SF 与运算结果的最高位相同
OF = 1　　　　　;最高位进位⊕次高位进位 = 0⊕l = 1

在本例中可以看到进位标志 CF 和溢出标志 OF 的情况。这里,进位标志 CF = 0,但 OF = 1,说明有符号数运算时发生了溢出。

(2)控制标志的功能

①方向标志 DF (Direction Flag)。用来控制串操作指令的执行。若 DF = 0,则串操作指令的地址自动增量修改,串数据的传送过程是从低地址到高地址的方向进行;若 DF = 1,则串操作指令的地址自动减量修改,串数据的传送过程是从高地址到低地址的方向进行。

②中断标志 IF(Interrupt Flag)。用来控制对外部可屏蔽中断请求的响应。若 IF = 1,则

CPU 响应外部可屏蔽中断请求；若 IF = 0，则 CPU 不响应外部可屏蔽中断请求。

③陷阱标志 TF（Trap Flag）。陷阱标志也称单步标志。当 TF = 1 时，CPU 处于单步执行方式；当 TF = 0 时，则 CPU 处于连续执行方式。单步执行方式常用于程序的调试。

4. 段寄存器

8086 系统中可把直接寻址的 1MB 内存空间划分为"段"（Segment）的逻辑区域，每个段的最大物理长度为 64KB，而段的起始地址则由"段寄存器"（Segment Register）的 4 个 16 位寄存器决定，这 4 个段寄存器为：

①代码段寄存器 CS（Code Segment）。代码段是一个存储区域，用以保存微处理器使用的程序代码。代码段寄存器定义代码段的起始地址。在实模式下工作时，它定义一个程序段的起点；在保护模式下工作时，它选择一个描述代码段起始地址、长度及其他一些必要的属性信息（如可读、可写或可被执行等）的描述符。

②数据段寄存器 DS（Data Segment）。数据段是包含程序所使用的大部分数据的存储区。与代码段寄存器 CS 类似，数据段寄存器 DS 用以定义数据段的起始地址。

③附加段寄存器 ES（Extra Segment）。附加段是为某些串操作指令存放目的操作数而附加的一个数据段。附加段寄存器 ES 用以定义附加段的起始地址。

④堆栈段寄存器 SS（Stack Segment）。堆栈是微型计算机存储器中的一个特殊存储区，用以暂时存放程序运行中的一些数据和地址信息。堆栈段寄存器 SS 定义堆栈段的首地址。由堆栈段寄存器 SS 和堆栈指针寄存器 SP 确定堆栈段内的存取地址。

2.2.3 8086 的存储器组织

存储器是计算机存储信息的地方。程序运行所需要的数据、程序执行的结果以及程序本身均保存在存储器中。

1. 数据的存储格式

计算机存储信息的基本单位是二进制位（Bit），一个位可存储一位二进制数：0 或 1。8 个二进制位组成一个字节（Byte），书写时位编号由右向左从 0 开始递增计数为 D7 ~ D0，如图 2 – 5 所示。8086 字长为 16 位，由 2 个字节组成，称为一个字（Word），位编号自右向左为 D15 ~ D0。80386 字长为 32 位，由 4 个字节组成，叫做双字（Double Word），位编号自右向左为 D31 ~ D0。其中最低位称为最低有效位 LSB（Least Significant Bit），即 D0 位；最高位称为最高有效位（Most Significant Bit，MSB），对应字节、字、双字分别指 D7、D15、D31 位。

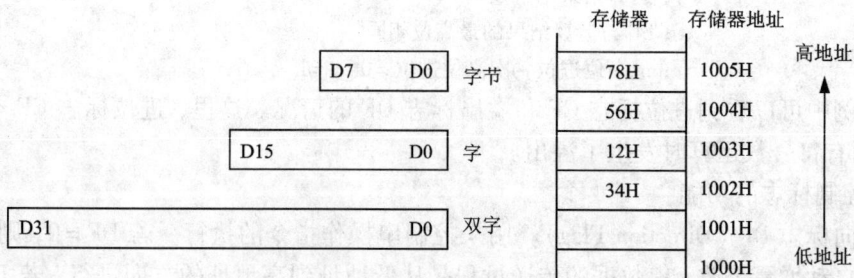

		存储器	存储器地址	
D7	D0 字节	78H	1005H	高地址
		56H	1004H	↑
D15	D0 字	12H	1003H	
		34H	1002H	
D31	D0 双字		1001H	低地址
			1000H	

图 2 – 5 8086 的存储格式

在存储器里以字节为单位存储信息。为了区别每个字节单元,将它们编号,称为存储器地址。地址编号从 0 开始,顺序加 1,是一个无符号二进制整数,常用十六进制数表示。

一个存储单元存放的信息称为该存储单元的内容,图 2-5 表示在 1002H 地址的存储器中存放的信息为 34H,表示为:

[1002H] = 34H, 或(1002H) = 34H

每个存储单元的内容是一个字节,而很多数据是以字或双字为单位表示的,在存储器中如何存放一个字或双字呢? 字或双字在存储器中占相邻的 2 个或 4 个存储单元;存放时,低字节存入低地址,高字节存入高地址;字或双字单元的地址用它的低地址来表示。Intel 80x86 处理器采用的这种“低字节对低地址、高字节对高地址”的存储形式,被称为“小端方式”(Little Endian)。“低字节对高地址、高字节对低地址”存储方式的“大端方式”(Big Endian)也有其他处理器采用。

例如,图 2-5 中,在 1002H 地址的存储器中:

“字”单元的内容为:[1002H] = 1234H

“双字”单元的内容为:[1002H] = 78561234H

因此,同一个地址既可以看做字节单元的地址,也可以看做字单元的地址,还可以看做是双字单元的地址,这要根据具体情况来确定。

字节单元的地址可以任意,但将字单元安排在偶地址(xxx0B)、双字单元安排在模 4 地址(能被 4 整除的地址,即 xx00B),被称为“地址对齐”(Align)。一般来说,对 $N(N=2、4、8、16、\cdots)$ 字节数据,如果安排其存储单元的起始地址能够被 N 整除,则地址对齐。对于不对齐地址的数据,处理器访问时,需要额外的访问存储器时间。所以,通常应该将数据的地址对齐,以取得较高的存取速度。当然,这可能要浪费存储空间。

2. 存储器分段技术

实模式下 CPU 可直接寻址的地址空间为 $2^{20} = 1MB$ 单元。这就是说,CPU 需输出 20 位地址信息才能实现对 1MB 单元存储空间的寻址。但实模式下 CPU 中所使用的寄存器均是 16 位的,内部 ALU 也只能进行 16 位运算,其寻址范围局限在 $2^{16} = 64$ KB 单元。为了实现对 1MB 单元的寻址,8086 系统采用了存储器分段技术。具体做法是,将 1MB 的存储空间分成许多逻辑段,每段最长 64 KB 单元,可以用 16 位地址码进行寻址。每个逻辑段在实际存储空间中的位置是可以浮动的,其起始地址可由段寄存器的内容来确定。实际上,段寄存器中存放的是段起始地址的高 16 位,称之为“段基值”(Segment Base Value)。

前已指出,80x86 系列微处理器中设置了 4 个 16 位的段寄存器。它们分别是代码段寄存器 CS、数据段寄存器 DS、附加段寄存器 ES、堆栈段寄存器 SS。由于设置有 4 个段寄存器,因此任何时候 CPU 可以定位当前可寻址的 4 个逻辑段,分别称为当前代码段、当前数据段、当前附加段和当前堆栈段。当前代码段的段基值(即段基地址的高 16 位)存放在 CS 寄存器中,该段存放程序的可执行指令;当前数据段的段基值存放在 DS 寄存器中,当前附加段的段基值存放在 ES 寄存器中,这两个段的存储空间存放程序中参加运算的操作数和运算结果;当前堆栈段的段基值存放在 SS 寄存器中,该段的存储空间用作程序执行时需要的存储器堆栈。

需要说明的是,各个逻辑段在实际的存储空间中可以完全分开,也可以部分重叠,甚至完全重叠。这种灵活的分段方式如图 2-6 所示。另外,段的起始地址的计算和分配通常是由系统完成的,并不需要普通用户参与。

3.实模式下的存储器寻址

(1)物理地址与逻辑地址

在有地址变换机构的计算机系统中,每个存储单元可以看成具有两种地址:物理地址和逻辑地址。物理地址是信息在存储器中实际存放的地址,它是 CPU 访问存储器时实际输出的地址。例如,实模式下的 80x86 系统的物理地址是 20 位,存储空间为 $2^{20} = 1MB$ 单元,地址范围从 00000H 到 FFFFFH。CPU 和存储器交换数据时所使用的就是这样的物理地址。

逻辑地址是编程时所使用的地址。或者说程序设计时所涉及的地址是逻辑地址而不是物理地址。编程时不需要知道产生

图 2-6 逻辑段在物理存储器中的位置

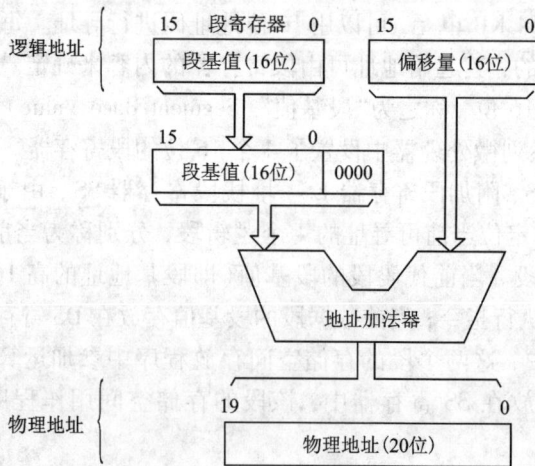

的代码或数据在存储器中的具体物理位置。这样可以简化存储资源的动态管理。在实模式下的软件结构中,逻辑地址由"段基值"和"偏移量"两部分构成。前已提及,"段基值"是段的起始地址的高 16 位。"偏移量"(Offset)也称偏移地址,它是所访问的存储单元距段的起始地址之间的字节距离。给定段基值和偏移量,就可以在存储器中寻址所访问的存储单元。

在实模式下,"段基值"和"偏移量"均是 16 位的。"段基值"由段寄存器 CS、DS、SS 和 ES 提供;"偏移量"由 BX、BP、SP、SI、DI、IP 或以这些寄存器的组合形式来提供。

(2)实模式下物理地址的产生

实模式下 CPU 访问存储器时的 20 位物理地址可由逻辑地址转换而来。具体方法是,将段寄存器中的 16 位"段基值"左移 4 位(低位补 0),再与 16 位的"偏移量"相加,即可得到所访问存储单元的物理地址,如图 2-7 所示。

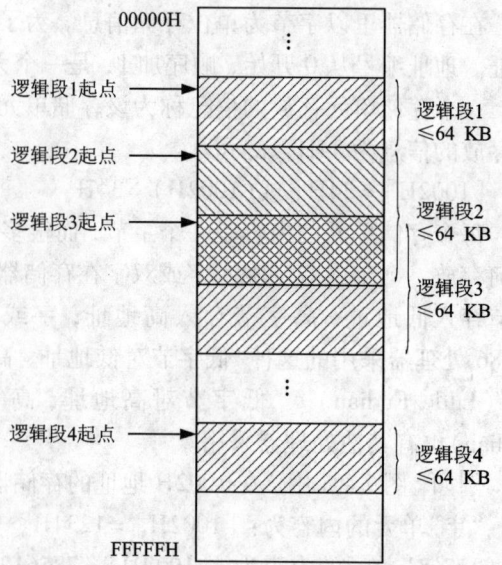

图 2-7 实模式下物理地址的产生

上述由逻辑地址转换为物理地址的过程也可以表示成如下计算公式：

$$物理地址 = 段基值 \times 16 + 偏移量$$

上式中的"段基值 $\times 16$"在微处理器中是通过将段寄存器的内容左移 4 位（低位补 0）来实现的，与偏移量相加的操作则由地址加法器来完成。

例 2 – 2 设数据段寄存器 DS 的内容为 5678H，基址寄存器 BX 的内容为 0722H，即 DS = 5678H，BX = 0722H，则访问数据段存储单元的物理地址计算如下：

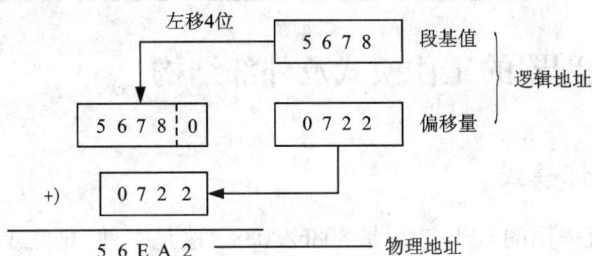

例 2 – 3 设代码段寄存器 CS 的内容为 3456H，指令指针寄存器 IP 的内容为 0022H，即 CS = 3456H，IP = 0022H，则访问代码段存储单元的物理地址计算如下：

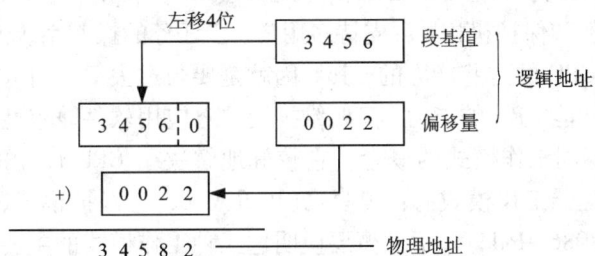

需注意的是，每个存储单元有惟一的物理地址，但它可以由不同的"段基值"和"偏移量"转换而来，这只要把段基值和偏移量改变为相应的值即可。也就是说，同一个物理地址可以由不同的逻辑地址来构成。或者说，同一个物理地址与多个逻辑地址相对应。例如，段基值为 0040H，偏移量为 0016H，构成的物理地址为 00416H；然而，若段基值改变为 0041H，偏移量为 0006H，其物理地址仍然是 00416H。

上述由段基值（段寄存器的内容）和偏移量相结合的存储器寻址机制也称为"段加偏移"寻址机制，所访问的存储单元的地址常被表示成"段基值：偏移量"的形式。例如，若段基值为 4000H，偏移量为 1000H，则所访问的存储单元的地址为 4000H：1000H。

在"段加偏移"的寻址机制中，微处理器有一套用于定义各种寻址方式中段寄存器和偏移地址寄存器的组合规则。例如，代码段寄存器总是和指令指针寄存器组合用于寻址程序的一条指令。代码段寄存器定义代码段的起点，指令指针寄存器指示代码段内指令的位置。这种组合（CS：IP）定位微处理器执行的下一条指令。例如，若 CS = 3000H，IP = 2000H，则微处理器从存储器的 3000H：2000H 单元，即 32000H 单元取下一条指令。8086 微处理器各种默认的 16 位"段加偏移"寻址组合方法如表 2 – 1 所示。

表 2 – 1   默认的 16 位"段加偏移"寻址组合

段寄存器	偏移地址寄存器	主要用途
CS	IP	指令地址
SS	SP 或 BP	堆栈地址
DS	BX、DI、SI、8 位或 16 位数	数据地址
ES	操作指令的 DI	串操作目的地址

2.3　80x86 微处理器的工作模式及外部结构

2.3.1　80x86 的工作模式

早期的 IBM PC 机采用的 CPU 芯片是 8086/8088，这是一种 16 位或准 16 位的微处理器，其最大寻址空间为 1MB 单元，它所支持的操作系统是单用户、单任务的 MS – DOS 操作系统。这就决定了只要在 MS – DOS 下开发的应用软件，其寻址和处理方式必须符合 8086/8088 标准。随着微处理器和计算机技术的发展，CPU 的数据宽度和寻址能力迅速增加。如奔腾系列的微处理器，其内部运算为 32 位，外部数据宽度可达 64 位，寻址能力达 4GB 单元以上，片内集成有存储管理部件和保护机构，可支持多用户、多任务的操作系统。然而在 DOS 操作系统下是无法充分利用 CPU 的这些能力的，其原因就是要与过去 DOS 下开发的应用软件兼容。

为了既能发挥高性能 CPU 的能力，又要维护用户对应用软件兼容性的要求，自 80286 开始，出现了微处理器不同工作模式的概念。它较好地解决了 CPU 性能的提高与兼容性之间的矛盾。常见的微处理器工作模式有：实模式(Real Mode)、保护模式(Protected Mode)、虚拟 8086 模式(Virtual 8086 Mode)。下面概要说明这三种工作模式的主要特征。

1. 实模式

所谓实模式，简单地说就是 80286 以上的微处理器所采用的 8086 的工作模式。在实模式下，采用类似于 8086 的体系结构，其寻址机制、中断处理机制均和 8086 相同；物理地址的形成也同 8086 一样——将段寄存器的内容左移 4 位再与偏移地址相加(后面将详述)；寻址空间为 1 MB，并采用分段方式，每段大小最多为 64 KB；此外，在实模式下，存储器中保留两个专用区域，一个为初始化程序区：FFFF0H ~ FFFFFH，存放进入 ROM 引导程序的一条跳转指令；另一个为中断向量表区：00000H ~ 003FFH，在这 1KB 的存储空间中存放 256 个中断服务程序的入口地址，每个入口地址占 4 个字节，这与 8086 的情形相同。

实模式是 80x86 处理器在加电或复位后立即出现的工作方式，即使是想让系统运行在保护模式，系统初始化或引导程序也需要在实模式下运行，以便为保护模式所需要的数据结构做好各种配置和准备。也可以说，实模式是为建立保护式做准备的工作模式。

2. 保护模式

保护模式是支持多任务的工作模式，它提供了一系列的保护机制，如任务地址空间的隔离、设置特权级、执行特权指令、进行访问权限的检查等，这些功能是实现 Windows 和 Linux 这些现代操作系统的基础。

80386 以上的微处理器在保护模式下可以访问 4GB 的物理存储空间，段的长度在启动分页功能时是 4GB，不启动分页功能时是 1MB，分页功能是可选的。在这种方式下，可以引入虚拟存储器的概念，用以扩充编程者所使用的地址空间。

3. 虚拟 8086 模式

虚拟 8086 模式又称"V86 模式"，是一种特殊的保护模式。它是既有保护功能又能执行 8086 代码的工作模式，是一种动态工作模式。在这种工作模式下，处理器能够迅速、反复进行 V86 模式和保护模式之间的切换，从保护模式进入 V86 模式执行 8086 程序，然后离开 V86 模式，进入保护模式继续执行原来的保护模式程序。

三种工作模式之间的转换如图 2－8 所示。

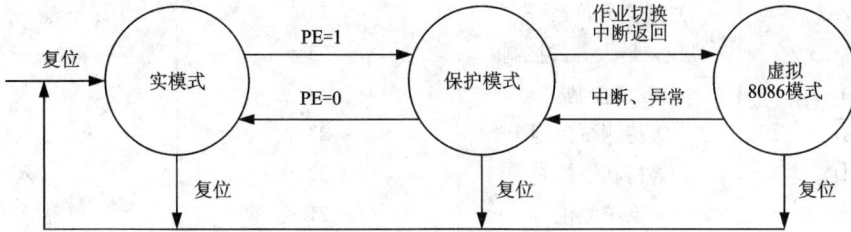

注：①PE——保护模式允许，是80x86控制寄存器CR0的一位；
　　②异常——80286以上的处理器中，称"内部中断"为异常(Exception)

图 2－8　三种工作模式的转换

2.3.2　8086 的引脚信号和功能

8086 微处理器是 Intel 公司的第三代微处理器——16 位微处理器。它采用 40 条引脚的 DIP(Dual In－line Package，双列直插)封装。8086 的引脚如图 2－9 所示。

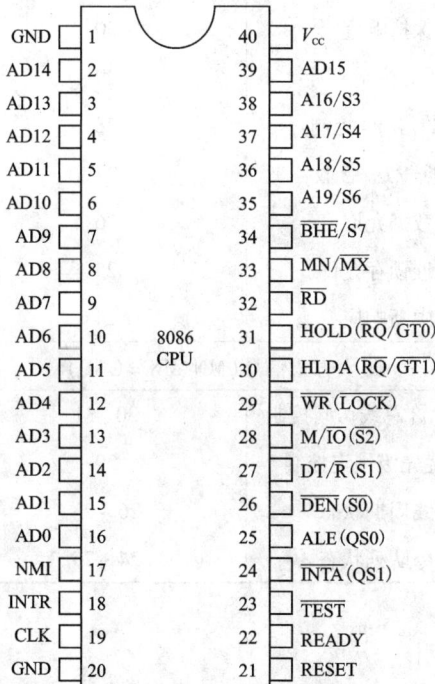

图 2－9　8086 的引脚图

　　8086 微处理器的引脚信号定义如表 2 - 2 所示。8086 的 40 条引脚信号按功能可分为 4 部分——地址总线、数据总线、控制总线以及其他(时钟与电源)。

表 2 - 2　8086 引脚定义

公用信号			
名称	功能	引脚号	信号类型
AD15 ~ AD0	地址/数据总线	2 ~ 16、39	双向、三态
A19/S6 ~ A16/S3	地址/状态总线	35 ~ 38	输出、三态
$\overline{BHE}$/S7	总线高允许/状态	34	输入
MN/$\overline{MX}$	最小/最大方式控制	33	输出、三态
$\overline{RD}$	读控制	32	输入
$\overline{TEST}$	等待测试控制	23	输入
READY	等待状态控制	22	输入
RESET	系统复位	21	输入
NMI	不可屏蔽中断请求	17	输入
INTR	可屏蔽中断请求	18	输入
CLK	系统时钟	19	输入
V_{CC}	+5V 电源	40	输入
GND	接地	1、20	
最小方式信号($MN/\overline{MX} = V_{CC}$)			
HOLD	保持请求	31	输入
HLDA	保持响应	30	输出
$\overline{WR}$	写控制	29	输出、三态
M/$\overline{IO}$	存储器/IO 控制	28	输出、三态
DT/$\overline{R}$	数据发送/接收	27	输出、三态
$\overline{DEN}$	数据允许	26	输出、三态
ALE	地址锁存允许	25	输出
$\overline{INTA}$	中断响应	24	输出
最大方式信号($MN/\overline{MX} = GND$)			
$\overline{RQ}/\overline{GT1}$、$\overline{RQ}/\overline{GT0}$	请求/允许总线访问控制	30、31	双向
$\overline{LOCK}$	总线优先级锁定控制	29	输出、三态
$\overline{S2}$、$\overline{S1}$、$\overline{S0}$	总线周期状态	26 ~ 28	输出、三态
QS1、QS0	指令队列状态	24 ~ 25	输出

下面分三部分做简要说明。

1. 地址总线和数据总线

数据总线用来在 CPU 与内存储器(或 I/O 设备)之间交换信息,地址总线由 CPU 发出用来确定 CPU 要访问的内存单元(或 I/O 端口)的地址信号。前者为双向、三态信号,后者为输出、三态信号。

①AD15 ~ AD0——地址/数据总线信号。这 16 条信号线是分时复用的双重总线,在每个总线周期开始(T_1)时,用做地址总线的 16 位(A15 ~ A0),给出内存单元(或 I/O 端口)的地址;其他时间为数据总线,用于数据传输。

②A19/S6 ~ A16/S3——地址/状态总线信号。这 4 条信号线也是分时复用的双重总线,在每个总线周期开始(T_1)时,用做地址总线的高 4 位(A19 ~ A16),在存储器操作中为高 4 位地址,在 I/O 操作中,这 4 位置 0(低电平)。在总线周期的其余时间,这 4 条信号线指示 CPU 的状态信息。

在 4 位状态信息中,S6 恒为低电平;S5 反映标志寄存器中中断允许 IF 位的当前值;而 S4、S3 表示正在使用哪个段寄存器,其编码如表 2 – 3 所示。

表 2 – 3　S4、S3 的编码表

S4	S3	特性(所使用的段寄存器)	S4	S3	特性(所使用的段寄存器)
L	L	ES	H	L	CS(或者不是存储器操作)
L	H	SS	H	H	DS

注:L——低电平,H——高电平

8086 的 20 条地址线访问存储器时可寻址 1 MB 的内存单元;访问外围设备时,只用 16 条地址线 A15 ~ A0,可寻址 64K 个 I/O 端口。

③ $\overline{BHE}$/S7——总线高允许/状态 S7 信号(输出三态)。这也是分时复用的双重总线,在总线周期开始 T_1 周期,其上信号作为总线高半部分允许信号,低电平有效。当 $\overline{BHE}$ 为低电平时,把读写的 8 位数据与 AD15 ~ AD8 连通。该信号与 A0(地址信号最低位)结合以决定数据字是高字节工作还是低字节工作。在总线周期的其余时间,该引脚输出状态信号 S7(在 8086 中未被定义)。

2.控制总线

控制总线是传送控制信号的一组信号线,有些是输出线,用来传输 CPU 送到其他部件的控制命令(如读、写命令,中断响应等);有的是输入线,由外部向 CPU 输入控制及请求信号(复位、中断请求等)。

8086 的控制总线中有一条 MN/$\overline{MX}$(33 引脚)线,即最小、最大工作方式控制线,用来控制 8086 的工作方式。当 MN/$\overline{MX}$ 接 + 5 V 时,8086 处于最小工作方式,由 8086 提供系统所需的全部控制信号,用来构成一个小型的单处理机系统。当 MN/$\overline{MX}$ 接地时,8086 处于最大工作方式,系统的总线控制信号由专用的总线控制器 8288 提供,8086 把指示当前操作的状态信号($\overline{S2}$、$\overline{S1}$、$\overline{S0}$)送给 8288,8288 据此产生相应的系统控制信号。最大工作方式用于多处理机和协处理机结构中。

在 8086 的控制总线中,有一部分总线的功能与工作方式无关;而另一部分总线的功能随工作方式不同而不同(即一条信号线有两种功能),现分述如下。

(1)受 MN/$\overline{MX}$ 影响的信号线(最大工作方式信号)

①$\overline{S2}$、$\overline{S1}$、$\overline{S0}$——总线周期状态信号(三态、输出)

它们表示 8086 外部总线周期的操作类型送到系统中的总线控制器 8288,8288 根据这 3 个状态信号,产生存储器读写命令、I/O 端口读写命令以及中断响应信号,$\overline{S2}$、$\overline{S1}$ 和 $\overline{S0}$ 的编码表如表 2-4 所示。

表 2-4　$\overline{S2}$、$\overline{S1}$、$\overline{S0}$编码表

$\overline{S2}$	$\overline{S1}$	$\overline{S0}$	操作类型(CPU 周期)	$\overline{S2}$	$\overline{S1}$	$\overline{S0}$	操作类型(CPU 周期)
L	L	L	中断响应	H	L	L	取指
L	L	H	读 I/O 端口	H	L	H	读存储器(数据)
L	H	L	写 I/O 端口	H	H	L	写存储器
L	H	H	暂停	H	H	H	无效(无总线周期)

在总线周期的 T_4 期间,$\overline{S2}$、$\overline{S1}$、$\overline{S0}$ 的任何变化均指示一个总线周期的开始,而在 T_0 期间(或 T_w——等待周期期间)返回无效状态,表示一个总线周期的结束。在 DMA(直接存储器存取)方式下,$\overline{S2}$、$\overline{S1}$、$\overline{S0}$ 处于高阻态。

在最小工作方式下,$\overline{S2}$、$\overline{S1}$、$\overline{S0}$ 3 个引脚信号分别为 M/$\overline{IO}$、DT/$\overline{R}$ 和 $\overline{DEN}$。

M/$\overline{IO}$ 为存储器 I/O 控制信号(输出、三态),用于区分 CPU 是访问存储器(M/$\overline{IO}$ 为 H),还是访问 I/O 端口(M/$\overline{IO}$ 为 L)。

DT/$\overline{R}$ 为数据发送/接收信号(输出、三态),用于指示 CPU 是进行写操作(DT/$\overline{R}$ 为 H),还是读操作(DT/$\overline{R}$ 为 L)。

$\overline{DEN}$ 为数据允许信号(输出、三态),在 CPU 访问存储器或 I/O 端口的总线周期的后一段时间内,该信号有效,用做系统中总线收发器的允许控制信号。

②$\overline{RQ}$/$\overline{GT0}$、$\overline{RQ}$/$\overline{GT1}$——请求/允许总线访问控制信号(双向)

这两种信号线是为多处理机应用而设计的,用于对总线控制权的请求和应答,其特点是请求和允许功能由一根信号线来实现。

总线访问的请求/允许时序分为 3 个阶段——请求、允许和释放,如图 2-10 所示。首先是协处理器向 8086 输出 $\overline{RQ}$ 请求使用总线,然后在 CPU(8086)的 T_4 或下一个总线周期的 T_1 期间,CPU 输出一个宽度为一个时钟周期的脉冲信号 $\overline{GT}$ 给请求总线的协处理器,作为总线响应信号,从下一个时钟周期开始,CPU 释放总线。当协处理器使用总线结束时,再给出一个宽度为一个时钟周期的脉冲信号 $\overline{RQ}$ 给 CPU,表示总线使用结束,从下一个时钟周期开始,CPU 继续控制总线。

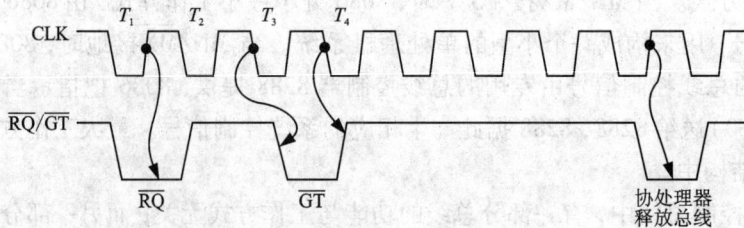

图 2-10　请求/允许时序

两条控制线可以同时接两个协处理器，规定$\overline{RQ/GT0}$的优先级高。

在最小工作方式下，$\overline{RQ/GT0}$和$\overline{RQ/GT1}$两个引脚信号分别为 HOLD 和 HLDA。

HOLD 为保持请求信号（输入），当外部逻辑把 HOLD 引脚信号置为高电平时，8086 在完成当前总线周期以后进入 HOLD（保持）状态，让出总线控制权。

HLDA 为保持响应信号（输出），这是 CPU 对 HOLD 信号的响应信号，它对 HOLD 信号做出响应，使 HLDA 输出高电平。当 HLDA 信号有效时，8086 的三态信号线全部处于三态（高阻态），使外部逻辑可以控制总线。

③QS1、QS0——指令队列状态信号（输出）

用于指示 8086 内部 BIU 中指令队列的状态，以便外部协处理器进行跟踪，QS1、QS0 的编码状态如表 2-5 所示。

表 2-5　QS1、QS0 的编码表

QS1	QS0	
L	L	空操作——在最后一个时钟周期内，不从列队中取任何代码
L	H	第一个字节——从列队中取出的字节是指令的第一个字节
H	L	列队空——由于执行传送指令，队列已重新初始化
H	H	后续字节——从队列中取出的字节是指令的后续字节

在最小工作方式下，QS1、QS0 两个引脚信号分别为 ALE 和$\overline{INTA}$。

ALE 为地址锁存允许信号（输出），这是 8086 CPU 在总线周期的第一个时钟周期内发出的正脉冲信号，其下降沿用来把地址/数据总线（AD15~AD0）以及地址/状态总线（A19/S6~A16/S3）中的地址信息锁住存入地址锁存器中。

$\overline{INTA}$为中断响应信号（输出、三态），当 8086 CPU 响应来自 INTR 引脚的可屏蔽中断请求时，在中断响应周期内，$\overline{INTA}$变为低电平。

④$\overline{LOCK}$——总线优先级锁定信号（输出、三态）

该信号用来封锁外部处理器的总线请求，当$\overline{LOCK}$输出低电平时，外部处理器不能控制总线，$\overline{LOCK}$信号有效由指令在程序中设置，若一条指令前加上前缀指令"LOCK"，则 8086 在执行该指令期间，$\overline{LOCK}$线输出低电平，并保持到指令执行结束，以防止在这条指令执行过程中被外部处理器的总线请求所打断。

在保持响应期间，$\overline{LOCK}$线为高阻态。

在最小工作方式下，$\overline{LOCK}$引脚信号为$\overline{WR}$。

$\overline{WR}$为写控制信号（输出，三态），当 8086 CPU 对存储器或 I/O 端口进行写操作时，$\overline{WR}$为低电平。

（2）不受 $MN/\overline{MX}$ 影响的控制总线（公共总线）

下面这些控制信号是不受工作方式影响的公共总线。

①$\overline{RD}$——读控制信号（三态、输出）

$\overline{RD}$信号为低电平时，表示 8086 CPU 执行读操作。在 DMA 方式时$\overline{RD}$处于高阻态。

②READY——等待状态控制信号，又称准备就绪信号（输入）

当被访问的部件无法在 8086 CPU 规定的时间内完成数据传送时，应由该部件向 8086

CPU 发出 READY 为 L(低电平)的信号,使 8086 CPU 处于等待状态,插入一个或几个等待周期 T_W,当被访问的部件可以完成数据传输时,被访问的部件将使 READY 为 H(高电平),8086 CPU 继续运行。

③INTR——中断请求引脚(输入)

可屏蔽中断请求信号,电平触发信号。在每条指令的最后一个时钟周期时,8086 CPU 将采样该引脚信号,若 INTR 为高电平,同时 8086 CPU 的 IF(中断允许标志)为 1,则 8086 CPU 将执行中断响应,并且把控制转移到相应的中断服务程序中;如果 IF = 0,则 8086 不响应该中断请求,继续执行下一条指令。INTR 信号可由软件复位 CPU 内部的 IF 位而加以屏蔽。

④NMI——不可屏蔽中断请求信号(输入)

上升沿触发信号,不能用软件加以屏蔽。

当 NMI 从低电平变为高电平时,该信号有效,8086 CPU 在完成当前指令后,把控制转移到不可屏蔽中断服务程序。

⑤$\overline{\text{TEST}}$——等待测试控制信号(输入)

在 WAIT(等待)指令期间,8086 CPU 每隔 5 个时钟周期对$\overline{\text{TEST}}$信号采样。若$\overline{\text{TEST}}$为高电平,则 8086 CPU 循环于等待状态;若$\overline{\text{TEST}}$为低电平,8086 CPU 脱离等待状态,继续执行后续指令。

⑥RESET——复位信号(输入)

当 RESET 为高电平时,系统处于复位状态,8086 CPU 停止正在运行的操作,把内部的标志寄存器 FLAGS、段寄存器、指令指针 IP 以及指令队列复位到初始化状态。注意,代码段寄存器 CS 的初始化状态为 FFFFH。

3. 其他信号

①CLK——时钟信号(输入)

该信号为 8086 CPU 提供基本的定时脉冲,其占空比为 1:3(高电平持续时间:重复周期 = 1:3),以提供最佳的内部定时。

②V_{CC}——电源(输入)

要求接上正电压(+ 5 V ± 10%)。

③GND——地线

2 条接地线。

2.4　8086 微处理器的基本时序

2.4.1　指令周期、总线周期及时钟周期

每条指令的执行由取指令、译码和执行等操作组成,执行一条指令所需的全部时间称为指令周期(Instruction Cycle),包括取指令时间和执行指令所需的时间,不同指令的指令周期是不等长的。

8086 CPU 与外部交换信息总是通过总线进行的。CPU 的每一个这种信息输入/输出过程需要的时间称为总线周期(Bus Cycle),每当 CPU 要从存储器或输入/输出端口存取一个字节或字时就需要一个总线周期。一个指令周期由一个或若干个总线周期组成。

而执行指令的一系列操作都是在时钟脉冲 CLK 的统一控制下一步一步进行的, 时钟脉冲的重复周期称为时钟周期(Clock Cycle), 时钟周期是 CPU 的时间基准, 由计算机的主频决定。例如, 8086 的主频为 5 MHz, 则 1 个时钟周期为 200 ns。

8086 CPU 的总线周期至少由 4 个时钟周期组成, 分别用 T_1、T_2、T_3 和 T_4 表示, 如图 2 - 11 所示。T 又称为状态(State)。

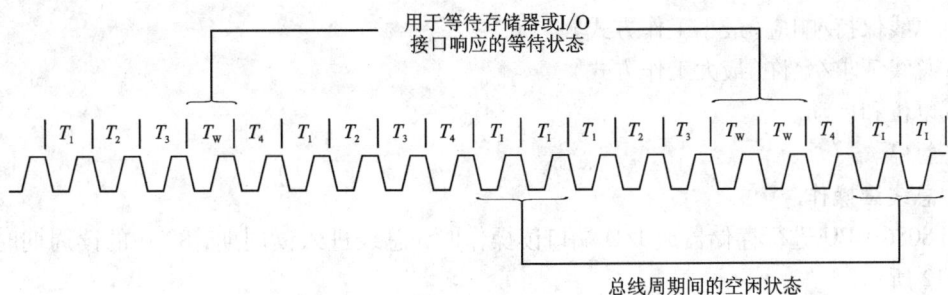

图 2 -11　8086CPU 的总线周期

一个总线周期完成一次数据传输, 这至少要有传送地址和传送数据两个过程。在第一个时钟周期 T_1 期间由 CPU 输出地址, 随后的 3 个 T 周期(T_2、T_3 和 T_4)用以传送数据。换言之, 数据传送必须在 $T_2 \sim T_4$ 这 3 个周期内完成, 否则在 T_4 周期后, 总线将作另一次操作, 开始下一个总线周期。

在实际应用中, 当一些慢速设备在 3 个 T 周期内无法完成数据读写时, 那么在 T_4 后总线就不能为它们所用, 会造成系统读写错误。为此, 在总线周期中允许插入等待周期 T_w。当被选中进行数据读写的存储器或外设无法在 3 个 T 周期内完成数据读写时, 就由其发出一个请求延长总线周期的信号到 8086 CPU 的 READY 引脚, 8086 CPU 收到该请求后, 就在 T_3 与 T_4 之间插入一个等待周期 T_w, 加入 T_w 的个数与外部请求信号的持续时间长短有关, 延长的时间 T_w 也以时钟周期 T 为单位, 在 T_w 期间, 总线上的状态一直保持不变。

如果在一个总线周期后不立即执行下一个总线周期, 即总线上无数据传输操作, 系统总线处于空闲周期 T_I, T_I 也以时钟周期为单位, 两个总线周期之间插入几个 T_I, 与 8086 CPU 执行的指令有关。例如, 在执行一条乘法指令时, 需用 124 个时钟周期, 而其中可能使用总线的时间极少, 而且预取队列的充填也不用太多的时间, 加入的 T_I 可能达到 100 多个。在空闲周期期间, 在 20 条双重总线的高 4 位 A19/S6 ~ A16/S3 上, 8086 CPU 仍驱动前一个总线周期的状态信息, 而且如果前一个总线周期为写周期, 那么, CPU 会在总线的低 16 位 AD15 ~ AD0 上继续驱动信息 D15 ~ D0; 如果前一个总线周期为读周期, 则在空闲周期中, 总线的低 16 位 D15 ~ D0 处于高阻态。

2.4.2　典型时序

8086 CPU 的操作是在指令译码器输出的电位和外面输入的时钟信号联合作用下产生的各个命令控制下进行的, 可分为内部操作与外部操作两种。内部操作是控制 ALU(算术逻辑单元)进行算术运算, 控制寄存器组进行寄存器选择以及送往数据线还是地址线, 进行读操作还是写操作等,所有这些操作都在 CPU 内部进行,用户可以不必关心。CPU 的外部操作是系统对 CPU 的控制或是 CPU 对系统的控制,用户必须了解这些控制信号以便正确使用。

8086 CPU 的外部操作主要有如下几种:

①存储器读写。

②I/O 端口读写。

③中断响应。

④总线保持/响应(最小工作方式)。

⑤总线请求/允许(最大工作方式)。

⑥复位和启动。

⑦暂停。

1. 总线读操作

当 8086 CPU 进行存储器或 I/O 端口读操作时,总线进入读周期,8086 的读周期时序如图 2 - 12 所示。

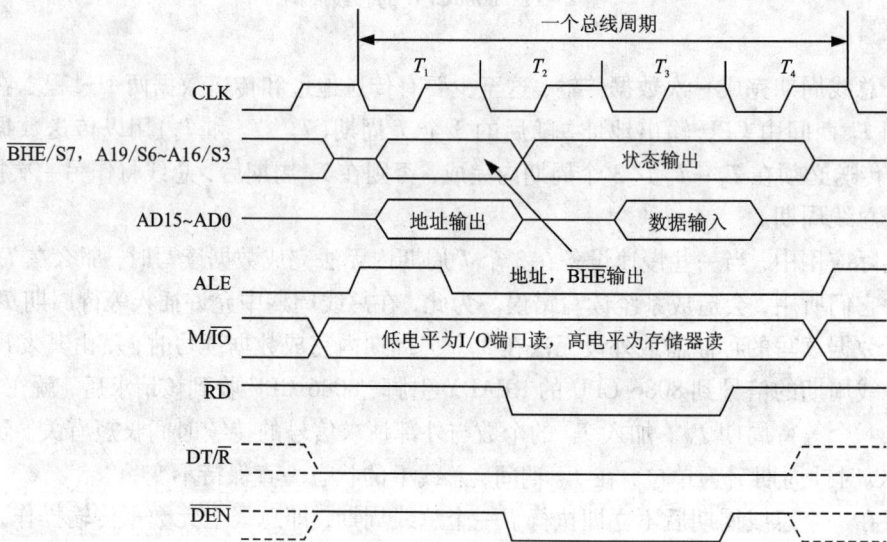

图 2 - 12　8086 读周期时序

基本的读周期由 4 个 T 周期组成——T_1、T_2、T_3 和 T_4。当所选中的存储器和外设的存取速度较慢时,则在 T_3 和 T_4 之间插入 1 个或几个等待周期 T_W。

在 8086 读周期内,有关总线信号的变化如下。

①M/$\overline{\text{IO}}$:在整个读周期内保持有效,当进行存储器读操作时,M/$\overline{\text{IO}}$ 为高电平;当进行 I/O 端口读操作时,M/$\overline{\text{IO}}$ 为低电平。

②A19/S6 ~ A16/S3:在 T_1 期间,输出 CPU 要读取的存储单元或 I/O 端口地址的高 4 位,T_2 ~ T_4 期间输出状态信息 S6 ~ S3。

③$\overline{\text{BHE}}$/S7:在 T_1 期间,输出 $\overline{\text{BHE}}$ 有效信号($\overline{\text{BHE}}$ 为低电平),表示高 8 位数据总线上的信息可以使用,$\overline{\text{BHE}}$ 信号通常作为奇地址存储体的体选信号(偶地址存储体的体选信号是最

低地址位 A0)。$T_2 \sim T_4$ 期间输出高电平。

④AD15 ~ AD0：在 T_1 期间，输出 CPU 要读取的存储单元或 I/O 端口的地址 A15 ~ A0。在 T_2 期间为高阻态。在 $T_3 \sim T_4$ 期间，存储单元或 I/O 端口将数据送到数据总线上，CPU 从 AD15 ~ AD0 上接收数据。

⑤ALE：在 T_1 期间，地址锁存有效信号，为一个正脉冲，系统中的地址锁存器正是利用该脉冲的下降沿来锁 A19/S6 ~ A16/S3、AD15 ~ AD0 中的 20 位地址信息以及$\overline{BHE}$。

⑥$\overline{RD}$：在 T_2 期间输出低电平送到被选中的存储器或 I/O 接口，注意，只有被地址信号选中的存储单元或 I/O 端口才会被$\overline{RD}$信号从中读出数据(数据送到数据总线 AD15 ~ AD0 上)。

⑦$DT/\overline{R}$：在整个总线周期内保持低电平，表示本总线周期为读周期，在接有数据总线收发器的系统中，用来控制数据传输方向。

⑧$\overline{DEN}$：在 $T_2 \sim T_4$ 期间输出有效低电平，表示数据有效，在接有数据总线收发器的系统中，用来实现数据的选通。

2. 总线写操作

当 8086 CPU 进行存储器或 I/O 端口写操作时，总线进入写周期，8086 的写周期时序如图 2 - 13 所示。

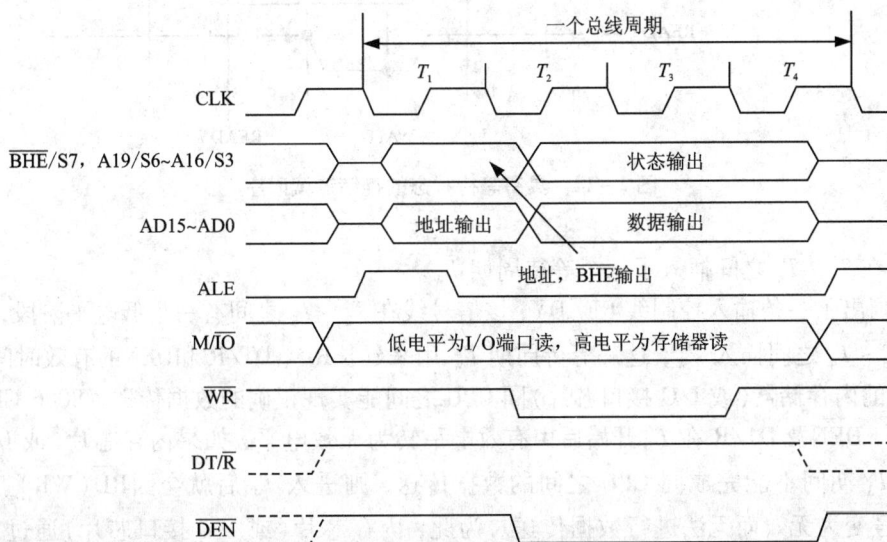

图 2 - 13　8086 写周期时序

总线写操作的时序与读操作时序相似，其不同之处有以下几点。

①AD15 ~ AD0：在 $T_2 \sim T_4$ 期间送上欲输出的数据，而无高阻态。

②$\overline{WR}$：在 $T_2 \sim T_4$ 期间，$\overline{WR}$引脚输出有效低电平，该信号送到所有的存储器和 I/O 端口。注意：只有被地址信号选中的存储单元或 I/O 端口才会被$\overline{WR}$信号写入数据。

③$DT/\overline{R}$：在整个总线周期内保持高电平，表示本总线周期为写周期，在接有数据总线收发器的系统中，用来控制数据传输方向。

3.具有等待状态的存储器读时序

图 2 – 14 为具有等待状态的存储器读时序。将图 2 – 14 同图 2 – 12 相比较,可见两者有如下区别:

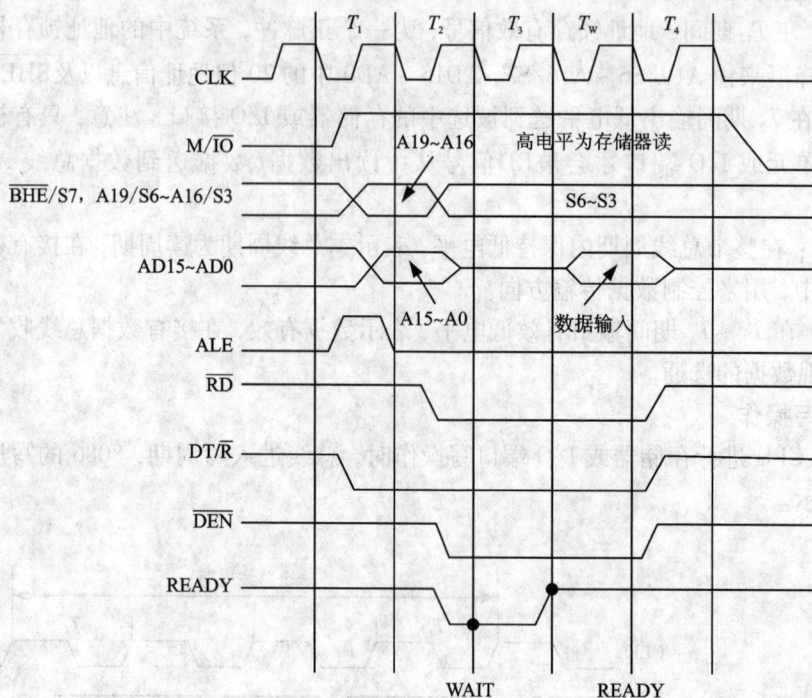

图 2 – 14　具有等待状态的存储器读时序

(1) 在 $T_3 \sim T_4$ 之间插入了一个等待周期 T_W。

(2)画出了一条输入控制线 READY,该信号线在 $T_2 \sim T_3$ 之间有一个低电平阶段,以指示 CPU 在 $T_3 \sim T_4$ 之间插入 T_W,这一等待周期 T_W 用来延长 $\overline{RD}$、$DT/\overline{R}$ 和 $\overline{DEN}$ 的有效时间,以使速度较低的内存储器(或 I/O 接口芯片)同 CPU 之间能实现正确的数据传送。8086 CPU 约定 $\overline{RD}(\overline{WR})$、$\overline{DEN}$ 及 $DT/\overline{R}$ 在 T_4 开始后由有效电平转为无效电平,如果内存芯片(或 I/O 接口芯片)在 T_3 期间不能完成同 CPU 之间的数据传送,则进入 T_4 后就会因 $\overline{RD}(\overline{WR})$、$\overline{DEN}$ 及 $DT/\overline{R}$ 信号变为无效而无法进行数据传送。为此,内存芯片(或 I/O 接口芯片)通过 READY 信号线通知 CPU 在 $T_3 \sim T_4$ 之间插入等待周期 T_W,以使 CPU 能在 T_W 期间完成同内存芯片(或 I/O 接口芯片)的数据传送。在 T_W 期间,$\overline{RD}(\overline{WR})$、$\overline{DEN}$ 和 $DT/\overline{R}$ 保持为有效电平。CPU 在 T_2 结束时(下降沿)检测 READY 信号,若 READY 为高电平(有效电平),则不需插入等待周期 T_W;若 READY 为低电平(无效电平),CPU 就在 T_3 之后插入一个等待周期 T_W,以后在每一个 T_W 结束时(下降沿)都需检查 READY 信号,以决定是否还要插入等待周期 T_W。

4.中断响应操作

当 8086 CPU 的 INTR 引脚上有一个有效信号(高电平),且标志寄存器中 IF = 1,则 8086CPU 在执行完当前的指令后,响应中断。在响应中断时 CPU 执行两个中断响应周期,如图 2 – 15 所示。

空闲状态在8086系统中一般
为3个,而8088系统中没有

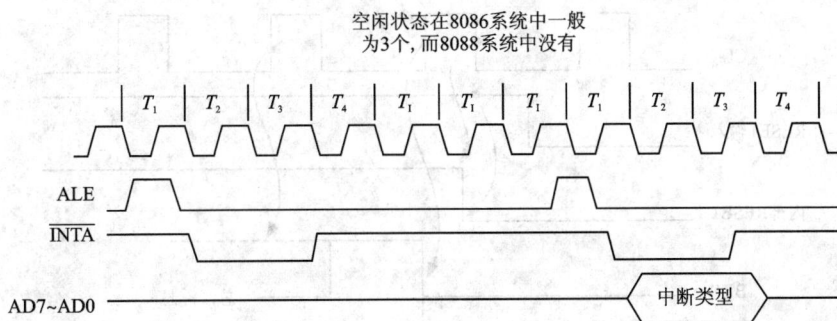

图 2 - 15　中断响应周期时序

每个中断响应周期由 4 个 T 周期组成。在第一个中断响应周期中，在 $T_2 \sim T_4$ 周期，$\overline{\text{INTA}}$ 为有效（低电平），作为对中断请求设备的响应；在第二个中断响应周期中，同样在 $T_2 \sim T_4$ 周期，$\overline{\text{INTA}}$ 为有效（低电平），该输出信号通知中断请求设备（通常是通过中断控制器），把中断类型号（决定中断服务程序的入口地址）送到数据总线的低 8 位 AD7 ~ AD0（在 $T_2 \sim T_4$ 期间）。在 2 个中断响应周期之间，有 3 个空闲周期（T_1）。

5. 总线保持与响应

当系统中有其他的总线主设备请求总线时，向 8086 CPU 发出请求信号 HOLD，CPU 接收到 HOLD 信号后，在当前总线周期的 T_4 或下一个总线周期的 T_1 后沿，输出保持响应信号 HLDA，紧接着从下一个时钟开始，8086 CPU 就让出总线控制权。当外设的 DMA 传送结束时，使 HOLD 信号变低，则在下一个时钟的下降沿使 HLDA 信号变为无效（低电平）。8086 的总线保持/响应时序如图 2 - 16 所示。

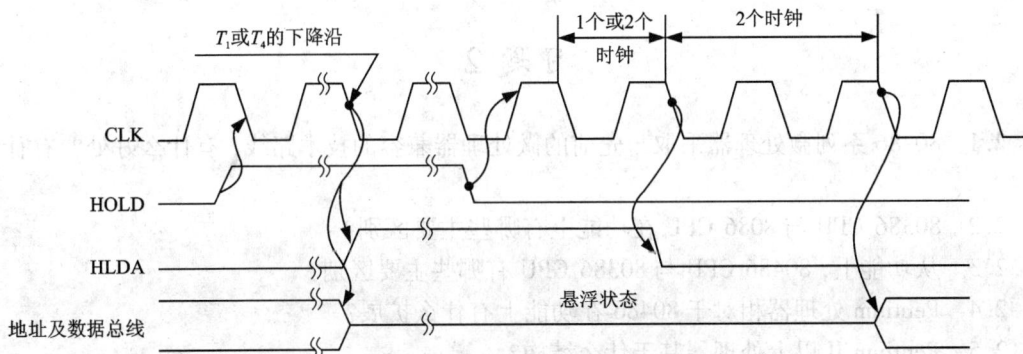

图 2 - 16　总线保持/响应时序

6. 系统复位

8086 CPU 的 RESET 引脚可以用来启动或再启动系统，当 8086 在 RESET 引脚上检测到一个脉冲的上跳沿时，它停止正在进行的所有操作，处于初始化状态，直到 RESET 信号变为低电平。复位时序如图 2 - 17 所示。

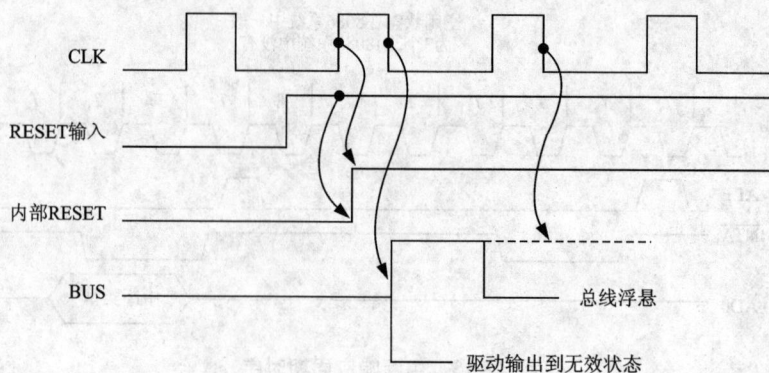

图 2 – 17　复位时序

图 2 – 17 中 RESET 输入是引脚信号，CPU 内部是用时钟脉冲 CLK 来同步外部的复位信号的，所以内部 RESET 是在外部引脚信号 RESET 有效后的时钟上升沿才有效的。复位时，8086 CPU 将使总线处于如下状态：

①地址线浮空(高阻态)直到 8086 CPU 脱离复位状态，开始从 FFFF0H 单元取指令。

②ALE、HLDA 信号变为无效(低电平)。

③其他控制信号线先变为高电平一段时间(相应于时钟脉冲低电平的宽度)，然后浮空。

另外，复位时 CPU 内寄存器的状态为：

①标志寄存器、指令指针(IP)、DS、SS、ES 清零。

②CS 置 FFFFH。

③指令队列变空。

以上讨论的都是最小工作方式下的时序。

习题 2

2.1　80x86 系列微处理器采取与先前的微处理器兼容的技术路线，有什么好处？有什么不足？

2.2　80386 CPU 与 8086 CPU 在功能上有哪些主要区别？

2.3　从功能上，80486 CPU 与 80386 CPU 有哪些主要区别？

2.4　Pentium 处理器相对于 80486 在功能上有什么扩展？

2.5　Pentium II 以上处理器基于什么结构？

2.6　IA – 32 结构微处理器直至 Pentium 4，有哪几种？

2.7　IA – 32 结构微处理器支持哪几种操作模式？

2.8　8086 微处理器的 BIU 与 EU 各自的功能是什么？如何协同工作？

2.9　8086 微处理器内部有哪些寄存器？它们的主要作用是什么？

2.10　状态标志和控制标志有何不同？8086 微处理器有哪些状态标志和控制标志？

2.11　分别求出以下各数与 62A0H 的和，并根据结果设置标志位 OF、SF、ZF、AF、PF 和 CF 的值。

（1）1234H　　　　　（2）4321H　　　　　（3）CFA0H　　　　　（4）9D60H

2.12　分别求出以下各数与 4AE0H 的差，并根据结果设置标志位 OF、SF、ZF、AF、PF 和 CF 的值。

（1）1234H　　　　　（2）SD90H　　　　　（3）9090H　　　　　（4）EA04H

2.13　8086 对存储器的管理为什么采用分段技术？

2.14　在 8086 中，逻辑地址、偏移地址、物理地址分别指的是什么？具体说明。

2.15　给定一个存放数据的内存单元的偏移地址是 20C0H，（DS）= 0C00EH，求出该内存单元的物理地址。

2.16　段寄存器 CS = 1200H，指令指针寄存器 IP = FF00H，此时，指令的物理地址为多少？

2.17　怎样确定 8086 的最大或最小工作模式？最大、最小模式产生控制信号的方法有何不同？

2.18　8086 被复位以后，有关寄存器的状态是什么？微处理器从何处开始执行程序？

2.19　8086 基本总线周期是如何组成的？各状态中完成什么基本操作？

2.20　在基于 8086 的微型计算机系统中，存储器是如何组织的？是如何与处理器总线连接的？BHE信号起什么作用？

第 3 章　汇编语言基础

3.1　8086 指令系统概述

　　程序是指令的有序集合,指令是程序的组成元素,通常一条指令对应着一种基本操作。一台计算机能执行什么样的操作,能做多少种操作,是由该计算机的指令系统决定的。一台计算机的指令集合,就是该计算机的指令系统。每种计算机都有自己固有的指令系统,互不兼容。但是,同一系列的计算机其指令系统是向上兼容的。

　　每条指令由两部分组成:操作码字段和操作数字段,格式如图 3 - 1 所示。

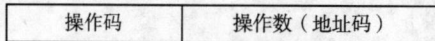

操作码	操作数（地址码）

图 3 - 1　指令格式

　　操作码字段:用来说明该指令所要完成的操作。

　　操作数(地址码)字段:用来描述该指令的操作对象。一般是直接给出操作数,或者给出操作数存放的寄存器编号,或者给出操作数存放的存储单元的地址或有关地址的信息。根据地址码字段所给出地址的个数,指令格式可分为零地址、一地址、二地址、三地址和多地址指令格式。大多数指令需要双操作数,分别称两个操作数为源操作数和目的操作数,指令运算结果存入目的操作数的地址中。这样,目的操作数的原有数据将被取代。Intel 8086/8088的双操作数运算指令就采用这种二地址指令。

　　指令有机器指令和汇编指令两种形式。前一种形式由二进制组成,它是机器所能直接理解和执行的指令。但这种指令不好记忆,不易理解,难写难读。因此,人们就用一些助记符来代替这种二进制表示的指令,这就形成了汇编指令。汇编指令中的助记符通常用英文单词的缩写来表示,如加法用 ADD、减法用 SUB、传送用 MOV 等等这些符号化了的指令使得书写程序、阅读程序、修改程序变得简单方便了。但计算机不能直接识别和执行汇编指令,在把它交付给计算机执行之前,必须翻译成计算机所能识别的机器指令。汇编指令与机器指令是一一对应的,本书中的指令都使用汇编指令形式书写,便于读者学习和理解。

3.2 汇编语言基本语法

3.2.1 汇编语言语句格式

语句是汇编语言程序的基本组成单位,用于规定汇编语言的一个基本操作。一个源程序是为完成某一特定任务,按一定的语法规则组合在一起的一个语句序列。

汇编语言包含 3 种基本语句:指令语句、伪指令语句和宏指令语句。

指令语句就是 3.5 节将要介绍的指令,是可执行语句,由硬件(CPU)完成其功能,汇编时产生目标代码;伪指令语句是为汇编和连接程序提供编译和连接信息的,属不可执行语句,其功能由相应软件完成,不产生目标代码;宏指令语句是使用指令语句和伪指令语句,由用户自己定义的新指令,用于替代源程序中一段有独立功能的程序,在汇编时产生相应的目标代码。本节只讨论前两种语句格式。

指令语句和伪指令语句的格式基本相同,均由四部分组成。

- 指令语句:〔标号:〕 助记符 〔操作数〕 〔;注释〕
- 伪指令语句:〔名字〕 定义符 〔操作数〕 〔;注释〕

其中,方括号[ ]内的内容为可选项。两种语句在格式上的主要区别在于,指令语句标号后面要加冒号":",而伪指令语句中的名字后面不能跟冒号。

标号和名字分别是给指令单元和伪指令起的符号名称,统称为标识符。要注意,名字是标号、变量,也可以是常量符号,还可以是过程名、结构名等,具体取决于实际的定义符。

标识符由长度不超过 31 个字符的字符串组成。可选字符集为:

- 字母 A~Z 或 a~z(汇编程序不区分大、小写)。
- 数字 0~9。
- 特殊符号@ $ _ . :? 〔 〕 ( ) ;/ + - * % & 等。

必须注意,标识符不允许用数字开头,也不允许用特殊符号单独作为标识符,更不允许用语言中特定意义的保留字(如指令助记符、伪指令、寄存器名和运算符等)作为标识符。

助记符和定义符分别用于规定指令语句的操作性质和伪指令语句的伪操作功能,统称为操作符。要注意的是,在指令语句的助记符前面,还可根据需要加"前缀"。

操作数允许有多个,这时各操作数之间要用逗号","隔开。指令语句中的操作数提供该指令的操作对象,并说明要处理的数据存放在什么位置以及如何访问它,它可以是常量操作数、寄存器操作数(寄存器名)、存储器操作数(变量和标号)和表达式(数值或地址表达式)。而伪指令语句中操作数的格式和含义则随伪操作命令的不同而不同,有时是常量或数值表达式,有时是一般意义的符号(如变量名、标号名、常数符号等),有时是具有特殊意义的符号(如指令助记符、寄存器名等)。

注释部分以分号";"开始,用于对语句的功能加以说明,增加程序的可读性。注释部分不被汇编程序汇编,也不被执行,只对源程序起说明作用。

3.2.2　汇编语言操作数

指令中的操作数是指令执行的对象，对于一般指令，可以有一个或两个操作数，也可以没有操作数；对于伪指令和宏指令，可以有多个操作数。当操作数多于一个时，操作数之间用逗号分开。操作数可以是常数或表达式。

1. 常数

常数是指那些在汇编过程中已有确定数值的量，主要用作指令语句中的各类基址、变址或基址加变址寻址中的位移量 DISP，或在伪指令语句中用于给变量赋初值。

常数又可以分为数值常数、字符串常数和符号常数三类。

数值常数可以是二进制、八进制、十进制或十六进制的整型常数，也可以是十六进制实数。通常以后缀字符区分各种进位制，后缀字符 H 表示十六进制，O 或 Q 表示八进制，B 表示二进制，D 表示十进制。为十进制时常省略后缀。

字符串常数是用单引号' '括起来的一串 ASCⅡ码字符。如：'ABC'和'1234'。经汇编后，' '内的字符被转换成对应的 ASCⅡ码值。

符号常数是用符号名来代替的常数，如 COUNT EQU 3 或 COUNT ＝3 定义后 COUNT 就是一个符号常数，与数值常数3 等价。

2. 表达式

由运算对象和运算符组成的合法式子就是表达式，分为数值表达式、关系表达式、逻辑表达式和地址表达式等。表达式中使用的运算符有如下几种类型。

（1）算术运算符

算术运算符有：＋（加）、－（减）、＊（乘）、/（除）、MOD（取余）。

算术运算符可以用于数值表达式和地址表达式中，用于计算数据或地址的结果。下面的两条指令是正确的：

```
MOV    AL, 4 * 8 + 5          ;数值表达式
MOV    SI, OFFSET   BUF + 12   ;地址表达式
```

（2）逻辑运算符

逻辑运算符有：AND（与）、OR（或）、XOR（异或）、NOT（非）。

逻辑运算符只能用于数值表达式中，不能用于地址表达式中，其运算结果为"真"或"假"。逻辑运算符和逻辑运算指令是有区别的。逻辑运算符的功能在汇编阶段完成，逻辑运算指令的功能在程序执行阶段完成。

在汇编阶段，指令 AND AL, 78H AND OFH 等价于指令 AND AL, 08H。

（3）关系运算符

关系运算符有：EQ（相等）、LT（小于）、LE（小于等于）、GT（大于）、GE（大于等于）、NE（不等于）。

关系运算符要有两个运算对象。两个运算对象要么都是数值、要么都是同一个段内的地址，其运算结果为"真"或"假"。结果为真时，表示为 0FFFFH；运算结果为假时，表示为 0000H。

指令 MOV BX, 32 EQ 45 等价于 MOV BX, 0。

指令 MOV BX, 56 GT 30 等价于 MOV BX, 0FFFFH。

（4）分析运算符

分析运算符的运算对象是存储器操作数，即由变量名或标号形成的地址表达式，运算结果是一个数值。

运算符的格式为：运算符　地址表达式

①SEG 和 OFFSET 运算符。SEG 运算符返回变量或标号所在段的段基值，OFFSET 运算符返回变量或标号的段内偏移量。

例 3 – 1　若 VAR 是一个已经定义的变量，它所在的逻辑段的段基值是 1234H，它在该段的偏移量是 5678H，那么指令

```
MOV     AX, SEG VAR
MOV     BX, OFFSET VAR
```

等价于：

```
MOV     AX, 1234H
MOV     BX, 5678H 或 LEA  BX, VAR
```

② TYPE 运算符。TYPE 运算符返回变量或标号的类型属性值。对于各种类型的变量和标号，它们对应的属性值如表 3 – 1 所示。

表 3 – 1　变量和标号类型值

类型	变量					标号	
	字节	字	双字	八字节	十字节	近类型	远类型
属性值	1	2	4	8	10	– 1	– 2

③LENGTH 运算符和 SIZE 运算符。

LENGTH 运算符返回变量数据区分配的数据项总数。SIZE 运算符返回变量数据区分配的字节个数。

例 3 – 2　若有如下的数据定义：

```
DAT1    DB 20H, 48
DAT2    DW 5 DUP (2, 4)
```

那么，对于下边的指令语句，它所完成的操作如注释所示。

```
MOV     AL, TYPE DAT1            ; AL←1
MOV     AH, LENGTH DAT1          ; AH←2
MOV     BL, SIZE DAT1            ; BL←2
MOV     BH, TYPE DAT2            ; BH←2
MOV     CL, LENGTH DAT2          ; CL←10
MOV     CH, SIZE DAT2            ; CH←20
```

（5）组合运算符

组合运算符有 PTR 和 THIS 两个运算符。

①PTR 运算符。PTR 运算符的功能是对已分配的存储器地址临时赋予另一种类型属性，但不改变操作数本身的类型属性，同时保留存储器地址的段基值和段内偏移量的属性。格式如下：

类型　PTR　地址表达式

其中，地址表达式部分可以是标号、变量或各种寻址方式构成的存储器地址。对于标号，可以设置的类型有 NEAR 和 FAR；对于变量，可以设置的类型有 BYTE、WORD 和 DWORD。

例 3 − 3　指令例子如下：

```
MOV  WORD  PTR [BX], AX        ;将 BX 所指存储单元临时设置为字类型
MOV  BYTE  PTR DAT, AL         ;将变量 DAT 临时设置为字节类型
JMP  FAR   PTR LPT             ;将标号 LPT 临时设置为远类型
```

②THIS 运算符。THIS 运算符用来定义一个新类型的变量或标号。但它只指定变量或标号的类型属性，并不为它分配存储区，它的段属性和偏移属性与下一条可分配地址的变量或标号属性相同。

格式：THIS 类型

其类型选项与 PTR 运算符相同。

例 3 − 4　指令例子如下：

```
LAB  EQU  THIS  BYTE    ;EQU 是赋值伪指令，它将表达式的值赋给标号或变量
LAW  DW   2341H
MOV  BL, LAB            ;BL ←41H
MOV  AX, LAW            ;AX ←2341H
```

在这里，变量 LAB 和 LAW 具有相同的段基值和偏移地址，但 LAB 是字节类型，而 LAW 是字类型。

（6）分离运算符

①LOW 运算符。

格式：LOW 表达式

功能：取表达式的低字节返回。

② HIGH 运算符。

格式：HIGH 表达式

功能：取表达式的高字节返回。

例 3 − 5　指令例子如下：

```
MOV  AL, LOW 2238H      ;AL←38H
MOV  AH, HIGH 2238H     ;AH←22H
```

3.2.3　汇编语言程序的基本框架

汇编语言都是以逻辑段为基础，按段的概念来组织代码和数据的，一个源程序由若干个逻辑段组成。

在宏汇编语言 MASM 5.0 以上的版本中，逻辑段有两种不同的定义方法，即完整段定义和简化段定义。因此，源程序也有两种不同的结构：完整段结构和简化段结构。但是，不允许在一个源程序中既用完整段又用简化段混合编程。下面介绍用完整段定义的汇编语言源程序结构，有关简化段结构的介绍可查阅相关文献。

一个标准的、用完整段定义的单模块汇编语言源程序框架结构如下：

　　　　　[.586]　　　　　　　　　　　　　　　　　　;选指令集，默认时为 8086 指令

```
DATA        SEGMENT［USE16/USE32］              ；定义数据段
            ⋮                                  ；数据定义伪指令序列
DATA        ENDS
                                               ；空行
STACK       SEGMENT［USE16/USE32］STACK         ；定义堆栈段
            ⋮                                  ；数据定义伪指令序列
STACK       ENDS

CODE        SEGMENT［USE16/USE32］              ；定义代码段
    ASSUME  CS：CODE, SS：STACK, DS：DATA, ES：DATA ；段寄存器说明
START：     MOV  AX, DATA                      ；取数据段基址
            MOV  DS, AX                        ；建立数据段的可寻址性
            MOV  ES, AX                        ；建立附加数据段的可寻址性
            ⋮                                  ；核心程序段
            MOV  AH, 4CH                       ；返回 DOS 操作系统
            INT  21H
CODE        ENDS
            END  START
```

其中，方括号［　］内的内容为可选项。

该标准源程序框架具有以下结构特点：

（1）一个源程序由若干逻辑段组成，各逻辑段由伪指令语句 SEGMENT/ENDS 定义和说明。

（2）整个源程序（模块）以 END 伪指令结束。当源程序为主模块时 END 伪指令要含启动标号，否则不需要。

（3）每个逻辑段由语句序列组成，各语句可以是指令语句、伪指令语句、宏指令语句、注释语句或空行语句。其中，加入空行语句的目的是增强程序书写的清晰性和可读性。

（4）一般而言，一个源程序具有数据段、附加数据段、堆栈段和代码段。但根据实际情况，堆栈段、数据段和附加数据段也可以没有；而代码段则是必不可少的，每个程序至少必须有一个。对于复杂、庞大的源程序，这几种逻辑段也分别允许定义多个，但同时使用的段是有限定的：8086/8088/80286 为 4 个，即代码段 CS、堆栈段 SS、数据段 DS 和附加数据段 ES。

（5）代码段中，第一条语句必须是段寄存器说明语句 ASSUME，用于说明各段寄存器与逻辑段的关系。但它并没有设置段寄存器的初值，所以在源程序中，除代码段 CS（有时还有堆栈段 SS）外，其他所有定义的段寄存器的初值都要在程序代码段的起始处由用户自己设置，以建立这些逻辑段的可寻址性。注意，不能只用赋值语句而将 ASSUME 语句省略，这样汇编程序就找不到所定义的各个段了。

（6）每个源程序在其代码段中都必须含有返回到 DOS 的指令语句，以保证程序执行完后能返回 DOS。终止当前程序，使其正确返回 DOS 状态的方法通常有 4 种：

①使用 DOS 的 4CH 号功能调用。这种方法是在代码段结束前加调用语句：

```
    MOV  AH, 4CH                               ；功能号 4CH→AH
    INT  21H                                   ；中断调用
```

这是返回 DOS 最有效且兼容性最好的一种方法。

②将主程序定义为远过程。也称为"标准序"方法。这种方法是在代码段开始处按下述方式定义主程序(即另一种标准源程序框架):

```
              ⋮
CODE          SEGMENT ⋯
              ASSUME ⋯
主过程名       PROC FAR
              PUSH DS
              SUB AX, AX        ⎫
              PUSH AX           ⎬  ; 标准序
              ⋮                 ⎭
              RET
主过程名       ENDP
              ⋮
CODE          ENDS
END           主过程名
```

③使用 20H 号软中断功能调用。调用方式是在代码段结束前加调用语句:

```
    INT   20H
```

④使用 DOS 的 0 号功能调用。调用方式是在代码段结束前加调用语句:

```
    MOV   AH, 0
    INT   21H
```

后两种方法不能用于 .EXE 格式的可执行文件,只能用于小模式的 .COM 格式的可执行文件。

3.3 寻址方式

我们已经知道,一条指令通常由操作码和操作数两部分构成。其中的操作码部分指示指令执行什么操作,它在机器中的表示比较简单,只需对每一种类型的操作(如加法、减法等)指定一个二进制代码即可;但指令的操作数部分的表示就要复杂得多,它需提供与操作数或操作数地址有关的信息。由于编程上的需要,大多数情况下,指令中并不直接给出操作数,而是给出存放操作数的地址;有时操作数的存放地址也不直接给出,而是给出计算操作数地址的方法。我们称这种指令中如何提供操作数或操作数地址的方式为寻址方式(Addressing Mode)。

计算机执行程序时,根据指令给出的寻址方式,计算出操作数的地址,然后从该地址中取出操作数进行指令的操作,或者把操作结果送入某一操作数地址中去。

完善的寻址方式可为用户组织和使用数据提供方便。寻址方式的选择首先要考虑与数的表示相配合,能方便地存取各种数据;其次,要仔细分析指令系统及各种寻址方式的可能性,比较它们的特点并进行选择;此外,还应考虑实现上的有效性和可能性,选择时还应考虑地址码尽可能短、存取的空间尽可能大、使用方便等等。

寻址方式分为"数据寻址方式"和"转移地址寻址方式"两种类型。虽然后者是指在程序非顺序执行时如何寻找转移地址的问题，但在方法上与前者并无本质区别，因此也将其归入寻址方式的范畴。

另外，在下文的讨论中，为了说明问题的方便，我们均以数据传送指令中的 MOV 指令为例进行说明，并按汇编指令格式的规定，称指令中两个操作数左边的一个为"目的操作数"，右边的一个为"源操作数"。一般格式为："MOV 目的操作数，源操作数"，指令的功能是将源操作数的内容传送至目的操作数。

3.3.1　数据寻址方式

1. 立即寻址

指令中直接给出操作数，操作数紧跟在操作码之后，作为指令的一部分存放在代码段中，这种寻址方式称为立即寻址(Immediate Addressing)。这样的操作数称为立即数，立即数可以是 8 位、16 位或 32 位。如果是 16 位或 32 位的多字节立即数，则高位字节存放在高地址中，低位字节存放在低地址中。立即寻址方式常用来给寄存器赋初值，并且只能用于源操作数，不能用于目的操作数。

由于操作数可以直接从指令中获得，不需要额外的存储器访问，所以采用这种寻址方式的指令执行速度很快，但它需占用较多的指令字节。

例 3 - 6　指令例子如下：

MOV　AL, 12H

该指令中源操作数的寻址方式为立即寻址，指令执行后，AL = 12H，立即数 12H 送入 AL 寄存器。

例 3 - 7　指令例子如下：

MOV　AX, 3456H

该指令中源操作数的寻址方式也为立即寻址，指令执行后，AX = 3456H，立即数 3456H 送入 AX 寄存器。其中 AL 为 34H，AH 为 56H。图 3 - 2 给出了指令的操作情况。

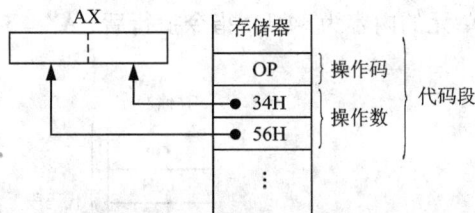

图 3 - 2　例 3 - 7 指令的操作情况

如图 3 - 2 所示，指令存放在代码段中，OP 表示该指令的操作码，紧接其后存放的是 16 位立即数的低位字节 34H，然后是高位字节 56H。这里，立即数是指令机器码的一部分。

2. 寄存器寻址

操作数在 CPU 内部的寄存器中，由指令指定寄存器号，这种寻址方式称为寄存器寻址(Register Addressing)。对于 8 位操作数，寄存器可以是 AH、AL、BH、BL、CH、CL、DH 和 DL；对于 16 位或 32 位操作数，寄存器可以是 16 位或 32 位的通用寄存器；寄存器也可以是段寄存器，但 CS 寄存器不能做目的操作数。

采用寄存器寻址方式，占用指令机器码的位数较少，因为寄存器数目远少于存储器单元的数目，所以只需很少的几位代码即可表示。另外，由于指令的整个操作都在 CPU 内部进行，不需要访问存储器来取得操作数，所以指令执行速度很快。

寄存器寻址方式既可用于源操作数，也可用于目的操作数，还可以两者均采用寄存器寻址方式，如例 3 - 8 所示。

例 3 - 8　指令例子如下：

MOV　AX, BX

该指令中源操作数和目的操作数的寻址方式均为寄存器寻址。若指令执行前，AX = 54B2H，BX = 4A97H，则指令执行后，AX = 4A97H，BX = 4A97H。

除上述两种寻址方式外，以下各种寻址方式的操作数都在内存中，通过采用不同的方法求得操作数地址，然后通过访问存储器来取得操作数。

需要说明的是，在下面的讨论中，称操作数的偏移地址为有效地址 EA（Effective Address），EA 可通过不同的寻址方式得到。注意，有效地址就是偏移地址，即访问的内存单元距段起始地址之间的字节距离。

3. 直接寻址

采用直接寻址（Direct Addressing）方式，指令中直接给出操作数的有效地址，并将其存放于代码段中指令的操作码之后。操作数一般存放在数据段中，但也可存放在数据段以外的其他段中。具体存放在哪一段，应通过指令的"段跨越前缀"来指定。在计算物理地址时应使用相应的段寄存器。

例 3 - 9　指令例子如下：

MOV　AX, DS: [2000H]

该指令源操作数的寻址方式为直接寻址，指令中直接给出了操作数的有效地址 2000H，对应的段寄存器为 DS。如 DS = 3000H，则源操作数在数据段中的物理地址 = 3000H × 16 + 2000H = 30000H + 2000H = 32000H，指令的执行情况如图 3 - 3 所示。图中，假设 32000H 单元的内容为 12H，32001H 单元的内容为 34H。指令执行后，AX = 3412H，其中 AH 中为 34H，AL 中为 12H。

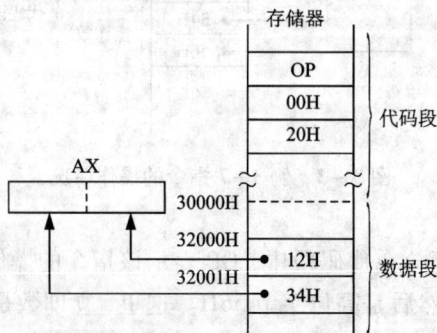

图 3 - 3　例 3 - 9 指令的执行情况

若操作数在附加段中，则应通过"段跨越前缀"来指定对应的段寄存器为 ES，例如指令"MOV　AX, ES: [2000H]"。

需要说明的是，在实际的汇编语言源程序中所看到的直接寻址方式，往往是使用符号地址而不是数值地址，即往往是通过符号地址来实现直接寻址的。例如：

MOV　AX，VAR

其中，VAR 为程序中定义的一个内存变量，它表示存放源操作数的内存单元的符号地址。

4. 寄存器间接寻址

采用寄存器间接寻址（Register Indirect Addressing）方式，操作数的有效地址在基址寄存器（BX/BP）或变址寄存器（SI/DI）中，而操作数则在存储器中。对于 80386 及以上 CPU，这种寻址方式允许使用任何 32 位的通用寄存器。

寄存器间接寻址的有效地址 EA 可表示如下：

$$EA = \begin{cases} BX \\ BP \\ SI \\ DI \end{cases}$$

或 EA = 32 位的通用寄存器（80386 及以上 CPU 可用）

若指令中用来存放有效地址的寄存器是 BX、SI、DI、EAX、EBX、ECX、EDX、ESI、EDI，则默认的段寄存器是 DS；若使用的寄存器是 BP、EBP、ESP，则默认的段寄存器是 SS。

例 3 - 10　指令例子如下：

MOV　AX，[BX]

该指令源操作数的寻址方式为寄存器间接寻址，指令的功能是"把数据段中以 BX 的内容为有效地址的字单元的内容传送至 AX"。若 DS = 2000H，BX = 3000H，则源操作数的物理地址 = 2000H × 10H + 3000H = 20000H + 3000H = 23000H。指令的执行情况如图 3 - 4 所示，执行结果为：AX = 5678H。

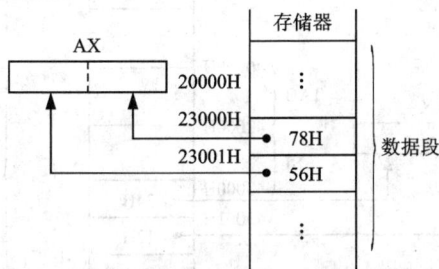

图 3 - 4　例 3 - 10 指令的执行情况

指令中也可以通过"段跨越前缀"来取得其他段中的数据。例如指令"MOV AX，ES：[BX]"，其源操作数即取自于附加段中。

这种寻址方式可以方便地用于一维数组或表格的处理，通过执行指令访问一个表项后，只需修改用于间接寻址的寄存器的内容就可访问下一项。

5. 寄存器相对寻址

采用寄存器相对寻址（Register Relative Addressing）方式，操作数的有效地址是一个基址寄存器（BX/BP）或变址寄存器（SI/DI）的内容与指令中指定的一个位移量（Displacement）之和。对于 80386 及以上的 CPU，这种寻址方式允许使用任何 32 位通用寄存器。其中的位移量可以是 8 位、16 位或 32 位（80386 及以上 CPU）的带符号数。

这种寻址方式的有效地址 EA 的构成可表示如下：

$$EA = \begin{cases} BX \\ BP \\ SI \\ DI \end{cases} + DISP$$

或：EA =（32 位通用寄存器）+ DISP（80386 及以上 CPU 可用）

默认段寄存器的情况与前面寄存器间接寻址方式相同，即若指令中使用的是 BP、EBP、ESP，则默认的段寄存器是 SS；若使用的是其他通用寄存器，则默认的段寄存器是 DS。两种情况都允许使用段跨越前缀。

例 3 - 11　指令例子如下：

MOV　AX，[SI + TAB]　（也可表示为"MOV AX，TAB [SI]"）

该指令源操作数的寻址方式为寄存器相对寻址，其中的 TAB 为符号形式表示的位移量，其值可通过伪指令来定义。若 DS = 4000H，SI = 1000H，TAB = 2000H，则源操作数的有效地址 EA = 1000H + 2000H = 3000H，物理地址 = 40000H + 3000H = 43000H。指令执行情况如图 3 - 5 所示，执行结果为：AX = 1234H。

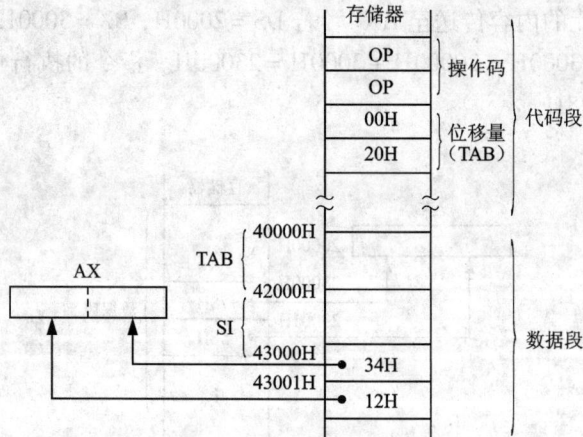

图 3 - 5　例 3 - 11 指令的执行情况

寄存器相对寻址方式也可方便地用于一维数组或表格的处理，例如可将表格的首地址设置为 TAB，通过修改基址寄存器或变址寄存器的内容即可访问不同的表项。

6. 基址变址寻址

采用基址变址寻址（Based Indexed Addressing）方式，操作数的有效地址是一个基址寄存器（BX/BP）和一个变址寄存器（SI/DI）的内容之和。其中的基址寄存器和变址寄存器均由指令指定。对于 80386 及以上的 CPU，还允许使用变址部分除 ESP 以外的任何两个 32 位通用寄存器的组合。

　　默认的段寄存器由所选用的基址寄存器决定。即若使用 BP、EBP 或 ESP, 则默认的段寄存器是 SS; 若使用其他通用寄存器, 则默认的段寄存器是 DS。两种情况都允许使用段跨越前缀。有效地址 EA 的构成可表示如下:

$$EA = \begin{Bmatrix} BX \\ BP \end{Bmatrix} + \begin{Bmatrix} SI \\ DI \end{Bmatrix}$$

　　对于 80386 及以上 CPU, 有效地址 EA 的构成可表示如下:

$$EA = \begin{Bmatrix} \text{基址} \\ EAX \\ EBX \\ ECX \\ EDX \\ ESP \\ EBP \\ ESI \\ EDI \end{Bmatrix} + \begin{Bmatrix} \text{变址} \\ EAX \\ EBX \\ ECX \\ EDX \\ \\ EBP \\ ESI \\ EDI \end{Bmatrix}$$

例 3 – 12　指令例子如下:

MOV　AX, [BX + SI]　(也可表示为"MOV AX, [BX][SI]")

　　该指令源操作数的寻址方式为基址变址寻址。若 DS = 4000H, BX = 2000H, SI = 400H, 则源操作数的有效地址 EA = 2000H + 400H = 2400H, 物理地址 = 40000H + 2400H = 42400H, 指令的执行情况如图 3 – 6 所示。指令的执行结果为 AX = 3456H。

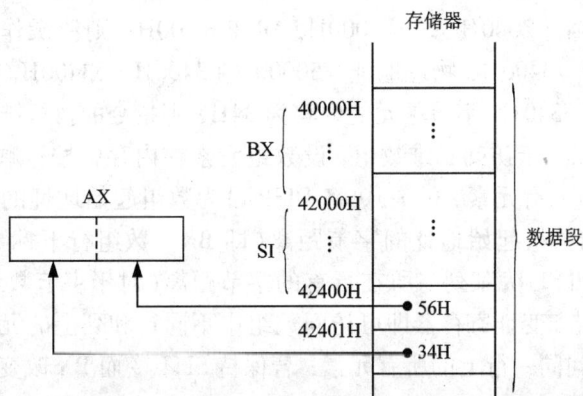

图 3 – 6　例 3 – 12 指令的执行情况

　　这种寻址方式同样适用于一维数组或表格的处理, 可将数组的首地址放于基址寄存器中, 而用变址寄存器来访问数组中的各个元素。由于两个寄存器都可以修改, 所以它比上述的寄存器相对寻址更加灵活。

7. 相对基址变址寻址

　　采用相对基址变址寻址(Relative Based Indexed Addressing)方式, 操作数的有效地址是一个基址寄存器(BX/BP)和一个变址寄存器(SI/DI)的内容与指令中给定的一个位移量(DISP)

之和。对于 80386 及以上的 CPU,还允许使用变址部分除 ESP 以外的任何两个 32 位通用寄存器及一个位移量的组合。两个寄存器均由指令指定。位移量可以是 8 位、16 位或 32 位 (80386 及以上)的带符号数。

默认的段寄存器由所选用的基址寄存器决定。即若使用 BP、EBP 或 ESP,则默认的段寄存器是 SS;若使用 BX 或其他 32 位通用寄存器,则默认的段寄存器是 DS。两种情况都允许使用段跨越前缀。有效地址 EA 的构成表示如下:

$$EA = \begin{Bmatrix} BX \\ BP \end{Bmatrix} + \begin{Bmatrix} SI \\ DI \end{Bmatrix} + DISP$$

对于 80386 及以上 CPU,有效地址 EA 的构成可表示如下:

$$EA = \begin{Bmatrix} EAX \\ EBX \\ ECX \\ EDX \\ ESP \\ EBP \\ ESI \\ EDI \end{Bmatrix} + \begin{Bmatrix} EAX \\ EBX \\ ECX \\ EDX \\ EBP \\ ESI \\ EDI \end{Bmatrix} + DISP$$

基址　　变址

例 3 – 13 指令例子如下:

MOV　AX, [BX + SI + DISP]

也可表示为:"MOV AX, DISP [BX][SI]"或"MOV AX, DISP[BX + SI]"。

若 DS = 5000H, BX = 2000H, SI = 1000H, DISP = 400H, 则源操作数的有效地址 EA = 2000H + 1000H + 400H = 3400H, 物理地址 = 50000H + 3400H = 53400H。设内存中 53400H 字节单元的内容为 56H, 53401H 字节单元的内容为 34H, 则指令的执行结果为 AX = 3456H。

这种寻址方式可以用于访问二维数组,设数组元素在内存中按行顺序存放(先放第一行所有元素,再放第二行所有元素,……),将 DISP 设为数组起始地址的偏移量,基址寄存器(例如 BX)为某行首与数组起始地址的字节距离(即 BX = 数组行下标 × 一行所占用的字节数),变址寄存器(例如 SI)为某列与所在行首的字节距离(对于字节数组,即 SI = 列下标),这样,通过基址寄存器和变址寄存器即可访问数组中不同行和列上的元素。若保持 BX 不变而 SI 改变,则可以访问同一行上的所有元素;若保持 SI 不变而 BX 改变,则可以访问同一列上的所有元素。

3.3.2 转移地址寻址方式

一般情况下指令是顺序逐条执行的,但实际上也经常发生执行转移指令改变程序执行流向的现象。与前述数据寻址方式是确定操作数的地址不同,转移地址寻址方式是用来确定转移指令的转向地址(又称转移的目标地址)。下面首先说明与程序转移有关的几个基本概念,然后介绍四种不同类型的转移地址寻址方式,即段内直接寻址、段内间接寻址、段间直接寻址和段间间接寻址。

如果转向地址与转移指令在同一个代码段中,这样的转移称为段内转移,也称近转移;

如果转向地址与转移指令位于不同的代码段中，这样的转移称为段间转移，也称远转移。近转移时的转移地址只包含偏移地址部分，找到转移地址后，将其送入 IP 即可实现转移(不需改变 CS 的内容)；远转移时的转移地址既包含偏移地址部分又包含段基值部分，找到转移地址后将转移地址的段基值部分送入 CS，偏移地址部分送入 IP，即可实现转移。

如果转向地址直接放在指令中，则这样的转移称为直接转移，根据转移地址是绝对地址还是相对地址(即地址位移量)又可分别称为绝对转移和相对转移；如果转向地址间接放在其他地方(如寄存器中或内存单元中)，则这样的转移称为间接转移。

1. 段内直接寻址

采用段内直接寻址(Intrasegment Direct Addressing)方式，在汇编指令中直接给出转移的目标地址(通常是以符号地址的形式给出)；而在指令的机器码表示中，此转移地址是以对当前 IP 值的 8 位或 16 位位移量的形式来表示的。此位移量即为转移的目标地址与当前 IP 值之差(用补码表示)；指令执行时，转向的有效地址是当前的 IP 值与机器码指令中给定的 8 位或 16 位位移量之和，如图 3 - 7(a)所示。

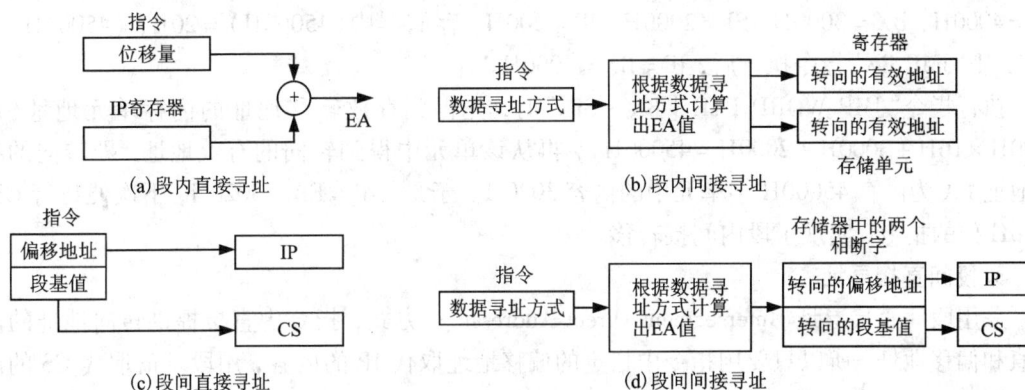

图 3 - 7　转移地址寻址方式

由于这种转移地址是用相对于当前 IP 值的位移量来表示的，所以它是一种相对寻址方式。我们知道，相对寻址方式便于实现程序再定位。

段内直接寻址方式既适用于条件转移指令也适用于无条件转移指令，但当它用于条件转移指令时，位移量只允许 8 位；无条件转移指令的位移量可以为 8 位，也可以为 16 位。通常称位移量为 8 位的转移为"短转移"。

段内直接寻址转移指令的汇编格式如例 3 - 14 所示。

例 3 - 14　指令例子如下：

JMP　NEAR　PTR　PROG1

JMP　SHORT　LAB

其中，PROG1 和 LAB 均为符号形式的转移目标地址。在机器码指令中，它们是用距当前 IP 值的位移量的形式来表示的。若在符号地址前加操作符"NEAR PTR"，则相应的位移量为 16 位，可实现距当前 IP 值 - 32768 ~ + 32767 字节范围内的转移；若在符号地址前加操作符"SHORT"，则相应的位移量为 8 位，可实现距当前 IP 值 - 128 ~ + 127 字节范围内的转移。

若在符号地址前不加任何操作符，则默认为"NEAR PTR"。

2. 段内间接寻址

采用段内间接寻址（Intrasegment Indirect Addressing）方式，转向的有效地址在一个寄存器或内存单元中，其寄存器号或内存单元地址可用数据寻址方式中除立即寻址以外的任何一种寻址方式获得。转移指令执行时，从寄存器或内存单元中取出有效地址送给 IP，从而实现转移。如图 3 − 7(b)所示。

注意：这种寻址方式以及下面介绍的两种寻址方式（段间直接寻址和段间间接寻址）都只能用于无条件转移指令，而不能用于条件转移指令。也就是说，条件转移指令只能使用上述段内直接寻址的 8 位位移量形式。

段内间接寻址转移指令的汇编格式如例 3 − 15 所示。

例 3 − 15　指令例子如下：

JMP　BX

JMP　WORD　PTR［BX + SI］

第二条指令中的操作符"WORD PTR"表示其后的［BX + SI］是一个字型内存单元。假设 DS = 4000H，BX = 3000H，SI = 2000H，IP = 200H，存储器中(45000H) = 20H，(45001H) = 30H，则"JMP BX"指令执行后，IP = BX = 3000H。

执行指令"JMP WORD PTR［BX + SI］"时，先得到存放转移地址的内存单元地址（即 4000H × 16H + 3000H + 2000H = 45000H），再从该单元中得到转向的有效地址，即转向的有效地址 EA 为内存 45000H 字单元中的内容 3020H。于是，IP = EA = 3020H，下次便执行 CS：3020H 处的指令，实现了段内间接转移。

3. 段间直接寻址

采用段间直接寻址（Intersegment Direct Addressing）方式，指令中直接提供转向地址的段基值和偏移地址，所以只要用指令中指定的偏移地址取代 IP 的内容，用段基值取代 CS 的内容就完成了从一个段到另一个段的转移操作，如图 3 − 7(c)所示。

这种指令的汇编格式如下所示：

JMP　FAR　PTR　LAB

其中，LAB 为转向的符号地址，FAR PTR 则是段间转移的操作符。

4. 段间间接寻址

采用段间间接寻址（Intersegment Indirect Addressing）方式，用存储器中的二个相继字单元的内容来取代 IP 和 CS 的内容，以达到段间转移的目的。其存储单元的地址是通过指令中指定的除立即寻址和寄存器寻址以外的任何一种数据寻址方式取得的，如图 3 − 7(d)所示。

这种指令的汇编格式如下所示：

JMP　DWORD PTR　［BX + SI］

其中，［BX + SI］表明相应的寻址方式为基址变址寻址方式，"DWORD PTR"为双字操作符，说明要从存储器中取出双字的内容来实现段间间接转移。

3.4　8086 指令系统

8086 指令系统包括 99 条指令，按功能可分为如下六大类型：①数据传送指令；②算术运算指令；③逻辑运算和移位指令；④控制转移指令；⑤处理器控制指令；⑥串操作指令。下面分别予以介绍。

3.4.1　数据传送指令

数据传送指令用来把数据或地址传送到寄存器或存储器单元中，共有 14 条，可分为 4 组。如表 3 - 2 所示。

表 3 - 2　数据传送指令

分组	助记符	功能	操作数类型
通用数据传送指令	MOV	传送	字节/字
	PUSH	压栈	字
	POP	弹栈	字
	XCHG	交换	字节/字
累加器专用传送指令	XLAT	换码	字节
	IN	输入	字节/字
	OUT	输出	字节/字
地址传送指令	LEA	装入有效地址	字
	LDS	把指针装入寄存器和 DS	4 个字节
	LES	把指针装入寄存器和 ES	4 个字节
标志传送指令	LAHF	把标志装入 AH	字节
	SAHF	把 AH 送标志寄存器	字节
	PUSHF	标志压栈	字
	POPF	标志弹栈	字

1. 通用数据传送指令

（1）传送指令 MOV

格式：MOV　DST，SRC

操作：DST←SRC

说明：DST 表示目的操作数，SRC 表示源操作数。MOV 指令可以把一个字节或字操作数从源传送至目的，源操作数保持不变。

根据源操作数和目的操作数是寄存器、立即数或存储器操作数的不同情况，MOV 指令可实现多种不同传送功能，如图 3 - 8 所示。

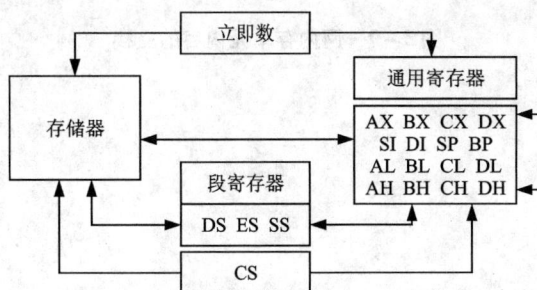

图 3 - 8　MOV 指令数据传送方向示意图

　　从图 3 - 8 中可以看出,立即数可作为源操作数,但不能作为目的操作数;立即数不能直接送段寄存器;目的寄存器不能是 CS(因为系统不允许随意修改 CS);段寄存器间不能直接传送;存储单元之间不能直接传送。在使用 MOV 指令时一定要遵守以上这些限制,否则汇编时会出错。

　　例 3 - 16　指令例子如下:

```
MOV   BL, 40
MOV   AX, BX
MOV   [BX], AX
MOV   CX, ES:[2000H]
MOV   WORD PTR [SI], 12
```

　　指令"MOV　WORD PTR [SI], 12"中的"WORD PTR"为字长度标记,它明确指出 SI 所指向的内存单元为字型,立即数 12 将被汇编成 16 位的二进制数。如果要将 12 生成 8 位的二进制数,则需加字节长度标记"BYTE PTR"。这里的长度标记(类型)显式说明是必需的,否则汇编器将无法确定立即数的长度,从而出现错误。通常情况下,如果一条指令的两个操作数中一个为立即寻址而另一个为存储器寻址时,则必须在存储器寻址的操作数前加长度标记,否则会出现语法错。对于本例中的其他指令,因为其中总有一个操作数的长度汇编器是知道的,所以不需要显式说明操作数的长度就可正确汇编。

　　例 3 - 17　用 MOV 指令实现两个内存字节单元内容的交换,设两个内存单元的偏移地址分别为 4020H 和 4060H。

　　要实现本例的功能,至少需要 4 条指令才能完成,如图 3 - 9 所示。

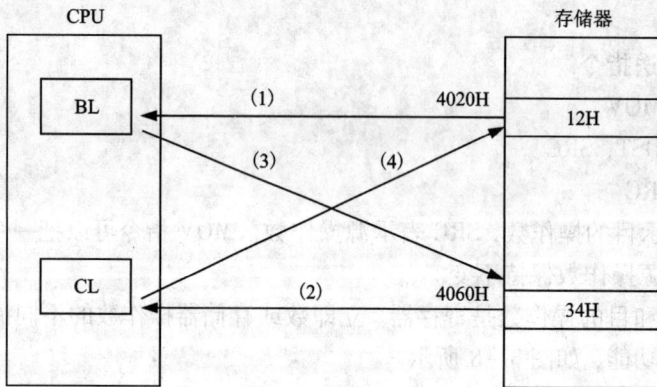

图 3 - 9　两内存单元内容的交换

　　具体的程序段如下:

```
MOV   BL, [4020H]
MOV   CL, [4060H]
MOV   [4060H], BL
MOV   [4020H], CL
```

　　(2)进栈指令 PUSH

　　格式: PUSH　SRC

　　操作:先将堆栈指针寄存器 SP 的值减 2,再把字类型的源操作数传送到由 SP 指示的栈顶单元。传送时源操作数的高位字节存放在堆栈区的高地址单元，低位字节存放在低地址单元，SP 指向这个低地址单元。

说明：SRC 为 16 位的寄存器操作数或存储器操作数。

例 3 - 18　指令例子如下：

PUSH　AX　　　　　　　；将 AX 寄存器的内容压至栈顶，AX 的内容保持不变

（3）出栈指令 POP

格式：POP　DST

操作：先将由 SP 指示的现行栈顶的字单元内容传送给目的操作数，再将 SP 的值加 2，使 SP 指向新的栈顶。

说明：DST 为 16 位的寄存器操作数或存储器操作数，也可以是除 CS 寄存器以外的段寄存器。

例 3 - 19　指令例子如下：

POP　BX　　　　　　　；将栈顶字单元的内容弹出到 BX 寄存器中

例 3 - 20　设 AX = 40，BX = 30，CX = 20，DX = 10，SP = 2000H，依次执行 PUSH AX，PUSH BX，POP CX 和 POP DX 四条指令后，这些寄存器的值各为多少？

根据 PUSH 和 POP 指令的功能，容易得出上述四条指令执行后，AX = 40，BX = 30，CX = 30，DX = 40，SP = 2000H。

（4）交换指令 XCHG

格式：XCHG OPR1，OPR2

操作：操作数 OPR1 和 OPR2 的内容互换。

说明：两个操作数的长度可均为 8 位或均为 16 位，且其中至少应有一个是寄存器操作数，因此它可以在两个寄存器之间或寄存器和存储器之间交换信息，但不允许使用段寄存器。

例 3 - 21　指令例子如下：

XCHG　AL，BL　　　　　　　　　　；寄存器 AL 和 BL 的内容互换
XCHG　AX，BX　　　　　　　　　　；寄存器 AX 和 BX 的内容互换
XCHG　[BX]，CX　　　　　　　　　；BX 指向的内存字单元内容与 CX 的内容互换

例 3 - 22　用 XCHG 指令改进例 3 - 16 的两内存字节单元内容交换的程序段，用如下三条指令即可实现。

MOV　BL，[4020H]
XCHG　BL，[4060H]
MOV　[4020H]，BL

2. 累加器专用传送指令

这一组的 3 条指令都必须使用 AX 或 AL 寄存器，因此称作累加器专用传送指令。

（1）换码指令 XLAT

格式：XLAT

操作：通过 AL 中的索引值在字节型数据表中查得表项内容并返回到 AL 中。

说明：XLAT 指令也称查表指令，使用该指令之前，应在数据段中定义一个字节型表，并将表起始地址的偏移量装入 BX，表的索引值装入 AL，索引值从 0 开始，最大为 255；指令执行后，在 AL 中即可得到对应于该索引值的表项内容。

例 3 - 23   如果 TAB 为数据段中一个字节型表的开始地址,则执行下列程序段后,AL
=4FH。

```
TAB    DB    3FH, 06H, 5BH, 4FH, 66H    定义数据表
       DB    6DH, 7DH, 07H, 7FH, 6FH
MOV    BX, OFFSET  TAB                 ;将 TAB 的偏移量送入 BX
MOV    AL, 3                           ;使 AL 中存放欲查单元的索引值 3
XLAT                                   ;查表得到的内容在 AL 中
```

在此例中,表中存放的数据是共阴极 LED 数码管的段码,用来控制数码管显示相应的字
形符号,所以,只要事先在 AL 中放好一个十进制数字(0 ~ 9),就能执行上述程序段得到
LED 数码管的相应段码,将其输入到 LED 显示电路,即可显示出相应字形符号。

(2)输入指令 IN

格式:IN   AC, PORT

操作:把外设端口(PORT)的内容输入到累加器 AC(Accumulator)中。

说明:输入指令 IN 从输入端口传送一个字节到 AL 寄存器或传送一个字到 AX 寄存器。
当端口地址为 0 ~ 255 时,可用直接寻址方式(即用一个字节立即数指定端口地址),也
可以用间接寻址方式(即用 DX 的内容指定端口地址)。当端口地址大于 255 时,只能用间接
寻址方式。

例 3 - 24   指令例子如下:

```
IN     AL, 60H        ;把 60H 端口的内容(字节)输入到 AL
IN     AX, 60H        ;把 60H 端口的内容(字)输入到 AX
MOV    DX, 326H       ;把端口地址 326H 送入 DX
IN     AL, DX         ;把 326H 端口的内容(字节)输入到 AL
IN     AX, DX         ;把 326H 端口的内容(字)输入到 AX
```

(3)输出指令 OUT

格式:OUT   PORT, AC

操作:把累加器的内容输出到外设端口(PORT)。

说明:输出指令 OUT 将 AL 中的一个字节或 AX 中的一个字传送到输出端口,端口地址
的寻址方式同 IN 指令。

例 3 - 25   指令例子如下:

```
OUT    60H, AL        ;把 AL 寄存器的内容输出到 60H 字节端口
OUT    60H, AX        ;把 AX 寄存器的内容输出到 60H 字端口
MOV    DX, 326H       ;把端口地址 326H 送入 DX
OUT    DX, AL         ;把 AL 寄存器的内容输出到 326H 字节端口
OUT    AX, DX         ;把 AX 寄存器的内容输出到 326H 字端口
```

3. 地址传送指令

这一组指令传送的是地址,它们常用于表格的处理和数据指针的切换。

(1)装入有效地址指令 LEA(Load Effective Address)

格式:LEA   REG, SRC

操作:把源操作数的有效地址(即偏移地址)装入指定寄存器。

说明:源操作数必须是存储器操作数,目的操作数必须是 16 位的通用寄存器。

例 3 - 26　指令例子如下：

LEA　BX, [BX + DI + 18H]

若指令执行前 BX = 2000H, DI = 300H, 则指令执行后 BX = 2318H, 2318H 即是源操作数的有效地址。

请注意该指令与"MOV　BX, [BX + DI + 18H]"指令功能上的区别。前者(LEA 指令)传送的是存储器操作数的有效地址,而后者(MOV 指令)传送的是存储器操作数的内容。

(2) 加载数据段指针指令 LDS (Load pointer into register and DS)

格式: LDS　REG, SRC

操作: 将源操作数指定的 FAR 型指针(占存储器中连续 4 个字节单元)传送给目的操作数和 DS 寄存器。

说明: 目的操作数必须是 16 位的通用寄存器,传送时较低地址的两个字节装入 16 位的通用寄存器,较高地址的两个字节装入 DS 寄存器。

例 3 - 27　假设 DS = 2000H, 存储器中数据存储情况如图 3 - 10 所示,则执行指令"LDS　SI, [30H]"后, DS = 7856H, SI = 3412H。

(3) 加载附加段指针指令 LES (Load pointer into register and ES)

格式: LES　REG, SRC

操作: 将源操作数指定的 FAR 型指针传送给目的操作数和 ES 寄存器。

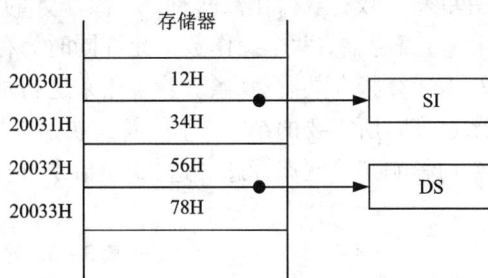

图 3 - 10　LDS 指令的执行

说明: LES 指令与 LDS 指令的操作类似,所不同的只是传送时较高地址的两个字节装入 ES 寄存器而不是 DS 寄存器。

4. 标志传送指令

这组指令用来操作标志寄存器 FLAGS。8086 中的标志寄存器是 16 位的,但 LAHF 和 SAHF 指令只对低 8 位进行操作,而 PUSHF 和 POPF 则对整个 16 位的标志寄存器进行操作。

(1) LAHF 指令

格式: LAHF

操作: 将标志寄存器的低 8 位送 AH 寄存器,标志寄存器本身的值不变。

(2) SAHF 指令

格式: SAHF

操作: 将 AH 寄存器的内容送标志寄存器的低 8 位。

说明: 影响标志寄存器的低 8 位。

(3) PUSHF 指令

格式: PUSHF

操作: 先将 SP 的值减 2, 再将标志寄存器的内容传送到由 SP 所指示的栈顶,标志寄存器内容不变。

(4) POPF 指令

格式: POPF

　　操作：先将由 SP 指示的现行栈顶字传送到标志寄存器，然后将 SP 的值加 2 以指向新的栈顶。

　　说明：影响标志寄存器的所有位。

　　例 3 – 28　利用 PUSHF 和 POPF 指令将标志寄存器中的单步标志 TF 置 1。

```
PUSHF                    ;将标志寄存器的内容压入栈顶
POP     AX               ;将栈顶内容弹出到 AX
OR      AX, 0100H        ;将 AX 高 8 位中的最低位(对应于 TF 位)置 1，其余位不变
PUSH    AX               ;将 AX 的内容压入栈顶
POPF                     ;将栈顶内容弹出到标志寄存器，TF 位被置 1
```

3.4.2　算术运算指令

　　算术运算指令包括二进制运算指令和十进制运算指令(即十进制调整指令)两种类型，操作数有单操作数和双操作数两种，双操作数的限定同 MOV 指令，即目的操作数不允许是立即数和 CS 寄存器，两个操作数不允许同时为存储器操作数等。

　　算术运算指令共有 20 条。除了用来进行加、减、乘、除等算术运算的指令外，还包括进行算术运算时所需的结果调整、符号扩展等指令。除符号扩展指令(CBW 和 CWD)外，其他指令均影响某些状态标志。这 20 条指令可分为 5 组，如表 3 –3 所示。

表 3 – 3　算术运算指令

分组	助记符	功能	对状态标志位的影响					
			OF	SF	ZF	AF	PF	CF
加法	ADD	加	x	x	x	x	x	x
	ADC	加(带进位)	x	x	x	x	x	x
	INC	加 1	x	x	x	x	x	—
	AAA	加法的 ASC Ⅱ 调整	u	u	u	x	u	x
	DAA	加法的十进制调整	u	x	x	x	x	x
减法	SUB	减	x	x	x	x	x	x
	SBB	减(带借位)	x	x	x	x	x	x
	DEC	减 1	x	x	x	x	x	—
	NEG	取补	x	x	x	x	x	x
	CMP	比较	x	x	x	x	x	x
	AAS	减法的 ASC Ⅱ 调整	u	u	u	x	u	x
	DAS	减法的十进制调整	u	x	x	x	x	x
乘法	MUL	乘(不带符号)	x	u	u	u	u	x
	IMUL	乘(带符号)	x	u	u	u	u	x
	AAM	乘法的 ASC Ⅱ 调整	u	x	x	u	x	u
除法	DIV	除(不带符号)	u	u	u	u	u	u
	IDIV	除(带符号)	u	u	u	u	u	u
	AAD	除法的 ASC Ⅱ 调整	u	x	x	u	x	u
符号扩展	CBW	把字节变换成字	—	—	—	—	—	—
	CWD	把字变换成字节	—	—	—	—	—	—

注：x 表示根据操作结果设置标志；u 表示操作后标志值无定义；— 表示对该标志无影响

1. 二进制算术运算指令

这组指令可以实现二进制算术运算，参加运算的操作数及运算结果都是二进制数（虽然书写源程序时可以用十进制，但汇编后仍成为二进制形式）。它们可以是 8 位/16 位的无符号数和带符号数。带符号数在机器中用补码表示，最高位为符号位，0 表示正，1 表示负。

我们已经知道，8 位二进制数可以表示十进制数的范围是：无符号数为 0～255，带符号数为 -128～+127；16 位二进制数可以表示十进制数的范围是：无符号数 0～65535，带符号数为 -32768～+32767。无符号数运算时，若运算结果超出上述表示范围，将使进位标志 CF 置 1；有符号数运算时，若运算结果超出上述表示范围，将使溢出标志 OF 置 1。

（1）二进制加法指令

这类指令的每一条均适用于无符号数和带符号数运算。

① 加法指令 ADD

格式：ADD　DST，SRC

操作：DST←DST + SRC

说明：ADD 指令运算时不加 CF，但指令的执行结果会影响 CF。

标志：影响 OF、SF、ZF、AF、PF、CF 标志。

以后除了特殊情况外，指令对标志位的影响不再一一说明，需要时请读者参考表 3 -5。

例 3 -29　指令例子如下：

ADD　BL，6

ADD　AX，32

ADD　WORD　PTR[BX]，08H

② 带进位加法指令 ADC

格式：ADC　DST，SRC

操作：DST←DST + SRC + CF

说明：因为指令操作时要加 CF，所以它可用于多字节或多字的加法程序。

③ 加 1 指令 INC

格式：INC　OPR

操作：OPR←OPR + 1

说明：使用该指令可以方便地实现地址指针或循环次数的加 1 修改。

例 3 -30　指令例子如下：

INC　CL

INC　BX

（2）二进制减法指令

这类指令的每一条均适用于无符号数和带符号数运算。

① 减法指令 SUB

格式：SUB　DST，SRC

操作：DST←DST - SRC

说明：SUB 指令运算时不减 CF，但指令的执行结果会影响 CF。

例 3 -31　指令例子如下：

SUB　BL，6

```
SUB   AX, 32
SUB   WORD  PTR[BX], 230H
```

②带借位减法指令 SBB

格式：SBB　DST, SRC

操作：DST←DST + SRC + CF

说明：因为该指令操作时要减 CF，所以它可用于多字节或多字的减法程序。

③减 1 指令 DEC

格式：DEC　OPR

操作：OPR←OPR − 1

说明：使用该指令可以方便地实现地址指针或循环次数的减 1 修改。

例 3 − 32　指令例子如下：

```
DEC   CL
DEC   BX
```

④比较指令 CMP

格式：CMP　DST, SRC

操作：DST − SRC

说明：该指令执行减法操作，但并不回送结果，只是根据相减的结果置标志位。它常用于比较两个数的大小。

例 3 − 33　指令例子如下：

```
CMP   AX, BX
CMP   AX, [BX]
```

⑤求补指令 NEG(Negate)

格式：NEG　OPR

操作：OPR← − OPR(或 OPR←0 − OPR)

说明：NEG 指令把操作数(OPR)当成带符号数(用补码表示)，如果操作数是正数，执行 NEG 指令则将其变成负数；如果操作数是负数，执行 NEG 指令则将其变成正数。指令的具体实现是：将操作数的各位(包括符号位)求反，末位加 1，所得结果就是原操作数的相反数(− OPR)。

例 3 − 34　若 AL = 00110001B = [+ 49]补，执行 NEG AL 指令后，AL = 11001111B = [− 49]补；若 AL = 11101101B = [− 19]补，，执行 NEG AL 指令后，AL = 00010011B = [+ 19]补。

例 3 − 35　设 X、Y、Z、W 均为字变量(即均为 16 位二进制数，并分别存入 X、Y、Z、W 字单元中)，试编写实现下列二进制运算的程序段(假设最高位不产生进位或借位)：W←X + Y + 24 − Z。

程序段如下：

```
MOV   AX, X
ADD   AX, Y                    ; X + Y
ADD   AX, 24                   ; X + Y + 24
SUB   AX, Z                    ; X + Y + 24 − Z
MOV   W, AX                    ; 结果存入 W
```

例 3 - 36 编写实现两个双字长的二进制数相加的程序段，具体要求如下：把偏移地址 2000H 开始的双字（低字在前）与偏移地址 3000H 开始的双字相加，和存放于 2000H 地址开始处。

程序段如下：

```
MOV   SI, 2000H              ;取第一个数的首地址
MOV   AX, [SI]               ;将第一个数的低 16 位送 AX
MOV   DI, 3000H              ;取第二个数的首地址
ADD   AX, [DI]               ;第一个数的低 16 位和第二个数的低 16 位相加
MOV   [SI], AX               ;存低 16 位相加结果
MOV   AX, [SI + 2]           ;将第一个数的高 16 位送 AX
ADC   AX, [DI + 2]           ;两个高 16 位连同进位 CF 相加
MOV   [SI + 2], AX           ;存高 16 位相加结果
```

例 3 - 37 假设数的长度（以字计）存放于偏移地址为 2500H 的字节单元中，两个二进制数分别从偏移地址 2000H 和 3000H 开始存放（低字在前），和存放于 2000H 开始处，试编程实现。

程序段如下：

```
        MOV   CL, [2500H]            ;选 CL 作循环次数计数器
        MOV   SI, 2000H
        MOV   DI, 3000H
        CLC                          ;CF 清零
LOOP:   MOV   AX, [SI]
        ADC   AX, [DI]
        MOV   [SI], AX
        INC   SI
        INC   SI
        INC   DI
        INC   DI
        DEC   CL
        JNZ   LOOP                   ;若 CL 不为 0 则循环
        MOV   AX, 00H                ;处理最高位产生的进位
        ADC   AX, 00H
        MOV   [SI], AX
        HLT
```

例 3 - 38 如果 X > 50，则转移到 TOO - HIGH；否则做带符号减法 X - Y，如果减法引起溢出，则转移到 OVERFLOW；否则，计算 X - Y，并将结果存放在 RESULT 中（其中 X、Y、RESULT 均为字变量）。

注：下述程序段中使用了前面介绍的指令，也用到了后面即将介绍的条件转移指令，其功能已在注释中做了简单说明。

程序段如下：

```
        MOV   AX, X                  ;将 X 的值传送给 AX
        CMP   AX, 50                 ;X 的值与 50 比较
        JG    TOO - HIGH             ;如果 X 大于 50，则转向 TOO - HIGH
```

```
               SUB    AX, Y                        ;否则 X – Y
               JO     OVERFLOW                     ;溢出则转向 OVERFLOW
               NEG    AX
    NONNEG： MOV    RESULT, AX
                         ⋮
    TOO – HIGH：
                         ⋮
    OVERFLOW：
                         ⋮
```

(3)二进制乘法指令

二进制乘法指令分为无符号数乘法指令和带符号数乘法指令两种类型。

①无符号数乘法指令 MUL

格式：MUL SRC

操作：字节操作数：$AX \leftarrow AL \times SRC$

        字操作数：$DX：AX \leftarrow AX \times SRC$

说明：操作数和乘积均为无符号数。源操作数(SRC)只能是寄存器或存储器操作数，不能是立即数。另一个乘数(目的操作数)必须事先放在累加器 AL 或 AX 中。若源操作数是 8 位的，则与 AL 中的内容相乘，乘积在 AX 中；若源操作数是 16 位的，则与 AX 中的内容相乘，乘积在 DX：AX 这一对寄存器中。

标志：影响 6 个状态标志，但仅 CF 和 OF 有意义，其他无定义。CF 和 OF 的意义是：若乘积的高一半(例如字节型乘法结果的 AH 或字型乘法的 DX)为 0，则 CF = OF = 0；否则 CF = OF = 1。

例 3 – 39 指令例子如下：

```
MOV   AL, 8
MUL   BL                                     ;AL × BL，结果在 AX 中
MOV   AX, 2010H
MUL   WORD PTR [ BX ]                        ;AX × [ BX ]，结果在 DX：AX 中
```

②带符号数乘法指令 IMUL

格式：IMUI SRC

操作：同 MUL 指令。

说明：操作数及乘积均为带符号数，乘积的符号符合一般代数运算的符号规则。

(4)二进制除法指令

二进制除法指令也分为两种类型，即无符号除法指令和带符号除法指令。

①无符号除法指令 DIV

格式：DIV SRC

操作：字节除数：AL←AX/SRC 的商；AH←余数

        字除数：AX←DX：AX/SRC 的商；DX←余数

说明：被除数、除数、商及余数均为无符号数。

②带符号除法指令 IDIV

格式：IDIV SRC

操作：字节除数：AL←AX/SRC 的商；AH←余数

　　　　　字除数：AX←DX：AX/SRC 的商；DX←余数

说明：被除数、除数、商及余数均为带符号数，商的符号符合一般代数运算的符号规则，余数的符号与被除数相同。

(5)符号扩展指令

这类指令的功能是对操作数的最高位进行扩展，用于处理带符号数运算时的操作数类型匹配问题。

①字节扩展成字指令 CBW

格式：CBW

操作：把 AL 寄存器中的符号位扩展到 AH 中(即把 AL 寄存器中的最高位送入 AH 的所有位)。

例 3-40　指令例子如下：

```
MOV    AL, 42H
CBW                              ; 执行结果为 AX = 0042H
MOV    AL, 96H
CBW                              ; 执行结果为 AX = FF96H
```

②字扩展成双字指令 CWD

格式：CWD

操作：把 AX 寄存器中的符号位扩展到 DX 中(即把 AX 寄存器中的最高位送入 DX 的所有位)。

例 3-41　指令例子如下：

```
MOV    AX, 42H
CWD                              ; 执行结果为 DX = 0, AX = 0042H
MOV    AX, 9432H
CWD                              ; 执行结果为 DX = FFFFH, AX = 9432H
```

例 3-42　试编写实现下列二进制四则混合运算的程序段：

$AX←(V-(X*Y+Z-540))/X$ 的商；DX←余数。

其中 X、Y、Z、V 均为字变量。

程序段如下：

```
MOV    AX, X
IMUL   Y                        ; X * Y, 结果放在 DX：AX 中
MOV    CX, AX                   ; 将乘积放在 BX：CX 中
MOV    BX, DX
MOV    AX, Z
CWD                             ; 将 Z 的符号位扩展到 DX
ADD    CX, AX                   ; (BX：CX)←(DX：AX)加(BX：CX)
ADC    BX, DX
SUB    CX, 540                  ; 从(BX：CX)中减去 540
SBB    BX, 0
MOV    AX, V
CWD                             ; 将 V 的符号位扩展到 DX
```

```
SUB      AX, CX              ；(DX：AX)←(DX：AX)减(BX：CX)
SBB      DX, BX
IDIV     X                   ；(DX：AX)除以 X, 商在 AX 中, 余数在 DX 中
```

2. 十进制调整指令

前面介绍的算术运算指令均为二进制数的运算指令。但在大部分实用问题中, 数据通常是以十进制数形式来表示的。为了让计算机能够处理十进制数, 一种办法是在指令系统中专门增设面向十进制运算的指令, 但那样做将会增加指令系统的复杂性, 从而造成 CPU 结构的复杂; 目前常用的办法是将实用问题中的十进制数在机器中以二进制编码的十进制数形式(即 BCD 数)来表示, 并在机器中统一用二进制运算指令来运算和处理。但通过分析可以发现, 用二进制运算指令来处理 BCD 数, 有时所得结果是不对的, 还必须经过适当调整才能使结果正确。为了实现这样的调整功能, 在指令系统中需要专门设置针对 BCD 数运算的调整指令。这就是下面介绍的十进制调整指令。需要说明的是, 由于它们仅仅是十进制调整而不是真正意义上的十进制运算, 所以这组指令都需要与相应的二进制运算指令相配合才可以得到正确的结果。

另外, 由于 BCD 数又分为组合 BCD 数及非组合 BCD 数两种类型, 所以相应的调整指令也有两组, 即组合 BCD 数调整指令及非组合 BCD 数调整指令。下面分别予以介绍。

(1) 组合 BCD 数十进制调整原理

为了说明组合 BCD 数的调整原理, 让我们先看下面两个简单的例子。

例 3 - 43　18 + 7 = 25, 在机器中用组合 BCD 数表示及运算的过程为:

```
    0001  1000 ……18 的组合 BCD 数表示
+   0000  0111 ……7 的组合 BCD 数表示
    0001  1111 ……? (结果不正确, 低 4 位 1111 是非法 BCD 码)
```

所得结果"0001 1111"实际上是计算机执行二进制运算指令的结果。对于该结果, 从二进制数的角度来看, 它是正确的(等于十进制数 31); 但从组合 BCD 数角度来看, 该结果是不正确的, 原因就是其中的低 4 位"1111"为非法 BCD 码, 必须对它进行适当变换(调整)才能使结果正确。

变换的方法就是在对应的非法 BCD 码上加 6(二进制 0110), 让其产生进位, 而此进位从二进制运算规则来说是"满 16 进一"的, 但进到了 BCD 数的高一位数字时, 却将其当成了10, 似乎少了 6, 但考虑前面的"加 6", 则结果刚好正确。对于本例, 具体实现如下:

```
    0001  1111
+   0000  0110 ……加 6 调整
    0010  0101 ……25(结果正确)
```

可见, 在 BCD 数运算结果中, 只要一位 BCD 数字所对应的二进制码为 1010 ~ 1111(超过9), 就应在其上"加 6", 进行调整。

例 3 - 44　19 + 8 = 27, 在机器中用组合 BCD 数表示及运算的过程为:

```
    0001  1001 ……19 的组合 BCD 数形式
+   0000  1000 ……8 的组合 BCD 数形式
    0010  0001 ……21(结果不正确)
```

运算结果之所以不对, 是因为计算机在按二进制运算规则进行加法运算时, 低 4 位向高

4 位产生了进位(AF = 1)，实际上是"满 16 进一"；但进到 BCD 数的高位数字时，却将其当成了 10，少了 6，需"加 6 调整"，结果才能正确。具体实现如下：

```
   0010  0001
 + 0000  0110 ……加 6 调整
   0010  0111 ……27(结果正确)
```

可见，在进行加法运算时，若 AF = 1(或 CF = 1)，就需在低位数字(或高位数字)上进行"加 6 调整"。

综合上面的例 3 - 43 和例 3 - 44，可以概括组合 BCD 数加法的调整规则为：

如果两个 BCD 数字相加的结果是一个在 1010 ~ 1111 之间的二进制数(非法的 BCD 数字)，或者有向高一位数字的进位(AF = 1 或 CF = 1)时，就应在现行数字上加 6(0110)调整。

注意：这种调整功能可由系统专门提供的调整指令自动完成。

(2)组合 BCD 数调整指令

8086 指令系统只提供了组合 BCD 数的加法和减法调整指令，即 DAA 指令和 DAS 指令。下面分别介绍这两条指令的具体操作及调整算法。

①组合 BCD 数加法十进制调整指令 DAA(Decimal Adjust for Addition)

格式：DAA

操作：跟在二进制加法指令之后，将 AL 中的和数调整为组合 BCD 数格式并送回 AL。

说明：参与二进制加法运算的两个操作数必须是组合 BCD 数，DAA 指令必须置于二进制加法指令之后，二进制和必须在 AL 寄存器中。调整后的两位组合 BCD 数在 AL 中。

DAA 指令的调整算法可描述如下：

IF((AL AND 0FH) > 09H)OR(AF = 1) THEN

　　　　AL←AL + 06H

ENDIF

IF((AL AND 0F0H) > 90H)OR(CF = 1) THEN

　　　　AL←AL + 60H

ENDIF

例 3 - 45　实现 27 + 15 = 42 的功能，27 和 15 均表示为组合 BCD 数形式。

```
MOV   AL, 27H          ;27H 是 27 的组合 BCD 数形式
ADD   AL, 15H          ;15H 是 15 的组合 BCD 数形式，指令执行后 AL = 3CH
DAA                    ;调整后 AL = 42H，为正确的组合 BCD 数结果。
```

② 组合 BCD 数减法十进制调整指令 DAS(Decimal Adjust for Subtraction)

格式：DAS

操作：跟在二进制减法指令之后，将 AL 中的差数调整为组合 BCD 数格式并送回 AL。

说明：参与二进制减法运算的两个操作数必须是组合 BCD 数，DAS 指令必须置于二进制减法指令之后，二进制差必须在 AL 寄存器中。调整后的两位组合 BCD 数在 AL 中。

DAS 指令的调整算法可描述如下：

IF((AL AND 0FH) > 09H)OR(AF = 1) THEN

　　　　AL←AL - 06H

ENDIF

IF((AL AND 0F0H) > 90H)OR(CF = 1) THEN

```
        AL←AL－60H
ENDIF
```

例 3－46　实现 32－18＝14 的功能，32 和 18 均表示为组合 BCD 数形式。

```
MOV    AL, 32H        ;32H 是 32 的组合 BCD 数形式
SUB    AL, 18H        ;18H 是 18 的组合 BCD 数形式，指令执行后 AL＝1AH
DAS                   ;调整后 AL－14H，为正确的组合 BCD 数结果
```

注意：8086 指令系统没有提供组合 BCD 数的乘法和除法调整指令，主要原因是相应的调整算法比较复杂，所以 8086 不支持组合 BCD 数的乘除法运算。如果需要处理组合 BCD 数的乘除法问题，可以把操作数(组合 BCD 数)变换成相等的二进制数，然后使用二进制算法进行运算，运算完成后再将结果转换成组合 BCD 数形式。

(3) ASCⅡ码或非组合 BCD 数调整指令

这组指令既适用于数字 ASCⅡ的十进制调整，也适用于一般的非组合 BCD 数的十进制调整。它们是：

加法的 ASCⅡ调整指令 AAA(ASCⅡ Adjust for Addition)

减法的 ASCⅡ调整指令 AAS(ASCⅡ Adjust for Subtraction)

乘法的 ASCⅡ调整指令 AAM(ASCⅡ Adjust for Multiplication)

除法的 ASCⅡ调整指令 AAD(ASCⅡ Adjust for Division)

①加法的 ASCⅡ调整指令 AAA

格式：AAA

操作：跟在二进制加法指令之后，将 AL 中的和数调整为非组合 BCD 数格式并送回 AL。

说明；参与二进制加法运算的两个操作数必须是 ASCⅡ码或非组合 BCD 数，AAA 指令必须置于二进制加法指令之后，且二进制和必须在 AL 寄存器中。调整后的非组合 BCD 数结果在 AL 中。

AAA 指令的调整算法可描述如下：

```
IF((AL AND 0FH)＞9)OR(AF＝1) THEN
        AL←(AL＋6)AND 0FH
        AH←AH＋1
        AF←1
        CF←1
ELSE
        AF←0
        CF←0
        AL←AL AND 0FH
ENDIF
```

例 3－47　指令例子如下：

```
MOV    AX, 0035H
MOV    BL, 39H
ADD    AL, BL
AAA
```

ADD 指令执行前，AL 和 BL 寄存器中的内容 35H 和 39H 分别为数字 5 和数字 9 的 ASCⅡ码。ADD 指令执行后，AL＝6EH，AF＝0，CF＝0；AAA 指令执行 ASCⅡ调整，使 AX＝

0104H，AF = 1，CF = 1。

②减法的 ASCⅡ调整指令 AAS

格式：AAS

操作：跟在二进制减法指令之后，将 AL 中的差数调整为非组合 BCD 数格式并送回 AL。

说明：参与二进制减法运算的两个操作数必须是 ASCⅡ码或非组合 BCD 数，AAS 指令必须置于二进制减法指令之后，且二进制差必须在 AL 寄存器中。调整后的非组合 BCD 数结果在 AL 中。

AAS 指令的调整算法可描述如下：

```
IF((AL AND 0FH) > 9) OR(AF = 1) THEN
    AL←(AL – 6) AND 0FH
    AH←AH – 1
    AF←1
    CF←1
ELSE
    AF←0
    CF←0
    AL←AL AND 0FH
ENDIF
```

例 3 – 48 指令例子如下：

```
MOV   AX, 0235H
MOV   BL, 39H
SUB   AL, BL
AAS
```

SUB 指令执行前，AL 和 BL 寄存器中的内容 35H 和 39H 分别为数字 5 和数字 9 的 ASCⅡ码。SUB 指令执行后，AL = FCH，AF = 1，CF = 1；AAS 指令执行 ASCⅡ调整，使 AX = 0106H，AF = 1，CF = 1。

③乘法的非组合 BCD 数调整指令 AAM

格式：AAM

操作：跟在二进制乘法指令 MUL 之后，对 AL 中的结果进行调整，调整后的非组合 BCD 数在 AX 中。

说明：参与 MUL 运算的两个操作数必须是非组合 BCD 数，AAM 指令必须置于 MUL 指令之后，调整后的非组合 BCD 数结果在 AX 中。

AAM 指令的调整算法可描述如下：

```
AH←(AL)/0AH              ; (AL)/10 的商送 AH
AL←(AL) MOD 0AH          ; (AL)/10 的余数送 AL
```

容易看出，上述调整过程实际上是对 AL 中的二进制数进行了一次二进制数到十进制数的转换。

例 3 – 49 实现 5×9 的运算，5 和 9 必须用非组合 BCD 数表示。

```
MOV   AL, 05H
MOV   BL, 09H
MUL   BL                 ; AX = 002DH
```

AAM　　　　　　　　　　　　　　　　　；调整后 AX＝0405H，为正确的非组合 BCD 数结果。

④ 除法的非组合 BCD 数调整指令 AAD

格式：AAD

操作：AAD 指令放于二进制除法指令 DIV 之前，对 AX 中的非组合 BCD 形式的被除数进行调整，以便在执行 DIV 指令之后，在 AL 中得到非组合 BCD 形式的商，余数在 AH 中。

说明：调整前 AH 中存放非组合 BCD 数的十位上的数，AL 中存放个位数。与前 AAA、AAS、AAM 指令紧跟在两个非组合 BCD 数运算之后再对运算结果进行十进制调整相同，AAD 指令是在相应的二进制运算指令(DIV 指令)之前对 AX 中的被除数进行调整。

AAD 指令的调整算法可描述如下：

$AL \leftarrow (AH) \times 0AH + (AL)$

$AH \leftarrow 0$

不难看出，上述调整过程实际上是对 AX 中的数进行了一次十进制数到二进制数的转换。

例 3 - 50　实现 65 ÷ 9 的运算，65 和 9 必须用非组合 BCD 数表示。

MOV　AX，0605H

MOV　BL，09H

AAD　　　　　　　　　　　　　　　　　；对 AX 中的被除数进行调整，调整后 AX＝0041H

DIV　BL　　　　　　　　　　　　　　　；DIV 指令执行结果：AL＝07H，AH＝02H

3.4.3　逻辑运算与移位指令

逻辑运算与移位指令实现对二进制位的操作和控制，所以又称为位操作指令，共 13 条，分为逻辑运算指令、移位指令和循环移位指令 3 组，下面分别予以介绍。

1. 逻辑运算指令

逻辑运算指令包括逻辑非(NOT)、逻辑与(AND)、逻辑或(OR)、逻辑异或(XOR)和逻辑测试(TEST)5 条指令。表 3 - 4 给出了这些指令的名称、格式、操作及对相应标志位的影响。

表 3 - 4　逻辑运算指令

名称	格式	操作	对标志位的影响					
			OF	SF	ZF	AF	PF	CF
逻辑非	NOT OPR	OPR 按位求反送 OPR	—	—	—	—	—	—
逻辑与	AND DST, SRC	DST←DST∧SRC	0	x	x	u	x	0
逻辑或	OR DST, SRC	DST←DST∨SRC	0	x	x	u	x	0
逻辑异或	XOR DST, SRC	DST←DST∀SRC	0	x	x	u	x	0
逻辑测试	TEST POR1∧OPR2	DST∧SRC	0	x	x	u	x	0

注：—表示对该标志位无影响；×表示根据操作结果来设置标志；u 表示操作后标志值无定义；0 表示清除标志位为 0

这组指令的操作数可以为 8 位或 16 位,其中 NOT 指令是单操作数指令,但不能使用立即数作为操作数;其余 4 条指令都是双操作数指令,立即数不能作为目的操作数,也不允许两个操作数都是存储器操作数,这与前述 MOV 指令对于操作数寻址方式的限制相同。

注意:表中的"逻辑测试"指令和"逻辑与"指令的功能有所不同,前者执行后只影响相应的标志位而不改变任何操作数本身(即不回送操作结果)。

逻辑运算指令的一般用途是:"逻辑非"指令常用于把操作数的每一位取反;"逻辑与"指令常用于把操作数的某些位清 0(与 0 相"与")而其他位保持不变(与 1 相"与");"逻辑或"指令常用于把操作数的某些位置 1(与 1 相"或")而其他位保持不变(与 0 相"或");"逻辑异或"指令常用于把操作数的某些位变反(与 1 相"异或")而其他位保持不变(与 0 相"异或");"逻辑测试"指令常用来检测操作数的某些位是 1 还是 0,编程时通常在其后加上条件转移指令实现程序转移。

例 3 – 51 对 AL 中的值按位求反。

```
MOV   AL, 10101100B
NOT   AL                        ;指令执行后, AL = 01010011B
```

例 3 – 52 把 BL 的高 4 位清 0,低 4 位保持不变。

```
MOV   BL, 11001010B
AND   BL, 0FH                   ;指令执行后, BL = 00001010B
```

例 3 – 53 把 8086 标志寄存器 FLAGS 中的标志位 TF 清 0,其他位保持不变。

```
PUSHF
POP   AX                        ;通过堆栈将 FR 的内容传送至 AX
AND   AX, 0FEFFH                ;将 AX 中对应于 TF 的位清 0
PUSH  AX
POPF                            ;通过堆栈将 AX 的内容传送至 FLAGS
```

例 3 – 54 从 32H 端口输入一个字节的数据,如果该字节数据的 D2 位为 1,则转向 LABEL_1。

```
IN    AL, 32H                   ;输入数据
TEST  AL, 00000100B             ;检测 D2 位
JNZ   LABEL_1                   ;若为 1, 则转向 LABEL_1
```

2. 移位指令

移位指令实现对操作数的移位操作,根据将操作数看成无符号数和有符号数的不同情形,又可把移位操作分为"逻辑移位"和"算术移位"两种类型。逻辑移位是把操作数看成无符号数来进行移位,右移时,最高位补 0,左移时,最低位补 0;算术移位则把操作数看成有符号数,右移时最高位(符号位)保持不变,左移时,最低位补 0。

4 条移位指令分别是逻辑左移指令 SHL(Shift Logic Left)、算术左移指令 SAL(Shift Arithmetic Left)、逻辑右移指令 SHR(Shift Logic Right)和算术右移指令 SAR(Shift Arithmetic Right)。它们的名称、格式、操作及对标志位的影响如表 3 – 5 所示。其中 DST 可以是 8 位、16 位的寄存器或存储器操作数。CNT 为移位计数值,它可以设定为 1,也可以由寄存器 CL 确定其值。

表 3 – 5　移位运算指令

名称	格式	操作	对标志位的影响					
			OF	SF	ZF	AF	PF	CF
逻辑左移	SHL　DST, CNT	CF ← [←] ← 0	x	x	x	u	x	x
算术左移	SAL　DST, CNT	CF ← [←] ← 0	x	x	x	u	x	x
逻辑右移	SHR　DST, CNT	0 → [→] → CF	x	x	x	u	x	x
算术右移	SAR　DST, CNT	[→] → CF	x	x	x	u	x	x

注：当 CNT = 1 时，若移动操作使最高位发生改变，则 OF 置 1，否则置 0；当 CNT > 1 时，OF 值无定义

从表 3 – 7 中可以看出，SHL 和 SAL 指令的功能相同，在机器中它们实际上对应同一种操作。

移位指令影响标志位的情况是：执行移位操作后，AF 总是无定义的。PF、SF 和 ZF 在指令执行后被修改。CF 总是包含目的操作数移出的最后一位的值。OF 的内容在多次移位情况下是无定义的。在一次移位情况下，若最高位（即符号位）的值被改变，则 OF 置 1，否则置 0。

使用移位指令除了可以实现对操作数的移位操作外，还可以用来实现对一个数进行乘以 2^n 或除以 2^n 的运算，使用这种方法的运算速度要比直接使用乘除法时高得多。其中逻辑指令适用于无符号数运算，SHL 用来乘以 2^n，SHR 用来除以 2^n；而算术移位指令则用于有符号数运算，SAL 用来乘以 2^n，SAR 用来除以 2^n。

例 3 – 55　设 AL 中有一无符号数 X，用移位指令求 10X。

```
MOV   AH, 0
SHL   AX, 1              ; 求得 2X
MOV   BX, AX            ; 暂存于 BX
MOV   CL, 2            ; 设置移位次数
SHL   AX, CL          ; 求得 8X
ADD   AX, BX          ; 8X + 2X = 10X
```

例 3 – 56　用移位指令将 AL 中的高 4 位和低 4 位内容互换。

```
MOV   AH, AL           ; 将 AL 中的内容复制到 AH
MOV   CL, 4           ; 设置移位次数
SHL   AL, CL         ; 将 AL 中的低 4 位移至高 4 位，其低 4 位变为 0000
SHR   AH, CL         ; 将 AH 中的高 4 位移至低 4 位，其高 4 位变为 0000
OR    AL, AH         ; AL 中的高、低 4 位内容互换
```

3. 循环移位指令

对操作数中的各位也可以进行循环移位。进行循环移位时，移出操作数的各位，并不像前述移位指令那样被丢失，而是周期性地返回到操作数的另一端。和移位指令一样，要循环移位的位数取自计数操作数，它可规定为立即数 l，也可由 CL 寄存器来确定。

这组指令包括循环左移指令 ROL(Rotate Left)、循环右移指令 ROR(Rotate Right)、带进位循环左移指令 RCL(Rotate through CF Left)和带进位循环右移指令 ROR(Rotate through CF Right)。表 3-6 给出了循环移位指令的名称、格式、操作及对标志位的影响,其中 DST 和 CNT 的限定同移位指令。

表 3-6　循环移位指令

名称	格式	操作	对标志位的影响					
			OF	SF	ZF	AF	PF	CF
循环左移	ROL DST, CNT		x	—	—	—	—	x
循环右移	ROR DST, CNT		x	—	—	—	—	x
带进位循环左移	RCL DST, CNT		x	—	—	—	—	x
带进位循环右移	RCR DST, CNT		x	—	—	—	—	x

注:当 CNT = 1 时,若移位操作使最高位发生改变,则 OF 置 1,否则清 0;当 CNT > 1 时,OF 值无定义。

循环移位指令只影响进位标志 CF 和溢出标志 OF。CF 中总是包含循环移出的最后一位的值。在多位循环移位的情况下,OF 的值是无定义的。在一位循环移位中,若移位操作改变了目的操作数的最高位,则 OF 置 1;否则清 0。

例 3-57　用循环移位指令实现例 3-56 的功能。

```
MOV  CL, 4
ROR  AL, CL                    ;也可用"ROL AL, CL"指令实现
```

例 3-58　将 DX:AX 中的 32 位二进制数乘以 2。

```
SHL  AX, 1
RCL  DX, 1
```

3.4.4　控制转移指令

凡属能改变指令执行顺序的指令可统称为转移指令。在 8086 程序中,指令的执行顺序由代码段寄存器 CS 和指令指针寄存器 IP 的值决定。CS 寄存器包含现行代码段的段基值,用来指出将被取出指令所在程序存储器区域的首地址。使用 IP 作为距离代码段首地址的偏移量。CS 和 IP 的结合指出了将要取出指令的存储单元地址。转移指令针对指令指针寄存器 IP 和 CS 寄存器进行操作。改变这些寄存器的内容就会改变程序的正常执行顺序。

8086 指令系统的 4 组控制转移指令如表 3-7 所示。其中只有中断返回指令(IRET)影响 CPU 的控制标志位,然而许多转移指令的执行受状态标志位的控制和影响,即当转移指令执行时把相应的状态标志的值作为测试条件,若条件为真,则转向指令中的目标标号(LABEL)处,否则顺序执行下一条指令。

表 3 – 7　控制转移指令

分组		格式	指令功能	测试条件
无条件转移指令		JMP　　DST	无条件转移	
		CALL　　DST	过程调用	
		RET	过程返回	
条件转移	据某一状态标志转移	JC　　LABEL	有进位时转移	CF = 1
		JNC　　LABEL	没有进位时转移	CF = 0
		JP/JPE　LABEL	奇偶位为 1 时转移	PF = 1
		JNP/JPO LABEL	奇偶位为 0 时转移	PF = 0
		JZ/JE　LABEL	为零/等于时转移	ZF = 1
		JNZ/JNE LABEL	不为零/不等于时转移	ZF = 0
		JS　　LABEL	负数时转移	SF = 1
		JNS　　LABEL	正数时转移	SF = 0
		JO　　LABEL	溢出时转移	OF = 1
		JNO　　LABEL	无溢出时转移	OF = 0
	对无符号数	JB/JNAE LABEL	低于/不高于等于时转移	CF = 1
		JNB/JAE LABEL	不低于/高于等于时转移	CF = 0
		JA/JNBE LABEL	高于/不低于等于时转移	CF = 0 且 ZF = 0
		JNA/JBE LABEL	不高于/低于等于时转移	CF = 1 或 ZF = 1
	对有符号数	JL/JNGE LABEL	小于/不大于等于时转移	SF ≠ OF
		JNL/JGE LABEL	不小于/大于等于时转移	SF = OF
		JG/JNLE LABEL	大于/不小于等于时转移	ZF = 0 且 SF = OF
		JNG/JLE LABEL	不大于/小于等于时转移	ZF = 1 或 SF ≠ OF
循环控制		LOOP LABEL	循环	CX ≠ 0
		LOOPZ/LOOPE LABEL	为零/相等时循环	CX ≠ 0 且 ZF = 1
		LOOPNZ/LOOPNE LABEL	不为零/不等时循环	CX ≠ 0 且 ZF = 0
		JCXZ　　LABEL	CX 值为零时循环	CX = 0
中断及中断返回		INT	中断	
		INTO	溢出中断	
		IRET	中断返回	

1. 无条件转移指令

（1）无条件转移指令 JMP

JMP 指令使程序无条件转移到目标地址去执行，根据目标地址寻址方式的不同，JMP 指令有几种不同的格式及操作，下面分别予以说明。

①段内直接短转移

格式：JMP　SHORT　LABEL

操作：IP←IP + 8 位位移量

说明：其中 LABEL 是符号形式的转移目标地址，8 位位移量是根据转移目标地址 LABEL

确定的。转移的目标地址在汇编格式的指令中通常使用符号地址,但在机器码指令中,它是用距当前 IP 值(即 JMP 指令下一条指令的地址)的位移量来表示的。指令执行时,当前 IP 值与该 8 位位移量之和送入 IP 寄存器。由于位移量要满足向前或向后转移的需要,所以它是一个带符号数(用补码表示),8 位补码表示的带符号数允许在距当前 IP 值 − 128 ~ + 127 字节范围的转移。

例 3 − 59 程序中有一条段内直接短转移指令如下:

$\vdots$

```
    JMP    SHORT    DISPLAY
```

$\vdots$

```
DISPLAY: MOV    AL, 10 H
```

$\vdots$

图 3 − 11 给出了该转移指令及相关部分的机器码情况。由图可见,位移量 = 06H,当前 IP 值为 0102H,所以转向偏移地址(新的 IP 值) = 0102H + 06H = 0108H,对应的符号地址为 DISPLAY。

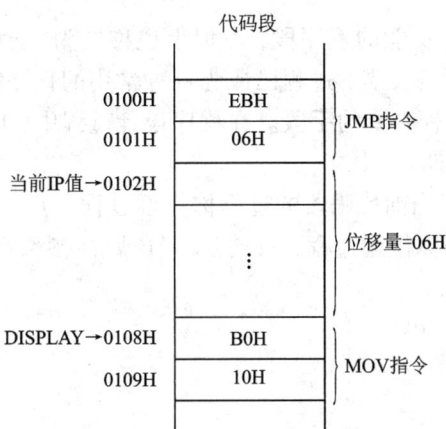

代码段

地址	内容	说明
0100H	EBH	JMP指令
0101H	06H	
当前IP值→0102H		位移量=06H
$\vdots$		
DISPLAY→0108H	B0H	MOV指令
0109H	10H	

图 3 − 11 段内直接短转移举例

②段内直接近转移

格式:JMP NEAR PTR LABEL

操作:IP←IP + 16 位位移量

说明:段内直接近转移和段内直接短转移的操作类似,只不过其位移量为 16 位。在汇编格式的指令中 LABEL 也只需要使用符号地址,由于位移量是 16 位带符号数,所以它可以实现距当前 IP 值 − 32768 ~ + 32767 字节范围的转移。

③段内间接转移

格式:JMP WORD PTR OPR

操作:IP←(EA)

说明:其中有效地址 EA 由 OPR 的寻址方式确定。它可以采用除立即数寻址以外任何一种寻址方式,如果指定的是 16 位寄存器,则把寄存器的内容送到 IP 寄存器中;如果是存储器寻址,则把存储器中相应字单元的内容送到 IP 寄存器。

④段间直接转移

格式：JMP　FAR　PTR　LABEL

操作：IP←LABEL 的段内偏移量；CS←LABEL 的段基值

说明：在汇编格式指令中 LABEL 为符号形式的目标地址，而在机器语言表示中则为对应于 LABEL 的偏移量和段基值。

⑤段间间接转移

格式：JMP　DWORD　PTR　OPR

操作：IP←(EA)；CS←(EA+2)

说明：其中 EA 由 OPR 的寻址方式确定，它可以使用除立即数及寄存器寻址以外的任何存储器寻址方式。根据寻址方式求出 EA 后，把从 EA 开始的低字单元的内容送到 IP 寄存器，高字单元的内容送到 CS 寄存器，从而实现段间转移。

例 3 – 60　指令例子如下：

JMP　DWORD　PTR　[BX+SI+10H]

该指令为段间间接转移，目标地址存放于由 BX+SI+10H 所指向的内存双字单元中。

(2)过程调用指令 CALL

"过程"是能够完成特定功能的程序段，习惯上也称之为"子程序"，调用"过程"的程序称作主程序。随着软件技术的发展，过程已成为一种常用的程序结构，尤其是在模块化程序设计中，过程调用已成为一种必要的手段。在程序设计过程中，使用过程调用可简化主程序的结构，缩短软件的设计周期。

8086 指令系统中把处于当前代码段的过程称作近过程，可通过 NEAR 属性参数来定义，而把处于其他代码段的过程称作远过程，可通过 FAR 属性参数来定义。过程定义的一般格式如下所示：

Proc_A　PROC　NEAR 或 FAR

　　　　⋮

　　　　RET

Proc_A　ENDP

其中 Proc_A 为过程名，NEAR 或 FAR 为属性参数，PROC 和 ENDP 是伪指令。

过程调用指令 CALL 迫使 CPU 暂停执行下一条顺序指令，而把下一条指令的地址压入堆栈，这个地址叫返回地址。返回地址压栈保护后，CPU 会转去执行指定的过程。等过程执行完毕后，再由过程返回指令 RET/RET n 从堆栈顶部弹出返回地址，从而从 CALL 指令的下一条指令继续执行。

根据目标地址(即被调用过程的地址)寻址方式的不同，CALL 指令有 4 种格式，表 3 – 8 列出了这 4 种格式及相应操作。

第一种为段内直接调用，与前面介绍的"JMP DST"指令类似，CALL 指令中的 DST 在汇编格式的表示中也一般为符号地址(即被调用过程的过程名)；在指令的机器码表示中，它同样是用相对于当前 IP 值(即 CALL 指令的下一条指令的地址)的位移量来表示的；指令执行时，首先将 CALL 指令的下一条指令的地址压入堆栈，称为保存返回地址，然后将当前 IP 值与指令机器码中的一个 16 位的位移量相加，形成转移地址，并将其送入 IP 寄存器，从而使程序转移至被调过程的入口处。

表 3 – 8　过程调用指令

名称	格式及举例	操作
段内直接调用	CALL　DST 例： CALL　DISPLAY	SP←SP – 2 (SP + 1, SP)←IP　}保存返回地址 IP←IP + 16 位位移量　形成转移地址
段内间接调用	CALL　DST 例： CALL　BX	SP←SP – 2 (SP + 1, SP)←IP　}保存返回地址 IP←(EA)　形成转移地址 (EA——由 DST 的寻址方式计算出的有效地址)
段间直接调用	CALL　DST 例： CALL　FAR PTR　L	SP←SP – 2 (SP + 1, SP)←CS SP←SP – 2　}保存返回地址 (SP + 1, SP)←IP IP←偏移量　}形成转移地址 CS←段基值
段间间接调用	CALL　DST 例： CALL　DWORD PTR　[DI]	SP←SP – 2 (SP + 1, SP)←CS SP←SP – 2　}保存返回地址 (SP + 1, SP)←IP IP←(EA)　}形成偏移地址 CS←(EA + 2)

　　第二种为段内间接调用，此时也将 CALL 指令的下一条指令的地址入栈，而调用目标地址的 IP 值则来自于一个通用寄存器或存储器两个连续字节单元中所存的内容。

　　第三种为段间直接调用，第四种为段间间接调用，这两种指令的操作情况如表 3 – 10 所示。与段内调用不同，段间调用在保存返回地址时要依次将 CS 和 IP 的值都压入堆栈。

　　(3)过程返回指令 RET/RET n

　　过程返回指令 RET/RET n 也有 4 种格式，如表 3 – 9 所示。

　　由于段内调用时，不管是直接调用还是间接调用，执行 CALL 指令时对堆栈的操作都是一样的，即将 IP 值压栈。因此，对于段内返回，RET/RET n 指令就将 IP 值弹出堆栈；而对段间返回，RET/RET n 指令则与段间调用的 CALL 指令相呼应，分别将 CS 和 IP 值弹出堆栈。

　　如果主程序通过堆栈向过程传送了一些参数，过程在运行中要使用这些参数，一旦过程执行完毕返回时，这些参数也应从堆栈中作废，这就产生了"RET n"格式的指令，即 RET 指令中带立即数 n，就是要从栈顶作废的字节数。由于堆栈操作是以字为单位进行的，因此必须是一个偶数。

表 3 - 9　过程返回指令

名称	格式	操作
段内返回	RET (机器码为 C3H)	IP←(SP + 1, SP) ⎱弹出返回地址 SP←SP + 2
段内带立即数返回	RET　n	IP←(SP + 1, SP) ⎱弹出返回地址 SP←SP + 2 SP←SP + n　(n 为偶数)
段间返回	RET (机器码为 CBH)	IP←(SP + 1, SP) SP←SP + 2 CS←(SP + 1, SP) ⎱弹出返回地址 SP←SP + 2
段间带立即数返回	RET　n	IP←(SP + 1, SP) SP←SP + 2 CS←(SP + 1, SP) ⎱弹出返回地址 SP←SP + 2 SP←SP + n(n 为偶数)

2. 条件转移指令

条件转移指令是通过指令执行时检测由前面指令已设置的标志位来确定是否发生转移的指令。它往往跟在影响标志位的算术运算或逻辑运算指令之后,用来实现控制转移。条件转移指令本身并不影响任何标志位。条件转移指令执行时,若测试的条件满足(条件为真),则程序转向指令中给出的目标地址处;否则,顺序执行下一条指令。

8086 指令系统中,所有的条件转移指令都是短(SHORT)转移,即目标地址必须在现行代码段,并且应在当前 IP 值的 - 128 ~ + 127 字节范围内。此外,8086 的条件转移指令均为相对转移,它们的汇编格式也都是类似的,即形如"JCC 标号"的格式,其中的标号在指令的机器码表示中对应一个 8 位的带符号数(数值为标号与当前 IP 值之差)。如果发生转移,则将这个带符号数与当前 IP 值相加,其和作为新的 IP 值。

另外,由于带符号数的比较与无符号数的比较,其结果特征是不一样的,因此指令系统给出了两组指令,分别用于无符号数与有符号数的比较。条件转移指令共有 18 条,具体情况可参见表 3 - 9。

3. 循环控制指令

循环程序是一种常用的程序结构。为了加快循环程序的执行,8086 指令系统中专门设置了一组循环控制指令。从技术上讲,循环控制指令是条件转移指令,只不过它是专门为实现循环控制而设计的。循环控制指令用 CX 寄存器作为计数器。与条件转移指令一样,循环控制指令都是相对短(SHORT)转移,即只能转移到它本身的 - 128 ~ + 127 字节范围的目标地址处。

(1) LOOP 标号

该指令执行时将 CX 寄存器的值减 1,若 CX≠0,则转移到标号地址继续循环,否则结束循环执行紧跟 LOOP 指令的下一条指令。

（2）LOOPE/LOOPZ 标号

LOOPE 和 LOOPZ 是同一条指令的不同助记符。该指令指行时将 CX 寄存器的值减 1，若 CX≠0 且 ZF 标志为 1，则继续循环；否则，顺序执行下一条指令。

（3）LOOPNE/LOOPNZ 标号

LOOPNE 和 LOOPNZ 也是同一条指令的不同助记符。该指令执行时将 CX 的值减 1，若 CX≠0 且 ZF=0，则继续循环；否则，顺序执行下一条指令。

注意：上述循环控制指令本身并不影响任何标志位。也就是说，ZF 标志位并不受 CX 减 1 的影响，即 ZF=1，CX 不一定为 0。ZF 是由前面指令决定的。

（4）JCXZ 标号

该指令不对 CX 的值进行操作，只是根据 CX 的值控制转移。若 CX=0 则转移到标号地址处。

例 3 - 61　在 100 个字符构成的字符串中寻找第一个 $ 字符，并可以在循环出口处根据 ZF 标志和 CX 寄存器的值来确定是否找到以及找到时该字符的位置。

程序段如下：

```
        MOV     CX, 100
        MOV     SI, 0FFFH;          假设字符串从偏移地址 1000H 处开始存放
NEXT：  INC     SI
        CMP     BYTE  PTR[ SI], ' $ '
        LOOPNZ  NEXT
```

注意：上面程序段中 ZF 标志是由 CMP 指令设置的，而与 LOOPNZ 指令的 CX 减 1 操作无关。

在程序的循环出口处，根据 ZF 和 CX 的值可知有如下 4 种可能的结果：

ZF=0，CX=0，在串中没有找到 $ 字符

ZF=0，CX≠0，还未找到，继续找

ZF=1，CX≠0，已找到，且由 CX 的值可确定其位置

ZF=1，CX=0，已找到，位置在最后一个字符处

4．中断及中断返回指令

中断及中断返回指令能使 CPU 暂停执行后续指令，而转去执行相应的中断服务程序，或从中断服务程序返回主程序。它与过程调用和返回指令有相似之处，区别在于中断类指令不直接给出服务程序的入口地址，而是给出服务程序的类型号（即中断类型号）。CPU 可根据中断类型号从中断入口地址表中查到中断服务程序的入口地址。

（1）INT 中断类型号

8086 系统中允许有 256 种中断类型，其中断类型号为 0 ~ 255。各种中断服务程序的入口地址都存放在中断入口地址表中，每一个表项占 4 个字节单元，其中低地址的 2 个字节单元存放入口地址的偏移量，高地址的 2 个字节单元存放入口地址的段基值，都是低字节在前，高字节在后。

CPU 执行 INT 指令时，先将标志寄存器 FLAGS 的值压栈，然后清除中断标志 IF 和单步标志 TF，从而禁止可屏蔽中断和单步中断进入，再将当前 CS 和 IP 寄存器的值压入堆栈保护，最后从中断地址入口表中取得中断服务程序的入口地址，分别装入 CS 和 IP 寄存器中，

这样 CPU 就转去执行相应的中断服务程序。

（2）INTO

该指令为溢出中断指令，用来对溢出标志 OF 进行测试。若 OF = 1，则产出一个溢出中断，否则执行下一条指令而不启动中断过程。系统中把溢出中断定义为类型 4，其中断服务程序的入口地址存放在中断入口地址表的 10H ~ 13H 单元中。

INTO 指令一般跟在带符号数的算术运算指令之后，若运算发生溢出，就启动中断过程。

（3）IRET

该指令为中断返回指令，总是放在中断服务程序的末尾，执行该指令时从栈顶弹出 3 个字分别送入 IP、CS 和 FR（按中断调用时的逆序恢复断点和现场），使 CPU 返回到程序断点处继续执行。

应注意中断返回指令 IRET 与过程返回指令 RET 的区别。

3.4.5 处理器控制指令

这组指令完成各种控制 CPU 的功能以及对某些标志位的操作，共有 12 条指令，可分为 3 组，如表 3 – 10 所示。

表 3 – 10　处理器控制指令

分组	格式	功能
标志操作	STC	把进位标志 CF 置 1
	CLC	把进位标志 CF 置 0
	CMC	把进位标志 CF 取反
	STD	把方向标志 DF 置 1
	CLD	把方向标志 DF 置 0
	STI	把中断标志 IF 置 1
	CLI	把中断标志 IF 置 0
外同步	HLT	暂停
	WAIT	等待
	ESC	交权
	LOCK	封锁总线
空操作	NOP	空操作

1. 标志操作指令

各条标志操作指令的功能如表 3 – 10 所示，其中没有设置单步标志 TF 的指令，设置 TF 的方法在本章前面讲述 PUSHF 和 POPF 指令时已经提到。

2. 外同步指令

8086CPU 构成最大工作方式的系统时，可与别的处理器一起构成多微处理器系统。当 CPU 需要协处理器帮助它完成某个任务时，CPU 可用同步指令向协处理器发出请求，等它们接受这一请求，CPU 才能继续执行程序。为此，8086 指令系统中专门设置 4 条外同步指令。

（1）暂停指令 HLT

该指令使 8086 CPU 进入暂停状态。若要离开暂停状态，要靠 RESET 的触发，或靠接受 NMI 线上的不可屏蔽中断请求，或者允许中断时，靠接受 INTR 线上的可屏蔽中断请求。HLT 指令不影响任何标志位。

（2）等待指令 WAIT

该指令使 CPU 进入等待状态，并每隔 5 个时钟周期测试一次 8086 CPU 的$\overline{\text{TEST}}$引脚状态，直到$\overline{\text{TEST}}$引脚上的信号变为有效为止。WAIT 指令与交权指令 ESC 联合使用，提供了一种存取协处理器 8087 数值的能力。

（3）交权指令 ESC

该指令是 8086 CPU 要求协处理器完成某种功能的命令。协处理器平时处于查询状态，一旦查询到 CPU 发出 ESC 指令，被选协处理便可开始工作，根据 ESC 指令的要求完成某种操作。等协处理器操作结束，便在$\overline{\text{TEST}}$引脚上向 8086 CPU 回送一个有效信号。CPU 查询到$\overline{\text{TEST}}$有效才能继续执行后续指令。

（4）LOCK

LOCK 是一个特殊的指令前缀，它使 8086 CPU 在执行后面的指令期间，发出总线封锁信号$\overline{\text{LOCK}}$，以禁止其他协处理器使用总线。

3. 空操作指令

空操作指令 NOP 执行期间 CPU 不完成任何有效功能，只是每执行一条 NOP 指令，耗费 3 个时钟周期的时间，常用来延时或取消部分指令时用作填充存储空间。

3.4.6 串操作指令

串操作指令对字节串或字串进行每次一个元素（字节或字）的操作，被处理的串长度最多可达 64K 字节。串操作包括串传送、串比较、串扫描、取串和存入串等操作。在这些基本操作前面加一个特殊前缀，就可以由硬件重复执行某一基本指令，可使串操作的速度远远大于用软件循环处理的速度，这些重复由各种条件来终止，并且重复操作可以被中断和恢复。

串操作指令如表 3–11 所示，表中还包括了串操作中可使用的重复前缀。

表 3–11 串操作指令及重复前缀

分组名称	格式		操作
串操作指令	串传送 （字节串传送，字串传送）	MOVS （MOVSB，MOVSW）	（ES:DI）←（DS:SI）， SI←SI ± 1 或 2，DI←DI ± 1 或 2
	串比较 （字节串比较，字串比较）	CMPS （CMPSB，CMPSW）	（ES:DI）–（DS:SI）， SI←SI ± 1 或 2，DI←DI ± 1 或 2
	串扫描 （字节串扫描，字串扫描）	SCAS （SCASB，SCASW）	AL 或 AX –（ES:DI），DI←DI ± 1 或 2
	取串 （取字节串，取字串）	LODS （LODSB，LODSW）	AL 或 AX←（DS:SI），SI←SI ± 1 或 2
	存串 （存字节串，存字串）	STOS （STOSB，STOSW）	（ES:DI）←AL 或 AX，DI←DI ± 1 或 2

续表 3 − 11

分组名称	格式	操作	
重复前缀	无条件重复前缀	REP	使其后的串操作重复执行,每执行一次,CX内容减1,直至 CX =0
	相等/为零重复前缀	REPE/REPZ	当 ZF =1 且 CX≠0 时,重复执行其后的串操作,每执行一次,CX 内容减1,直至 ZF =0 或 CX =0
	不相等/不为零重复前缀	REPNE/REPNZ	当 ZF =0 且 CX≠0 时,重复执行其后的串操作,每执行一次,CX 内容减1,直至 ZF =1 或 CX =0

　　串操作指令可以显式地带有操作数,例如串传送指令 MOVS 可以写成"MOVS DST,SRC"的形式,但为了书写简洁,串操作指令通常采用隐含寻址方式。在隐含寻址方式下,源串中元素的地址一般为 DS:SI,即 DS 寄存器提供段基值,SI 提供偏移量。目的串中元素的地址为 ES:DI,即由 ES 寄存器提供段基值,DI 寄存器提供偏移量。但可以通过使 DS 和 ES 指向同一段来在同一段内进行操作。待处理的串长度必须放在 CX 寄存器中。每处理完一个元素,CPU 自动修改 SI 和 DI 寄存器的内容,使之指向下一个元素。SI 与 DI 寄存器的修改与两个因素有关,一是被处理的是字节串还是字串,二是当前的方向标志 DF 的值。总共有下述四种可能性:

W =0(字节串):
　　DF =0, SI/DI←SI/DI +1
　　DF =1, SI/DI←SI/DI −1
W =1(字串):
　　DF =0, SI/DI←SI/DI +2
　　DF =1, SI/DI←SI/DI −2

　　无条件重复前缀 REP 常与 MOVS(串传送)和 STOS(存串)指令一同使用,执行到 CX =0 时为止。重复前缀 REPE 和 REPZ 具有相同的含义,只有当 ZF =1 且 CX≠0 时才重复执行串操作;重复前缀 REPNE 和 REPNZ 具有相同的含义,只有当 ZF =0 且 CX≠0 时才重复执行串操作。这 4 种重复前缀(REPE/REPZ 和 REPNE/REPNZ)常与 CMPS(串比较)和 SCAS(串扫描)一起使用。

　　带有重复前缀的串操作指令执行时间有可能很长,在指令执行过程中允许中断。系统在处理每个元素之前都要检测是否有中断请求。一旦检测到有中断请求,CPU 将暂停执行当前的串操作指令,而转去执行相应的中断服务程序。待从中断返回后再继续执行被中断的串操作指令。

　　下面分别介绍表 3 − 11 中所列 5 种串操作指令(串传送、串比较、串扫描、取串和存入串)的功能特点。

1. 串传送指令 MOVSB/MOVSW

串传送指令将位于 DS 段、由寄存器 SI 所指的存储器单元的字节或字传送到 ES 段、由寄存器 DI 所指的存储单元中,再修改 SI 和 DI 寄存器的值,从而指向下一个单元。SI 和 DI

的修改方式前面已经说明。MOVSB 每次传送一个字节，MOVSW 每次传送一个字。

　　MOVSB/MOVSW 指令前面常加重复前缀 REP，若加 REP，则每传送一个串元素(字节或字)，CX 寄存器减 1，直到(CX) = 0 为止。例如：

```
MOV   CX, 64H
REP   MOVSB                        ; 连续传送 100 个字节
```

　　在使用 MOVSB/MOVSW 指令进行串传送时，要注意传送方向，即需要考虑是从源串的高地址端还是低地址端开始传送。如果源串与目的串的存储区域不重叠，则传送方向没有影响；如果源串与目的串的存储区域有一部分重叠，则只能从一个方向开始传送。如图 3 - 12 所示，当源串地址低于目的串地址时，则只能从源串的高地址处开始传送，且设置 DF 为 1，以使传送过程中 SI 和 DI 自动减量修改；当源串地址高于目的串地址时，则只能从源串的低地址处开始传送，且设置 DF 为 0，以使传送过程中 SI 和 DI 自动增量修改。

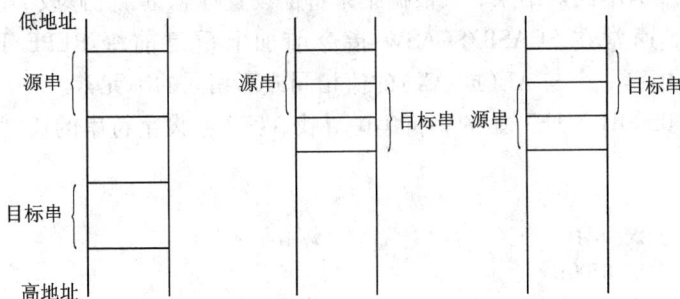

图 3 - 12　串传送方向示意

　　例 3 - 62　将内存从偏移地址 2000H 开始的 100 个字节数据向高地址方向移动一个字节位置。

　　程序段如下：

```
MOV   AX, DS
MOV   ES, AX                       ; 使 ES = DS
MOV   SI, 2063H                    ; 2063H 是源串的最高地址
MOV   DI, 2064H                    ; 2064H 是目的串的最高地址
MOV   CX, 64H
STD                                ; DF = 1, 地址减量修改
REP   MOVSB
```

2. 串比较指令 CMPSB/CMPSW

　　串比较指令将源串的一个元素减去目标串中相对应的一个元素，但不回送结果，只是根据结果特征设置标志，并修改 SI 和 DI 寄存器的值以指向下一个元素。通常在 CMPSB/CMPSW 指令前加上重复前缀 REPZ/REPE 或 REPNZ/REPNE，以寻找目的串与源串中第一个相同或不相同的串元素。

　　例 3 - 63　比较分别从地址 0300H 和 0500H 开始的两个字节串是否相同，设字节串的长度为 100。

　　程序段如下：

```
        MOV      SI, 0300H
        MOV      DI, 0500H
        CLD
        MOV      CX, 100          ; 重复计数 100 次
        REPZ     CMPSB
        JZ       STR - EQU        ; 若两个串完全相同, 则转移到 STR - EQU 处执行
        ⋮
STR - EQU:
        ⋮
```

上述程序段用来检测两个字节串是否完全相同, 若不完全相同还可由 CX 的值知道第一个不相同的字节是串中的第几个元素。

3. 串扫描指令 SCASB/SCASW

串扫描指令用 AL 中的字节或 AX 中的字与 ES: DI 所指向的内存单元的字节或字相比较, 即把两者相减, 但不回送结果, 只根据结果特征设置标志位, 并修改 DI 寄存器的值以指向下一个串元素。通常在 SCASB/SCASW 指令前加上重复前缀 REPE/REPZ 或 REPNE/REPNZ, 以寻找串中第一个与 AL(或 AX)的值相同或不相同的串元素。

例 3 - 64　在 0500H 地址开始的字符串中寻找 $ 字符, 设字符串的长度为 100。

程序段如下:

```
        CLD
        MOV      CX, 64H          ; 重复计数 100 次
        MOV      DI, 0500H
        MOV      AL, ' $ '        ; 扫描的值是 $ 字符的 ASCⅡ码
        REPNE    SCASB            ; 串扫描
        JZ       ZER              ; 若找到, 则转移到 ZER 处执行
        ⋮
ZER:
        ⋮
```

注意: ZF 标志并不因为 CX 寄存器在操作过程中不断减 1 而受影响, 所以在上面的程序段中可用 JZ 指令来判断是否扫描到所寻找的字符。当执行到 JZ 指令时, 若 ZF = 1, 则一定是因为扫描到 ' $ ' 字符而结束扫描。

4. 取串指令 LODSB/LODSW

取串指令用来将 DS: SI 所指向的存储区的字节或字取到 AL 或 AX 寄存器中, 并修改 SI 的值以指向下一个串元素。因为累加器在每次重复时都被重写, 只有最后一个元素被保存下来, 故这条指令前一般不加重复前缀, 而常用在循环程序段中, 和其他指令结合起来完成复杂的串操作功能。

例 3 - 65　将首地址为 2000H 开始的 100 个字组成的字串中的负数相加, 其和存放到紧接着该串的下一顺序地址中。

程序段如下:

```
        CLD
        MOV      SI, 2000H        ; 首元素地址为 2000H
        MOV      BX, 0
        MOV      DX, 0
        MOV      CX, 101
```

```
LOD：   DEC    CX
        JZ     STO
        LODSW                      ；从源串中取一个字存入 AX
        MOV    BX, AX
        AND    AX, 8000H           ；判断该元素是否是负数
        JZ     LOD
        ADD    DX, BX
        JMP    LOD
STO：   MOV    [SI], DX
```

5. 存串指令 STOSB/STOSW

存串指令把 AL 或 AX 的内容存入到由 ES：DI 所指向的内存单元，并修改 DI 寄存器的值，使其指向下一目标单元。STOSB/STOSW 指令前加上重复前缀 REP 后，可以在一段内存单元中填满相同的值。STOSB/STOSW 指令前面也可以不加重复前缀，类似 LODSB/LODSW 指令一样，同其他指令结合起来完成较复杂的串操作功能。

3.5 汇编语言伪指令

伪指令又称为伪操作，它们不像机器指令那样是程序运行期间由计算机来执行的，而是在汇编程序对源程序汇编期间由汇编程序处理操作，它们可以完成如处理器选择、定义程序模式、定义数据、分配存储区、指示程序结束等功能。在这一节里，只说明一些常用的伪操作。另外还有一些内容在本书中未涉及，若读者需要时请查阅相关文献。

3.5.1 处理器选择伪指令

由于 80x86 的所有处理器都支持 8086/8088 指令系统，但每一种高档的机型又都加一些新的指令，因此在编写程序时要对所用处理器有一个确定的选择。也就是说，要告诉汇编程序应该选择哪一种指令系统。这一组伪指令的功能就是做这件事的。

此类伪指令主要有以下几种：

.8086 选择 8086 指令系统

.286 选择 80286 指令系统

.286P 选择保护模式下的 80286 指令系统

.386 选择 80386 指令系统

.386P 选择保护模式下的 80386 指令系统

.486 选择 80486 指令系统

.486P 选择保护模式下的 80486 指令系统

.586 选择 Pentium 指令系统

.586P 选择保护模式下的 Pentium 指令系统

有关"选择保护模式下的 ×××× 指令系统"的含义是指包括特权指令在内的指令系统。此外，上述伪指令均支持相应的协处理器指令。

这类伪指令一般放在整个程序的最前面。如不给出，则汇编程序认为其默认值 .8086。它们可放在程序中，如程序中使用了一条 80486 所增加的指令，则可在该指令的前一行加

上. 486。

3.5.2 段定义伪指令

1. 完整的段定义伪指令

采用完整段定义伪指令可具体控制汇编程序(MASM)和连接程序(LINK)在内存中组织代码和数据的方式。主要包括段定义语句、段寄存器说明语句。

(1)段定义语句

段定义语句用来定义汇编语言源程序中的逻辑段。其语法格式为:

段名　SEGMENT　［定位类型］［，组合类型］［，字长选择］［，'类别'］

　　∶　　　　　；段体

段名　ENDS

SEGMENT/ENDS 是一对段定义语句,二者必须成对出现。一个逻辑段从 SEGMENT 语句开始,到 ENDS 语句结束。中间省略部分称为段体,由指令、伪指令和宏指令语句组成。段名是用户定义的段的标识符,用于指明段的基址。

SEGMENT 后面有 4 个可选参数,分别代表段的 4 种属性。这些属性参数为源程序的汇编、连接提供必要的信息,特别是模块化程序,各个模块如何定位,彼此之间如何连接,将较多地涉及到定位类型和组合类型的选择。

在实际应用中,为了加快程序的开发速度,通常把一个大型的程序分解成若干个有独立功能的小程序或模块。每个模块都可以有自己的数据段、代码段和堆栈段等。各个模块单独编辑,单独汇编,生成各自的. OBJ(目标)文件,然后通过连接程序将各个. OBJ 文件连接起来,生成一个. EXE(可执行)文件。

采用模块化程序设计时,不同模块间,同名段如何连接? 如何定位? 或定位类型、组合类型如何选择才能达到设计者的目的呢? 下面详细介绍段参数的作用。

①定位类型用于指定该段起点的边界类型,有 5 种可选类型,如表 3 – 12 所示。

LINK 程序对于不同模块中的同名段进行连接时,对于有 BYTE 属性的段,总是紧接着前一段存放,不留空闲单元。对于有 WORD 属性的段,也是紧接着前一段存放,最多留出一个空闲单元。

表 3 – 12　定位类型

定位类型	含义
BYTE(字节)	段起始地址可任意
WORD(字)	段起始地址必须为偶数,即该地址的最低二进制位应为 0
DWORD(双字)	段起始地址必须为 4 的倍数,即该地址的最后 2 位二进制位应为 0,DWORD 一般用于 80386/80486/Pentium 的 32 位段中
PARA(节)	段起始地址必须为 16 的倍数,即该地址的最后 4 位二进制位应为 0
PAGE(页)	段起始地址必须为 256 的倍数,即该地址的最后 8 位二进制位应为 0

②组合类型用于告诉连接程序本段与其他模块中同名段的组合连接关系,共有 5 种可选

组合类型，如表 3 – 13 所示。组合类型默认时，表示本段与其他逻辑段不组合。

表 3 – 13 组合类型

组合类型	含义
PUBLIC	LINK 程序将不同模块中具有该类型且段名相同的段连接到同一个物理段中，使它们公用一个段地址
STACK	与 PUBLIC 同样处理，只是连接后的段为堆栈段，LINK 程序在连接过程中自动将新段的段地址送到 SS 段寄存器，新段的长度送到 SP 寄存器中。如果在定义堆栈段时没有将其说明为 STACK 类型，那么就需要在程序中用指令设置 SS 和 SP 寄存器的值，此时 LINK 程序将会给出一个警告信息
COMMON	产生一个覆盖段。LINK 程序为该类型的同名段制定相同的段地址。段的长度取决于最长的 COMMON 段的长度。段的内容为所连接的最后一个模块中 COMMON 段的内容及其没覆盖到的前面 COMMON 段的部分内容
MEMORY	LINK 程序不单独区分 MEMORY 类型，它把 MEMORY 与 PUBLIC 类型同等对待。MASM 程序允许使用它主要是为了与其他支持 Intel MEMORY 类型的连接程序兼容
AT 表达式	LINK 程序将具有 AT 类型的段装在表达式值所指定的段地址边界上，这个类型可以为标号或变量赋予绝对地址，以便程序以标号或变量的形式存取这些存储单元的内容。一般在 AT 类型的段中不定义指令或数据，只说明一个地址结构。例如： 　　STUEF SEGMENT AT 0　　　　; 段地址为 0 　　　ORG 0410H　　　　　　　　; 偏移地址为 0410H 　　　EXIT LABEL WORD　　　　; 标号 EXIT 的绝对地址为 0000:0410H 　　STUEF ENDS 在保护模式中，AT 类型无意义

③ 字长选择用于定义段中使用的偏移地址和寄存器的字长。该选择只用于设置含有.386、.486 和.586 语句的段，有两种字长选择：

USE16——表示该段字长为 16 位，按 16 位方式寻址，最大段长为 64KB。

USE32——表示该段字长为 32 位，按 32 位方式寻址，最大段长可达 4GB。

如果字长缺省，则在使用.386/.486/.586 伪指令时默认为 USE32。

在实地址模式下(如 DOS 环境)编程时，若字长选用 USE32，一定要注意段内偏移地址不能超出 0FFFFH，否则必将引起系统异常中断而死机。

④ "类别"用于控制段的存放次序。它可以是任何合法的名称，但必须用单引号括起来。LINK 程序只使同类别段发生关系，并将它们存放在连续的存储空间中。若"类别"选择项缺省，则表明该段类别为空。

对段定义语句的上述 4 个属性参数，通常只在模块化程序中才有必要仔细考虑各模块之间同名段的定位方式和组合方式。对于单一模块的程序没有必要考虑这些问题。

例 3 – 66 有如下两个程序模块。

模块 1(主模块)

DSEG　　SEGMENT　COMMON

```
                ARRAY_A  DW  100  DUP(?)
    DSEG        ENDS
    SSEG        SEGMENT  STACK
                DW  50  DUP(?)
    SSEG        ENDS
    CSEG        SEGMENT  PUBLIC
          ASSUME  CS：CSEG, DS：DSEG, SS：SSEG
    START：  MOV  AX, DSEG
                MOV  DS, AX
                ⋮
    CSEG        ENDS
                END  START
```

模块2(从模块)

```
    DSEG        SEGMENT  COMMON
                ARRAY_B  DW  200  DUP(?)
    DSEG        ENDS
    SSEG        SEGMENT  STACK
                DW  50  DUP(?)
    SSEG        ENDS
    CSEG        SEGMENT  PUBLIC
                ⋮
    CSEG        ENDS
                END
```

经汇编连接后,各逻辑段的组合定位情况如图 3 – 13 所示。两个模块中,代码段的名字相同,组合类型为 PUBLIC,连接后生成一个大的代码段;数据段的名字也相同,但组合类型说明为 COMMON,连接后产生一个覆盖段,长度是模块 2 中数据段的长度,为 400 个字节;堆栈段也同名,被组合成一个大的堆栈区,共 200 个字节。

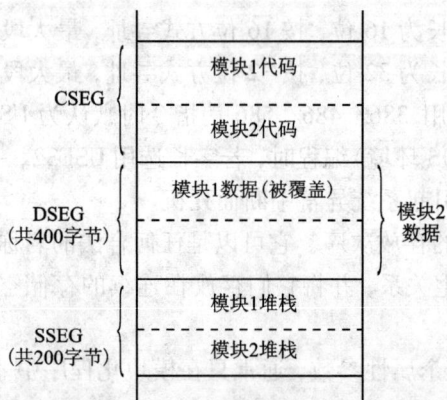

图 3 – 13　逻辑断组合示意图

(2)段寄存器说明语句

格式：ASSUME　　段寄存器：段名[，段寄存器：段名，…]

该伪指令说明源程序中定义的段分别由哪个段寄存器去寻址。段寄存器可以是 CS、SS、DS、ES、FS 或 GS。但 FS 和 GS 只有在使用.386/.486/.586 伪指令时才能用。

说明：

① 段寄存器 CS 只能用于包含有程序的段，反之含有程序的段也只能以 CS 作为段寄存器。SS 也一样，只能与堆栈段对应。

② CS 所对应的段名必须在该语句之前有定义，因此 ASSUME 语句一般要求放在代码段之中、执行段寻址操作之前。习惯上，把该语句作为代码段的第一条语句。

③ 该语句是说明性语句。除代码段 CS 和组合类型已说明为 STACK 类型的堆栈段 SS 外，其他所有定义的段寄存器的初值都要在程序中用指令设置，以建立这些逻辑段的可寻址性。在完整段定义中，有两种方法用于设置段寄存器的初值。

- 使用 SEG 运算符求出逻辑段的段基值，例如：

```
MOV     AX, SEG DATA              ; DATA 为数据段段名
MOV     DS, AX
```

- 直接把段名赋给段寄存器，例如：

```
MOV     AX, DATA                  ; DATA 为数据段段名
MOV     ES, AX
```

给 CS、(E)IP 赋初值是由操作系统(如 DOS)自动完成的，程序员不能干预。而建立堆栈段的可寻址性包括两方面内容，即给 SS 和(E)SP 赋初值，例如：

```
            ⋮
STACK   SEGMENT                   ; 定义堆栈段
    SPN   DB   200DUP(?)          ; 堆栈长度为 200 个字节
STACK   ENDS
CODE    SEGMENT                   ; 定义代码段
    ASSUME  CS：CODE, SS：STACK …
START：  MOV   AX, STACK          ; 取堆栈段基址
        MOV   SS, AX              ; 建立堆栈段基址
        MOV   SP, SIZE SPN        ; 建立堆栈指针(空栈)
            ⋮
```

若在堆栈段定义时，组合类型说明为 STACK 类型，即用如下语句说明：

```
STACK   SEGMENT   STACK
```

则用户不必给 SS 和(E) SP 赋初值，也是在系统装入程序时自动完成的。

2. 指定地址伪指令

指定地址伪指令格式如下：

ORG　偏移地址

ORG　$ + 偏移地址

该伪指令以其指定的偏移地址或由 $ 给出的当前地址加上指定的偏移地址作为当前开始分配和使用的偏移地址。

要注意，该伪指令语句不占内存，它仅指定下一个占内存语句的偏移地址。偏移地址可写成表达式形式，但其取值范围在 0～65535 之间时，通常不必使用该语句，只在需要指定存

储空间或保留一段存储空间时才使用它。该语句不能使用标号,否则语句无效。

3. 模块定义伪指令

汇编源程序可由多个模块组成,每个模块是一个独立的汇编单位。在操作系统中,汇编源程序是一个 * . ASM 源文件。汇编源程序的模块与汇编源文件是一一对应的。

① 模块开始语句(NAME)

格式: NAME ［模块名］

模块开始语句表示源程序开始,并指出该源程序的模块名。

本语句一般可省略。省略时,模块名取源程序中 TITLE 语句之页标题的前 6 个字符。若没有 TITLE 语句,则取该模块的源程序文件名为模块名。

② 模块结束语句(END)

格式: END ［标号/过程名］

模块结束语句表示源程序到此结束。

一个源程序必须有且只有一个 END 语句来指明源程序文件的结束。当源程序是主模块时,END 语句必须含程序的启动地址(标号/过程名),用于指出该程序的第一条可执行指令的位置,以便操作系统给 CS、(E)IP 赋初值;而对从模块则不需要这一选择项。

3.5.3　符号定义伪指令

1. 符号常数定义语句

在编制源程序时,程序设计人员常把某些常数、表达式等用一特定符号表示,以利于程序的修改和调试。此时,就要使用符号常数定义语句,有两种语句用于定义符号:

①赋值伪指令

格式: 符号名　EQU　表达式

该语句的功能是用符号名代替表达式的值。但要注意,使用 EQU 伪指令定义符号常数时,其值在后继语句中不能改变,即符号名不能重新定义。

例 3 – 67　指令例子如下:

```
X          EQU 50
Y          EQU X + 10
COUNT      EQU $ – ARRY                    ;ARRY 是已定义的变量
HELLO      EQU 'How are you!'
```

②等号伪指令

格式: 符号名 = 表达式

等号语句的含义和表达式的内容都与赋值语句相同,只是其符号名可以重新定义。

例 3 – 68　指令例子如下:

```
CON = 5
BASE = 200H
           ⋮
BASE = BASE + 10H                          ;重新定义 BASE
```

符号常数已经定义就可以像立即数一样使用它们。定义语句可以放在任何逻辑段。

2. 定义符号名伪指令

格式: 符号名 LABEL 类型

　　LABEL 伪指令的功能是将紧跟在本伪指令后的标号、操作码、过程或变量建立新的符号名，并赋予其指定类型，但它并不为新指定的变量或标号分配存储空间。对标号、操作码或过程，其类型为 NEAR、FAR；对变量，其类型为 BYTE、WORD、DWORD、FWORD、QWORD 或 TBYTE。

　　例 3 - 69　指令例子如下：

```
SUB_RAR     LABEL FAR                    ;远调用入口
SUB_NEAR：   MOV  AL, [SI]                ;近调用入口
            ⋮
```

　　两个标号 SUB_FAR 和 SUB_NEAR 均指向同一条指令，当从段内某指令调用这段时，可以用标号 SUB_NEAR，而从另一代码段调用时，则可用 SUB_FAR 标号。

　　例 3 - 70　指令例子如下：

```
ARY_BYTE    LABEL  BYTE
ARY_WORD    DW   200 DUP(?)
```

　　变量 ARY_BYTE 和 ARY_WORD 有相同的段基值和偏移值，区别在于前者为字节类型，后者为字类型。这样，可根据需要按不同类型去存取数组中的数据。如：

```
MOV  AL, ARY_BYTE[98]                ;取字节数组的第 99 个字节值
MOV  AX, ARY_WORD[98 * 2]            ;取字数组的第 99 个字数据
```

　　第一条指令也可用如下指令代替：

```
MOV  AL, BYTE PTR ARY_WORD[98]
```

　　运算符 THIS 与 LABEL 伪指令有类似的效果，上面两例中 LABEL 伪指令可分别为：

```
SUB_RAR     EQU  THIS FAR
ARY_BYTE    EQU  THIS  BYTE
```

3.5.4　数据定义伪指令

　　数据定义伪指令的功能是为数据项或数据项表分配存储空间，给它们赋初值，并用一分符号名(称为变量)与之相联系。在程序中，用户可以用变量名来引用这些数据项。

　　数据定义伪指令的格式如下：

　　[变量名]　DB/DW/DD/DF/DQ/DT　数据项[，数据项，…，数据项]

　　其中变量名是任选项。伪指令 DB、DW、DD、DF、DQ、DT 分别定义 8 位(字节)、16 位(字)、32 位(双字)、48 位(长字)、64 位(四字)和 80 位(十字节)数据。

　　给变量赋初值可以是赋确定的值，也可以是赋不确定的值(用"?"表示)。所谓赋不确的值，实质是不赋值，而只预留规定长度的存储空间。定义的数据项可以是一个元素、也可以是用"，"分隔的多个元素，还可以是用 DUP 运算符建立的多次复制；其中确定的值可以是整数、浮点数(只允许 DD、DQ 和 DT 伪指令，并只用于 80486/Pentium 和 80387/80287 协处理器上)、字符、字符串或表达式。

　　例 3 - 71　给定数据定义：

```
D1  DW  1, 'AB', 'C'
D2  DB  2 DUP(?)
D3  DB  -1 * 5
D4  DB  'BA'
```

D5   DD   'AB'

经汇编后,存储单元的分配情况如图3-14所示。

用DW定义字符串时,字符串长度不能超过2,用DD定义的字符串长度则不能超过4。另外,要注意使用DB、DW、DD定义字符串数据时字符的存放顺序是不同的:

- DB是从左至右顺序为每个字符分配一个字节单元。
- DW是从左至右顺序为每2个字符分配一个字单元,且前面的字符在高字节。
- DD是从左至右顺序为每4个字符分配一个双字单元,也是按前面的字符在高字节顺序存放。

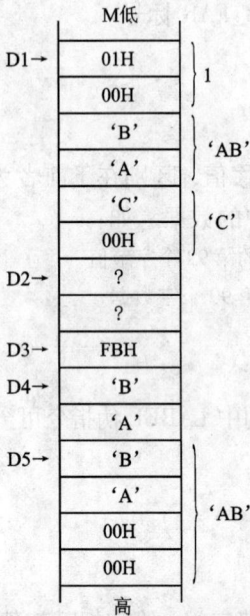

图3-14   例3-71内存分配图

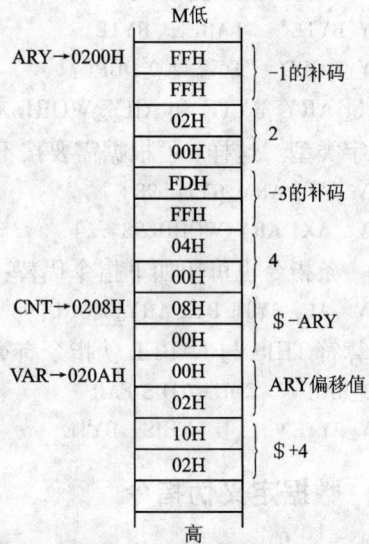

图3-15   例3-72内存分配图

例3-72   给定数据定义:

```
      ORG 0200H
ARY   DW   -1, 2, -3, 4
CNT   DW   $ - ARY
VAR   DW   ARY, $ + 4
```

经汇编后,存储单元的分配情况如图3-15所示。

下列指令:

```
MOV   AX, ARY
MOV   BX, OFFSET VAR
MOV   CX, CNT
MOV   DX, VAR + 2
LEA   SI, ARY
```

执行后,相关寄存器的内容为:

$(AX) = [ARY] = -1$

（BX）= VAR 的偏移地址 = 020AH

（CX）= [CNT] = 8

（DX）= [VAR + 2] = 0210H

（SI）= ARY 的偏移地址 = 0200H

注意：用地址表达式给变量赋初值时，地址表达式中的变量或标号取偏移值；而汇编程序在汇编过程中，通过一个地址计数器为变量分配地址，每分配 1 字节自动加 1，操作符"$"则用于取地址计数器的当前值。

3.5.5　过程定义伪指令

1. 过程定义伪指令

过程又称为子程序。它是一段必须通过 CALL 指令调用才能执行的程序段，执行完后通过一条 RET 指令返回原调用处。

过程由过程定义伪指令 PROC 和 ENDP 分别定义过程的开始和结束。定义格式为：

过程名　　　PROC[属性]

　　　　　　⋮

　　　　　　[RET]

　　　　　　⋮

　　　　　　RET

过程名　　　ENDP

过程名是过程的标识符（也可视为标号，当标号处理）。过程的属性可以是 NEAR 或 FAR。NEAR（或默认）表示该过程是一个近过程，即可在段内调用；FAR 表示该过程是个远过程，即可跨段调用。编写过程时要注意：

（1）过程体中必须至少包含一条 RET 指令，这是过程的出口。但也允许过程有多条 RET 指令，即过程有多个出口。

（2）过程允许嵌套调用，即在过程中调用其他过程；还可以递归调用，即在过程体中调用过程本身，相应的过程称为递归过程。过程与逻辑段也可以相互嵌套，但决不允许过程与段交叉覆盖。

2. 宏定义伪指令

宏的概念与过程很相似，也是用一个宏名字来代替源程序中经常要用到的一个程序模块。宏定义由 MACRO/ENDM 伪指令定义。格式如下：

宏名　　　MACRO[形式参数表]

　　　　　　⋮　　　　　　　　　　　　　；宏体

　　　　　　ENDM

其中宏名必须唯一，称为宏指令。宏体由指令语句和伪指令语句构成。

定义一条宏指令相当于由用户给汇编程序提供了一个新的操作码，宏指令一经定义可以在源程序的任何地方调用。

宏调用的格式为：

宏名　　[实际参数表]

使用宏汇编和使用子程序一样，都可简化源程序的书写，因而也减少了程序出错的可能性。要注意宏调用和子程序(或过程)调用的区别,子程序不管被调用多少次,它都只汇编一次,即有唯一的一段目标代码;而宏指令则调用多少次,就汇编多少次,每次调用都要在程序中展开并保留宏体中的每一行。因此宏汇编适合于代码较短、传送参数较多的子功能段使用,子程序适合于代码较长、调用比较频繁的子功能段使用。

使用宏定义和宏调用时还有两个问题要注意:

(1)当允许宏被多次调用时,宏体内的标号要用 LOCAL 伪指令说明为局部标号,以免多次调用宏时,发生标号重复定义错误。

LOCAL 伪指令格式为:

LOCAL 标号1 [,标号2,…]

在宏展开时,LOCAL 定义的标号由从?? 0000 ~ ?? FFFF 的符号名来替代,这个符号名是唯一的。

(2)对带参数的宏指令,宏调用时实际参数与形式参数的类型要一致,以免产生无效调用。

例 3-73 定义一条宏指令 ADD_SUM,其功能完成两个数组求和。

宏定义如下:

```
ADD_SUM   MACRO   D_ARY, S_ARY, COUNT
          LOCAL   AGAIN
          MOV     SI, 0
          MOV     CX, COUNT
AGAIN:    MOV     AL, S_ARY[SI]
          ADD     D_ARY[SI], AL
          INC     SI
          LOOP    AGAIN
          ENDM
```

若进行宏调用:ADD_SUM　ARRAY_A, ARRAY_B, 100,则在宏调用处进行宏展开如下:

```
          MOV     SI, 0
          MOV     CX, 100
?? 0000:  MOV     AL, ARRAY_B[SI]       ; ?? 0000 是汇编程序产生的唯一标号
          ADD     ARRAY_A[SI], AL
          INC     SI
          LOOP    ?? 0000
```

若 ARRAY_A 和 ARRAY_B 已定义为字节变量,则宏调用是合法的;而当 ARRAY_A 或 ARRAY_B 是字变量时,上述宏展开将产生非法寻址指令,即宏调用是无效的。

再如,进行宏调用:ADD_SUM [DI], ARRAY_B, 100,宏展开如下:

```
          MOV     SI, 0
          MOV     CX, 100
?? 0000:  MOV     AL, ARRAY_B[SI]
          ADD     [DI][SI], AL
          INC     SI
          LOOP    ?? 0000
```

该宏调用产生了非法寻址的指令：ADD［DI］［SI］，AL。所以，该宏调用也是无效的。

3.5.6　其他伪指令

1. 与模块化程序设计有关的伪指令

80x86/Pentium 宏汇编语言 MASM 为了使每一个模块都能够独立汇编，提供了如下几条用于说明外部和公用符号名的伪指令。

(1) PUBLIC 伪指令

格式：PUBLIC　符号名［，…，符号名］

功能：用于说明公用符号，它通知连接程序，语句右侧列出的符号名是本模块中定义的变量名、标号名和过程名，它们要被其他的模块引用。

反之，没有列在 PUBLIC 语句中的符号名，仅能在本模块中使用，而不能被其他模块引用，否则连接时出错。

(2) EXTRN 伪指令

格式：EXTRN　符号名：类型［，…，符号名：类型］

功能：用于说明外部符号，它通知连接程序，语句右侧列出的符号名是本模块中引用的、而在其他模块中用 PUBLIC 语句定义过的变量名、标号名和过程名。

(3) INCLUDE 伪指令

格式：INCLUDE　文件名　扩展名

功能：通知汇编程序把指定的文件复制一份，插入到该语句的下方供汇编时使用。

(4) 公用符号说明语句（COMM）

格式：COMM　［NEAR/FAR］符号名：尺寸［：元素数］，…

功能：将语句中的符号名说明为公用符号，公用符号既是全局的，又是外部非初始化的。

2. 结构定义伪指令

在一些应用中，常需要将一些不同类型的数据组合成一个有机整体。比如，数据库中于一个学生的记录，它应该包括学生的姓名、性别、年龄、成绩等数据项，这些数据项分属于不同的数据类型：姓名就是一个字符串，性别应该是一个字节项，而年龄和成绩则分别应当是字节和字类型。这时就要用到汇编语言的结构化数据结构。

与前述的字节、字类型数据不同，一个结构必须先经定义后才可以说明属于这种结构型的变量，这是因为结构的组成是千变万化的。所以围绕结构定义，有两种伪指令语句。

(1) 结构类型说明语句（STRUC/ENDS）

结构类型说明语句用 STRUC 伪指令和 ENDS 伪指令定界，即一个结构由 STRUC 伪指令定义开始，由 ENDS 伪指令定义结束。格式如下：

　　结构名 STRUC
　　　　　　　　⋮　　　　　　　　　　　　　　　；结构体，由数据定义语句构成
　　结构名 ENDS

结构名是用户为所定义的结构起的名字，结构体由多个数据项组成，它们都是一些变量，称为结构的域。例如：

DATE　STRUC
　　MONTH　　　DB ?

```
        DAY        DB ?
        YEAR       DW ?
    DATE ENDS
```

就定义了一个名为 DATE 的结构。该结构有 3 个域：
字节变量 MONTH 用于保存月、DAY 保存日，字变量
YEAR 用于保存年。

结构的定义明确地描述了该结构的组织形式，它告诉
汇编程序属于这种组织形式的变量使用内存的模式。比
如，上面结构 DATE 的定义就通知汇编程序：属于这种类
型的变量在内存中的存储形式如图 3−5 所示。

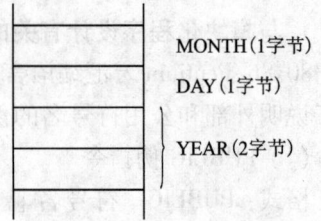

图 3−16   结构 DATE 的存储形式

结构定义可放在数据段前面。在一个程序中，一旦定义了一个结构，就好像为汇编语言
增加了一个新的数据类型，程序中就可以说明属于这种数据类型的变量。

(2)结构变量说明与赋初值语句

定义一个结构仅仅是指定了结构的组织形式，并不给它分配存储空间，因此在程序中也
就无法对它进行访问。程序可访问的是结构变量。当然，为了访问结构变量，必须先用结构
变量说明语句定义结构变量。结构变量说明语句格式如下：

〔变量名〕 结构名   <〔域值表〕>

该伪指令在定义结构变量的同时，也对其分配存储空间和赋初值。

格式中的变量名是用户自定的，为任选项，即使省略它，汇编程序照样分配存储空间；
结构名一定是曾用 STRUC/ENDS 伪指令定义过的；域值表用于给结构变量的各域赋初值，这
些初值的类型、顺序必须与结构类型说明时的各域的类型、顺序一致，各初值间以逗号分隔。
如果某域的初值与结构类型说明时的相同，则相应位置可为空，但逗号不能省略；若所有域
的初值都采用结构类型说明时的初值，则域值表可省略，只写一个尖括号" < > "即可。要
注意，尖括号在任何时候都不能省略。

(3)结构的引用

对结构变量中域的访问，有两种方法：

结构变量名.域名

〔基址或变址寄存器〕.域名

以上面的日期结构为例，定义日期结构变量及引用方法如下：

```
X        DARE <1, 1, 2004 >              ;定义结构变量 X
         ⋮
MOV      AX, X. YEAR                     ;取域 YEAR 的值送 AX
MOV      CL, X. DAY                      ;取域 DAY 的值送 CL
```

上述引用也可用如下方法：

```
MOV      DX, OFFSET X                    ;结构变量 X 的偏移值送 BX
MOV      AX, [BX]. YEAR                  ;取域 YEAR 的值送 AX
MOV      CL, [BX]. DAY                   ;取域 DAY 的值送 CL
```

习题 3

3.1　汇编语言有何特点? 编写汇编语言源程序时, 一般的组成原则是什么?

3.2　如何规定一个程序执行的开始位置? 主程序执行结束应该如何返回 DOS? 源程序在何处停止汇编过程?

3.3　给出下列语句中, 请指出指令立即数(数值表达式)的值:

(1)MOV　AL, 23H　AND　45H　OR　67H

(2)MOV　AX, 1234H/16 + 10H

(3)MOV　AX, 254H SHL 4

(4)MOV　AL, 'A'　AND　(NOT('B' – 'B'))

(5)MOV　AX, (76543 LT 32768) XOR 7654H

3.4　画图说明下列语句分配的存储空间及初始化的数据值:

(1)BYTE_VAR　　DB 'BCD', 10, 10H, 'EF', 2 DUP (–1, ?, 3 DUP (4))

(2)WORD_VAR　DW 1234H, –5, 6 DUP (?)

3.5　设置一个数据段, 按照如下要求定义变量:

(1)MYL_B 为字符串变量, 表示字符串"PERSONAL COMPUTER!"。

(2)MY2_B 为用十六进制数表示的字节变量, 这个数的大小为 100。

(3)MY3_W 为 100 个未赋值的字变量。

(4)MY4_C 为 100 的符号常量。

(5)MY5_C 为字符串常量, 代替字符串"PERSONAL COMPUTER!"。

3.6　8086 微处理器有哪些寻址方式? 并写出各种寻址方式的传送指令 2 条(源操作数和目的操作数寻址)。

3.7　给定(BX) = 637DH, (SI) = 2A9BH, 位移量 D = 7237H, 试确定在以下各种寻址方式下的有效地址。

(1)立即寻址

(2)直接寻址

(3)使用 BX 的寄存器寻址

(4)使用 BX 的间接寻址

(5)使用 BX 的寄存器相对寻址

(6)基址变址寻址

(7)相对基址变址寻址

3.8　现有(DS) = 2000H, (BX) = 0000H, (SI) = 0002H, (20100) = 12H, (20101) = 34H, (20102) = 56H, (20103) = 78H, (21200) = 2AH, (21201) = 4CH, (21202) = B7H, (21203) = 65H, 试说明下列各条指令执行完后 AX 寄存器的内容。

(1)MOV　AX, 1200H

(2)MOV　AX, BX

(3)MOV　AX, [1200H]

(4)MOV　AX, [BX]

（5）MOV　　　AX, 1100[BX]

（6）MOV　　　AX, [BX][SI]

（7）MOV　　　AX, 1100[BX][SI]

3.9　指出下列指令的错误。

（1）MOV　　　[SI], 34H

（2）MOV　　　45H, AX

（3）INC　　　12

（4）MOV　　　[BX], [SI+BP+BUF]

（5）MOV　　　BL, AX

（6）MOV　　　CS, AX

（7）OUT　　　240H, AL

（8）MOV　　　SS, 2000H

（9）LEA　　　BX, AX

（10）XCHG　　AL, 78H

3.10　如 TABLE 为数据段中 0200 单元的符号名, 其中存放的内容为 3456H, 试问以下两条指令有什么区别? 指令执行完后 AX 寄存器的内容是什么?

MOV　AX, TABLE

LEA　AX, TABLE

3.11　用两条指令把 FLAGS 中的 SF 位置 1。

3.12　用一条指令完成下列各题。

（1）AL 内容加上 12H, 结果送入 AL。

（2）用 BX 寄存器间接寻址方式把存储器中的一个内存单元加上 AX 的内容, 并加上 CF 位, 结果送入该内存单元。

（3）AX 的内容减去 BX 的内容, 结果送入 AX。

（4）将用 BX、SI 构成的基址变址寻址方式所得到的内容送入 AX。

（5）将变量 BUF1 中前两个字节的内容送入寄存器 SI 中。

3.13　执行下列指令后, AX 寄存器中的内容是什么?

TABLE　　DW　10, 20, 40, 50

ENTRY　　DW　3

　　　　　⋮

　　MOV　BX, OFFSET TABLE

　　ADD　BX, ENTRY

　　MOV　AX, [BX]

3.14　下面的程序段执行后, DX、AX 的内容是什么?

MOV　DX, 0AA55H

MOV　AX, 2003H

MOV　CL, 4

SHL　DX, CL

MOV　BL, AH

SHL　AX, CL

```
SHR    BL, CL
OR     DL, BL
```

3.15　写出下面的指令序列中各条指令执行后的 AX 内容。

```
MOV    AX, 9876H
MOV    CL, 8
SAR    AX, CL
DEC    AX
MOV    CX, 8
MUL    CX
NOT    AL
AND    AL, 10H
```

3.16　如果要将 AL 中的高 4 位移至低 4 位，有几种方法？请分别写出实现这些方法的程序段。

3.17　写出执行以下计算的指令序列，其中 X，Y，Z，R 和 W 均为存放 16 位带符号数单元的地址。

（1）Z←W + (Z – X)

（2）Z←W – (X + 6) – (R + 9)

（3）Z←(W * X)/(Y + 6)，R←余数

（4）Z←((W – X)/5 * Y) * 2

3.18　利用串操作指令编写一段程序，将 AREA1 起始的区域 1 中的 200 个字节数据传送到以 AREA2 为起始地址的区域 2（两个区域有重叠）。

3.19　寄存器 BX 中有 4 位 0～F 的十六进制数，编写程序段，将其转换为对应字符（即 ASCⅡ码），按从高到低的顺序分别存入 L1、L2、L3、L4 这 4 个字节单元中。

3.20　试将 BUF 起始的 100 个字节的组合 BCD 码数字，转换成 ASCⅡ码，并存放在以 ASC 为起始地址的单元中。已知高位 BCD 码位于较高地址中。

3.21　编写一段程序，要求在长度为 100H 字节的数组中，找出正数的个数并存入字节单元 POSIT 中，找出负数的个数并存入字节单元 NEGAT 中。

第4章　汇编语言程序设计

4.1　系统资源的使用

DOS 操作系统和 ROM BIOS 系统各为用户提供了一组例行子程序,用于完成基本的 I/O 设备(如 CRT 显示器、键盘、打印机、硬盘和软盘等)、内存、文件和作业的管理,以及时钟、日历的读出和设置等功能。为了方便程序员访问,DOS 和 BIOS 把这些例行子程序编写成相对独立的程序模块并且赋予一个子功能编号,访问或调用这些子程序时,用户不必过问其内在功能的具体实现,只需给出其子功能编号,然后直接用一软中断指令(INT n)调用即可。

调用编了号的 DOS 功能子程序称为 DOS 系统功能调用或称为系统调用,对 ROM BIOS 中编了号的例行子程序的调用则称为 BIOS 功能调用。

4.1.1　DOS 系统功能调用

DOS 系统功能调用以 21H 号中断处理程序的形式存在,主要包括 3 方面的子程序:设备驱动(基本 I/O)、文件管理和其他(包括内存管理、置取时间、置取中断向量、终止程序等)。较常用的基本 I/O 功能调用如表 4-1 所示。

表 4-1　常用 DOS 功能调用

功能	入口参数	出口参数	说明
AH = 01H 输入一个字符		AL = 输入字符的 ASCⅡ码	从标准输入设备(如键盘)输入一个字符,并将其 ASCⅡ码值送入 AL 寄存器,同时在屏幕上显示该字符
AH = 02H 输出一个字符	DL = 输出字符的 ASCⅡ码		将 DL 寄存器中的字符输出到标准输出设备(显示器)
AH = 08H 不带回显的键盘输入		AL = 输入字符的 ASCⅡ码	除读到的字符不在屏幕上显示外,同 01H 号功能调用
AH = 09H 字符串输出	DS:DX = 显示字符串的首地址		将一个以"$"字符结束的字符串输出到显示器

续表 4 – 1

功能	入口参数	出口参数	说明
AH = 0AH 字符串输入	DS:DX = 输入缓冲区首址 (DS:DX) = 缓冲区最大字符数	(DS:DX + 1) = 实际输入字符数	从键盘输入字符串并将字符串存入缓冲区，同时显示字符串，用回车键结束字符串。若字符个数超过规定的长度，则响铃并忽略超出长度的字符
AH = 0BH 读键盘输入状态		AL = 0 表示无字符可读 AL = 0FFH 表示有字符可读	判别在标准输入设备(键盘)上是否有字符可读

从表 4 – 1 可以看出，每一个子功能有一个编号。调用 DOS 系统功能子程序的方法是把子功能编号置入 AH 寄存器，然后发出软中断指令"INT 21H"。调用返回后，从有关寄存器或存储器取得出口参数。

例如，下列程序段将在显示器上显示字符"A"：

```
MOV    DL, 'A'
MOV    AH, 2
INT    21H
```

更多的 DOS 系统功能调用请参见附录 A。

4.1.2　BIOS 系统功能调用

本节介绍常用的键盘输入和显示输出 BIOS 功能调用。

1. 键盘输入和调用方法

键盘 I/O 程序以 16H 号中断处理程序的形式存在，主要功能如表 4 – 2 所示，每一个子功能有一个编号。调用键盘 I/O 程序的方法是把子功能编号置入 AH 寄存器，然后发出中断指令"INT 16H"。调用返回后，从有关寄存器取得出口参数。

表 4 – 2　键盘 I/O 程序基本功能

功能	出口参数	说明
AH = 0 从键盘读一个字符	AL = 字符的 ASCⅡ码 AH = 字符的扫描码	如果键盘缓冲区空(无字符可读)，则等待；字符也包括功能键(对应 ASCⅡ码为 0)
AH = 1 判断键盘是否有键可读	ZF = 1 表示无键可读 ZF = 0 表示有键可读	不等待，立即返回。若有键可读(ZF = 0)，则：AL = 字符的 ASCⅡ码，AH = 字符的扫描码
AH = 2 取变换键当前状态	AL = 变换键状态字节	
AH = 10H 从键盘读一个字符	同 0 号功能调用	与 0 号功能不同的是它不删除扩展的键，在早期的系统中没有此功能
AH = 11H 判断键盘是否有键可读	同 1 号功能调用	与 1 号功能不同的是它不删除扩展的键，在早期的系统中没有此功能

下面的程序从键盘读入一个字符：

```
MOV   AH, 0
INT   16H
```

如果键盘缓冲区中有字符，那么中断处理程序就会极快结束，即调用就会极快返回，读到的字符是调用发出之前用户按下的字符。如果键盘缓冲区为空，那么要等待用户按键后调用才能返回，读到的字符是调用发出之后按下的字符。

下面的程序段先清除键盘缓冲区，然后再从键盘读入一个字符，即读入调用发出之后按下的字符：

```
AGAIN: MOV   AH, 1
        INT   16H          ;读键盘缓冲区状态
        JZ    INPUT        ;如果缓冲区为空, 则转键盘输入
        MOV   AH, 0
        INT   16H          ;从键盘缓冲区取走一个字符
        JMP   AGAIN
INPUT: MOV   AH, 0
        INT   16H          ;等待键盘输入
```

2. 显示输出和调用方法

BIOS 提供的显示 I/O 程序以 10H 号中断处理程序的方式存在，主要功能如表 4 – 3 所示，每一个功能有一个编号。调用显示 I/O 程序的某个功能时，应根据要求设置好入口参数，把功能编号置入 AH 寄存器，然后发出中断指令"INT 10H"。调用返回后，从有关寄存器取得出口参数。

表 4 – 3　显示程序 I/O 基本功能

功能	入口参数	出口参数	说明
AH = 0 设置显示模式	AL = 显示模式代号		可设置的显示模式与显示适配卡有关
AH = 1 设置光标类型	CH 低 4 位 = 光标开始线 CL 低 4 位 = 光标结束线		文本方式下光标大小，当第 4 位为 1 时光标不显示
AH = 2 设置光标位置	BH = 显示页号 DH = 行号, DL = 列号		左上角坐标是(0, 0)
AH = 3 读光标位置	BH = 显示页号	CH = 光标开始行 CL = 光标结束行 DH = 行号, DL = 列号	CH 和 CL 含光标类型，左上角坐标是(0, 0)
AH = 5 选择当前显示页	AL = 新页号		

续表 4 - 3

功能	入口参数	出口参数	说明
AH = 6 向上滚屏	AL = 上滚行数 BH = 填空白行的属性 CH = 窗口左上角行号 CL = 窗口左上角列号 DH = 窗口右下角行号 DL = 窗口右下角列号		读功能调用仅影响当前显示页。当滚动行数为 0 时表示清除整个窗口
AH = 7 向下滚屏	AL = 下滚行数 其他参数同 6 号功能		同 6 号功能
AH = 8 读光标位置处的字符和属性	BH = 显示页号	AH = 属性 AL = 字符代码	
AH = 9 将字符和属性写到光标位置处	BH = 显示页号 AL = 字符代码 BL = 属性 CX = 字符重复次数		光标不移动
AH = 0AH 将字符写到光标位置处	BH = 显示页号 AL = 字符代码 CX = 字符重复次数		光标不移动, 不带属性
AH = 0EH TTY 方式显示	BH = 显示页号 AL = 字符代码		光标处显示字符并后移光标, 解释回车、换行、退格和响铃等控制符
AH = 0FH 取当前显示模式		AL = 显示模式号 AH = 最大列数 BH = 当前页号	
AH = 13H 写字符串（AT 及以上系统才有此功能）	AL = 写模式 BH = 显示页号 BL = 属性 CX = 串中的字符数 DH = 写串的起始行号 DL = 写串的起始列号 ES：BP = 要写串首地址		(1) 解释回车等控制符 (2) 写模式仅使用低 2 位：位 0 = 0, 表示移动光标, 为 1 表示不移动光标；位 1 = 0, 表示串中字符代码和属性交替, 为 1 表示串中只含字符代码

下面的程序段调用显示 I/O 程序的 9 号功能在当前光标位置处显示指定属性的字符, 光标不移动:

```
MOV   BH, 0              ；第 0 页
MOV   BL, 47H            ；红底白字
MOV   CX, 5             ；重复 5 次
MOV   AL, 'A'           ；要显示的字符为 A
```

```
MOV    AH, 9
INT    10H
```

更多的 BIOS 系统功能调用请参见附录 B。

4.2　汇编语言程序设计

4.2.1　汇编语言程序设计的基本步骤

通常情况下，编制一个汇编语言程序的步骤如下：

（1）分析题意，确定算法。这一步是能否编制出高质量程序的关键，因此不应该一拿到题目就急于写程序，而是应该仔细地分析和理解题意，找出合理的算法和适当的数据结构。

（2）根据算法，画出程序框图。这一点对初学者特别重要，这样做可以减少出错的可能性。画框图时，可以从粗到细把算法逐步细化。

（3）根据框图编写程序。

（4）上机调试程序。任何程序必须经过调试，才能检查出设计思想是否正确以及程序是否符合设计思想。在调试程序的过程中，应该善于利用机器提供的调试工具（如 DEBUG）来进行工作，因为它将给程序员提供很大的帮助。

后面我们将说明汇编语言程序设计方法，并将举例说明上述程序设计步骤，但上机调试则必须由读者亲自去实践。

需要说明的是本书所讨论的编程环境将只限于在 DOS 操作系统下的实模式。前面已经提到，从 80286 开始，已经为用户提供了实模式和保护模式；从 80386 起，又增加了虚拟 8086 模式，它是指在一台计算机上可以同时运行多个 8086 程序，所以从编程角度来看，实际上只存在实模式和保护模式两种工作模式。就编程而言，这两种工作模式并无实质上的区别，但它们所需环境和某些实现方法还是有差异的。考虑到使用实模式已可解决应用程序所面向的大部分问题，本书又是面向汇编语言的基本程序设计方法，而且在 DOS 环境下也没有提供保护模式的良好编程环境，因此本书有关程序设计方法的说明将只限于实模式，但有了实模式的编程基础，在了解保护模式的编程环境后，转向保护模式编程也就不会很困难。

汇编语言程序有顺序、循环、分支和子程序四种结构形式。

4.2.2　顺序程序设计

最简单的程序是没有分支、没有循环等转移指令的程序，完全按照指令书写的先后顺序依次执行，这就是顺序程序。顺序结构是最基本的程序结构。完全采用顺序结构编写的程序在实际中并不多见，下面是一个多字节的无符号数的乘法的顺序程序示例。

例 4 – 1　编写一个程序，计算以下表达式的值：

$$W = A * B$$

式中 A，B 均为 32 位的无符号整数，结果保存在 W 中。

在 8086 中，数据是 16 位的，它只有 16 位运算指令，若是两个 32 位数相乘就无法直接用指令实现（自 80386 开始的 x86 系列处理器中有 32 位数相乘的指令），但可以通过用 16 位乘法指令做 4 次乘法，然后把部分积相加来实现。

根据题意，数据区中需设置 3 个变量：变量 A，B，W，其中变量 A 和 B 用来存放 32 位的被乘数和乘数，各占 4 个字节，变量 W 则用来存放 64 位的结果，故占 8 个字节，能实现上述运算的程序流程图如图 4 – 1 所示。

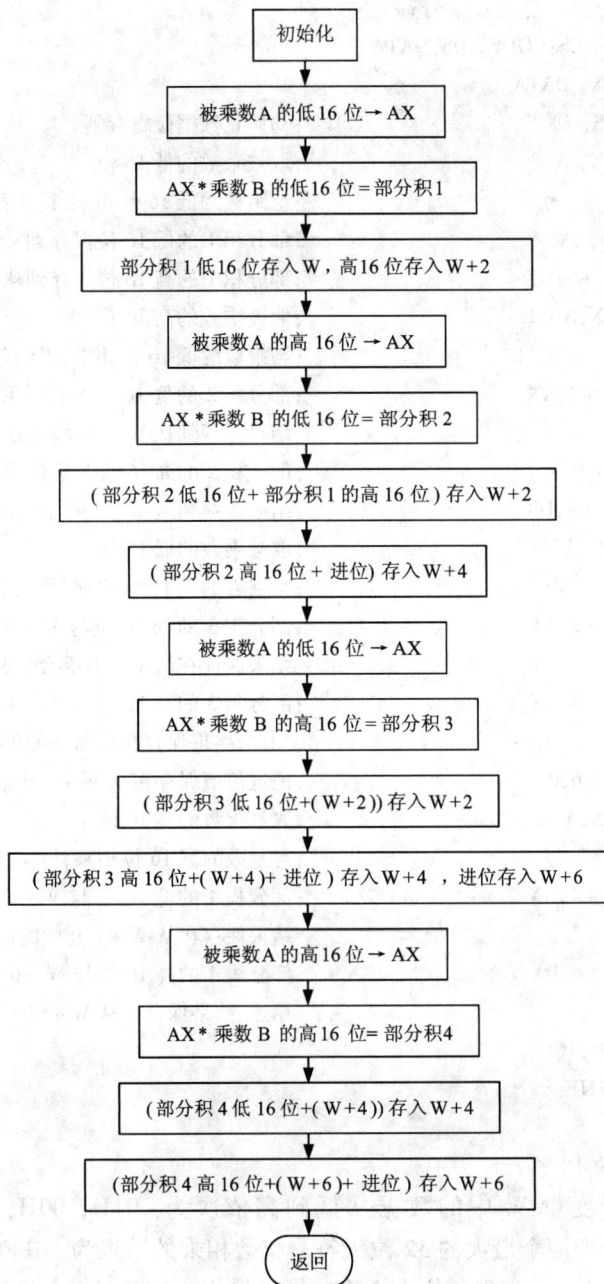

```
                        ┌──────────┐
                        │   初始化   │
                        └──────────┘
                              │
              ┌───────────────────────────────┐
              │     被乘数 A 的低 16 位 → AX      │
              └───────────────────────────────┘
                              │
              ┌───────────────────────────────┐
              │  AX * 乘数 B 的低 16 位 = 部分积 1  │
              └───────────────────────────────┘
                              │
              ┌───────────────────────────────────┐
              │ 部分积 1 低 16 位存入 W，高 16 位存入 W+2 │
              └───────────────────────────────────┘
                              │
              ┌───────────────────────────────┐
              │     被乘数 A 的高 16 位 → AX      │
              └───────────────────────────────┘
                              │
              ┌───────────────────────────────┐
              │  AX * 乘数 B 的低 16 位 = 部分积 2  │
              └───────────────────────────────┘
                              │
          ┌──────────────────────────────────────────┐
          │ ( 部分积 2 低 16 位 + 部分积 1 的高 16 位 ) 存入 W+2 │
          └──────────────────────────────────────────┘
                              │
              ┌───────────────────────────────────┐
              │ ( 部分积 2 高 16 位 + 进位 ) 存入 W+4     │
              └───────────────────────────────────┘
                              │
              ┌───────────────────────────────┐
              │     被乘数 A 的低 16 位 → AX      │
              └───────────────────────────────┘
                              │
              ┌───────────────────────────────┐
              │  AX * 乘数 B 的高 16 位 = 部分积 3  │
              └───────────────────────────────┘
                              │
              ┌───────────────────────────────────┐
              │ ( 部分积 3 低 16 位 + ( W+2 )) 存入 W+2  │
              └───────────────────────────────────┘
                              │
      ┌──────────────────────────────────────────────────┐
      │ ( 部分积 3 高 16 位 + ( W+4 ) + 进位 ) 存入 W+4 ，进位存入 W+6 │
      └──────────────────────────────────────────────────┘
                              │
              ┌───────────────────────────────┐
              │     被乘数 A 的高 16 位 → AX      │
              └───────────────────────────────┘
                              │
              ┌───────────────────────────────┐
              │  AX * 乘数 B 的高 16 位 = 部分积 4  │
              └───────────────────────────────┘
                              │
              ┌───────────────────────────────────┐
              │ ( 部分积 4 低 16 位 + ( W+4 )) 存入 W+4  │
              └───────────────────────────────────┘
                              │
          ┌──────────────────────────────────────────┐
          │ ( 部分积 4 高 16 位 + ( W+6 ) + 进位 ) 存入 W+6  │
          └──────────────────────────────────────────┘
                              │
                        ┌──────────┐
                        │   返回    │
                        └──────────┘
```

图 4 – 1 例 4 – 1 程序流程图

相应的程序为：
DATA   SEGMENT

```
              A    DW   0FFFFH,0FFFFH
              B    DW   0FFFFH,0FFFFH
              W    DW   4 DUP(0)
DATA          ENDS
CODE          SEGMENT
              ASSUME   CS:CODE, DS:DATA
BEGIN:        MOV   AX, DATA
              MOV   DS, AX            ;初始化数据段寄存器
              MOV   AX, A             ;取被乘数的低16位
              MUL   B                 ;与乘数的低16位相乘,得到部分积1
              MOV   W,AX              ;部分积1的低16位保存到从W开始的内存单元
              MOV   W+2,DX            ;部分积1的高16位保存到从W+2开始的内存单元
              MOV   AX,A+2            ;取被乘数的高16位
              MUL   B                 ;与乘数的低16位相乘,得到部分积2
              ADD   W+2,AX            ;部分积2的低16位与部分积1的高16位相加并把
                                       结果保存到从W+2开始的内存单元
              ADC   DX,0              ;部分积2的高16位与进位相加
              MOV   W+4,DX            ;结果保存到从W+4开始的内存单元
              MOV   AX,A              ;取被乘数的低16位
              MUL   B+2               ;与乘数的高16位相乘,得到部分积3
              ADD   W+2,AX            ;部分积3的低16位与W+2开始的内存单元相加,
                                       结果保存在从W+2开始的内存单元
              ADC   W+4,DX            ;部分积3的高16位与W+4开始的内存单元及进位
                                       相加,结果保存在从W+4开始的内存单元
              ADC   W+6,0             ;把进位值保存在从W+6开始的内存单元
              MOV   AX,A+2            ;取被乘数的高16位
              MUL   B+2               ;与乘数的高16位相乘,得到部分积4
              ADD   W+4,AX            ;部分积4的低16位与W+4开始的内存单元相加,
                                       结果保存在从W+4开始的内存单元
              ADC   W+6,DX            ;部分积4的高16位与W+6开始的内存单元及进位
                                       相加,结果保存在从W+6开始的内存单元
              MOV   AH,4CH
              INT   21H
CODE          ENDS
              END   BEGIN
```

上述程序运行后变量 W 中的数据从低到高依次为：01H, 00H, 00H, 00H, 0FEH, 0FFH, 0FFH, 0FFH, 即两个最大的 32 位无符号整数相乘的结果为：0FFFFFFFE00000001H。

例 4 - 2　采用查表法,实现一位十六进制数转换为 ASCⅡ 显示。

相应的程序为：

```
DATA          SEGMENT
  ASCⅡ        DB   30H, 31H,32H,33H,34H,35H,36H,37H,38H,39H
              DB   41H,42H,43H,44H,45H,46H
```

```
        HEX     DB   05H,0AH
DATA            ENDS
CODE            SEGMENT
                ASSUME   CS:CODE, DS:DATA
BEGIN：         MOV    AX, DATA
                MOV    DS, AX                  ;初始化数据段寄存器
                MOV    BX, OFFSET ASCⅡ         ;BX 指向 ASCⅡ 码表
                MOV    AL, HEX                 ;AL 取得一位十六进制数,恰好就是 ASCⅡ 码表中的
                                                 位移
                AND    AL, 0FH                 ;AL 的高 4 位清 0
                XLAT                           ;换码:AL←DS:[ BX + AL]
                MOV    DL, AL                  ;入口参数:DL←AL
                MOV    AH, 2                   ;02 号 DOS 功能调用
                INT    21H                     ;显示一个 ASCⅡ 码字符
                MOV    AL, HEX + 1             ;转换并显示下一个数据
                AND    AL, 0FH
                XLAT
                MOV    DL, AL
                MOV    AH, 2
                INT    21H
CODE            ENDS
END             BEGIN
```

4.2.3　分支程序设计

在实际的程序中,程序始终是顺序执行的情况是不多见的,通常都会有各种分支。例如,变量 x 的符号函数可用下式表示:

$$y = \begin{cases} 1 & \text{当 } x > 0 \\ 0 & \text{当 } x = 0 \\ -1 & \text{当 } x < 0 \end{cases}$$

在程序中,要根据 x 的值给 y 赋值,如图 4 - 2 所示。先把变量 x 从内存中取出来,执行一次"与"或"或"操作,就可把 x 值的特征反映到标志位上。于是就可以判断是否等于零,若是(x =0),则令 y =0;若否(x≠0),再判断是否小于零,若是,则令 y = -1;若否,就令 y =1。

相应的数据段为:

```
    X DW ?
    Y DW ?
```

相应的程序段为:

```
SIGEF: MOV    AX, BUFFER
       OR     AX, AX
       JE     ZERO
       JNS    PLUS
       MOV    BX, 0FFH
       JMP    CONTI
```

```
ZERO：MOV   BX, 0
       JMP   CONTI
PLUS：MOV   BX, 1
CONTI：MOV Y, BX
```

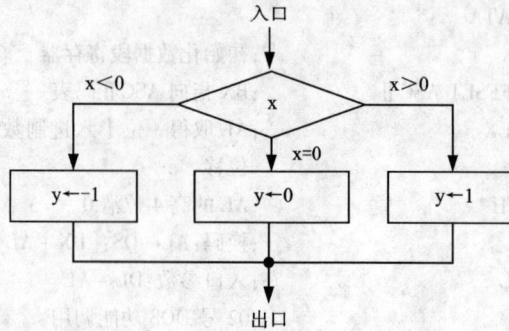

图4-2 符号函数的程序流程图

例4-3 判断方程 $ax^2 + bx + c = 0$ 是否有实根，若有实根则将字节变量 tag 置1，否则置 0(假设 a、b、c 均为字节变量)。

二元一次方程有实根的条件是：$b^2 - 4ac \geq 0$。依据题意，首先计算出 b^2 和 4ac，然后比较二者的大小，再根据比较结果给 tag 赋不同的值。程序流程图如图4-3所示。

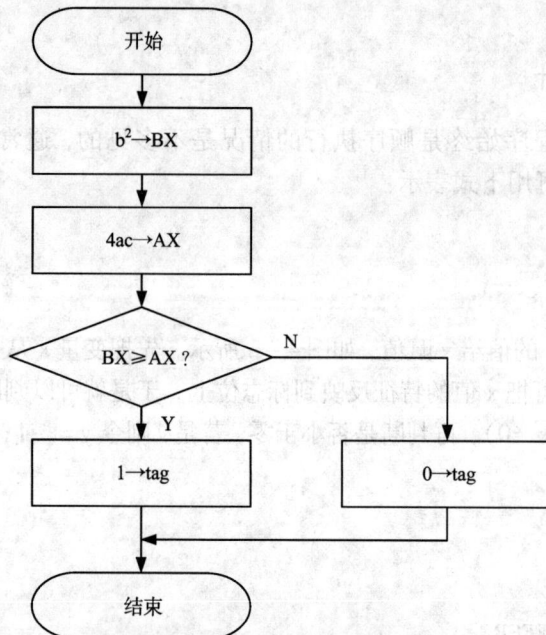

图4-3 方程求解流程图

相应的程序如下：

```
DATA  SEGMENT
   a   DB   2
```

```
        b    DB    3
        c    DB    5
        TAG   DB   ?
DATA   ENDS
CODE   SEGMENT
       ASSUME   CS: CODE, DS: DATA
BEGIN:  MOV   AX, DATA
        MOV   DS, AX
        MOV   AL, b
        IMUL  AL
        MOV   BX, AX              ; b * b→BX
        MOV   AL, a
        IMUL  c
        MOV   CX, 4
        IMUL  CX                  ; 4ac→AX
        CMP   BX, AX              ; b * b≥4ac?
        JGE   YES                 ; 满足条件, 转到 YES
        MOV   TAG, 0              ; 不满足条件, 0→TAG
        JMP   EXIT
YES:    MOV   TAG, 1
EXIT:   MOV   AH, 4CH
        INT   21H
CODE   ENDS
        END   BEGIN
```

例 4 – 4 显示两位压缩 BCD 码值(00 ~ 99), 要求不显示前导 0。

本例一方面要排除前导 0 的情况, 另一方面对于全 0 情况又必须显示一个 0, 所以形成了两个双分支结构的程序。

```
DATA   SEGMENT
        BCD   DB   05H           ; 给出一个 BCD 码数据
DATA   ENDS
CODE   SEGMENT
       ASSUME   CS: CODE, DS: DATA
BEGIN:  MOV   AX, DATA
        MOV   DS, AX
        MOV   DL, BCD            ; 取 BCD 码
        TEST  DL, 0FFH           ; 如果这个 BCD 码是 0, 则显示为 0
        JZ    ZERO
        TEST  DL, 0F0H           ; 如果这个 BCD 码高位是 0, 不显示
        JZ    ONE
        MOV   CL, 4              ; BCD 码高位右移为低位
        SHR   DL, CL
        OR    DL, 30H            ; 转换为 ASCⅡ 码
```

```
            MOV     AH, 2              ; 显示
            INT     21H
            MOV     DL, BCD            ; 取 BCD 码
            AND     DL, 0FH            ; BCD 码低位转换为 ASCII 码
ONE:        OR      DL, 30H
            JMP     TWO
ZERO:       MOV     DL, '0'
TWO:        MOV     AH, 2
            INT     21H
CODE        ENDS
            END     BEGIN
```

例 4 - 5 从键盘输入一个字符串,将其中小写字母转换为大写字母,然后原样显示。

要实现小写字母转换为大写字母,首先需要判断字符是否为小写(a ~ z 的 ASCII 码是 61H ~ 7AH),然后转换为大写(A ~ Z 的 ASCII 码是 41H ~ 5AH)。本例采用 DOS 的 0AH 号功能获取字符串,注意实际输入的字符个数在缓冲区的第 2 个字节单元,从第 3 个字节位置开始存放输入字符的 ASCII 码。

```
DATA        SEGMENT
            KEYNUM = 255
            KEYBUF  DB    KEYNUM              ; 定义键盘输入需要的缓冲区
                    DB    0
                    DB    KEYNUM DUP(0)
DATA        ENDS
CODE        SEGMENT
            ASSUME  CS: CODE, DS: DATA
BEGIN:      MOV     AX, DATA
            MOV     DS, AX
            MOV     DX, OFFSET KEYBUF         ; 用 DOS 的 0AH 号功能, 输入一个字符串
            MOV     AH, 0AH
            INT     21H                       ; 用回车结束
            MOV     DL, 0AH                   ; 进行换行, 以便在下一行显示转换后的字符串
            MOV     AH, 2
            INT     21H
            MOV     BX, OFFSET KEYBUF + 1     ; 取出字符串的字符个数
            MOV     CL, [BX]
            MOV     CH, 0                     ; 作为循环的次数
AGAIN:      INC     BX
            MOV     DL, [BX]                  ; 取出一个字符
            CMP     DL, 'a'                   ; 小于小写字母 a, 不需要处理
            JB      DISP
            CMP     DL, 'z'                   ; 大于小写字母 z, 也不需要处理
            JA      DISP
            SUB     DL, 20H                   ; 是小写字母, 则转换为大写
```

```
DISP:    MOV   AH, 2                ; 显示一个字符
         INT   21H
         LOOP  AGAIN                ; 循环, 处理完整个字符串
CODE     ENDS
         END   BEGIN
```

利用单分支和双分支这两个基本结构, 就可以解决程序中多个分支结构的情况。例如, DOS 功能调用利用 AH 指定各个子功能, 我们就可以采用如下程序段, 实现多分支:

```
         OR    AH, AH               ; 等效于 CMP AH, 0
         JZ    FUNCTION0            ; AH = 0, 转向 FUNCTION0
         DEC   AH                   ; 等效于 CMP AH, 1
         JZ    FUNCTION1            ; AH = 1, 转向 FUNCTION1
         DEC   AH                   ; 等效于 CMP AH, 2
         JZ    FUNCTION2            ; AH = 2, 转向 FUNCTION2
         ⋮
```

如果分支较多, 上述方法显得有些繁琐。在实际的多分支程序设计中, 常采用入口地址表的方法实现多分支, 下面通过一个简单示例来说明。

例 4 – 6　利用地址表实现多分支结构。

本例程序从低到高逐位检测一个字节数据, 如为 0 继续, 如为 1 则转移到对应的处理程序段, 该处理程序段要实现的功能是: 从字节 NUMBER 中找出其中位数最低的那个 1, 并显示这是第几位。各个处理程序段的起始地址 (本例只是偏移地址) 顺序存放在数据段的一个地址表中。随着移位检测的进行, 同时记录为 1 的位数, 乘 2 后作为地址表中的正确位移, 利用段内间接寻址的 JMP 转移指令从地址表取出偏移地址, 实现跳转。

```
DATA  SEGMENT
      NUMBER  DB   76H             ; 事先假设的一个数值
      ADDRS   DW   OFFSET FUN0, OFFSET FUN1, OFFSET FUN2, OFFSET FUN3
              DW   OFFSET FUN4, OFFSET FUN5, OFFSET FUN6, OFFSET FUN7
                                   ; 取得各处理程序开始的偏移地址
DATA      ENDS
CODE      SEGMENT
      ASSUME   CS: CODE, DS: DATA
BEGIN:   MOV   AX, DATA
         MOV   DS, AX
         MOV   AL, NUMBER
         MOV   DL, '?'             ; 数值为全 0, 显示一个问号 "?"
         CMP   AL, 0               ; 排除 AL = 0 的特殊情况, 以免陷入死循环
         JZ    DISP
         MOV   BX, 0               ; BX←记录为 1 的位数
AGAIN:   SHR   AL, 1               ; 最低位右移进入 CF
         JC    NEXT                ; 为 1, 转移
         INC   BX                  ; 不为 1, 继续
         JMP   AGAIN
NEXT:    SHL   BX, 1               ; 位数乘以 2 (偏移地址要用 2 个字节单元)
```

```
          JMP    ADDRS[BX]              ;间接转移: IP←[TABLE＋BX]
                                        ;以下是各个处理程序段
   FUN0:  MOV    DL, '0'
          JMP    DISP
   FUN1:  MOV    DL, '1'
          JMP    DISP
   FUN2:  MOV    DL, '2'
          JMP    DISP
   FUN3:  MOV    DL, '3'
          JMP    DISP
   FUN4:  MOV    DL, '4'
          JMP    DISP
   FUN5:  MOV    DL, '5'
          JMP    DISP
   FUN6:  MOV    DL, '6'
          JMP    DISP
   FUN7:  MOV    DL, '7'
          JMP    DISP
          ⋮
   DISP:  MOV    AH, 2
          INT    21H
          MOV    AH, 4CH
          INT    21H
   CODE   ENDS
          END    BEGIN
```

4.2.4　循环程序设计

在程序中,往往要求某一段程序重复执行多次,这时候就可以利用循环程序结构。一个循环结构由以下几部分组成。

(1) 循环体

循环体就是要求重复执行的程序段部分。其中又分为循环工作部分和循环控制部分。循环控制部分每循环一次检查循环结束的条件,当满足条件时就停止循环,往下执行其他程序。

(2) 循环结束条件

在循环程序中必须给出循环结束条件,否则程序就会进入死循环。常见的循环是计数循环,当循环了一定次数后就结束循环。在微型计算机中,常用一个内部寄存器(或寄存器对)作为计数器,通常这个计数器的初值置为循环次数,每循环一次令其减 1,当计数器减为 0 时,就停止循环。也可以将初值置为 0,每循环一次加 1,再与循环次数相比较,若两者相等就停止循环。循环结束条件还可以有很多种。

(3) 循环初始部分

用于循环过程的工作单元,在循环开始时分别给它们赋一个初值。循环初始部分又可以分成两部分，一是循环工作部分的初值，另一是结束条件的初值。例如，要设地址指针，要使某些寄存器清零，或设某些标志等。循环结束条件的初值往往置为循环次数。置初值也是循环程序的重要的一部分，不注意往往容易出错。

1. 用计数器控制循环

计数器控制循环是利用循环次数作为控制条件，它是最简单和典型的循环程序。这种循环程序易于采用循环指令 LOOP 和 JCXZ 实现。只要将循环次数或最大循环次数置入 CX 寄存器，就可以开始循环体，最后用 LOOP 指令对 CX 减 1 并判断是否为 0。

例 4 - 7　用二进制显示从键盘输入的一个字符的 ASCⅡ码。

一个 ASCⅡ码有 8 位，就是循环次数为 8；循环体根据是 0 或 1 分别显示；最后用 LOOP 指令决定是否循环结束。

```
; 代码段
        MOV    AH, 1            ; 从键盘输入一个字符
        INT    21H
        MOV    BL, AL           ; BL←AL 字符的 ASCⅡ码, DOS 功能会改变 AL 内容,
                                ; 故字符 ASCⅡ码存 BL
        MOV    AH, 2
        MOV    DL, ';'          ; 显示一个分号, 用于分隔
        INT    21H
        MOV    CX, 8            ; CX←8(循环次数)
AGAIN:  SHL    BL, 1            ; 左移进 CF, 从高位开始显示
        MOV    DL, 0            ; MOV 指令不改变 CF
        ADC    DL, 30H          ; DL←0 + 30H + CF, CF 若是 0, 则 DL←'0'; 若是 1,
                                ; 则 DL←'1'
        MOV    AH, 2
        INT    21H              ; 显示
        LOOP   AGAIN            ; LCX 减 1, 如果 CX 未减至 0, 则循环
```

例 4 - 8　求数组元素的最大值和最小值。

假设数组 ARRAY 由有符号字量元素组成，其首个字存储单元是数组元素个数。

求最大、最小值的基本方法就是逐个元素比较。由于数组元素个数已知，所以可以采用计数控制循环，每次循环完成一个元素的比较。循环体中包含两个分支程序结构。

```
; 数据段
        ARRAY   DW   10, 500, -80, 100, 600, 496, -237, -888, 666, 543, -369
; 假设一个数组, 其中头个数据 10 表示元素个数
        MAXAY   DW ?            ; 存放最大值
        MINAY   DW ?            ; 存放最小值
; 代码段
        LEA    SI, ARRAY
        MOV    CX, [SI]         ; 取得元素个数
        DEC    CX               ; 减 1 后是循环次数
        ADD    SI, 2
        MOV    AX, [SI]         ; 取出第一个元素给 AX, AX 用于暂存最大值
```

```
                MOV    BX, AX              ; 取出第一个元素给 AX, BX 用于暂存最小值
        MAXCK：
                ADD    SI, 2
                CMP    [SI], AX            ; 与下一个数据比较
                JLE    MINCK
                MOV    AX, [SI]            ; AX 取得更大的数据
                JMP    NEXT
        MINCK：
                CMP    [SI], BX
                JGE    NEXT
                MOV    BX, [SI]            ; BX 取得更小的数据
        NEXT：
                LOOP   MAXCK               ; 计数循环
                MOV    MAXAY, AX           ; 保存最大值
                MOV    MINAY, BX           ; 保存最小值
```

例 4-9　从键盘接受一个十进制个位数 N, 然后显示 N 次问号"?"

"显示 N 次"显然是计数循环。但是为了避免输入 0 的特殊情况, 循环前用 JCXZ 指令进行排除。

```
        ; 代码段
                MOV    AH, 1               ; 接受键盘输入
                INT    21H
                AND    AL, 0FH             ; 只取低 4 位
                XOR    AH, AH
                MOV    CX, AX              ; 作为循环次数
                JCXZ   DONE                ; 次数为 0, 则结束
        AGAIN：
                MOV    DL, '?'             ; 循环体
                MOV    AH, 2
                INT    21H
                LOOP   AGAIN               ; 循环控制
        DONE：
                 ⋮
```

2. 条件控制循环

许多实际的循环应用问题, 其循环控制条件有时比较复杂, 不能用循环次数控制, 需要用转移指令判断循环条件, 这就是所谓的条件控制循环。

转移指令可以指定目的标号来改变程序的运行顺序, 如果目的标号指向一个重复执行的语句体的开始或结束, 实际上便构成了循环控制结构。这时, 程序重复执行该标号的语句至转移指令之间的循环体。事实上, 利用条件转移指令支持的转移条件作为循环控制条件, 可以更方便地构造复杂的循环程序结构; 例如, 循环体中嵌套有循环(多重循环结构), 循环体中具有分支结构, 分支体中采用循环结构。

例 4-10　记录某个字存储单元数据中 1 的个数, 以十进制形式显示结果。

这个问题可以用从高到低(或从低到高)逐位查看的方法解决, 显然这是一个最大循环次

数为 16 的循环程序。但是，当数据逐位移出后，如果数据低位已经是 0 就没有必要再进行下去了，即利用数据是否为 0 的条件控制循环结束。

另一方面，由于每执行一次循环体就要花费一定时间，减少循环次数就可以提高程序执行速度。这是进行程序优化的一个方面。由于需要判断是 1 才进行增量，这通常需要一个分支结构，但本例中利用 ADC 指令的特点，化解了这个分支，这也是程序优化的一个方面。

```
; 数据段
        NUMBER   DW 1010101001100111B   ; 给一个数据
; 代码段
        MOV   BX, NUMBER
        XOR   DL, DL              ; 循环初值：DL←0（用于记录 1 的个数）
AGAIN：
        TEST  BX, 0FFFFH         ; 也可以用 CMP BX, 0
        JZ    DONE               ; 全部是 0 就可以退出循环，减少循环次数
        SHL   BX, 1              ; 用指令 SHR BX, 1 也可以，即左移、右移均可
        ADC   DL, 0              ; 利用 ADC 指令加 CF 的特点进行计数
        JMP   AGAIN
; 以下进行显示，最大值是 16
DONE：  CMP   DL, 10             ; 判断 1 的个数是否小于 10
        JB    DIGIT              ; 1 的个数小于 10，则转换为 ASC Ⅱ 码显示
        PUSH  DX
        MOV   DL, '1'            ; 1 的个数大于或等于 10，则要先显示一个 1
        MOV   AH, 2
        INT   21H
        POP   DX
        SUB   DL, 10
DIGIT： ADD   DL, '0'            ; 显示个位
        MOV   AH, 2
        INT   21H
```

例 4 - 11　现有一个以"0"结尾的字符串，要求剔除其中的空格字符。

这是一个循环次数不定的循环程序结构，显然应该用判断字符是否为 0 作为循环控制条件。循环体判断每个字符，如果不是空格，不予处理，继续循环；是空格，则进行剔除，也就是将后续字符前移一个字符位置，将空格覆盖，这又需要一个循环，循环结束条件仍然用字符是否为 0 进行判断。可见，这是一个双重循环的程序结构。

```
; 数据段
        STRING   DB   'THIS IS A LOOP PROGRAM EXAMPLE!', 0
                                 ; 假设一个字符串
; 代码段
        MOV   AL, ' '            ; AL←空格的 ASC Ⅱ 码值（20H）
        MOV   DI, OFFSET STRING
OUTLP：
        CMP   BYTE PTR[DI], 0    ; 外循环，先判断后循环
        JZ    DONE               ; 为 0 结束
```

```
            CMP    AL, [DI]              ；检测是否是空格
            JNZ    NEXT                 ；不是空格继续循环
            MOV    SI, DI               ；是空格，进入剔除空格分支。该分支是循环程序段
      ；程序段
      INLP：  INC    SI
            MOV    AH, [SI]             ；前移一个位置
            MOV    [SI-1], AH
            CMP    BYTE PTR[SI], 0      ；内循环，先循环后判断
            JNZ    INLP
      NEXT：  INC    DI                   ；继续对后续字符进行判断处理
            JMP    OUTLP
      DONE：  ：
```

为了便于观察程序运行结果，可以将字符串结尾字符改为"＄"，然后用 DOS 的 9 号功能调用进行显示。

3. 多重循环

程序常常在一个循环中包含另一个循环，这就是多重循环，例如，多维数组的运算就要用到多重循环。下面介绍一个延时程序作为多重循环的例子。系统中许多动作是有次序的，而且有一定的时间要求，这就要求延时。执行一条指令是需要时间的(由指令表可以查列指令的执行时间)，由若干条指令形成循环程序就可以形成一定的延时时间，精心选择指令和安排循环次数可以得到所需的延时时间。

下面是一个多重循环的例子(没有精确计算延时时间)：

```
DELAY：  MOV    DX, 3FFH
TIME：   MOV    AX, 0FFFFH
TIME1：  DEC    AX
        NOP
        JNE    TIME1
        DEC    DX
        JNE    TIME
        RET
```

4.2.5　子程序设计

子程序又称过程(Procedure)，CALL 指令和 RET 指令分别实现子程序的调用和返回。调用和返回分为段内操作和段间操作，可通过 NEAR 和 FAR 属性参数来定义，两种操作在堆栈处理时有所不同。

一般来说，有两种类型的程序段适合编成子程序。一种是多次重复使用的，编成子程序可以节省存储空间。另一种是具有通用性、便于共享的，例如键盘管理程序、字符串处理程序等。

对于一个大的程序，为了便于编码和调试，也常常把具有相对独立性的程序段编成子程序。下面说明子程序设计中需要注意的几个问题。

1. 现场的保护与恢复

如果在子程序中要用到某些寄存器或存储单元，为了不破坏原有信息，要将它们的内容

压入堆栈加以保护，这就叫保护工作现场。保护可以在主程序中实现，也可以在子程序中实现。现场恢复是指子程序完成特定功能后弹出压在堆栈中的信息，以恢复到主程序调用子程序时的现场。由于堆栈是后进先出的工作方式，要注意保护与恢复的顺序，即先保护入栈的后恢复，后保护入栈的先恢复。

2. 参数的传递

参数的传递是指主程序与子程序之间相关信息或数据的传递，传递的参数分为入口参数和出口参数。入口参数是主程序调用子程序之前向子程序提供的信息，是主程序传递给子程序的；而出口参数是子程序执行完毕后提供给主程序使用的执行结果，是子程序返回给主程序的。

参数传递的方法一般有三种：用寄存器传送、用参数表传送和用堆栈传送。无论用哪种方法，都要注意主程序与子程序的默契配合，特别要注意参数的先后次序。

（1）用寄存器传递参数

用寄存器传递参数适用于参数个数较少的场合。主程序将子程序执行时所需要的参数放在指定的寄存器中，子程序的执行结果也放在规定的寄存器中。

（2）用参数表传递参数

这种方法适用于参数较多的情况。它是在存储器中专门规定某些单元放入口参数和出口参数，即在内存中建立一个参数表，这种方法有时也称约定单元法。

（3）用堆栈传递参数

该方法适用于参数多并且子程序有多重嵌套或有多次递归调用的情况。主程序将参数压入堆栈，子程序通过堆栈的参数地址取得参数，并在返回时使用"RET n"指令调整 SP 指引，以删除栈中已用过的参数，保证堆栈的正确状态及程序的正确返回。

3. 嵌套与递归

子程序中调用别的子程序称为子程序嵌套，如图 4-4 所示。设计嵌套子程序时要注意正确使用 CALL 和 RET 指令，并注意寄存器的保护和恢复。只要堆栈空间允许，嵌套层次不限。

子程序调用它本身称为递归调用。在图 4-4 中，当子程序1与子程序2是同一个程序时就是递归调用。设计递归子程序的关键是防止出现死循环，注意脱离递归的出口条件。

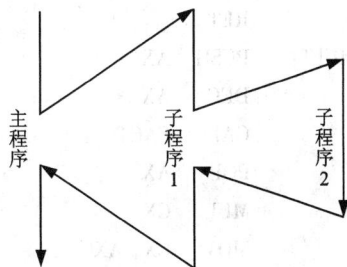

图 4-4　子程序嵌套

下面给出一个包括了子程序嵌套和递归调用的例子。

例 4-12　求一个数的阶乘 n!。n! 定义如下：

$$n! = \begin{cases} 1 & ; n=0, 1 \\ n(n-1)! & ; n>1 \end{cases}$$

求 n! 本身可以设计成一个子程序，由于 n! 是 n 和 (n-1)! 的乘积，而求 (n-1)! 必须递归调用求 n! 子程序，但每次调用所用参数都不相同。因为递归调用过程中，必须保证不破坏以前调用时所用的参数和中间结果，所以通常都把每次调用的参数、中间结果以及子程序中使用的寄存器内容放在堆栈中。此外，递归子程序中还必须含基数的设置，当调用的参数等于基数时则实现递归退出，保证参数依次出栈并返回主程序。求 n! 的具体程序如下：

```
DATA     SEGMENT                          ;数据段
         n  DW  4                         ;定义 n 值
         RESULT  DW ?                     ;结果存于 RESULT 中
DATA     ENDS
STACK    SEGMENT  PARA  STACK 'STACK'     ;堆栈段
         DB   100 DUP(?)
STACK    ENDS
CODE     SEGMENT                          ;代码段
    ASSUME  CS：CODE, DS：DATA, SS：STACK
MAIN     PROC  FAR                        ;主程序
BEGIN：  PUSH  DS
         XOR  AX, AX
         PUSH  AX
         MOV  AX, DATA
         MOV  DS, AX
         MOV  AX, n
         CALL  FACT                       ;调用 n! 递归子程序
         MOV  RESULT, CX
         RET                              ;返回 DOS 系统
MAIN     ENDP
FACT     PROC  NEAR                       ;定义 n! 递归子程序
         CMP  AX, 0
         JNZ  MULT
         MOV  CX, 1                       ;0! ＝1
         RET
MULT：   PUSH  AX
         DEC  AX
         CALL  FACT
         POP  AX
         MUL  CX
         MOV  CX, AX
         RET
FACT     ENDP
CODE     ENDS
         END  BEGIN
```

对于上述递归调用程序,可以分析一下子程序的调用情况和堆栈变化情况。图 4 - 5 画出了递归调用求 4! 时的堆栈变化情况。

4.3　程序设计举例

　　例 4 - 13　接收键盘输入的字符,将其中的小写字母转变为大写字母,存放到输入缓冲区中。遇到回车符表示本次输入结束,^C 表示程序结束。

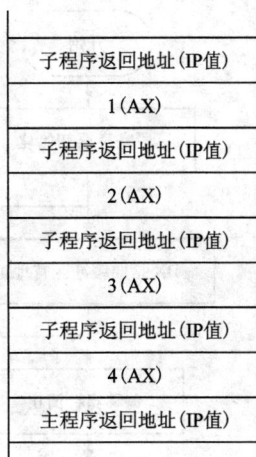

图 4-5 求 4! 时的堆栈变化情况

要求将输入的小写字母转变为大写字母,以回车表示本次输入结束,然后继续下一个字符串的输入,以^C 结束程序。

通过 DOS 功能调用的 01H 号接收的是相应按键的 ASCⅡ码,因此首先要判断输入的字符是否为^C 键,若是则结束程序;否则接着判断是否为回车键,若是则转下一个字符串的输入;若不是回车键,则判断输入的字符是否为小写字母,若是则转换为大写字母,然后把字符存入字符缓冲区,准备接收下一个字符。程序结束前显示转换后的结果。程序流程图如图 4-6 所示。

程序如下:

```
CRLF      MACRO                         ;实现回车换行的宏
          MOV   DL, 0DH
          MOV   AH, 2
          INT   21H
          MOV   DL, 0AH
          INT   21H
          ENDM
; 数据段
DATA      SEGMENT
    BUF   DB   80 DUP (?)
DATA      ENDS
; 代码段
CODE      SEGMENT
    ASSUME   CS: CODE, DS: DATA
BEGIN:    MOV   AX, DATA                ;段寄存器初始化
          MOV   DS, AX
          MOV   ES, AX
          MOV   BX, OFFSET BUF          ;BX 指向缓冲区的首地址
```

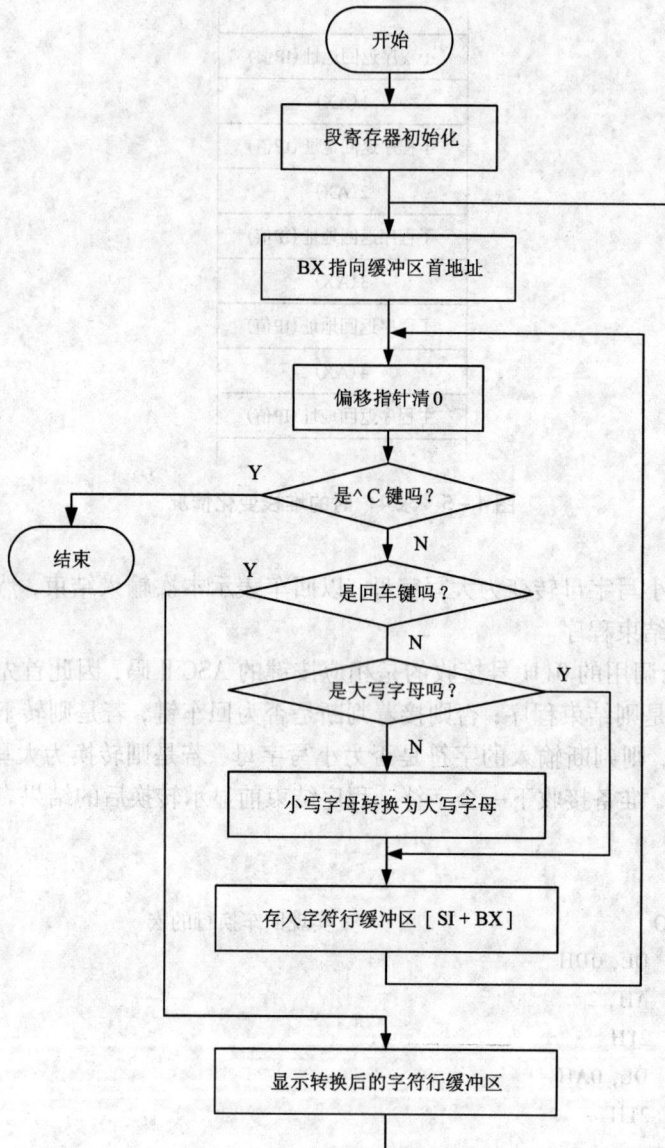

图 4 – 6　键盘处理程序流程图

```
LP:      MOV   SI, 0
LP1:     MOV   AH, 1
         INT   21H                    ; 接收键盘输入
         CMP   AL, 3
         JZ    EXIT                   ; 是 ^C 则退出
         CMP   AL, 0DH
         JZ    NEXT1                  ; 是回车则存储，再在字符串后加" $"，然后显示该行
                                        字符串
         CMP   AL, 61H
```

```
        JB     NEXT                    ;不是小写字母则存盘
        CMP    AL, 7AH
        JA     NEXT                    ;不是小写字母则存盘
        SUB    AL, 20H                 ;变大写
NEXT:   MOV    [BX + SI], AL
        INC    SI
        JMP    LP1
NEXT1:  MOV    [BX + SI], AL           ;存入缓冲区
        MOV    AL, 0AH
        MOV    [BX + SI + 1], AL       ;存入换行符
        MOV    AL, '$'
        MOV    [BX + SI + 2], AL       ;存入"$"
        CRLF                           ;显示回车换行
        MOV    DX, BX
        MOV    AH, 9
        INT    21H                     ;显示本行字符串
        JMP    LP                      ;接着输入下一行
EXIT:   MOV    AH, 4CH
        INT    21H
CODE    ENDS
        END    BEGIN
```

例 4–14　实现十六进制数到十进制数的转换。

任意进制到十进制转换可以按权位展开，但用这种方法编程会遇到一些困难。我们从所学过的指令 AAM 中知道，AAM 指令是对两个非压缩的 BCD 码乘法后产生的十六进制结果进行调整，调整方法就是将乘法结果除 10，其商为十进制数的十位，余数为个位；同理，若除100，其商就是十进制的百位，余数再除 10，其商为十进制数的十位，余数则为个位。

```
STACK   SEGMENT PARA STACK 'STACK'
        DB   100 DUP(?)
STACK   ENDS
CODE    SEGMENT
    ASSUME  CS: CODE, SS: STACK
BEGIN:  MOV    AX, 3FE0H
        MOV    CX, 0                   ;统计除法次数
        MOV    BX, 10
LOP:    MOV    DX, 0                   ;被除数扩展为 32 位
        DIV    BX
        PUSH   DX                      ;将转换好的数存入堆栈
        INC    CX
        OR     AX, AX                  ;转换直到商为 0
        JNZ    LOP
        MOV    AH, 4CH
        INT    21H
```

```
CODE        ENDS
            END    BEGIN
```

例 4 – 15　设计一个判断某一年是否为闰年的程序。运行可执行程序后,从键盘输入具体的年份(4 位十进制数字),按回车键后,可输出本年是否为闰年的提示信息。按任意键后,关闭窗口。

主要考虑键盘的输入、字符串输出、将输入的 ASCⅡ码转换成十进制的数、判断闰年的算法等。

```
DATA        SEGMENT                              ;定义数据段
            INFON  DB 0DH, 0AH, 'PLEASE INPUT A YEAR: $ '
            Y      DB 0DH, 0AH, 'THIS IS A LEAP YEAR! $ '
            N      DB 0DH, 0AH, 'THIS IS NOT A LEAP YEAR! $ '
            W      DW 0                          ;放输入字符串转换成的数字
            BUF    DB 8                          ;最大字符数为 8
                   DB ?                          ;放输入字符的个数
                   DB 8 DUP(?)
DATA        ENDS
STACK       SEGMENT  STACK
            DB      200 DUP(0)
STACK       ENDS
CODE        SEGMENT
            ASSUME  DS: DATA, SS: STACK, CS: CODE
BEGIN:      MOV    AX, DATA
            MOV    DS, AX
            LEA    DX, INFON                     ;在屏幕上显示提示信息
            MOV    AH, 9
            INT    21H
            LEA    DX, BUF                       ;从键盘输入年份字符串
            MOV    AH, 10
            INT    21H
            MOV    CL, [BUF + 1]                 ;取输入字符的个数
            LEA    DI, BUF + 2
            CALL   DATACATE
            CALL   IFYEARS
            JC     A1
            LEA    DX, N
            MOV    AH, 9
            INT    21H
            JMP    EXIT
A1:         LEA    DX, Y
            MOV    AH, 9
            INT    21H
EXIT:       MOV    AH, 4CH
```

```
                INT     21H
DATACATE PROC NEAR
                PUSH    CX
                DEC     CX
                LEA     SI, BUF + 2
TT1:            INC     SI
                LOOP    TT1
                LEA     SI, CX[DI]
                POP     CX
                MOV     DH, 30H
                MOV     BL, 10
                MOV     AX, 1
L1:             PUSH    AX
                SUB     BYTE PTR [SI], DH
                MUL     BYTE PTR [SI]
                ADD     W, AX
                POP     AX
                MUL     BL
                DEC     SI
                LOOP    L1
                RET
DATACATE    ENDP
FYEARS   PROC   NEAR
                PUSH    BX
                PUSH    CX
                PUSH    DX
                MOV     AX, W
                MOV     CX, AX
                MOV     DX, 0
                MOV     BX, 4
                DIV     BX
                CMP     DX, 0
                JNZ     LAB1            ;不能被 4 整除则不是闰年
                MOV     AX, CX
                MOV     BX, 100
                DIV     BX
                CMP     DX, 0
                JNZ     LAB2            ;能被 4 整除,且不能被 100 整除是闰年
                MOV     AX, CX
                MOV     BX, 400
                DIV     BX
                CMP     DX, 0
                JZ      LAB2            ;能被 400 整除是闰年
```

```
LAB1：   CLC
         JMP    LAB3
LAB2：   STC
LAB3：   POP    DX
         POP    CX
         POP    BX
         RET
IFYEARS  ENDP
CODE     ENDS
         END    BEGIN
```

例 4 – 16　设计一个显示系统时间的程序。在 DOS 下运行时，在屏幕的右上角将以"时：分：秒"的形式显示本机系统的时间。

编程序时，要考虑如何利用 BIOS 和 DOS 功能调用来读取系统时间、读取当前光标位置、在屏幕指定位置显示字符、改变光标位置后又恢复原来光标位置、程序驻留内存以及中断驻留程序等。

```
CURSOR   EQU    45H
ATTRIB   EQU    2FH
CODE     SEGMENT
         ASSUME   CS：CODE, DS：DATA
BEGIN：  JMP GO
         OLDCUR  DW ?
         OLD1C    DW 2 DUP(?)
NEWINT1C：
         PUSHF
         CALL   DWORD PTR CS：OLD1C
         PUSH   AX
         PUSH   BX
         PUSH   CX
         PUSH   DX
         XOR    BH, BH
         MOV    AH, 3
         INT    10H
         MOV    CS：OLDCUR, DX
         MOV    AH, 2
         XOR    BH, BH
         MOV    DX, CURSOR
         INT    10H
         MOV    AH, 2                    ；读取系统时钟
         INT    1AH
         PUSH   DX
         PUSH   CX
         POP    BX
```

```
        PUSH    BX
        CALL    SHOWBYTE
        CALL    SHOWCOLON
        POP     BX
        XCHG    BH, BL
        CALL    SHOWBYTE
        CALL    SHOWCOLON
        POP     BX
        CALL    SHOWBYTE
        MOV     DX, CS: OLDCUR
        MOV     AH, 2
        XOR     BH, BH
        INT     10H
        POP     DX
        POP     CX
        POP     BX
        POP     AX
        IRET
SHOWBYTE  PROC  NEAR
        PUSH    BX
        MOV     CL, 4
        MOV     AL, BH
        SHR     AL, CL
        ADD     AL, 30H
        CALL    SHOW
        CALL    CURMOVE
        POP     BX
        MOV     AL, BH
        AND     AL, 0FH
        ADD     AL, 30H
        CALL    SHOW
        CALL    CURMOVE
        RET
SHOWBYTE  ENDP
SHOWCOLON  PROC  NEAR
        MOV     AL, ': '
        CALL    SHOW
        CALL    CURMOVE
        RET
SHOWCOLON  ENDP
CURMOVE  PROC  NEAR
        PUSH    AX
        PUSH    BX
```

```
                PUSH   CX
                PUSH   DX
                MOV    AH, 3
                MOV    BH, 0
                INT    10H
                INC    DL
                MOV    AH, 2
                INT    10H
                POP    DX
                POP    CX
                POP    BX
                POP    AX
                RET
        CURMOVE ENDP
        SHOW    PROC   NEAR
                PUSH   AX
                PUSH   BX
                PUSH   CX
                MOV    AH, 09H
                MOV    BX, ATTRIB
                MOV    CX, 1
                INT    10H
                POP    CX
                POP    BX
                POP    AX
                RET
        SHOW    ENDP
        GO:     PUSH   CS
                POP    DS
                MOV    AX, 351CH         ; 取中断向量
                INT    21H
                MOV    OLD1C, BX         ; 保存原中断向量
                MOV    BX, ES
                MOV    OLD1C + 2, BX
                MOV    DX, OFFSET NEWINT1C   ; 置新的中断向量
                MOV    AX, 251CH
                INT    21H
                MOV    DX, OFFSET GO
                SUB    DX, OFFSET BEGIN
                MOV    CL, 4
                SHR    DX, CL
                ADD    DX, 11H
                MOV    AX, 3100H         ; 结束并驻留
```

```
          INT    21H
CODE    ENDS
          END    BEGIN
```

4.4　汇编语言上机过程

本节将说明汇编语言程序从建立到执行的具体操作方法，以 Microsoft 执行的 MASM5.0 版为基础，如果读者所用的是其他版本，或是 Borland 公司的 TASM，其基本使用方法均相类似，如有问题请查阅有关手册。

4.4.1　汇编语言的工作环境

为运行汇编语言程序至少要在磁盘上建立以下文件：

（1）编辑程序，如：EDIT. EXE

（2）汇编程序，如：MASM. EXE

（3）连接程序，如：LINK. EXE

（4）调试程序，如：DEBUG. COM

必要时，还可建立如 CREF. EXE，EXE2BIN. EXE 等文件。

4.4.2　汇编语言程序的上机步骤

汇编语言程序的上机步骤如下：

（1）用编辑程序建立 . ASM 源文件；

（2）用 MASM 程序把 . ASM 文件汇编成 . OBJ 文件；

（3）用 LINK 程序把 . OBJ 文件连接成 . EXE 文件；

（4）用 DOS 命令直接键入文件名就可执行该程序。

汇编语言程序的建立及汇编过程如图 4 – 7 所示。

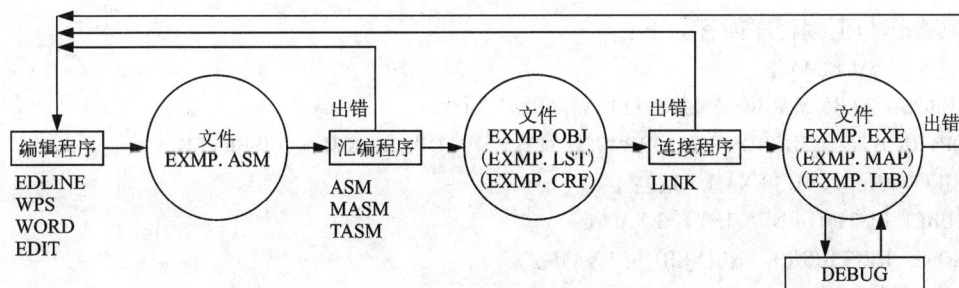

图 4 – 7　汇编语言程序的建立及汇编过程

4.4.3　汇编语言程序运行实例

1. 建立 ASM 文件

例 4 – 17　请把 40 个字母 A 的字符串从源缓冲区传送到目的缓冲区。

程序如下:

```
DATA      SEGMENT
    DATAS  DB   40 DUP('A')
DATA      ENDS
EXTRA     SEGMENT
    DATA   DB   40 DUP(?)
EXTRA     ENDS
CODE      SEGMENT
MAIN      PROC  FAR
    ASSUME   CS: CODE, DS: DATA, ES: EXTRA
BEGIN:    PUSH  DS
          SUB   AX, AX
          PUSH  AX
          MOV   AX, DATA
          MOV   DS, AX
          MOV   AX, EXTRA
          MOV   ES, AX
          LEA   SI, DATAS
          LEA   DI, DATA
          CLD
          MOV   CX, 40
          REP   MOVSB
          RET
MAIN      ENDP
CODE      ENDS
          END   BEGIN
```

2. 用 MASM 程序产生 OBJ 文件

源文件建立后,就要用汇编程序对源文件汇编,汇编后产生二进制的目标文件(OBJ 文件),其操作与汇编程序回答如下:

```
C: \ > MASM EXAM ↙
MICROSOFT(R) MACRO ASSEMBLER VERSION 5.00
COPYRIGHT(C) MICROSOFT CORP 1981—1985, 1987. ALL RIGHTS RESERVED.
OBJECT FILENAME [EXAM. OBJ]: ↙
SOURCE LISTING [NUL. LST]: EXAM ↙
CROSS – REFERENCE [NUL. CRF]: EXAM ↙
        32768 + 447778 BYTES SYMBOL SPACE FREE
                0 WARNING ERRORS
                0 SEVERE ERRORS
```

汇编程序的输入文件是. ASM 文件,其输出文件可以有三个,表示于上列汇编程序回答的第 4～6 行。第一个是 OBJ 文件,这是汇编的主要目的,所以这个文件我们是需要的,对于 [EXAM. OBJ]后的:应回答↙,这样就在磁盘上建立了这一目标文件。第二个是 LIST 文件,称为列表文件。这个文件同时列出源程序和机器语言程序清单,并给出符号表,因而可使程序调试更加方便。这个文件是可有可无的，如果不需要则可对[NUL.LST]：回答↙；如果需要这个文件，则可回答文件名，这里是 EXAM ↙，这样本列表文件 EXAM.LST 就建立起来了。LST 清单的最后部分为段名表和符号表，表中分别给出段名、段的大小及有关属性，以及用户定义的符号名、类型及属性。

到此为止，汇编过程已经完成了。但是，汇编程序还有另一个重要功能，就是可以给出源程序中的错误信息类型：警告错误（WARNING ERRORS）指出汇编程序所认为的一般性错误；严重错误（SEVERE ERRORS）指出汇编程序认为已使汇编程序无法进行正确汇编的错误。如果程序有错，则应重新调用编辑程序修改错误，并重新编译直到编译正确通过为止。当然汇编程序只能指出程序中的语法错误，至于程序的算法或逻辑错误，则应在程序调试时去解决。

3. 用 LINK 程序产生 EXE 文件

汇编程序已产生出二进制的目标文件（OBJ），但 OBJ 文件并不是可执行文件，还必须使用连接程序（LINK）把 OBJ 文件转换为可执行的 EXE 文件。当然，如果一个程序是由多个模块组成时，也应该通过 LINK 把它们连接在一起，操作方法及机器回答如下：

```
C：＼＞LINK EXAM ↙
MICROSOFT(R) OVERLAY LINKER VERSION 3.60
COPYRIGHT(C) MICROSOFT CORP 1983—1987, ALL RIGHTS RESERVED.
RUN FILE [EXAM.EXE]：↙
LIST FILE[NUL.MAP]：EXAM ↙
LIBRARIES[.LIB]：↙
LINK：WARNING L4021：NO STACK SEGMENT
```

LINK 程序有两个输入文件.OBJ 和.LIB。OBJ 是我们需要连接的目标文件，.LIB 则是程序中需要用到的库文件，如无特殊需要，则应对[LIB]：回答↙。LINK 程序有两个输出文件，一个是 EXE 文件，这当然是我们所需要的，应对[EXAM.EXE]：回答↙，这样就在磁盘上建立了该可执行文件。LINK 的另一个输出文件为 MAP 文件，它是连接程序的列表文件，又称为连接映像（Link Map），它给出每个段在存储器中的分配情况。

连接程序给出的无堆栈段的警告性错误并不影响程序的运行，所以，到此为止，连接过程已经结束，可以执行 EXAM 程序了。

4. 程序的执行

在建立了 EXE 文件后，就可以直接从 DOS 执行程序，如下所示：

```
C＞EXAM ↙
C＞
```

程序运行结束并返回 DOS。如果用户程序已直接把结果在终端上显示出来，那么程序已经运行结束，结果也已经得到了。但是，EXAM 程序并未显示出结果，这就要使用调试程序进行分析。常用调试工具软件为 DEBUG，请读者参考相关资料。

5. 生成 .COM 文件

.COM 文件也是一种可执行文件，由程序本身的二进制代码组成，它没有.EXE 文件所具有的包括有关文件信息的标题区（HEADER），所以它占有的存储空间比.EXE 文件要小。.COM 文件不允许分段，它所占有的空间不允许超过 64KB，因而只能用来编制较小的程序。

由于其小而简单,装入速度比.EXE 文件要快。

使用.COM 文件时,程序不分段,其入口点(开始运行的起始点)必须是100H(其前的256 个字节为程序段前缀所在地),且不必设置堆栈段。在程序装入时,由系统自动把 SP 建立在该段之末。对于所有的过程则应定义为 NEAR。

用户可以通过操作系统下的 EXE2BIN 程序来建立.COM 文件,操作方法如下:

C:\>EXE2BIN　FILENAME　FILENAME.COM ↙

请读者注意上行中的第一个 FILENAME 给出了已形成的.EXE 文件的文件名,但不必给出文件扩展名。第二个 FILENAME 即为所要求的.COM 文件的文件名,它必须带有文件扩展名.COM,这样就形成了所要的 .COM 文件。

此外,COM 文件还可以直接在调试程序 DEBUG 中用 A 或 E 命令建立,对于一些短小的程序,这也是一种相当简便的方法。

习题 4

4.1　编写程序,从键盘接收一个小写字母,然后找出它的前导字符和后续字符,再按顺序显示这三个字符。

4.2　试编写一程序,要求比较两个字符串 STRING1 和 STRING2 所含字符是否相同,若相同则显示"MATCH",若不相同则显示"NO MATCH"。

4.3　将 AX 寄存器中的16 位数分成4 组,每组4 位,然后把这四组数分别放在 AL、BL、CL 和 DL 中。

4.4　编写一个程序,统计寄存器 AX 中二进制数位"0"的个数,结果以二位十进制数形式显示到屏幕上。

4.5　在以 BUF 为首地址的字缓冲区中有3 个无符号数,编程将这3 个数按升序排列,结果存回原缓冲区。

4.6　编制程序完成 12H, 23H, F3H, 6AH, 20H, FEH, 10H, C8H, 25H 和 34H 共10 个无符号字节数据之和,并将结果存入字变量 SUM 中。

4.7　编制一个程序,把字变量 X 和 Y 中数值较大者存入 MAX 字单元;若两者相等,则把 -1 存入 MAX 中。假设变量存放的是有符号数。

4.8　试编制一个汇编语言程序,求出首地址为 DATA 的 100D 字数组中的最小偶数,并把它存放在 AX 中。

4.9　试编写一汇编语言程序,要求从键盘接收一个四位的十六进制数,并在终端上显示与它等值的二进制数。

4.10　在 DAT 字节单元中有一个有符号数,判断其正负,若为正数,则在屏幕上显示" +"号;若为负数,则显示" -"号;若是 0,则显示0。

4.11　编程求 1~200 中所有奇数的和,结果以十六进制数形式显示到屏幕上。

4.12　在以 DAT 为首地址的字节缓冲区中存有 100H 个无符号字节数据,编程求其最大值与最小值之和,结果存入 RESULT 字单元。

4.13　在以 STRG 为首地址的缓冲区中有一组字符串,长度为100,编程实现将其中所有的英文小写字母转换成大写字母,其他的不变。

4.14　从键盘输入一系列以 $ 为结束符的字符串，然后对其中的非数字字符计数，并显示出计数结果。

4.15　数据段中已定义了一个有 n 个字数据的数组 M，试编写一程序求出 M 中绝对值最大的数，把它放在数据段的 M + 2n 单元中，并将该数的偏移地址存放在 M + 2(n + 1) 单元中。

4.16　已定义了两个整数变量 A 和 B，试编写程序完成下列功能：

（1）若两个数中有一个是奇数，则将奇数存入 A 中，偶数存入 B 中；

（2）若两个数均为奇数，则将两数均加 1 后存回原变量；

（3）若两个数均为偶数，则两个变量均不改变。

4.17　从键盘输入一系列字符（以回车符结束），并按字母、数字及其他字符分类计数，最后显示出这三类的计数结果。

4.18　在以 DAT 为首地址的内存中有 100 个无符号数（数的长度为字），编程统计其中奇数的个数，结果以十进制形式显示到屏幕上。要求分别用子程序完成奇数个数统计，用宏完成十进制数显示。

4.19　在以 STRG 为首地址的缓冲区中有一组字符串，长度为 100，编程实现将其中所有的英文小写字母转换成大写字母，其他的不变。

4.20　假设已编制好 5 个歌曲程序，它们的段地址和偏移地址存放在数据段的跳跃表 SINGLIST 中。试编制一程序，根据从键盘输入的歌曲编号 1 ~ 5，转去执行五个歌曲程序中的某一个。

第 5 章　半导体存储器

半导体存储器具有存取速度快、集成度高、体积小、功耗低、应用方便等优点，目前已被广泛地采用组成微型计算机的内存储器。本章介绍半导体存储器的基本知识，重点讲述典型的半导体存储器芯片及其与微处理器的接口技术，并讨论高速缓冲存储器的基本工作原理及其应用。

5.1　存储器的一般概念和分类

计算机要根据已编制的程序，对数据和信息自动快速地进行运算和处理，就必须把指令、数据和运算中的结果放在计算机内部。存储器就是计算机中存储计算程序、原始数据及中间结果的设备，按其在计算机系统中的位置可分成两大类。

第一类是内部存储器，又叫主存储器，简称内存，用来存放当前正在运行的程序和数据，由半导体存储器构成，是计算机的主要组成部分之一。相对于外部存储器而言，内存容量较小，但存取速率较快，具有与 CPU 较相匹配的速率，超高速存储器的存取时间小于 20 ns。同时其容量大小也是衡量计算机性能的主要指标，当前主流的内存容量配置超过 2 GB 以上。

第二类是外部存储器，是辅助存储器，简称外存，种类较多，如硬盘、光盘、U 盘及各种存储卡等。用来存放当前暂不参加运行的程序和数据，以及某些需要永久保存的信息。CPU不能直接运行放在外存的程序，必须先把外存的程序数据调入内存后，CPU 才可使用相应的数据和程序。外存在系统中相当于一个外设，需要配备专门的 I/O 接口装置，才可完成对外存的读写操作。例如对硬盘配有专用的硬盘驱动器，光盘要配光盘驱动器，U 盘要配 USB 驱动器等。本章主要介绍内部存储器。

5.1.1　存储器的分类

按照制造工艺以及存取方式的不同，可以分成不同的类别。

1. 按制造工艺分类

按制造工艺的不同，半导体存储器可以分为双极型和金属氧化物半导体型两类。

（1）双极型

双极型由 TTL 晶体管逻辑电路构成，在微机系统中常用作高速缓存器（Cache）。此类存储器件的特点是工作速度快，与 CPU 处在同一量级；但集成度较低、功耗较大、价格偏高。

（2）金属氧化物半导体型

金属氧化物半导体型又称 MOS 型，在微机系统中主要用来构造内存。该存储器根据制造工艺，可分为 NMOS、HMOS、CMOS、CHMOS 等，可用来制作多种半导体存储器件，如静态 RAM、动态 RAM、EPROM 等。该类存储器的特点是集成度高、功耗低、价格便宜，但速度较双极型器件慢。

2. 按存取方式分类

如图 5 - 1 所示，按照存取方式，半导体存储器可以分为随机存取存储器 RAM(Random Access Memory)和只读存储器 ROM(Read Only Memory)两大类。

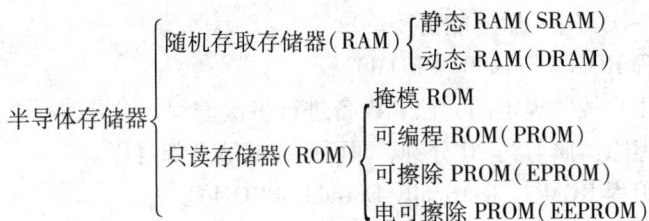

半导体存储器
- 随机存取存储器(RAM)
  - 静态 RAM(SRAM)
  - 动态 RAM(DRAM)
- 只读存储器(ROM)
  - 掩模 ROM
  - 可编程 ROM(PROM)
  - 可擦除 PROM(EPROM)
  - 电可擦除 PROM(EEPROM)

图 5 - 1　半导体存储器分类

(1)随机存取存储器 RAM

随机存取存储器即 CPU 在运行过程中能随时进行数据的读出和写入。RAM 中存放的信息在关闭电源时会全部丢失，因此，RAM 只能用来存放暂时性的输入/输出数据、中间运算结果和用户程序，也常用它来与外存交换信息或用作堆栈。通常人们所说的微机内存容量就是指 RAM 存储器的容量。根据 RAM 存储器存储信息电路原理的不同，RAM 又可分为静态 RAM 和动态 RAM。

①静态 RAM(Static RAM, SRAM)

其基本存储结构一般由 MOS 晶体管触发器组成，每个触发器可存放 1 位二进制数。只要不断电，所存信息就不会丢失。因此，SRAM 工作速度快、稳定可靠，不需要外加刷新电路，使用方便。但其基本存储电路所需的晶体管多，因此集成度较低，功耗也较大。一般常用作微机系统的高速缓冲存储器(Cache)。

②动态 RAM(Dynamic RAM, DRAM)

其基本存储结构是以 MOS 晶体管的栅极和衬底间的电容来存储二进制信息。由于电容存在电荷泄漏，会导致 DRAM 内存储的信息丢失。因此，为维持 DRAM 所存储的信息，需要定时进行刷新。DRAM 的特点是集成度高、成本低、功耗少、需要外加刷新电路。工作速度比 SRAM 慢，一般常用作微机系统中的内存储器。

为了提高 DRAM 的存取速度，已有新型的同步动态随机存储器，简称 SDRAM(Synchronous Dynamic RAM)，被广泛作为计算机的内存和显存类型，在 DRAM 中集成了一个同步控制逻辑电路，利用单一的系统时钟同步所有的地址数据和控制信号，这样避免了不必要的等待周期，减少数据存取时间，同时简化了接口电路的设计。

(2)只读存储器 ROM

ROM 是指写入信息后，在程序运行中只能读出而不能写入的固定存储器。断电后，ROM 中存储的信息也仍然会保留不变，所以，ROM 是非易失性存储器。在微机系统中常用 ROM 来存放固定的程序和数据，如监控程序、操作系统中的 BIOS、BASIC 解释程序或用户需要固化的程序。

按照构成 ROM 内部结构的不同，ROM 可分为掩模 ROM、PROM、EPROM、EEPROM。

①掩模 ROM

利用掩模工艺制造，由存储器生产厂家根据用户要求进行编程，一经制作完成就不能更改其内容。因此，只适合于存储成熟的固定程序和数据。

②可编程 ROM（Programable ROM）

该存储器在出厂时是空白存储器，使用时由用户根据需要，利用特殊的方法写入程序和数据。但只能写入一次，写入后不能更改。

③可擦除可编程 ROM（Erasable PROM）

该存储器允许用户按照规定的方法和设备进行多次编程，如果编程之后需要修改，可用紫外线灯等制作的擦除器照射约 20 分钟，即可使存储器全部复原。

④电可擦除可编程 ROM（Electrically Erasable PROM）

EEPROM 可按字节为单位进行擦除和改写，而不像 EPROM 那样整体地擦除。擦除时不需要把芯片从用户系统中取下来用编程器编程，可以在用户系统中进行改写。

⑤闪速存储器（Flash Memory）

随着电子技术的不断发展，目前常用的还有新一代可擦除 ROM——闪速存储器（即 Flash ROM），简称为闪存。这种存储器相对于 EEPROM 而言，使用更加方便，可以用电气方法更快速擦写存储单元的内容，其集成度高于 DRAM，且成本比较低，已得到广泛的应用。

几种常用存储器的应用场合见表 5-1。

表 5-1　几种存储器的主要应用

存储器	应用
SRAM	Cache
DRAM	计算机主存储器
ROM	固定程序，微程序控制存储器
PROM	用户自编程序，用于工业控制机或电器中
EPROM	用户编写并可修改程序或测试程序
EEPROM	IC 卡上存储信息
Flash Memory	固态磁盘，IC 卡

5.1.2　存储器的主要性能指标

半导体存储器的主要技术指标包括：存储容量、存取速度、功耗、可靠性、性价比。

1. 存储容量

对于制造商，一般用总的位容量来描述存储容量，如某存储芯片的容量是 512 M 位。对于用户，一般用"存储单元数×每个单元的存储位数"来表示容量，如某存储芯片的容量 128 KB，即表示该芯片有 128×1024 个存储单元，每个存储单元是一个字节（即 8 个二进制位），存储单元数决定了每片片内地址线的数目，位数决定了每片片外的数据线的数目。在设计存储系统时，选用单片容量较大的存储芯片，不仅可减小电路板的面积，而且还可使系统工作更加可靠，简化译码、驱动电路。

2. 存取速度

一般可以用下面的两个参数来描述存取速度：

(1) 存取时间 (Access Time)。用 T_A 表示，指从存取命令发出到操作完成所经历的时间。

(2) 存取周期 (Access Cycle)。用 T_{AC} 表示，指两次存储器访问所允许的最小时间间隔。因为该时间包括了数据存取的准备和稳定时间，所以，T_{AC} 比 T_A 稍大。该参数常常表示为读周期 T_{RC} 或写周期 T_{WC}，而 T_{AC} 是它们的统称。

在微机系统中，存储器的存取速度必须和 CPU 的总线时序相匹配。一般来说，CPU 的工作速度要比存储器的快。如果存储器的存取速度跟不上 CPU 的时序，就要在 CPU 的总线周期中插入等待周期，以延长 CPU 的读写操作时间，导致 CPU 工作效率降低。

3. 功耗

存储器的功耗是指它在正常工作时所消耗的电功率。该功率由“维持功率”和“操作功率”两部分组成。“维持功率”是指存储芯片未被选中工作时所消耗的电能；“操作功率”是指存储芯片被选中工作时所消耗的电能。一般来讲，半导体存储器的功耗与其存取速度有关，速度越快功耗越大。CMOS 能够很好地满足低功耗要求，但 CMOS 器件容量较小，并且速度慢。高密度金属氧化物半导体 HMOS 技术制造的存储器件在速度、功耗、器件容量方面得到了很好的折中。

4. 可靠性

为保证各种操作的正确运行，必须要求存储器系统具有很高的可靠性。可靠性要求是指对电磁场及温度变化的抗干扰性。存储器的可靠性用平均故障间隔时间 (MTBF, Mean Time Between Failures) 来衡量，MTBF 越长，可靠性越高，内存储器常采用纠错编码技术来延长 MTBF 以提高可靠性。

5. 性能价格比

性能价格比是一项综合性指标，性能主要包括上述四项指标：存储容量、存储速度、功耗和可靠性。对不同用途的存储器有不同的要求，有的存储器要求存储容量大，选择芯片时就以存储容量为主，有的存储器如高速缓冲器，则要求以存储速度为主。因此，在满足性能要求的情况下，尽量选择价格便宜的芯片。

5.1.3　半导体存储器的基本结构

如图 5-2 所示，半导体存储器由地址寄存器、译码驱动电路、存储体、读/写驱动电路、数据寄存器、控制逻辑等 6 部分组成。

1. 存储体

基本存储电路是组成存储器的基础和核心，它用于存放 1 位二进制信息 1 或 0。若干记忆单元 (或称基本存储电路) 组成一个存储单元，一个存储单元一般存储一个字节二进制信息，存储体是存储单元的集合体。

2. 译码驱动电路

为了区分存储体中的具体存储单元，必须对它们逐一进行编号，此编号为对应存储单元的地址。为了对某指定存储单元寻址，计算机中采用地址译码来实现，包含译码器和驱动器

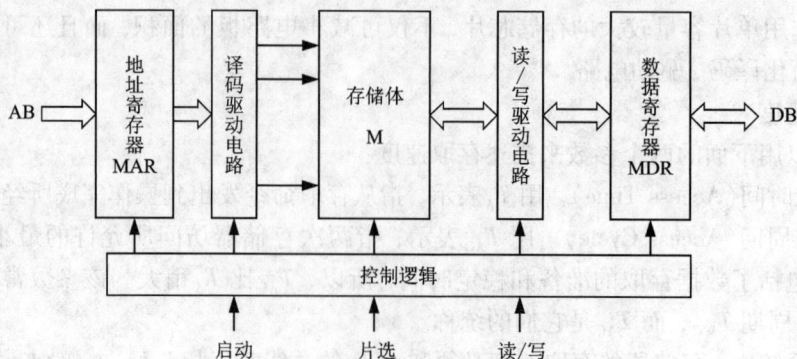

图 5 - 2　半导体存储器的结构

两部分。译码器的功能是实现多选一，即对于某一个输入的地址码，输出线上有唯一一个高电平(或低电平)与之对应，当 CPU 启动一次存储器读操作时，先将地址码由 CPU 通过地址线送入地址寄存器 MAR，然后使控制线中的读信号线 READ 线有效，MAR 中地址码经过译码后选中该地址对应的存储单元，并通过读/写驱动电路，将选中单元的数据送往数据寄存器 MDR，然后通过数据总线读入 CPU。

3. 地址寄存器 MAR

地址寄存器存放 CPU 访问存储单元的地址，经译码驱动后指向相应的存储单元。通常微型计算机中，访问地址由地址锁存器提供。

4. 读/写驱动电路

读/写驱动电路包括读出放大器、写入电路和读/写控制电路，用以完成对被选中单元中数据的读出或写入操作。存储器的读/写操作是在 CPU 的控制下进行的，只有当接收到来自 CPU 的读/写命令后，才能实现正确的读/写操作。

5. 数据寄存器 MDR

数据寄存器用于暂时存放从存储单元读出的数据，或从 CPU 或 I/O 端口送出的要写入存储器的数据。暂存的目的是为了协调 CPU 和存储器之间在速度上的差异，故又称之为存储器数据缓冲器。

6. 控制逻辑

控制逻辑接收来自 CPU 的启动、片选、读/写及清除命令，经控制电路综合和处理后，产生一组时序信号来控制存储器的读/写操作。

5.2　随机存储器(RAM)

随机存储器 RAM 可分为静态 RAM(SRAM)和动态 RAM(DRAM)两大类。

5.2.1　静态随机存储器(SRAM)

1. 基本存储电路

基本存储电路是组成存储器的基础和核心，用以存储一位二进制信息：0 或 1，基本存储电路六管静态存储电路如图 5 - 3 所示，其中图 5 - 3(a)为六管 NMOS 存储单元，图 5 - 3(b)

为六管 CMOS 存储单元。

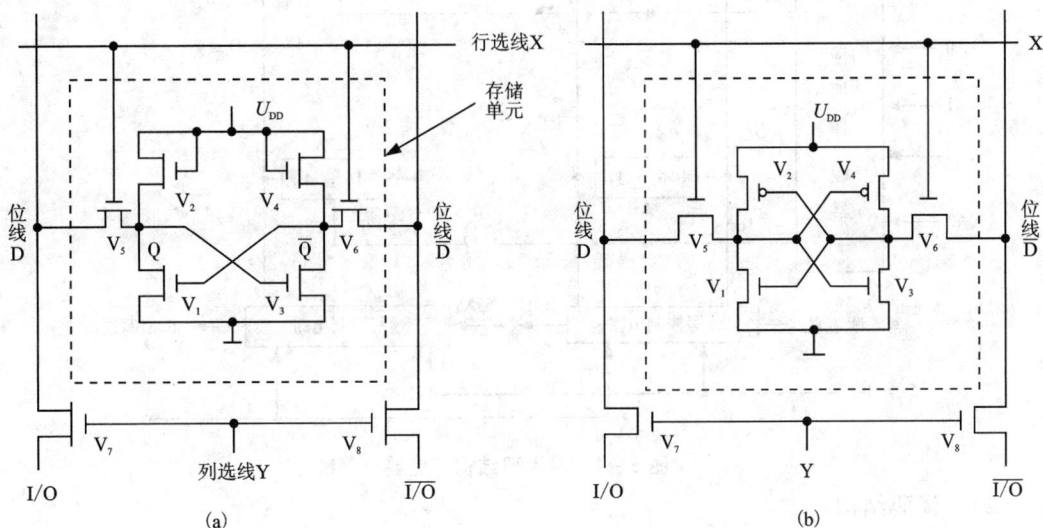

图 5 – 3　六管 SRAM 静态随机存储器结构图

图 5 – 3(a)中，V_1 和 V_3 交叉耦合构成 RS 触发器，用来存储信息。V_2 和 V_4 分别是 V_1 和 V_3 的负载管，V_5、V_6 与 V_7、V_8 用作开关管，它们分别进行 X 行地址线选择和 Y 行地址线控制。

当行选线 X = 1 时，V_5、V_6 导通，触发器 Q、$\overline{Q}$ 分别与位线 D、$\overline{D}$ 接通；当行选线 X = 0 时，V_5、V_6 截止，触发器与位线断开。

当列选线 Y = 1 时，V_7、V_8 导通，位线 D、$\overline{D}$ 分别与 I/O、$\overline{I/O}$ 线接通；当列选线 Y = 0 时，V_7、V_8 截止，位线与 I/O 线断开。

读出操作时，行选线 X 和列选线 Y 同时为"1"，则存储信息 Q、$\overline{Q}$ 被读到 I/O、$\overline{I/O}$ 线上；写入信息时，X、Y 线也必须都为"1"，同时要将写入的信息加到 I/O 线上，经反相后 $\overline{I/O}$ 线上有其相反的信息，经 V_7、V_8 和 V_5、V_6 加到触发器的 Q、$\overline{Q}$ 端，也就是 V_1 和 V_3 的栅极，从而使触发器被触发，即信息被写入。

当写入信号和地址选择信号消失后，$V_5 \sim V_8$ 截止，只要不掉电，靠 RS 触发器的正反馈就能保持写入的信息，而不用刷新。

由于 CMOS 电路的低耗电性，目前大容量的静态 RAM 几乎都采用了 CMOS 存储单元，其单元电路如图 5 – 3(b)所示。CMOS 存储单元电路的结构形式与工作原理与 NMOS 相似，不同之处是图 5 – 3(b)中，两个负载管 V_2 和 V_4 改用了 P 沟道增强型 MOS 管（栅极上有小圆圈），而 V_1 和 V_3 采用 N 沟道 MOS 管。

2. 译码结构

(1)单译码结构

在单译码结构中，芯片仅有一个行地址译码器，字(单元)线选择某个字的所有位，如图 5 – 4 所示，它是一个 16 字 4 位的存储体，共有 64 个基本电路，排成 16 行 × 4 列，每一行对应一个单元，每一列对应一位，每一行的选择线是公共的。

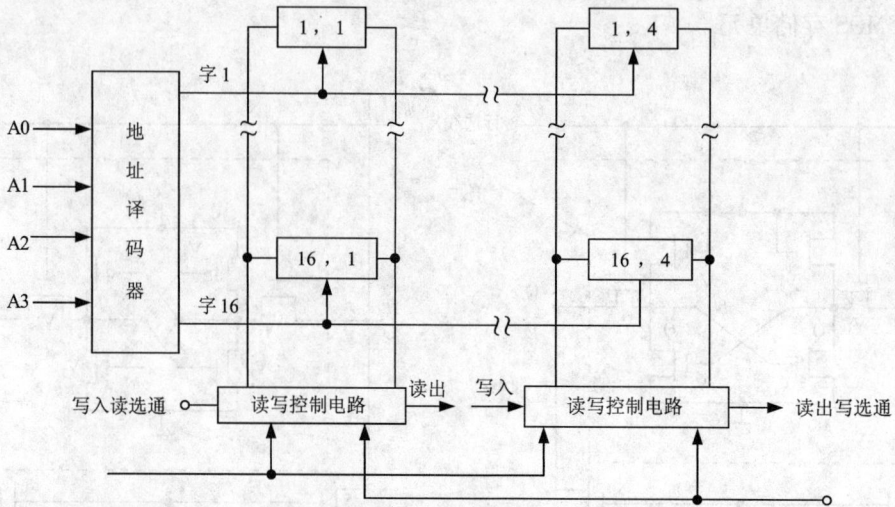

图 5 – 4 单译码结构存储器

（2）双译码结构

图 5 – 5 所示为容量 128 × 8 位双译码结构原理图。

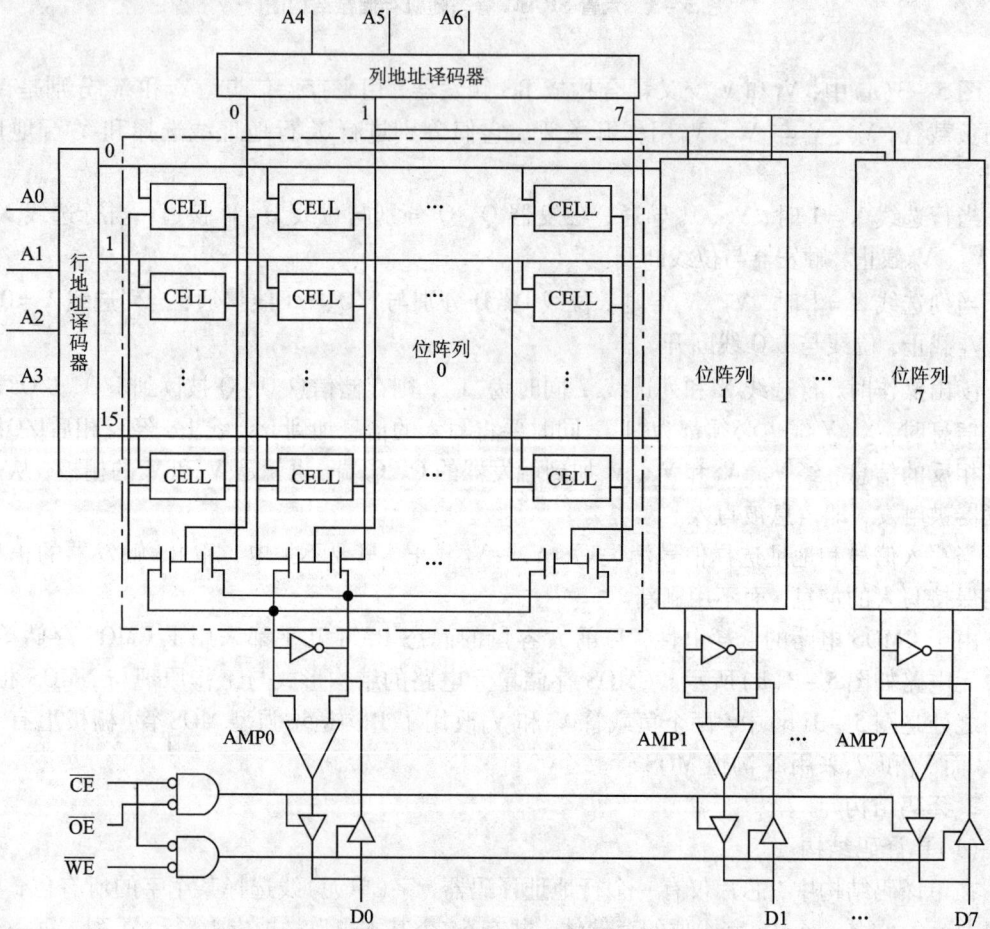

图 5 – 5 双译码结构

存储器芯片包含着 8 个位阵列，每个位阵列包含着 128 个存储单元，按 16 位 8 列形式排列。其中，8 个位阵列共用行地址和列地址译码器。其读写控制逻辑包含着两个门电路和八个双向三态缓冲器。地址线分成两组，行地址译码器对 A0 ~ A3 译码，选中 16 行中的一行；列地址译码器对 A4 ~ A6 译码，选中 8 列中的一列，每一个位阵列中被选中的行、列交叉元素按位读出或者写入，对整个芯片实现了对被选中的存储单元 8 位数据读或写。

采用双译码结构可以减少译码输出线及译码驱动电路，提高芯片集成度。例如，若存储器芯片有 8 根地址线，采用单译码结构的译码输出线为 $2^8 = 256$ 根，而采用双译码结构的行列译码输出线仅为 $2^4 + 2^4 = 32$ 根。

3. 典型的 SRAM6116 芯片

由 Intel 公司生产的典型 SRAM 芯片有 6116(2KB)，6264(8KB)，62256(32KB) 等，它们的引脚信号功能及操作方式基本相同，下面以 6116 为例简单介绍。

6116 芯片采用 24 脚 DIP 封装，采用 CMOS 工艺制造，如图 5 - 6 所示，容量为 2K × 8 位，有 11 根地址线 A11 ~ A0 和 8 根数据线 D7 ~ D0。操作方式由 $\overline{WE}$，$\overline{OE}$，$\overline{CE}$ 的共同作用决定，见表 5 - 2。

表 5 - 2　6116 的工作方式选择表

操作方式	$\overline{CE}$	$\overline{WE}$	$\overline{OE}$	D0 ~ D7
读出	0	1	0	数据输出
保持	1	×	×	高阻
写入	0	0	×	数据输入

①写入：当 $\overline{CE}$ 和 $\overline{WE}$ 为低电平时，数据输入缓冲器打开，数据由数据线 D7 ~ D0 写入被选中的存储单元。

②读出：当 $\overline{CE}$ 和 $\overline{OE}$ 为低电平，且 $\overline{WE}$ 为高电平时，数据输出缓冲器选通，被选中单元的数据送到数据线 D7 ~ D0 上。

③保持：当 $\overline{CE}$ 为高电平、$\overline{WE}$ 和 $\overline{OE}$ 为任意时，芯片未被选中，处于保持状态，数据线呈现高阻状态。

5.2.2　动态随机存储器(DRAM)

动态随机存储器(DRAM)是利用 MOS 单管电路与其分布电容构成一个基本存储电路(存储元素)，因此 DRAM 具有集成度高、速率快、功耗小、价格低等特点，在微型计算机中得到广泛使用。动态 RAM 将引入芯片地址，分成行地址和列地址，内部有锁存逻辑，行地址和列地址共享外部引脚，封装占有较小的空间。但是，由于电容中的电荷易于泄漏，为保持信息不丢失，DRAM 构成存储器系统时，还需要专门的动态刷新电路。DRAM 一般用于大容量的存储器系统中，为了简化硬件结构，有的公司把刷新电路集成到 DRAM 内部，从而简化了硬件设计。

1. 基本存储单元电路

单管动态 RAM 的基本存储单元电路如图 5-7 所示，由 MOS 晶体管 T_1、T_2 和一个电容 C_s 组成。

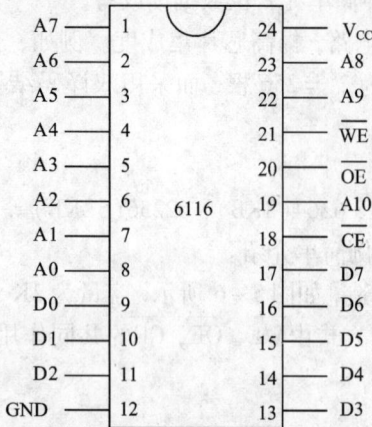

A7 — 1	24 — V_{CC}
A6 — 2	23 — A8
A5 — 3	22 — A9
A4 — 4	21 — $\overline{WE}$
A3 — 5	20 — $\overline{OE}$
A2 — 6　6116	19 — A10
A1 — 7	18 — $\overline{CE}$
A0 — 8	17 — D7
D0 — 9	16 — D6
D1 — 10	15 — D5
D2 — 11	14 — D4
GND — 12	13 — D3

图 5-6　SRAM 芯片 6116 引脚图

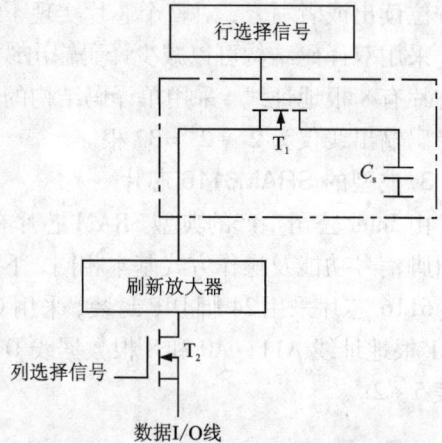

图 5-7　DRAM 单管基本存储电路

写入时，行、列选择线信号为 1。行选管 T_1 导通，该存储单元被选中，若写入 1，则经数据线 I/O 送来的写入信号为高电平，经刷新放大器和 T_2 管(列选管)向 C_s 充电，C_s 上有电荷，表示写入了 1；若写入 0，则数据线 I/O 上为 0，C_s 经 T_1 管放电，C_s 上便无电荷，表示写入了 0。

读出时，先对行地址译码，产生行选择信号(为高电平)。该行选择信号使本行上所有基本存储单元电路中的 T_1 管均导通，由于刷新放大器具有很高的灵敏度和放大倍数，并且能够将从电容上读取的电流信号折合为逻辑 0 或逻辑 1。若此时列地址产生列选择信号，则行和列均被选通的基本存储电路得以驱动，从而读出数据送入数据线 I/O。

2. 典型的 DRAM 2164 芯片

2164 芯片的容量为 64 K × 1 位，即片内有 65536 个存储单元，每个单元只有 1 位数据，因此用 8 片才能构成 64 KB 存储器。这种存储器芯片的引脚与 SRAM 不同，要予以注意，其引脚如图 5-8 所示。

A0 ~ A7 是地址输入线。2164 是 64 K × 1 位芯片，如果寻址 64 K 个基本存储电路，则必须使用 16 根地址线来译码。为了减少引脚数目、封装面积及简化工艺，设计者把地址线分为行地址线和列地址

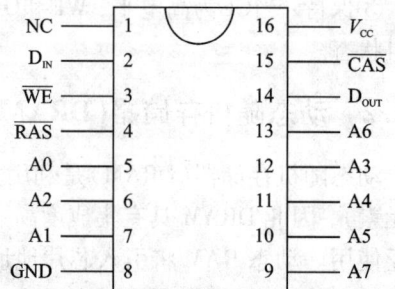

NC — 1	16 — V_{CC}
D_{IN} — 2	15 — $\overline{CAS}$
$\overline{WE}$ — 3	14 — D_{OUT}
$\overline{RAS}$ — 4	13 — A6
A0 — 5	12 — A3
A2 — 6	11 — A4
A1 — 7	10 — A5
GND — 8	9 — A7

图 5-8　DRAM 芯片 2164 引脚图

线，且分时传送到芯片内部，在芯片内部有一个 16 位地址锁存器保存 16 位地址。即外部地址信息分两次传送，第一次由行地址选通信号 $\overline{RAS} = 0$，先把送来的 8 位地址送至行地址锁存器，第二次利用列地址选通信号 $\overline{CAS}$，把后送来的 8 位地址送到列地址锁存器。因此外部地址线仅用 8 根 A7 ~ A0 地址线来完成 16 位地址的传送。

NC 是空脚。

D_{IN} 是数据输入线，当 CPU 写入数据时，数据由此引脚写入 DRAM 芯片内部。

D_{OUT} 是数据输出线，当 CPU 读出数据时，数据由此引脚输出到数据总线上。

$\overline{WE}$ 是写允许信号，低电平有效。

$\overline{RAS}$ 是行地址选通信号，低电平有效。

$\overline{CAS}$ 是列地址选通信号，低电平有效。

2164 芯片没有片选控制端，实际是使用行选择$\overline{RAS}$和列选择$\overline{CAS}$作为片选信号。当$\overline{RAS}$ =0 时，地址线 A7 ~ A0 传送地址的低 8 位，并传入内部行地址锁存器。当$\overline{CAS}$ =0 时，A7 ~ A0 把地址的高 8 位传送到内部列地址锁存器。行、列地址译码，选中某一个基本单元，可读出或者写入 1 位二进制信息。其内部译码结构如图 5 - 9 所示，译码器 1 为 7/128 译码器，多路选择器 2 为 128 选 1 多路选择器，多路选择器 3 为 4 选 1 多路选择器。

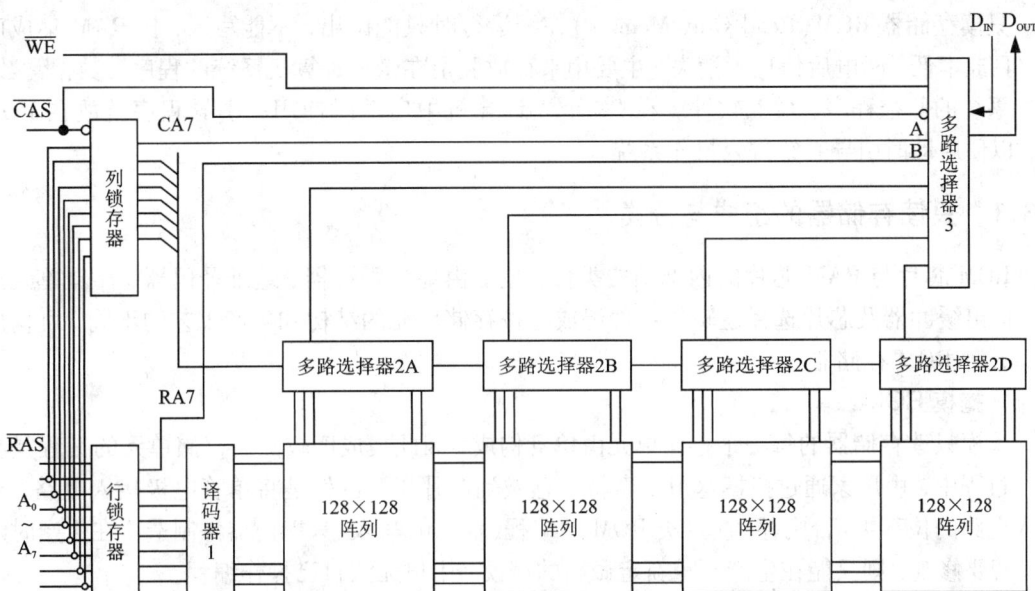

图 5 - 9   2164 内部译码结构图

5.2.3   常用内存条

把组成存储器的存储芯片、电容、电阻等元器件焊接组装在一小条印制电路板上形成内存条，也称为内存模块。当 CPU 在工作时，需要从硬盘等外部存储器上读取数据，但由于硬盘这个"仓库"太大，加上离 CPU 也很"远"，运输"原料"数据的速度就比较慢，导致 CPU 的生产效率大打折扣。为了解决这个问题，人们便在 CPU 与外部存储器之间，建了一个"小仓库"——内存条。它是连接 CPU 和其他设备的通道，起到缓冲和数据交换作用。

根据内存条上的引脚多少，我们可以把内存条分为 30 线、72 线、168 线、184 线等几种。30 线与 72 线的内存条又称为单列存储器模块 SIMM（Single IN - Line Memory Modules），就是一种两侧金手指都提供相同信号的内存结构，目前已经很少用。168 线以上的内存条又称为双列存储器模块 DIMM(Dual IN – Line Memory Modules),两侧金手指提供信号不同,它还可以提供 64 位的有效数据位和 8 位奇偶校验位,单条容量有 128 MB、256 MB、512 MB、1 GB、2 GB、4 GB 等,目前微机的主流内存配置一般都在 2 GB 及以上。

现在,一种新型的内存条使用越来越广泛,这种新型的存储器在同步动态读写存储器 SDRAM 的基础上,采用延时锁定环技术提供数据选通信号,对数据进行精确定位,在时钟信号上升沿与下降沿各传输一次数据,这使得它的数据传输速度为传统 SDRAM 的两倍。由于仅多采用了下降沿信号,因此并不会造成能耗增加。至于定址与控制信号则与传统 SDRAM 相同,仅在时钟上升沿传输。简称 DDR SDRAM(Dual Date Rate SDRAM),也就是"双倍速率 SDRAM"的意思。目前已经发展到 DDR2(Double Data Rate 2) SDRAM 和 DDR3 代。

5.3　只读存储器(ROM)

只读存储器 ROM(Read Only Memory)在线运行时只能读出,不能写入,比 RAM 集成度高,且成本低,断电后信息不消失,主要用来存放驻留在微型计算机系统的程序及数据常数。例如系统的监控程序、系统软件。在 PC 个人计算机中启动时使用的引导程序就放在 ROM 中,以便启动时引导系统进入操作系统。

5.3.1　只读存储器的组成与分类

ROM 芯片与 RAM 芯片的内部结构类似,主要由地址寄存器、地址译码器、存储单元矩阵、输出缓冲器及芯片选择逻辑等部件组成。按存储单元的结构和生产工艺的不同,可构成下面几种 ROM 存储器。

1. 掩模 ROM

掩模只读存储器的每一个存储单元由单管构成,因此集成度较高。存储单元的编程是在生产过程中,由厂家通过掩模这道工序将信息做到芯片里,也就是将单管电极接入电路,未接入电路的位存 1,否则存 0。这类 ROM 的编程(信息的写入)只能由器件制造厂在生产时定型,若要修改,则只能在生产厂重新定做新的掩模,用户无法自己操作编程。

如图 5 – 10 所示是一个简单的 4×4 位的掩模 ROM,两位地址输入,经译码后,输出 4 条选择线,每一条选中一个字。

2. 可擦除可编程 ROM(EPROM)

可擦除可编程只读存储器(EPROM)芯片常用浮栅型 MOS 管作存储单元。新出厂的"干净"EPROM 每位均为 1 状态。对 EPROM 的编程是用电信号控制将有关位由原来的 1 改写为 0 的过程;对 EPROM 的擦除过程则是用紫外光照射,即用高能光子将浮栅上的电子驱逐出去,使其返回基片,相应位由原来的 0 变为 1 状态。

由于紫外光通过 EPROM 的石英窗口对整个芯片的所有单元都发生作用,所以一次擦除便使整个芯片恢复为全 1 状态,部分擦除是不行的。

对 EPROM 的擦除和写入都有专用设备,写入之前应确保芯片是"干净"的,即为全 1 状态。EPROM 写入器(或称编程器)一般可对多种型号的 EPROM 芯片进行写入。通过读写芯片的识别码来确认该使用什么样的编程脉冲和编程电压。写入器由软件和硬件两部分组成,常与计算机配套工作。硬件包括一块插入主机内的写入卡和一个可以引出机箱外的芯片插

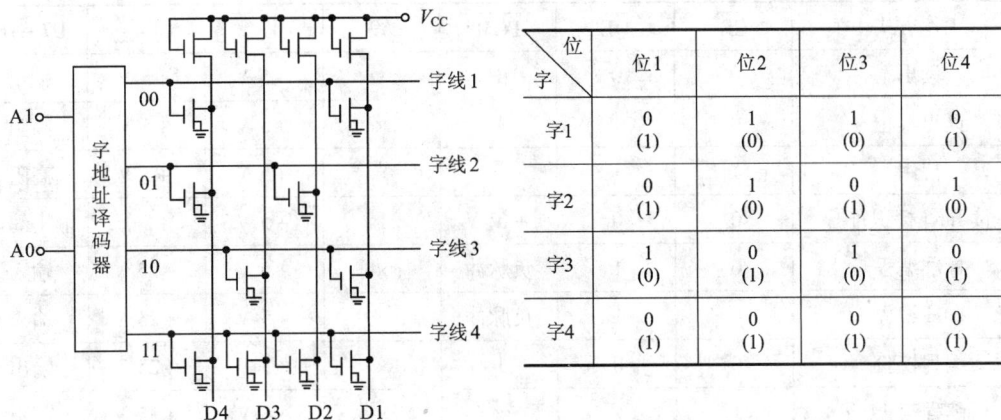

图 5－10　4×4 位掩模 ROM 图

座。在写入软件的控制下，将数据写入到 EPROM 芯片中。EPROM 擦除器由紫外线灯和定时器组成。将需要擦除的芯片放在紫外线灯下照射 15 min 左右便可擦除干净。

3. 电可擦除可编程 ROM(EEPROM)

前面介绍的紫外光擦除的 EPROM，在使用时，需从电路板上拔下，在专用紫外线擦除器中擦除，因此操作起来较麻烦。一块芯片经多次拔插之后，可能会使外部管脚损坏。另外，EPROM 可被擦除后重写的次数也是有限的，一块芯片的使用时间往往不太长。

电可擦除可编程只读存储器(E^2PROM)是一种不用从电路板上拔下，而在线直接用电信号进行擦除的 EPROM 芯片。对其进行的编程也是在线操作，因此它的改写步骤简单。其他性能与 EPROM 类似。目前 EEPROM 已在片内集成了需要的所有外围电路，包括数据锁存缓冲器和地址锁存器、擦除和写操作脉冲定时、编程电压的形成，以及电源上电和掉电数据写保护电路等。

5.3.2　典型的 EPROM 芯片 2764

Intel 芯片 2764 的容量为 8 K×8 位，采用 NMOS 工艺制造，读出时间 200～450 ns，DIP 封装，为 28 个引脚，如图 5—11 所示。它有 13 根地址线 A12～A0，8 条数据线 D7～D0 及电源 V_{CC} 和编程电源 V_{PP}；并有一个编程控制端$\overline{PGM}$：编程时，该引脚需加较宽的负脉冲；正常读出时，该引脚应无效。另外，2764 还有一个片选端$\overline{CE}$和一个输出控制端$\overline{OE}$，有效时，分别选中芯片和允许芯片输出数据。

2764 共有 8 种工作方式，见表 5－3，前 4 种要求 V_{PP} 接 +5 V，为正常工作状态；后 4 种要求 V_{PP} 接 +25 V，为编程状态。对比 Intel 2716，2764 增加了两种工作方式。

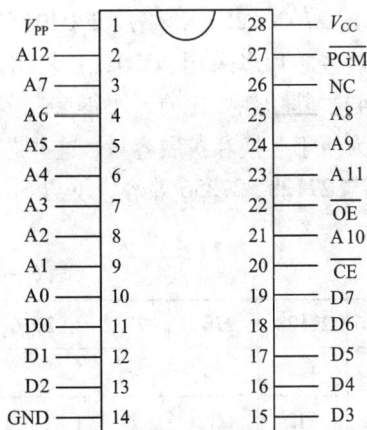

图 5－11　芯片 2764 引脚图

表 5 – 3 2764 的功能表

工作方式	$\overline{CE}$	$\overline{OE}$	$\overline{PGM}$	A9	V_{CC}	V_{PP}	D7 ~ D0
读出	0	0	1	×	+5 V	+5 V	输出
读出禁止	0	1	1	×	+5 V	+5 V	高阻
待用	1	×	×	×	+5 V	+5 V	高阻
读 Intel 标识符	0	0	+12 V	1	+5 V	+5 V	输出编码
标准编程	0	1	负脉冲	×	+5 V	+25 V	输入
Intel 编程	0	1	负脉冲	×	+5 V	+25 V	输入
编程校验	0	0	1	×	+5 V	+25 V	输出
编程禁止	1	×	×	×	+5 V	+25 V	高阻

(1)读 Intel 标识符方式——当 V_{CC} 和 V_{PP} 接 +5 V、$\overline{PGM}$ 接 +12 V、$\overline{CE}$ 和 $\overline{OE}$ 均有效、且 A9 引脚为高电平时,可从芯片中顺序读出两个字节的编码。编码的低字节(在 A0 = 0 时读取)为制造厂商代码,高字节(在 A0 = 1 时读取)为器件代码。

(2)Intel 编程方式——这是由 Intel 推荐的一种快速编程方式。在标准编程方式下,对每个单元的编程写入,均需向 $\overline{PGM}$ 提供 50 ms 宽的负脉冲。而 Intel 编程方法是:对每个要写入的存储单元,在地址、数据就绪的前提下,向 $\overline{PGM}$ 重复送 1 ms 宽的编程负脉冲,每送一个脉冲随即进行一次校验;若读出与写入相同,说明此时数据已经写入。随后,为保证可靠写入,可再向 $\overline{PGM}$ 送 $4 \times N$ 宽度的脉冲来加以巩固;N 是此前已向 $\overline{PGM}$ 送进的 1 ms 编程负脉冲个数。若 $N = 15$ 时仍不能读到正确的校验数据,则说明该单元已经损坏。

在 EPROM 芯片的编程中,请注意不同厂家和类型的 EPROM 芯片所要求的 V_{PP} 可能不同。有的为 +25 V,有的为 +12 V,而新的 EPROM 芯片可能只要求 +5 V,因为片内已安排有电压提升电路。此外,给 V_{PP} 加电时,用户不应插拔 EPROM 芯片。

Intel 公司的 EPROM 芯片以 27 系列为代表,例如:2716(2 K×8)、2732(4 K×8)、2764(8 K×8)、27128(16 K×8)、27256(32 K×8)、27512(64 K×8);容量更大的,如 27010(128 K×8)、27020(256 K×8)、27040(512 K×8)、27080(1 M×8)等。

这些芯片多采用 NMOS 工艺制造;若采用 CMOS 工艺(常在其名称中加一个"C",如 27C64),其功耗要比前者小得多,多用于便携式仪器场合。

为便于互换和扩展容量,这些芯片的工作方式和外部引脚类似,如表 5 – 4 所示。例如 2764 与 27128、27256 兼容,还与 SRAM 芯片 6264 也兼容。

表 5 – 4 Intel 27×× EPROM 引脚

27256	27128	2764	2732	2716	引脚	引脚	2716	2732	2764	27128	27256
V_{PP}	V_{PP}	V_{PP}			1	28			V_{CC}	V_{CC}	V_{CC}
A12	A12	A12			2	27			$\overline{PGM}$	$\overline{PGM}$	A14
A7	A7	A7	A7	A7	3	26	V_{CC}	V_{CC}	NC	A13	A13

续表 5 - 4

27256	27128	2764	2732	2716	引脚	引脚	2716	2732	2764	27128	27256
A6	A6	A6	A6	A6	4	25	A8	A8	A8	A8	A8
A5	A5	A5	A5	A5	5	24	A9	A9	A9	A9	A9
A4	A4	A4	A4	A4	6	23	V_{PP}	A11	A11	A11	A11
A3	A3	A3	A3	A3	7	22	$\overline{OE}$	$\overline{OE}/V_{PP}$	$\overline{OE}$	$\overline{OE}$	$\overline{OE}$
A2	A2	A2	A2	A2	8	21	A10	A10	A10	A10	A10
A1	A1	A1	A1	A1	9	20	$\overline{OE}$	$\overline{OE}$	$\overline{OE}$	$\overline{OE}$	$\overline{OE}$
A0	A0	A0	A0	A0	10	19	D7	D7	D7	D7	D7
D0	D0	D0	D0	D0	11	18	D6	D6	D6	D6	D6
D1	D1	D1	D1	D1	12	17	D5	D5	D5	D5	D5
D2	D2	D2	D2	D2	13	16	D4	D4	D4	D4	D4
GND	GND	GND	GND	GND	14	15	D3	D3	D3	D3	D3

5.3.3 快闪存储器(FLASH)

快闪存储器(Flash EPROM)是电子可擦除可编程只读存储器(EEPROM)的一种形式。快闪存储器允许在操作中多次擦或写,并具有非易失性,即单指保存数据而言,它并不需要耗电。快闪存储器和传统的 EEPROM 不同在于它是以较大区块进行数据抹擦,而传统的 EEPROM 只能进行擦除和重写单个存储位置。这就使得快闪在写入大量数据时具有显著的优势。

闪存具有较快的读取速度,其读取时间小于 100 ns,这个速度可以和主存储器相比。但是由于它的写入操作比较复杂,花费时间较长。而与硬盘相比,闪存的动态抗震能力更强,因此它非常适合用于移动设备上,如笔记本电脑、相机和手机等。闪存的一个典型应用 U 盘已经成为计算机系统之间传输数据的流行手段。

5.4 微机系统中的高速缓冲存储器

5.4.1 Cache 概述

现代计算机的运行速率不断提高,就存储器子系统而言,除了器件本身的性能改进之外,还要归功于高速缓冲存储器(Cache)技术的应用。1967 年首次提出并于 1969 年在 IBM 360/80 计算机中得以实现。现在这一个技术已经广泛应用于大、中、小型计算机和微型计算机系统中。Cache 通常用与 CPU 同样的半导体材料制成,速率一般比主存高 5 倍左右。由于其高速而高价,故容量通常较小,仅用来保存主存中最经常用到的一部分内容的副本。利用一级 Cache,可使存储器的存取速率提高 4 至 10 倍。当速率差更大时,可采用多级 Cache,如目前 CPU 同内存条之间一般有两级 Cache,称之为 L1 Cache 和 L2 Cache。L1 Cache 集成在

CPU 芯片内,时钟周期与 CPU 相同;L2 Cache 通常封装在 CPU 芯片之外,采用静态 RAM 芯片,时钟周期比 CPU 慢一半以上。就容量而言,L2 Cache 的容量通常比 L1 Cache 大一个数量级以上。Cache 在系统的位置如图 5 - 12 所示。

5.4.2　Cache 的组成和结构

1. Cache 的组成

微机系统中的 Cache 通常由 SRAM、Tag RAM 和 Cache 控制器三个模块组成,如图 5 - 13 所示。

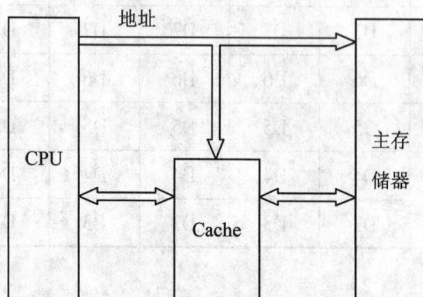

图 5 - 12　Cache 在系统中的位置

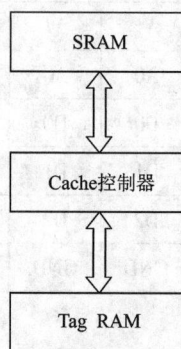

图 5 - 13　Cache 的组成示意图

　　这三个模块可以集成在一个或多个芯片上。Cache 预先将主存中的数据分成若干行,每次从内存中取一行数据写入 SRAM 中存放起来。也就是说,SRAM 中的数据是按行存储的,它的容量即为整个 Cache 的容量,每行通常为 8 个(或 16 个、32 个)字节。Tag RAM 简称 TRAM,由一小块 SRAM 组成,用来保存 Cache 行中所存数据在主存中的地址,以便当微处理器执行一次读操作时,Cache 可以判断微处理器所要访问的行地址 Cache 是否包含,这一过程常称为窥视(Snoop)。Cache 控制器用来执行窥视和捆绑操作,判定 Cache 是否命中,并执行写策略,修改 SRAM 及 TRAM 中的内容。所谓捆绑操作,是指 Cache 从主存储器的数据行取得指令信息或数据信息,以便对 Cache 内容进行修改,使其保持与主存相应行内容一致。

2. Cache 的结构

　　Cache 结构的特点体现在两方面:读结构和写策略。读结构包括旁视(Look Aside)Cache 和通视(Look Through)Cache 两种。写策略包含写通(Write - Through)策略和回写(Write - Back)策略两种方式,而通常在读结构中也包含写策略。

　　(1)读结构

　　旁视 Cache 结构如图 5 - 14 所示。其特点是 Cache 与主存并接到系统接口上,二者能同时监视 CPU 的一个总线周期,所以称 Cache 具有旁视特性。当微处理器启动一个读周期,Cache 便将 CPU 发出的寻址信息与其内部每个数据行的地址比较,如果 CPU 发出的寻址信息包含在 Cache 中,数据信息便从 Cache 中读出。否则,主存将响应 CPU 发出的读周期,读出所寻址数据行的数据信息,经系统数据总线送往 CPU。与此同时,Cache 将捆绑该来自主存的数据行,以便微处理器下次寻址该数据行时 Cache 能命中。然而,若其他的总线控制设备正在访问主存储器,则旁视 Cache 不能被微处理器访问。

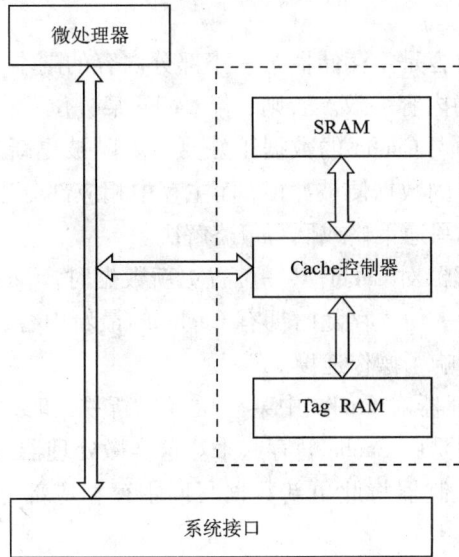

图 5 – 14　旁视 Cache 的结构

通视 Cache 的结构如图 5 – 15 所示。其特点是主存储器接到系统接口上，Cache 部件位于微处理器和主存储器之间，微处理器发出的读总线周期在到达主存储器之前必先经过 Cache 监视，所以称 Cache 具有通视特性。当微处理器启动一次读总线周期时，若 Cache 命中，便不需要访问主存。否则，Cache 会将该读总线周期经系统接口传至主存，由主存来响应微处理器的读请求。同时，Cache 也将捆绑从主存读出的数据行，以便微处理器下次访问该数据行时，Cache 能命中。

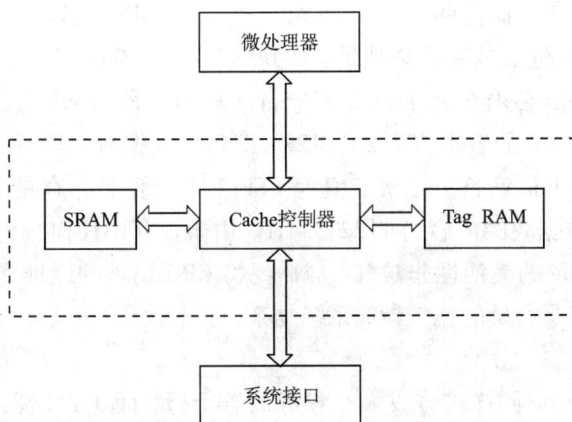

图 5 – 15　通视 Cache 的结构

当系统总线的主控设备访问内存时，微处理器依然能访问通视 Cache，只有当 Cache 未命中时，才需要等待。这时主存必须在 Cache 检查完未命中后，才能响应 CPU 的读周期。所以通视 Cache 的工作效率比旁视 Cache 高，但其电路结构要复杂些。

（2）写策略

由于 Cache 中所保存内容是主存储器某一小部分内容的副本，实际运行时应保持 Cache 中的内容与主存相应部分的内容一致。否则，若 Cache 某一位置内容更新后，未能及时更新主存相应部分，则稍后新写入 Cache 的数据正好要写入刚被更新过的 Cache 某位置。这样，刚被更新过的 Cache 某位置的数据便被冲掉，而主存中相应部分也未保存该数据，这种情况是不希望发生的，为此采用写通策略或回写策略解决。

写通策略是指当微处理器对 Cache 某一位置更新数据时，Cache 控制器随即将这一更新数据写入主存的相应位置上，使主存随时拥有 Cache 的最新内容，操作简单明了，但对主存写操作的总线周期频繁，影响了操作速度。

回写策略是指当微处理器对 Cache 中某一位置更新数据时，该更新的数据并不立即由 CPU 写入主存相应位置，而是由 Cache 暂存起来。这样微处理器可继续执行其他操作，同时系统总线空闲时由 Cache 控制器将此更新数据写回主存相应部分，系统的工作效率高，但 Cache 的复杂程度也提高。

5.4.3　Cache 的地址映像功能

地址映像是指内存储器和 Cache 间的位置对应关系，通常有三种方式：全关联映像（Associative Mapping）方式、直接映像（Direct Mapping）方式和组相联映像（Set Associative Mapping）方式，其中组相联映像方式应用最广。

1.　全关联映像

全关联映像 Cache 中，主存与 Cache 都被划分成大小相等的行。主存的任何行可以存储到 Cache 的任何行中，而 Cache 的任何行也能存储到主存的任一行中。作为例子，图 5 - 16 示出全关联映像 Cache 的具体结构。图中高速缓存共有 128 个数据块，每个数据块有 4 个字节，称为一个数据行。主存储器的容量为 16MB，被分成 4M 个数据块，每个数据块的起始地址为 4 的倍数，且为 24 位二进制数全地址，如 000000H、000004H 等。为表明 Cache 行中存储的是主存中的哪一行，必须在其 TRAM 相应行的标签字段写入该数据行在主存中的全地址。为此，Cache 中 TRAM 的容量应为 24 * 128，即每个数据行对应一个 24 位的标签值。例如 Cache 中第一行（图中最底部）的标签值为 FFFFF8H，表明它存的是主存中起始地址为 FFFFF8H 的数据，该数据块的内容为 11223344H。由于主存中任何行可存储到 Cache 中任意行的位置，全关联 Cache 的灵活性非常好，但需要将 CPU 请求的地址和 Cache 的 TRAM 中全部标签值进行比较，需要大量的比较器，系统复杂，成本较高。

2.　直接映像

在直接映像中，Cache 同样被分成大小相等的若干行，而主存储器则分成大小相同的若干页，每页的大小与 Cache 的容量相等。然后每一页又和 Cache 一样分成若干行，每行的大小也和 Cache 行一样，如图 5 - 16 所示。Cache 行中只保存主存中与其行号相同的特定行，例如主存某页的第 1 行必须保存 Cache 中的第 1 行等。因而直接映像 Cache 的结构最简单，每次微处理器访问存储器时，由于行号固定，Cache 只要作一次地址比较即可，但由于 Cache 的行号与主存每页的行号一一对应，使得这种 Cache 的灵活性较差。

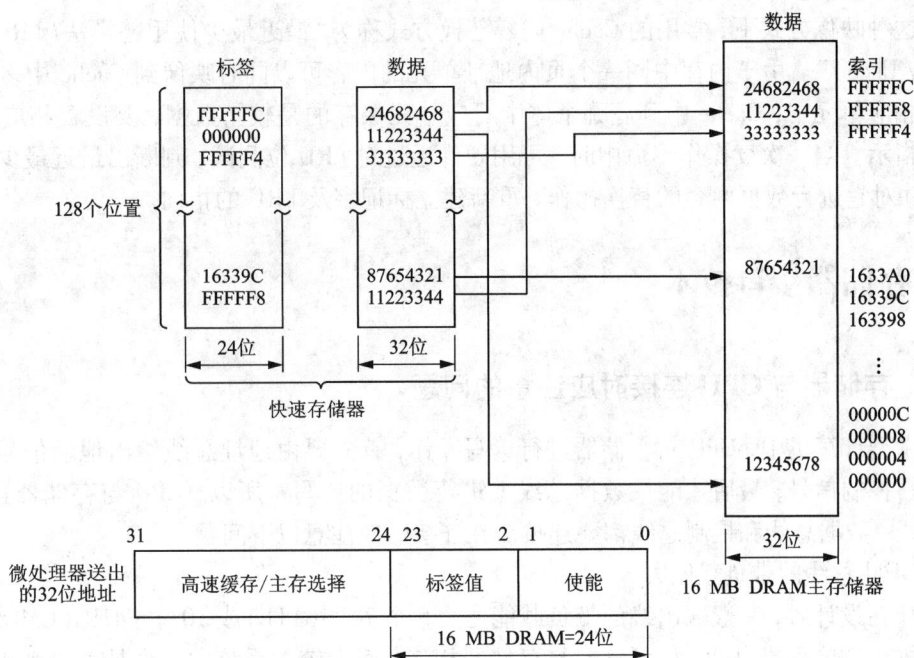

图 5-16　全关联 Cache 实例结构

3. 组相联映像

组相联映像是把 Cache 存储器的数据存储部分分成若干个体，多分为 2 个体或 4 个体，且内存储器的页与 Cache 的体大小相等。这样具有相同页面地址的内存单元，可以映像到多个 Cache 存储体的相应单元里，构成了 N 路(一路相当于一个 Cache 体)相联映像方式。显然，Cache 的容量越大，分的体数越多，页冲突越少，CPU 访问的命中率也越高，但这会使 Cache 的控制和相应电路较复杂。当 Cache 的体数为 1 时，即为直接映像方式。

5.4.4　Cache 内容的替换

Cache 存储器通常由两部分组成，即数据存储部分和标记存储部分。数据存储部分又分 1～N 个体。每个存储体的大小及字宽与内存一页的单元数和字宽相同。标记存储部分的大小与数据存储部分相对应，宽度应包含内存的页面地址和描述数据存储部分状态的标志。

1. 直接映像方式的 Cache 内容替换

若 CPU 执行一次读操作命中，则 Cache 命中单元所存数据内容及其标记字均保持不变。若 CPU 执行一次读操作未命中，则 CPU 便直接访问内存，将内存数据读入 CPU 的同时，也写入 Cache 中，并修改标记，以便对 Cache 内容进行替换。若 CPU 执行一次写操作命中，Cache 与内存单元内容同时修改，但标记内容不变。若 CPU 执行一次写操作未命中，一方面要同时修改 Cache 与内存单元内容，另一方面还要修改 Cache 中对应的标记，使其与被写入的内存单元的页面地址相等。

2. N 路相联映像的 Cache 内容替换

在这种映像方式下,常用的 Cache 内容替换方式称为"最近最少使用替换法(LRU, Least Recently Used)"。由于内存中同一个页内地址单元的内容可以同时映像到 Cache 中多个不同体中的相应单元中,Cache 中到底哪个体中对应单元保存的是较新数据,要设置相应的 LRU 位加以指示。当一次读操作不命中时,可用硬件通过对 LRU 位测试,判断出最近最少使用的单元,并对它进行数据内容的替换操作,重新建立标记字及 LRU 的指向。

5.5 存储器接口技术

5.5.1 存储器与 CPU 连接时应注意的问题

在微型计算机中,CPU 对存储器进行读写操作,首先要由地址总线给出地址信号,然后发出读写控制信号,最后才能在数据总线上进行数据的读写。所以,CPU 与存储器连接时,地址总线、数据总线和控制总线都要连接。在连接时应注意以下问题。

1. CPU 总线的带负载能力

CPU 在设计时,一般输出线的带负载能力为 5 个 74LS(TTL)或 10 个 74HC(CMOS)逻辑器件。故在简单系统中,CPU 可直接与存储器相连,而在较大系统中,数据线和地址、控制线要分别加双向总线驱动器(如 74LS245)和单向驱动器(如 74LS244)与存储器相连。

2. CPU 时序与存储器存取速度的配合

CPU 的取指周期和对存储器读写都有固定的时序,由此决定了对存储器存取速度的要求。具体地说,CPU 对存储器进行读操作时,CPU 发出地址和读命令后,存储器必须在限定时间内给出有效数据。而当 CPU 对存储器进行写操作时,存储器必须在写脉冲规定的时间内将数据写入指定存储单元,否则就无法保证迅速准确地传送数据。

3. 地址分配和存储器组织

在各种微型计算机系统中,字长有 8 位、16 位、32 位或 64 位之分,可是存储器均以字节为基本存储单元,如欲存储 1 个 16 位或 32 位数据,就要放在连续的几个内存单元中,这种存储器称为"字节编址结构"。80286、80386CPU 是把 16 位或 32 位数的低字节放在低地址(偶地址)存储单元中。此外,内存又分为 ROM 区和 RAM 区,而 RAM 区又分为系统区和用户区,所以内存地址分配是一个重要问题,要合理分配地址空间。一般 ROM 的存储空间安排在高端地址区,而 RAM 的存储空间安排在低端地址区。

若要组成一定容量的存储器空间,必须考虑以下三个方面的问题:

(1)位数扩充

对于存储器的数据线不满 8 位,需要扩充成字节长度构成一个存储单元是 8 位存储器,简称位数扩充,采用位并联的方法。例如用 2 K×1b 的芯片组成为 2 KB 的存储器,如图 5 - 17 所示。芯片的数据线分别接 CPU 数据总线的各位,而各芯片的地址线和控制线并联连接到 CPU 的地址总线及控制线上。此时,构成的存储器每个存储单元的 8 位二进制信息分别存放于八个不同的存储芯片中。对存储器进行读写操作时,八个存储芯片同时读、同时写,每个芯片仅提供 1 位的二进制数,八片提供 8 位二进制信息,即一个存储单元的内容。

(2)字节扩充

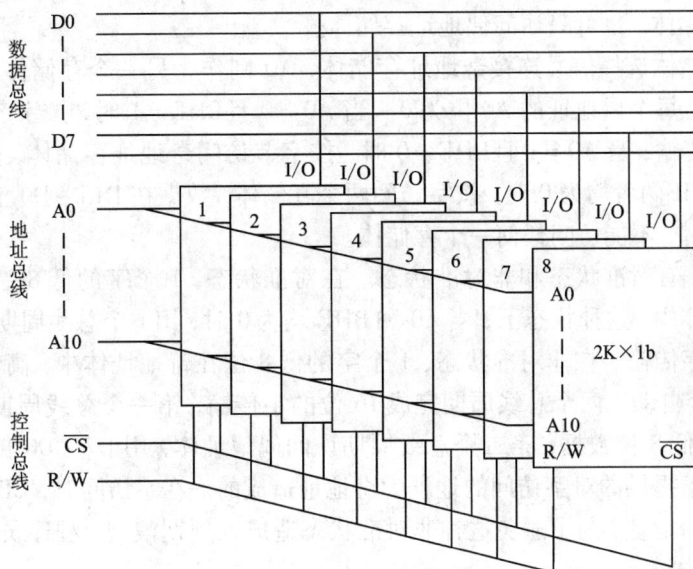

图 5 – 17 用 2 K × 1b 的芯片组成 2 KB 的存储器

位数满足要求但存储容量不够的芯片，可进行多个芯片合成而满足容量要求，简称字节扩充。例如用 2 K × 8b 的芯片组成为 4 KB 的存储器，需要使用两片芯片，如图 5 – 18 所示。采用地址串联的方法，CPU 地址总线的低位直接连到芯片地址线上，作为芯片内的存储单元选择信号。使用 CPU 地址总线的高位地址进行译码(用地址译码器或其他逻辑电路)，用其译码输出线产生片选信号，接到芯片的片选端。

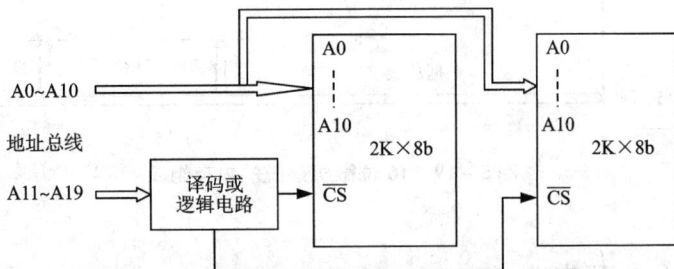

图 5 – 18 用 2 K × 8b 的芯片组成 4 KB 的存储器

(3)多存储体结构

对于 16 位以上的微型计算机系统，一般将整个地址空间分成若干个以字节为宽度的存储库。例如 8086 的地址总线宽度是 20 位，最大可寻址 1 MB 主存储器空间，起始地址为00000H，末尾地址为 FFFFFH。由两个 512 KB 的存储体组成，一个为奇地址存储体，因为其数据线与数据总线的高 8 位相连，所以也称为高字节存储体；另一个为偶地址存储体，因为其数据线与数据总线的低 8 位相连，所以也叫低字节存储体。两个存储体均和地址线 A19 ~ A1 相连，如图 5 – 19 所示。

16 位 CPU 对存储器访问时,分为按字节访问和按字访问两种方式。按字节访问时,可只访问奇地址存储体,也可只访问偶地址存储体。

$\overline{BHE}$作为存储体选择信号连接奇地址存储体,A0 则作为另一个存储体选择信号连接偶地址存储体,因为每个偶地址的 A0 位为 0。当 A0 = 0 且 $\overline{BHE}$ = 1 时,按字节访问偶地址体,数据在 D7 ~ D0 传输;当 A0 = 1 且 $\overline{BHE}$ = 0 时,按字节访问奇地址存储体,数据在 D15 ~ D8 传输;当 A0 和$\overline{BHE}$两者均为 0 时,按字访问两个存储体,数据在 D15 ~ D0 上传输;当 A0 和 $\overline{BHE}$两者均为 1 时,不能访问任何一个存储体。

按字访问时,有对准状态和非对准状态。在对准状态,1 个字的低 8 位在偶地址体中,高 8 位在奇地址体中,这种状态下,当 A0 和 BHE 均为 0 时,用 1 个总线周期即可通过 D15 ~ D0 完成 16 位的字传输。在非对准状态,1 个字的低 8 位在奇地址体中,高 8 位在偶地址体中,此时,CPU 会自动用两个总线周期完成 16 位的字传输,第一个总线周期访问奇地址体,用 D15 ~ D8 传输低 8 位数据,第二个总线周期访问偶地址体,用 D7 ~ D0 传输高 8 位数据。非对准状态是由于提供的对字访问的地址为奇地址造成的。在字访问时,CPU 把指令提供的地址作为字的起始地址,为了避免这种非对准状态造成的周期浪费,程序员编程时,应尽量用偶地址进行字访问。

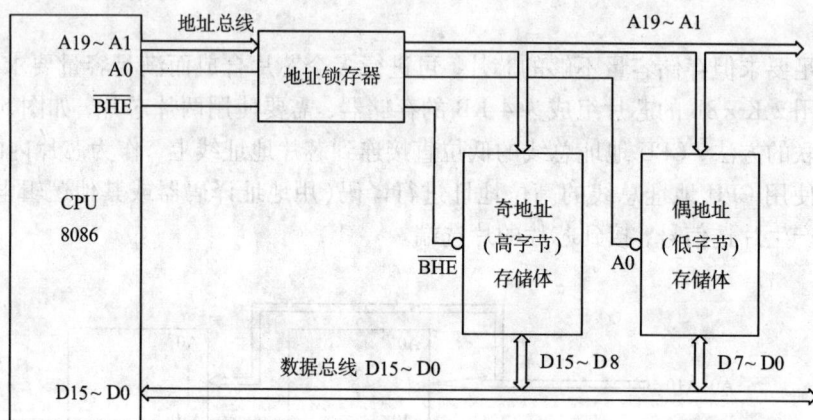

图 5 - 19　16 位微机系统的内存组织

5.5.2　常见地址译码电路

地址译码电路是指将地址码转换成相应的控制信号的电路。其作用是将特定的编码输入(地址信号的状态组合)转换成唯一的有效输出,常用于对各种器件的片选端进行控制,选中多个器件中的一个器件进行操作。例如,设一个屋内有 8 盏电灯,编号为 0 ~ 7,对应的二进制编码为 000 ~ 111。当给出编码 101 时,应使 5 号灯点亮(有效),其余都不亮(无效);当给出编码 111 时,应使 7 号灯点亮,其余都不亮……;这就是"译码"。对每 3 位编码输入,最后仅得到一个有效的输出状态(其余无效)的译码,称为"3∶8 译码"或"8 选 1 译码"。常见的地址译码电路有组合逻辑门电路和集成译码器。

1. 组合逻辑门电路

例如要产生地址为 034EH 的片选信号，其译码电路如图 5 – 20 所示。当地址为 034EH，且 AEN = 0 即 CPU 控制总线时(AEN 也可以不参与地址译码)，产生片选信号 $\overline{CS}$ 为低电平，以满足电路需求。

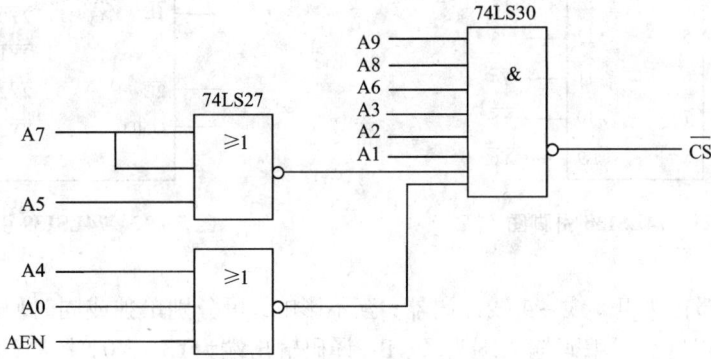

图 5 – 20　逻辑门译码电路

2. 集成译码器

常见的集成译码器有 74LS138 和 74LS139，74LS138 为 3 线 – 8 线译码器，74LS139 为双 2 线 – 4 线译码器。

74LS138 具有 3 个编码输入端 C、B、A(其中 A 为编码的低位)，8 个译码输出端 $\overline{Y7}$ ~ $\overline{Y0}$，低电平有效(即产生低电平片选控制信号)，3 个允许译码控制端 G1、$\overline{G2A}$、$\overline{G2B}$，分别为高电平、低电平、低电平有效。其译码功能表和引脚图分别如表 5 – 5 和图 5 – 21 所示。

表 5 – 5　74LS138 功能表

控制输入			编码输入			输出							
G1	$\overline{G2B}$	$\overline{G2A}$	C	B	A	$\overline{Y7}$	$\overline{Y6}$	$\overline{Y5}$	$\overline{Y4}$	$\overline{Y3}$	$\overline{Y2}$	$\overline{Y1}$	$\overline{Y0}$	
1	0	0	0	0	0	1	1	1	1	1	1	1	0	(仅$\overline{Y0}$有效)
1	0	0	0	0	1	1	1	1	1	1	1	0	1	(仅$\overline{Y1}$有效)
1	0	0	0	1	0	1	1	1	1	1	0	1	1	(仅$\overline{Y2}$有效)
1	0	0	0	1	1	1	1	1	1	0	1	1	1	(仅$\overline{Y3}$有效)
1	0	0	1	0	0	1	1	1	0	1	1	1	1	(仅$\overline{Y4}$有效)
1	0	0	1	0	1	1	1	0	1	1	1	1	1	(仅$\overline{Y5}$有效)
1	0	0	1	1	0	1	0	1	1	1	1	1	1	(仅$\overline{Y6}$有效)
1	0	0	1	1	1	0	1	1	1	1	1	1	1	(仅$\overline{Y7}$有效)
非以上状态			×	×	×	1	1	0	1	1	1	1	1	(全无效)

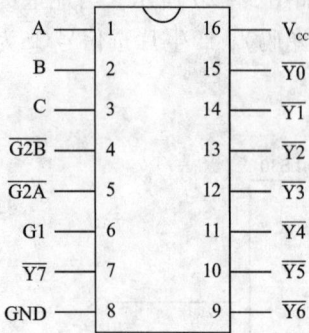

图 5 – 21　74LS138 引脚图

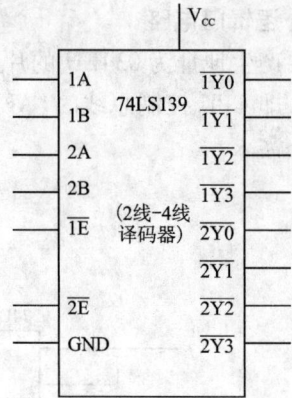

图 5 – 22　74LS139 引脚图

74LS139 内部有两组 2 线 – 4 线译码器，互不影响，可分别单独或同时使用，引脚符号前用数字 1 或 2 予以区分。编码输入端为 A、B，译码输出端为 $\overline{Y3} \sim \overline{Y0}$，控制端为 $\overline{E}$。其译码功能表和引脚图分别如表 5 – 6 和图 5 – 22 所示。

表 5 – 6　74LS139 功能表

	控制端	输入端		输出端			
	$\overline{1E}$	1A	1B	$\overline{1Y3}$	$\overline{1Y2}$	$\overline{1Y1}$	$\overline{1Y0}$
第一组译码器	1	×	×	1	1	1	1
	0	0	0	1	1	1	0
	0	0	1	1	1	0	1
	0	1	0	1	0	1	1
	0	1	1	0	1	1	1
	$\overline{2E}$	2A	2B	$\overline{2Y3}$	$\overline{2Y2}$	$\overline{2Y1}$	$\overline{2Y0}$
第二组译码器	1	×	×	1	1	1	1
	0	0	0	1	1	1	0
	0	0	1	1	1	0	1
	0	1	0	1	0	1	1
	0	1	1	1	1	1	1

5.5.3　片选控制方法

为便于 CPU 与选定的存储器芯片进行数据传递，同时由于一个存储器芯片的容量和位数是很有限的，要构成一定容量或位数的存储器常常要用多个芯片，需要字节扩充或者位数扩充，各种标准的集成存储器芯片都有 1 个或 2 个片选控制端，这样 CPU 根据实际工作的需要，对片选控制加以处理。常见片选控制有以下四种方法：

1. 直接选中法

直接选中法即使芯片的片选端接地(芯片片选端一般为低电平有效),始终处于有效状态,这也是最简单的方法,适合于单个存储芯片的场合。在这种情况下,一个存储单元可能有多个地址编号,地址码不是唯一的,即存储器系统有地址重叠问题,一般把未使用的高位地址线看做是 0 状态,所得到的地址编号称为存储单元的"基本地址"。

如图 5－23 所示,为存储器芯片 27256(32 KB EPROM),片内地址线有 A14～A0 共 15 根。如果和 8086 相连接,其系统的五根高位地址线 A19～A15 未使用,因而存在着地址重叠。其基本地址为 00000H～07FFFH。由于五根高位地址线未使用,每根地址线状态是 1 或者 0,对选中片内存储单元的没有影响,因此,每个存储单元可以有 32 个地址编号($2^5 = 32$)。

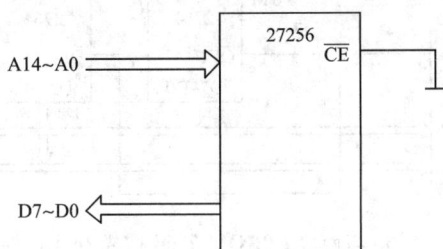

图 5－23　片选端直接有效

2. 线选法

线选法即选用高位地址线中的某一根,来单独选中某个存储器芯片,这样 N 个芯片需要 N 根高位地址线,也只适合芯片扩充少的场合,如上例中,采用线选法 CPU 只能带 5 片 27256。

3. 部分译码法

系统中的高位地址线,只有一部分作为译码器的输入产生片选信号,对存储器芯片进行寻址。这种方法比线选法的扩充能力稍强,但同样有存储器系统的地址重叠问题。

4. 全译码法

系统中全部的高位地址线作为译码器的输入,进行译码产生片选信号,对存储器芯片进行寻址。这种方法,存储器中每个存储单元都对应一个唯一的地址,且 CPU 所带芯片数量最多,如上例中,CPU 最多可以带 32 片 27256。

5.5.4　应用实例

例 5－1　8086 CPU 与 EPROM 连接。

8086 使用 EPROM 2764 构成 16 KB 的存储器,接线图如图 5－24 所示。

EPROM 2764 是 8 KB 的存储芯片,要提供 16 KB 的程序存储器则需要两片,将第一片 U1 存放字的低 8 位,规划成偶存储体;第二片 U2 存放字的高 8 位,规划成奇存储体。为寻址 8 K 字单元,CPU 地址线的 A13～A1 连接两片的片内地址线 A12～A0;8086 的其余的高位地址线与 M/$\overline{\text{IO}}$ 控制信号结合,用来译码产生片选信号 $\overline{\text{Y7}}$,连接到两片的 $\overline{\text{CS}}$ 片选端,$\overline{\text{RD}}$ 接到 $\overline{\text{OE}}$ 端。由于 CPU 8086 执行程序时是按字取指令或某些固定常数码,两片同时读出,每一

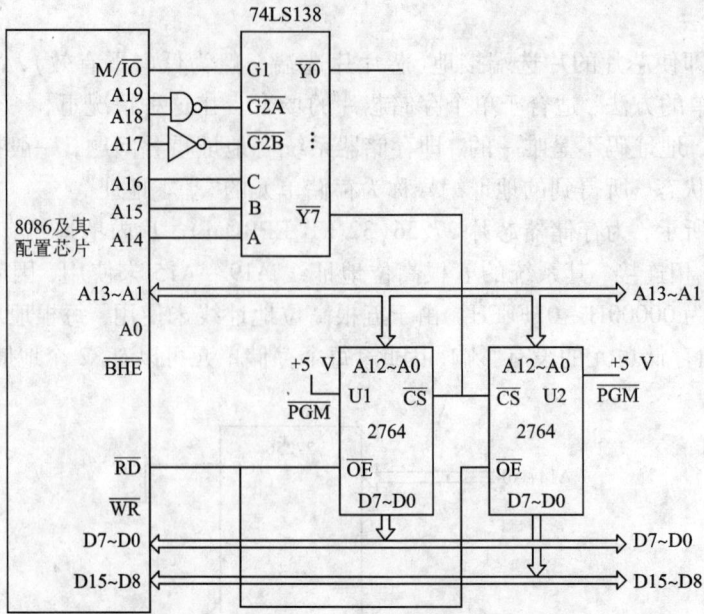

图 5 – 24　8086 与两片 EPROM 2764 构成 16 KB 的连接图

组操作都是 16 位，U1 提供低 8 位数据(偶存储体)，U2 提供高 8 位数据(奇存储体)，因此，在连接图中，A0 与 $\overline{BHE}$ 都没有参与译码。

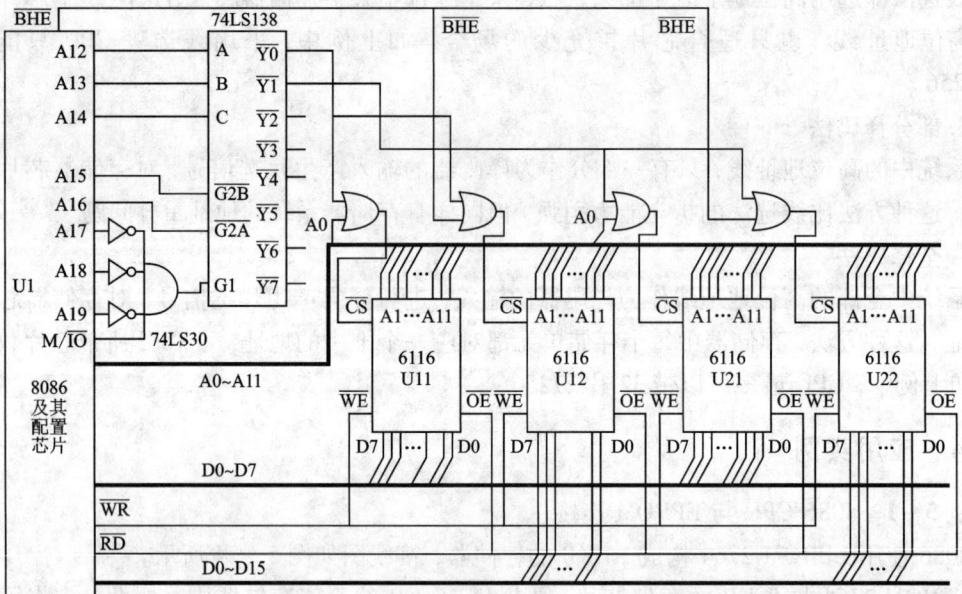

图 5 – 25　8086 CPU 与 SRAM 的连接图

例 5 – 2　8086 CPU 与 SRAM 的连接。

用 6116 构成 8 KB 的 RAM 存储空间，其连接线如图 5 – 25 所示。由于 SRAM 6116 存储容量为 2 KB,因此,构成 8 KB 的存储器共需要 4 片。8086 对 RAM 的要求,既可以按字读写,又可以按字节读写。由 UI1 和 U12 组成第一组字,受译码输出线 $\overline{Y0}$ 控制,U21 和 U22 组成第二组字,受译码输出线 $\overline{Y1}$ 控制;同时将 U11 和 U21 分成偶存储体,受地址线 A0 控制,两片 6116 的 I/O 数据线与 CPU 的低 8 位数据线 D7~D0 相连,将 U12 和 U22 分成奇存储体,受 $\overline{BHE}$ 控制,两片 6116 I/O 数据线与 CPU 的高 8 位数据线 D15~D8 相连,存放的是奇地址数据,片内地址线 A10~A0 并联连接到 CPU 的地址线 A11~A1 上。CPU 的 $\overline{RD}$ 连接芯片的 OE(输出允许),CPU 的 $\overline{WR}$ 连接到芯片的 $\overline{WE}$(写允许)。

例如 A0=0, $\overline{BHE}=0$, $\overline{Y0}=0$ 同时有效,可以对第一组中某一个字进行读写操作。该存储系统的地址范围见表 5-7。

表 5-7　SRAM 的地址范围

芯片		地址	A19	A18	A17	A16	A15	A14	A13	A12	A11	~	A1	A0	
第一组	U11	最低地址	0	0	0	0	0	0	0	0	0	~	0	0	00000H
		最高地址	0	0	0	0	0	0	0	0	1	~	1	0	00FFEH
	U12	最低地址	0	0	0	0	0	0	0	0	0	~	0	1	00001H
		最高地址	0	0	0	0	0	0	0	0	1	~	1	1	00FFFH
第二组	U21	最低地址	0	0	0	0	0	0	0	1	0	~	0	0	01000H
		最高地址	0	0	0	0	0	0	0	1	1	~	1	0	01FFEH
	U22	最低地址	0	0	0	0	0	0	0	1	0	~	0	1	01001H
		最高地址	0	0	0	0	0	0	0	1	1	~	1	1	01FFFH

例 5-3　8086 与 SRAM 和 EPROM 同时连接。

用 SRAM 6116 构成 8 KB 的 RAM,用 EPROM 2716 构成 8 KB 的 ROM,各需要四片,共同组成 8086 微机系统的存储器,连接如图 5-26 所示。

系统用 A19~A12 七条高位地址线和 M/$\overline{IO}$、$\overline{RD}$ 控制线作为输入信号,通过 74LS138 译码。由于对 RAM 既要求能按字读写,又要求能按字节进行读写操作,RAM 区域的四片 6116 中,U1、U2 构成第一组字,受译码输出端 $\overline{Y0}$ 控制,U3、U4 构成第二组字,受译码输出端 $\overline{Y1}$ 控制。同时将 U1 和 U3 作为偶存储体,受地址线 A0 控制,将 U2 和 U4 作为奇存储体,受 $\overline{BHE}$ 控制。系统 EPROM 区的 4 片 2716(2 K×8 位)芯片,分别用 U5、U6、U7 和 U8 表示,每两片一组,分别组成 2 组 4 K 字的 ROM 区,译码器的输出端 $\overline{Y6}$ 和 $\overline{Y7}$,分别作为 EPROM 存储芯片的片选信号。地址范围见表 5-8(见 P160)。

习题 5

5.1　在选择存储器件时,首要考虑的因素是哪些? 此外还要考虑哪些因素?

5.2　RAM 和 ROM 各有何特点? 静态 RAM 和动态 RAM 各有什么特点?

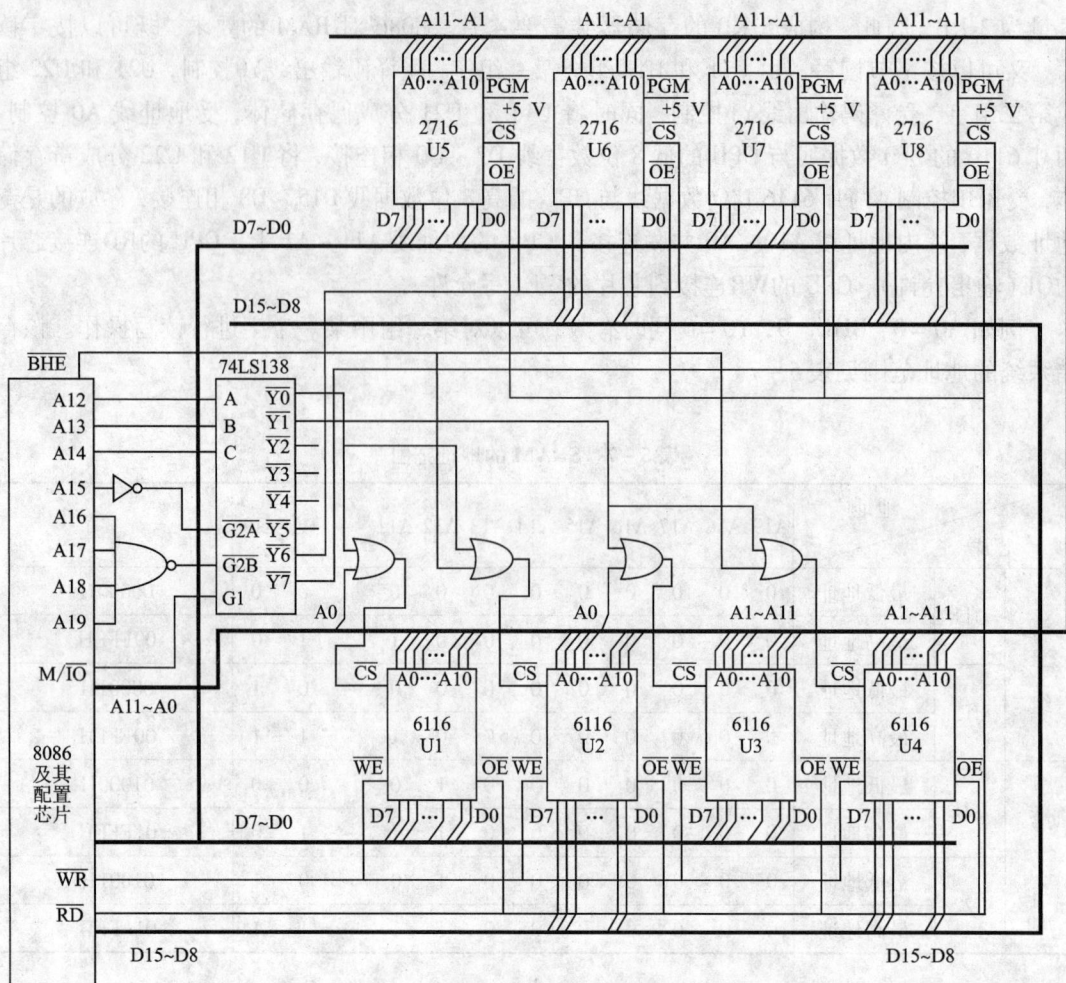

图 5 – 26　8086 CPU 与 SRAM、EPROM 的连接图

5.3　现有 1024 × 1 位静态 RAM 芯片，欲组成 64 K × 8 位存储容量的存储器。试求需要多少 RAM 芯片？多少芯片组？多少根片内地址选择线？多少根芯片选择线？

5.4　用下列 RAM 组成存储器，各需要多少个 RAM 芯片？地址需要多少位作为片内地址选择端？多少位地址作为芯片选择端？

(1)512 × 1 位 RAM 组成 16 KB 存储器。

(2)1024 × 1 位 RAM 组成 64 KB 存储器。

(3)2 K × 4 位 RAM 组成 64 KB 存储器。

(4)8 K × 8 位 RAM 组成 64 KB 存储器。

5.5　若存储空间首地址为 1000H，写出存储器容量分别为 1 K × 8、2 K × 8、4 K × 8 和 8 K × 8 位时所对应的末地址。

5.6　用 1 K × 8 位的存储芯片组成 2 K × 16 位的存储器，其他地址线的高位与 74LS138 译码器相连接，以产生存储芯片的片选信号。试画出存储器与 CPU 之间的地址线、数据线的连接图，并注明每片存储芯片的存储空间范围。

表5-8 芯片地址范围

类型	芯片			A19	A18	A17	A16	A15	A14	A13	A12	A11	~	A1	A0	
RAM区	第一组	U1	最低地址	1	1	1	1	1	0	0	0	0	~	0	0	F8000H
			最高地址	1	1	1	1	1	0	0	0	1	~	1	0	F8FFEH
		U2	最低地址	1	1	1	1	1	0	0	0	0	~	0	1	F8001H
			最高地址	1	1	1	1	1	0	0	0	1	~	1	1	F8FFFH
	第二组	U3	最低地址	1	1	1	1	1	0	0	1	0	~	0	0	F9000H
			最高地址	1	1	1	1	1	0	0	1	1	~	1	0	F9FFEH
		U4	最低地址	1	1	1	1	1	0	0	1	0	~	0	1	F9001H
			最高地址	1	1	1	1	1	0	0	1	1	~	1	1	F9FFFH
ROM区	第一组	U5	最低地址	1	1	1	1	1	1	1	0	0	~	0	0	FE000H
			最高地址	1	1	1	1	1	1	0	1	1	~	1	0	FEFFEH
		U6	最低地址	1	1	1	1	1	1	1	0	0	~	0	1	FE001H
			最高地址	1	1	1	1	1	1	0	1	1	~	1	1	FEFFFH
	第二组	U7	最低地址	1	1	1	1	1	1	1	1	0	~	0	0	FF000H
			最高地址	1	1	1	1	1	1	1	1	1	~	1	0	FFFFEH
		U8	最低地址	1	1	1	1	1	1	1	1	0	~	0	1	FF001H
			最高地址	1	1	1	1	1	1	1	1	1	~	1	1	FFFFFH

5.7 试用 SRAM 6116 芯片(2 K×8 位)组成 8 K×8 的 RAM,设起始地址为 80000H,用 74LS138 译码,要求画出它与 8086 CPU 的连接图。

5.8 试用 EPROM 2732 芯片(4 K×8 位)组成 16 KB 的只读存储器,地址空间为 A8000H~ABFFFH。用 6264(8 K×8 位)RAM 芯片组成 32 KB 随机存储器,地址空间为 00000H~07FFFH,用 74LS138 译码,画出 CPU 与芯片连接原理图。

5.9 Intel 8086 的微机系统内存由 4 K 字(8 KB)的 ROM 和 4 K 字的 RAM 组成,RAM 用 2048×8 位的 6116 存储器芯片构成,地址空间为 FC000H~FDFFFH,ROM 用 2048×8 位的 EPROM2716 构成,地址空间为 FE000H~FFFFFH。请在图 5-27 的基础上画出存储器与 CPU 对应的连接线图,包括地址线、数据线及指明的控制线,并且写出每一个芯片的地址范围。

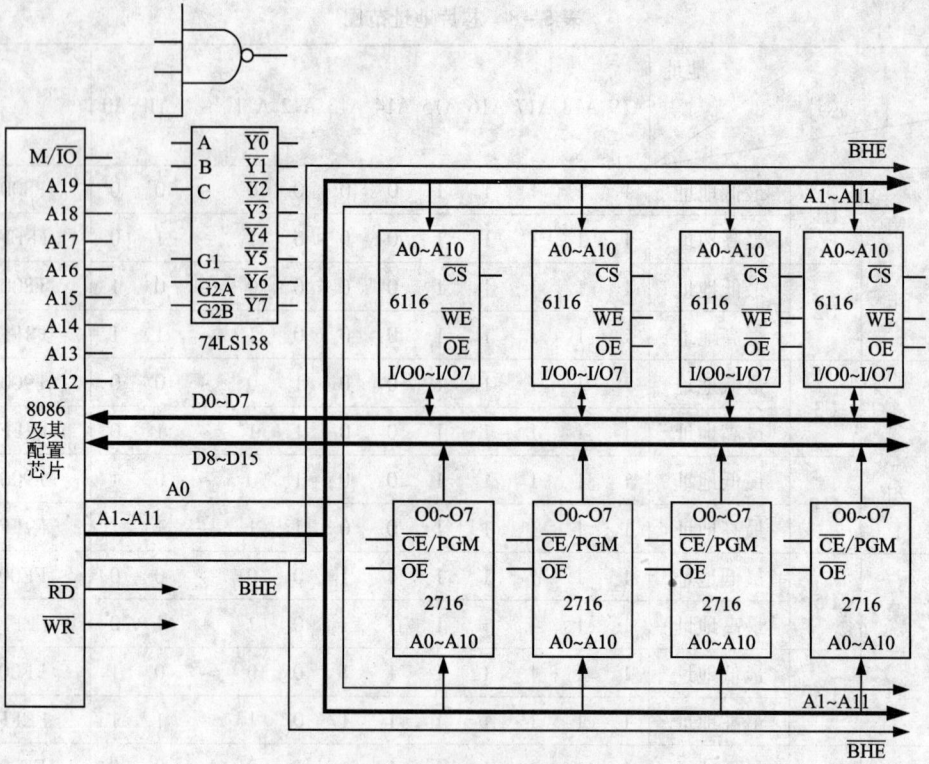

图 5 – 27　8086 CPU 与 6116、2716 的连接图

第 6 章　输入/输出与接口技术

输入设备和输出设备(简称 I/O 设备)是计算机系统的重要组成部分，I/O 设备通过 I/O 接口与主机系统相连，并在接口电路的支持下实现数据传输和操作控制。最常用的外部设备如键盘、显示装置、打印机、U 盘等都是通过输入输出接口和总线相连的，另外，各种检测和控制仪表装置也属于外部设备，也是通过接口电路和主机相连的。

在 CPU 与外设之间设置接口电路的主要原因有以下几点：

(1)CPU 与外设的速度不匹配，CPU 速度快，外设速度慢；

(2)CPU 与外设的信号不匹配，信号线的功能定义、逻辑定义和时序关系不一致；

(3)如果 CPU 对外设直接操作会降低 CPU 的效率；

(4)如果 CPU 直接管理外设，那么外设的结构也会受到 CPU 的制约，不利于外设本身的发展。

由于微机系统中的外部设备多种多样，接口电路的设计主要考虑两个基本问题：一是微处理器如何寻址外部设备，实现多个外部设备的识别。二是微处理器如何与外部设备连接，进行数据传输控制和信息交换。

6.1　I/O 接口概述

6.1.1　接口的功能

接口是微处理器与存储器、输入/输出设备等外设之间协调动作、交换信息的控制电路。接口电路并不局限于微处理器与存储器及外设之间，也存在于存储器和外设之间。接口电路的作用就在于把多种多样的外部设备与主机连接起来，实现通信双方的数据信号的处理和传输控制。因此，接口必须具备以下功能。

1.数据缓冲

总线是微型计算机系统中传输信息的公共线路，任何外设或存储器都不允许长期占用总线，只允许被选中的外设或存储器在读/写操作时使用总线。此外，外设的工作速度与微处理器不匹配。

因此，大多数外设不能直接和 CPU 的数据总线直接相连，要借助接口电路使外设与总线隔离，起缓冲、暂存数据的作用，使主机和外设协调一致地工作。

2.联络控制

接口电路可以提供联络信号给微处理器和外设，协调主机和外设间数据传送速度不匹配的矛盾。

大多数外设输入/输出信息的速度远远低于微处理器,为同步外设与主机的工作,在输入/输出控制中,常需要接口电路提供外设的工作状态给微处理器,同时接收主机发送给外设的命令,从而使主机与外设之间协调一致地工作。

3. 信号变换

外设的信息格式与微处理器不一致时,需要接口电路进行信息的变换。

从本质上说,微处理器的信息格式是并行的数字信号,而外设由于其功能的多样性,信息格式也是多种多样的,对于一个具体的外部设备而言,其使用的信息可能是数字式的,也可能是模拟的;大部分外部设备是数字式的,但是又分并行的和串行的,这就需要进行电平变换、并串变换、数模变换等信号变换。

4. 外设寻址

由于微机系统中的接口电路不止一个,而且接口电路中有不同的寄存器,因此微处理器与外部设备进行信息交换时,首先必须对外部设备进行寻址,然后进行数据传输。外设的寻址一般由地址译码电路负责。

6.1.2　接口中的信息类型

微处理器与外部设备之间交换的信息可分为数据信息、状态信息和控制信息三种类型。

1. 数据信息

数据信息是 CPU 与外设之间传送的主要信息,可分为数字量、模拟量和开关量三种形式。

(1)数字量

在时间上和数量上都是离散的物理量称为数字量,通常是二进制的数据或是以 ASCⅡ 码表示的数据及字符。比如从键盘、磁盘驱动器读入的信息或是主机送给打印机、磁盘驱动器及显示器的信息。

(2)模拟量

微机控制系统中的大多数输入信息是现场的连续变化的物理量,比如温度、湿度、位移、压力、流量等,经传感器把非电物理量转换成电量并经放大即得到模拟电流或电压,即模拟量。计算机不能直接接收和处理这些模拟量,必须经过模/数转换,才能输入计算机,而计算机输出的数字量也必须经过数/模转换后才能去控制执行机构。

(3)开关量

开关量是指非连续性信号的采集和输出,开关量有 1 和 0 两种状态,可表示继电器的闭合与断开、阀门的打开与关闭、电机的运转与停止等。开关量通常要经过相应的电平转换才能与计算机连接,开关量只要用一位二进制数即可表示。

2. 状态信息

状态信息是外设通过接口送往 CPU 的信息,作为外设与 CPU 之间交换数据的联络信号,反映了当前外设所处的工作状态。对于外部设备,通常用准备就绪(Ready)表示输入数据准备好、忙(Busy)表示输出设备忙。

3. 控制信息

控制信息是 CPU 通过接口传送给外设的信息,用来设置外设(包括接口)的工作方式、控制外设的工作等。外设的启动信号和停止信号就是常见的控制信息。

6.1.3　接口的典型结构

根据接口的功能及其信号类型，一个接口电路应该具备如图 6-1 所示的典型结构。数据寄存器用来暂存微处理器和外设之间传送的数据，一般来说，输入接口采用缓冲器，输出接口采用锁存器。控制寄存器用来接收微处理器发送的控制命令，以便完成对接口电路及外设的全部操作的控制。状态寄存器用来存放外设及接口本身的状态，微处理器和外设根据状态寄存器的设置进行联络协调。

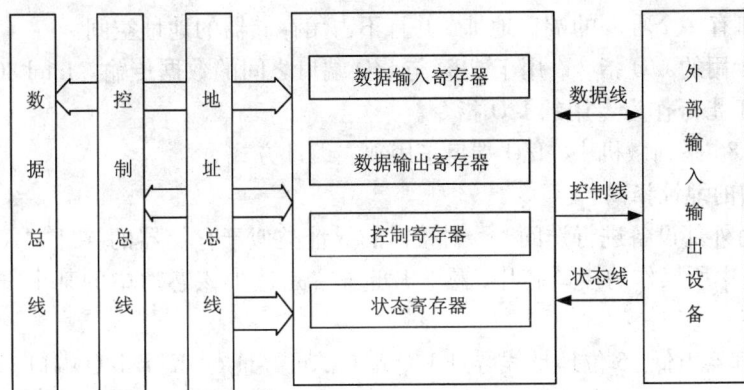

图 6-1　接口的典型结构

6.2　I/O 端口与 I/O 指令

6.2.1　接口部件的 I/O 端口

由图 6-1 可知，每个接口电路中都包含三类寄存器，微处理器与外设进行信息交换时，不同信息存入接口中的相应寄存器，一般称这些寄存器为 I/O 端口，简称为端口(Port)。

微处理器通过执行输入指令从状态端口获取外设的状态信息；执行输出指令从控制端口发出控制命令，控制外设的工作；通过输入/输出指令可以从数据端口与外设交换数据。可以说，计算机主机与外设之间交换信息都是通过接口中的端口来实现的。

微机系统中的每一个端口都分配有一个地址，称为端口地址，微处理器通过端口地址实现对不同接口电路中的寄存器的寻址。

6.2.2　端口地址译码

1. I/O 端口的编址方式

在微机系统中，一般有两种 I/O 端口的编址方式，一种是统一编址方式，另一种是独立编址方式。

(1) I/O 端口的统一编址方式

统一编址又称存储器映象编址，就是将 I/O 端口作为存储器的一个存储单元看待，按照存储器单元的编址方法统一编排地址，故每个 I/O 端口占用一个存储器单元地址。这种编址

方式的特点是:

①I/O 端口与存储器共用一个地址空间,占用存储地址,存储器容量减少。

②微处理器对 I/O 端口的输入/输出操作采用存储单元的读/写操作命令,不需要专用的 I/O 指令。

③微处理器对外设的操作可使用全部的存储器操作指令,指令多,使用方便。

(2)I/O 端口的独立编址方式

在独立编址方式下,I/O 端口和存储器单元分别独立编址,I/O 端口地址空间完全独立于存储器空间。其特点是:

①每个端口有一个唯一的端口地址,并且不占用存储器的地址空间。

②CPU 有专用的 I/O 指令,用于 CPU 与 I/O 端口之间的数据传输。Intel 80x86 系列 CPU 中设有 IN、OUT 指令作为专用的 I/O 指令。

在 Intel 80x86 系列微机中,I/O 端口采用独立编址方式。

2. I/O 端口的地址译码

微处理器对外部设备进行访问时,对接口的寻址类似于存储器的寻址方式,必须进行两种选择:一是选中所操作的接口芯片,称为片选;二是选中该芯片中的某个寄存器(端口),称为字选。

8086 微处理器由低 16 位地址线寻址 I/O 端口,可寻址 64 K 个 I/O 端口,但在实际应用中,只用了最前面的 1 K 个端口地址,因此只使用了地址总线的低 10 位,即只有地址线 A9 ~ A0 参与了端口地址的译码。I/O 端口的地址译码通常采用两级译码方法,端口地址的高位通过译码电路产生组选信号或片选信号;端口地址的低位直接与接口芯片的地址引脚连接,用来寻址芯片内的各寄存器。

此外,对端口进行读写操作还必须使用一些总线控制信号,它们与地址信号一起参加译码,或者作为接口芯片的读写控制信号。以 ISA 总线为例,对 8 位端口寻址所使用的总线控制信号有 AEN、$\overline{\text{IOR}}$ 和 $\overline{\text{IOW}}$。AEN 为"地址允许"信号,在 PC 微机系统中,CPU 对端口的读写操作和 DMA 控制器对端口的读写操作使用相同的地址线、数据线和读写控制信号,区别这两类操作的总线信号就是 AEN,AEN 为高电平时表示系统在进行 DMA 操作,AEN 为低电平时表示 CPU 控制了总线。因此,在设计端口地址译码电路时,AEN 信号必须参与端口地址译码,由于接口芯片的片选信号大多数要求低电平有效,所以端口地址译码电路的输出信号通常选择低电平有效。

(1)门电路构成的端口地址译码电路

用各种基本门电路构成译码器是常用的方法,如图 6-2 所示,CPU 输出的地址 A9 ~ A1 与 AEN 信号一起作为与非门 74LS30 的输入,其取值为 100001000,从而使 74LS30 产生组选信号,地址范围为 210H ~ 211H。低位地址 A0 作为片内寻址信号,可寻址两个端口。

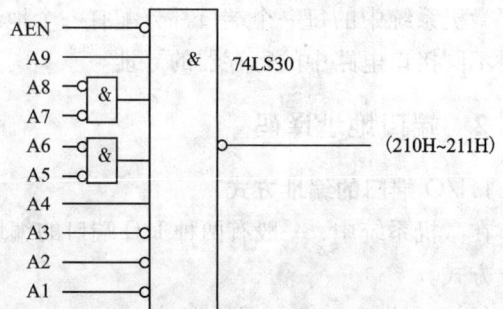

图 6-2　门电路译码电路

（2）译码器构成的端口地址译码电路

当接口电路需要多个端口地址的时候，采用译码器构成地址译码电路比较简单。如图 6 –3所示，系统地址的高位 A9 ~ A3 经过门电路 74LS30 产生组选信号（2F8H ~ 2FFH），低 3 位地址 A0 ~ A2 作为两个译码器 74LS138 输入端 A、B、C 的输入，与读写信号$\overline{IOR}$、$\overline{IOW}$配合对组内相同的端口进行寻址，当 A2 ~ A0 在 000 ~ 111 之间变化时，译码器的输出端 Y0 ~ Y7 对应输出有效信号，在$\overline{IOR}$、$\overline{IOW}$信号的控制下对端口地址 2F8H ~ 2FFH 进行读写。

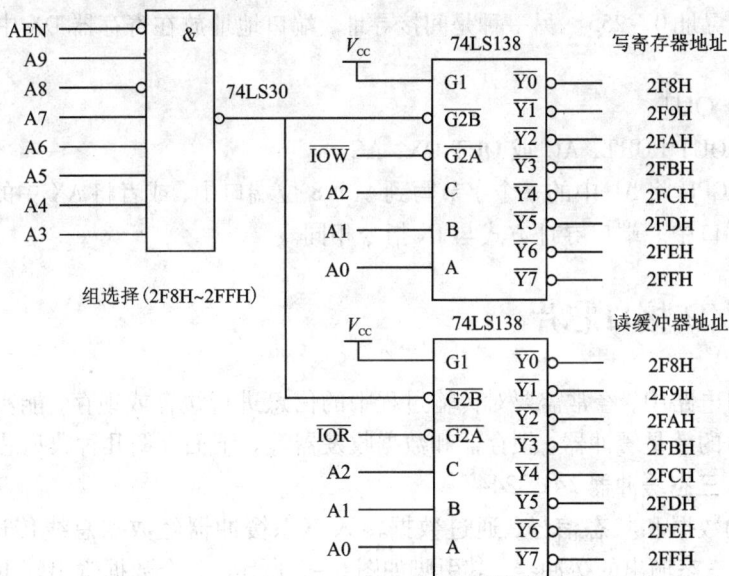

图 6 –3　译码器译码电路

80x86 微机系统中各接口芯片的译码电路如图 6 –4 所示，高位地址 A9 ~ A5 和地址允许信号 AEN 与译码器 74LS138 输入端和门控端相连，输出对系统内部各接口芯片的片选信号，而片内各端口的寻址由低位地址负责。

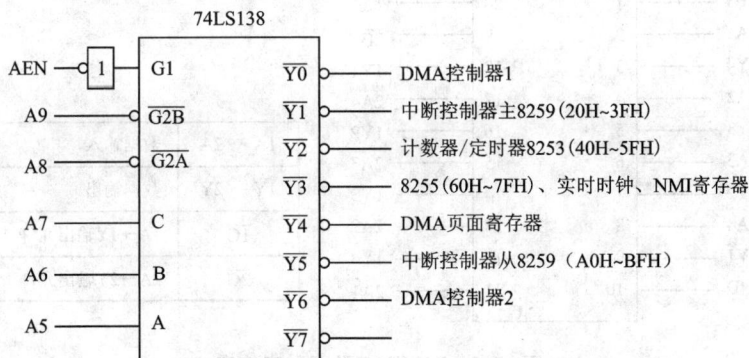

图 6 –4　80x86 系列 PC 微机接口芯片的译码电路

6.2.3 I/O 指令

1. 输入指令 IN

指令格式：IN AC, PORT 或 IN AC, DX

其功能是：CPU 从一个 8 位端口读入一个字节到 AL 中，或者从两个连续的 8 位端口读一个字到 AX 中。

输入/输出指令的端口寻址有两种方式：一种是直接寻址，端口地址由指令中的 port 直接给出，但只可寻址 0~255。另一种是间接寻址，端口地址放在寄存器 DX 中，可寻址 64 K 个端口。

2. 输出指令 OUT

指令格式：OUT PORT, AC 或 OUT DX, AC

其功能是：CPU 将 AL 中的一个字节写到一个 8 位端口中，或者将 AX 中的一个字写到两个连续的 8 位端口中。端口寻址方式与 IN 指令相同。

6.3 常用 I/O 接口芯片

在外设接口电路中，经常需要对传输过程中的信息进行缓存或锁存，能实现上述功能的接口芯片最简单的就是缓冲器、锁存器和数据收发器等。下面介绍几种典型芯片。

1. 数据输入三态缓冲器 74LS244

外设输入的数据和状态信号，通过数据输入三态缓冲器经数据总线传送给微处理器。74LS244 是一种三态输出的缓冲器，其引脚如图 6-5 所示。8 个数据输出端 1Y1~1Y4、2Y1~2Y4 与微型计算机的数据总线相连，8 个数据输入端 1A1~1A4、2A1~2A4 与外设相连。两个控制端 1G 和 2G 控制 4 个三态门。当某一控制端有效(低电平)时，相应的 4 个三态门导通；否则，相应的三态门呈现高阻状态(断开)。在实际使用中，可将两个控制端并联，这样就可用一个控制信号来使 8 个三态门同时导通或同时断开。

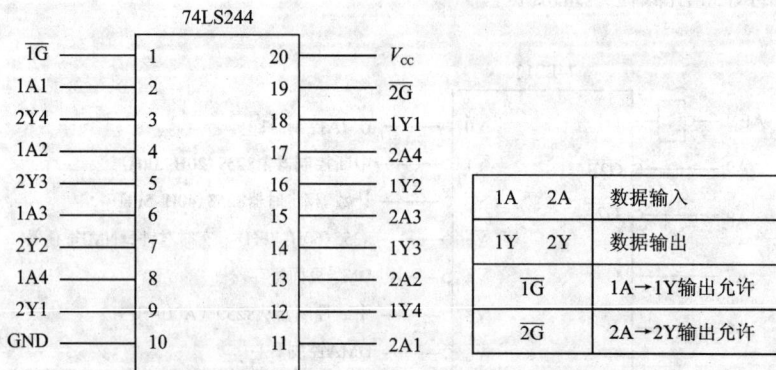

1A	2A	数据输入
1Y	2Y	数据输出
$\overline{1G}$		1A→1Y输出允许
$\overline{2G}$		2A→2Y输出允许

图 6-5 74LS244 引脚和真值表

执行 IN 指令时，微处理器发出读寄存器信号，该信号通常是端口地址和 I/O 读信号 $\overline{\text{IOR}}$

相负与产生的。将读寄存器信号接至 74LS244 的输出允许端，IN 指令就把三态缓冲器 74LS244 数据输入端的数据，经数据总线输入累加器 AL 中。

2. 数据输出寄存器 74LS273

数据输出寄存器用来寄存微处理器送出的数据和命令，图 6 - 6 所示为常用的寄存器 74LS273 引脚和真值表。74LS273 内部包含了 8 个 D 触发器，共有 8 个数据输入端（D0 ~ D7）和 8 个数据输出端（Q0 ~ Q7）。$\overline{CLR}$ 为复位端，低电平有效。CLK 为脉冲输入端，在每个脉冲的上升沿将输入端 Dn 的状态锁存在输出端 Qn，并将此状态保持到下一个时钟脉冲的上升沿。

74LS273 常用来作为简单并行输出接口，执行 OUT 指令时，微处理器发出写寄存器信号，该信号通常是端口地址和 I/O 写信号 $\overline{IOW}$ 相负与产生的。将写寄存器信号接至 74LS273 的 CLK 端，OUT 指令就把累加器 AL 中的数据通过数据总线送至触发器寄存。

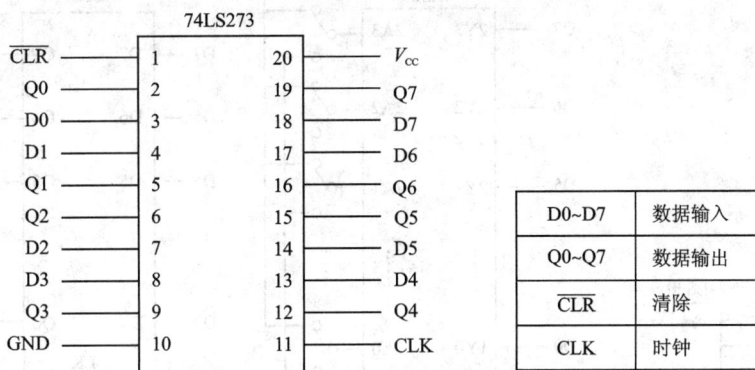

74LS273

引脚		引脚	
$\overline{CLR}$	1	20	V_{cc}
Q0	2	19	Q7
D0	3	18	D7
D1	4	17	D6
Q1	5	16	Q6
Q2	6	15	Q5
D2	7	14	D5
D3	8	13	D4
Q3	9	12	Q4
GND	10	11	CLK

D0~D7	数据输入
Q0~Q7	数据输出
$\overline{CLR}$	清除
CLK	时钟

图 6 - 6　74LS273 引脚和真值表

6.4　CPU 与外设之间数据传送的方法

CPU 通过接口与外设之间数据传送的方式，根据其控制原理的不同，一般可划分为无条件传送方式、查询方式、中断控制方式和直接存储器存取方式。

6.4.1　无条件传送方式

无条件传送方式与查询方式本质上都是在程序控制下的数据传送方式，如果 CPU 能够确认一个外设已经准备就绪，那么就不必查询外设的状态而直接进行数据传送，这就是无条件传送方式。显然，无条件传送方式对于双方而言，不需要联络信号和控制信号，只需要通过数据缓冲器和寄存器进行数据交换，这种传送方式只适用于对简单外设的操作，这些外设始终处于就绪状态，典型的外设如按钮开关、发光二极管等。

例 6 - 1　硬件连接如图 6 - 7 所示，设计控制程序，从 8 个理想开关输入二进制数，8 只发光二极管显示二进制数。

由译码可知，74LS244 及 74LS273 的端口号都是 380H，执行 IN 指令时，从 74LS244 读入数据，执行 OUT 指令时，数据送至 74LS273。控制程序如下：

```
code        segment
            assume ss: stack, cs: code, ds: data
begin:      mov ax, data
            mov ds, ax
            MOV DX, 380H            ;读入二进制数
            IN AL, DX
            OUT DX, AL             ;输出二进制数
            mov ah, 4ch
            int 21h
code        ends
            end begin
```

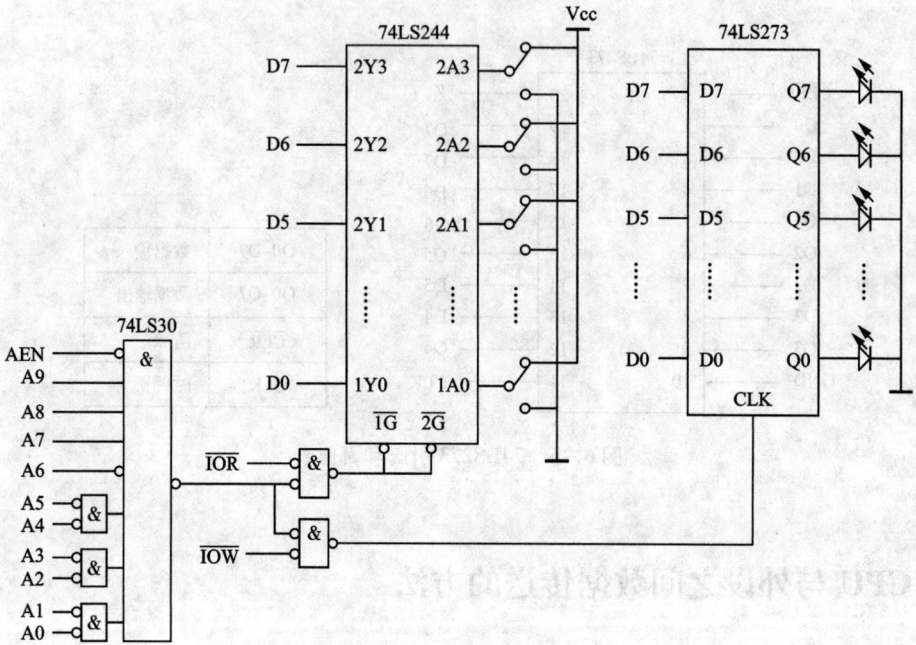

图 6-7 例 6-1 电路原理图

例 6-2 硬件连接如图 6-8 所示,设计控制程序,将 8 个理想开关输入的十进制数(0 ~255)送显示器显示。

由译码可知,74LS244 端口号为 380H,编写程序时,从相应端口读入开关状态,用除 10 取余的方法转换成十进制输出,控制程序如下:

```
stack       segment stack
            dw 32 dup(0)
stack       ends
data        segment
OBUF        DB 4 DUP(0)
data        ends
code        segment
```

```
                assume ss：stack，cs：code，ds：data
begin：         mov ax，data
                mov ds，ax
                MOV BX，0FFSET OBUF + 3          ；建立指针
                MOV BYTE PTR [ BX]，'＄'          ；存字符串结束符 ＄
                MOV DX，380H                      ；读入二进制数
                IN AL，DX
                MOV CH，10
AG：            MOV AH，0                         ；无符号数扩展为 16 位
                DIV CH
                ADD AH，30H                       ；转换为 ASCII 码
                DEC BX
                MOV [BX]，AH                       ；存入输出数据区中
                OR AL，AL
                JNZ AG
                MOV DX，BX
                MOV AH，9
                INT 21H
                mov ah，4ch
                int 21h
code            ends
                end begin
```

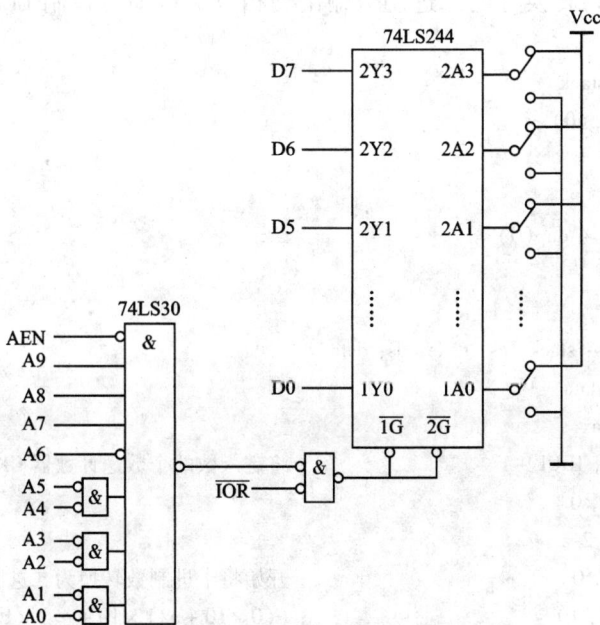

图 6－8　例 6－2 电路原理图

例 6－3　硬件连接如图 6－9 所示，设计控制程序，将键盘输入的十进制数(0～255)转换为二进制数，在 8 只发光二极管上显示出来。

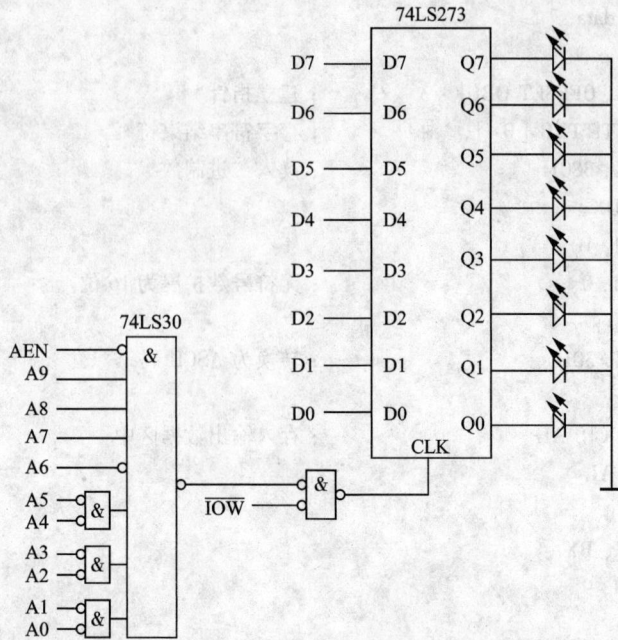

图 6-9　例 6-3 电路原理图

由译码可知,74LS273 端口号为 380H,用(百位×10 + 十位)×10 + 个位的方法可将 BCD数转换为二进制数,将转换好的二进制数输出到相应端口即可控制 LED 的亮灭,控制程序如下:

```
stack       segment stack
            dw 32 dup(0)
stack       ends
data        segment
IBUF        DB 4, 0, 4 dup(0)
data        ends
code        segment
            assume ss: stack, cs: code, ds: data
begin:      mov ax, data
            mov ds, ax
            MOV CL, IBUF + 1              ; 将键入数的个数送计数器 CX 中
            MOV CH, 0
            MOV SI, 2
            MOV AL, 0                     ; 开始将十进制数转换为二进制数
AGAIN:      MOV AH, 10                    ; ((0×10 + a2)×10 + …)×10 + a0
            MUL AH
            AND BYTE PTR [SI], 0FH        ; 将十进制数的 ASCII 码转换为 BCD 数
            ADD AL, [SI]
            INC SI
```

```
            LOOP AGAIN
            mov ah , 4ch
            int 21h
code        ends
            end begin
```

6.4.2　查询方式

　　查询方式也称为程序控制下的有条件传送方式，微处理器在数据传送之前通过执行程序不断读取状态寄存器并测试外设的状态，待外设处于准备就绪时，执行 I/O 指令进行数据传送。

　　在查询方式下，接口电路中的状态寄存器保存外设的状态。对于输入过程，当外设将数据准备好后，使接口中状态端口的"准备好"标志位置 1，表示输入缓冲器为满；对输出过程来说，当外设取走数据后，接口将状态寄存器的对应标志位置 1，表示当前输出寄存器为"空"，可以接受下一个数据。

　　在程序控制下，一个查询方式的数据传送过程由三个基本操作完成：

　　(1)CPU 读接口中的状态寄存器。

　　(2)CPU 检测状态字的对应标志位，判断当前外设的状态是否满足"就绪"条件，如果不满足，则转第一步继续读状态字。

　　(3)如果当前外设的状态满足"就绪"条件，CPU 发出传送命令，开始输入数据或输出数据。

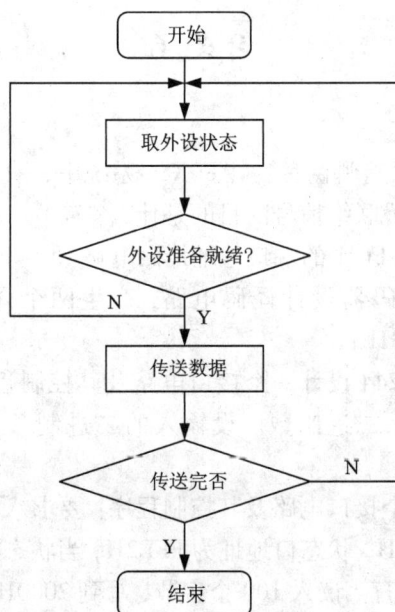

图 6-10　查询方式程序流程图

　　由上可知，一个查询传送过程，需要 CPU 花费不少时间去不断地"询问"外设，判断外设的状态。一方面，查询过程占用 CPU 的大量工作时间，CPU 真正用于传送数据的时间并不多；另一方面，外设及接口电路处于被动地位，不利于提高数据传输效率。

6.4.3　中断传送方式

中断方式是在外设与 CPU 传送数据时,当输入设备将数据准备好或者输出设备可以接受数据时,外设向 CPU 发出中断请求,CPU 响应中断后,暂时停下目前的工作而与外设进行一次数据传输。等输入输出操作完成后,CPU 继续进行原来的工作。

在中断传送方式下,CPU 不必查询外设的状态,而由外设在状态准备就绪时主动通知 CPU,然后 CPU 通过执行输入输出中断处理程序进行数据的传送。在 CPU 和外设都处于并行工作的情况下,中断方式提高了系统的工作效率,但 CPU 管理中断的接口比管理查询复杂。

6.4.4　直接存储器存取方式(DMA 方式)

DMA 方式是高速外部设备利用专用的接口电路直接和存储器进行高速数据交换的一种数据传送方式。与前两种方式相比,在 DMA 方式下,数据的传送不依赖 CPU 执行 I/O 指令,数据不经过 CPU,而且,传输时不必进行中断方式下保护现场与恢复现场之类的一系列额外操作,数据的传输速度基本上决定于外设和存储器的速度。

DMA 方式需要专用的控制接口,即 DMA 控制器,其硬件电路较复杂。在进行数据传送时,先由存储器或外设向 DMA 控制器发出 DMA 请求,DMA 控制器响应后再向 CPU 发出总线请求,CPU 响应后就把总线控制权交给 DMA 控制器,三总线在 DMA 控制器的控制下完成存储器和存储器之间或者存储器与外设之间或者外设与外设之间的数据交换。

习题 6

6.1　接口有哪些功能?

6.2　I/O 端口的寻址方式有哪两种? 在80X86 系统中,采用哪一种?

6.3　接口与外设之间设置联络信号的目的是什么?

6.4　用门电路设计针对 2FCH 的端口地址译码电路。

6.5　用一片 74LS138 译码器设计译码电路,产生两个译码输出,一个寻址 288H ~ 28BH,另一个寻址 28CH ~293H。

6.6　用 74LS273 和 74LS244 设计一个接口电路及其控制程序:从八个理想开关输入二进制数,八只发光二极管显示二进制数。设输入的二进制数为原码,输出的二进制数为补码。

6.7　用 74LS273 设计一个接口电路及其控制程序:要求八只发光二极管循环点亮。

6.8　数据口地址为 FFE0H,状态口地址为 FFE2H,当状态标志 D0 = 1 时输入数据就绪,编写查询方式进行数据传送程序,读入 100 个字节,写到 2000H:2000H 开始的内存中。

6.9　某字符输出设备,其数据端口和状态端口的地址均为 80H。在读取状态时,当标志位 D7 为 0 时表明该设备闲,可以接收一个字符。请编写采用查询方式进行数据传送的程序段,要求将存放于符号地址 ADDR 处的一串字符(以 $ 为结束标志)输出给该设备。

第 7 章 中断技术

中断技术是现代计算机系统中十分重要的功能。最初,中断技术引入计算机系统,只是为了解决快速的 CPU 与慢速的外部设备之间传送数据的矛盾。随着计算机技术的发展,中断技术不断被赋予新的功能,如计算机故障检测与自动处理、实时信息处理、多道程序分时操作和人机交互等。中断技术在微机系统中的应用,不仅可以实现 CPU 与外部设备并行工作,而且可以及时处理系统内部和外部的随机事件,使系统能够更加有效地发挥效能。

7.1 中断概述

7.1.1 中断、中断源与中断系统

1. 中断

所谓中断,是指 CPU 在正常运行程序时,遇到外部/内部的紧急事件需要处理,引起 CPU 中断正在运行的程序,而转去处理临时发生的事件,处理完毕,再返回去执行被暂时中断的程序。由于 CPU 正在执行的程序被暂停执行,所以称为中断。相对被中断的程序来说,中断处理程序是临时嵌入的一段程序,所以,一般将被中断的程序称为主程序,而将中断处理程序称为中断子程序(或中断服务子程序)。主程序被中止的地方,称为断点,也就是下一条指令所在内存的地址。中断服务子程序一般存放在内存中一个固定的区域内,它的起始地址称为中断服务子程序的入口地址。

2. 中断源

能够引起计算机中断的事件,称为中断源。常见的中断源有:

(1)外部设备请求数据输入或输出。

(2)故障信号或程序出错引起的中断。例如,电源掉电、运算溢出及除数为零等请求 CPU 紧急处理的情况。

(3)为调试程序而设置的单步操作或断点。

(4)软件中断。程序中执行了预先安排的中断指令引起的中断。

3. 中断系统

实现中断功能的控制逻辑(硬件)、有关中断的安排或规定以及相应的软件,称为中断系统。不同的微机的中断系统不尽相同,但都应具备以下基本功能:

(1)实现中断响应和中断返回。当 CPU 收到中断请求后,能根据具体情况决定是否响应中断,如果 CPU 没有更急、更重要的工作,则在执行完当前指令后响应这一中断请求。CPU 中断响应过程如下:首先,将断点处的 PC 值(即下一条应执行指令的地址)推入堆栈保留下

来,这称为保护断点,由硬件自动执行。然后,将有关的寄存器内容和标志位状态推入堆栈保留下来,这称为保护现场,由用户自己编程完成。保护断点和现场后即可执行中断服务程序,执行完毕,CPU 由中断服务程序返回主程序,中断返回过程如下:首先恢复原保留寄存器的内容和标志位的状态,这称为恢复现场,由用户编程完成。然后,再加返回指令 IRET,IRET 指令的功能是恢复 PC 值,使 CPU 返回断点,这称为恢复断点。恢复现场和断点后,CPU 将继续执行被中断的程序,中断响应过程到此为止。

(2)实现优先权排队。通常,系统中有多个中断源,当有多个中断源同时发出中断请求时,要求计算机能确定哪个中断更紧迫,以便首先响应。为此,计算机给每个中断源规定了优先级别,称为优先权。这样,当多个中断源同时发出中断请求时,优先权高的中断能先被响应,只有优先权高的中断处理结束后才能响应优先权低的中断。计算机按中断源优先权高低逐次响应的过程称优先权排队,这个过程可通过硬件电路来实现,亦可通过软件查询来实现。

(3)实现中断嵌套。当 CPU 响应某一中断时,若有优先权高的中断源发出中断请求,则 CPU 能中断正在执行的中断服务程序,并保留这个程序的断点(类似于子程序嵌套),响应高级中断,高级中断处理结束以后,再继续进行被中断的中断服务程序,这个过程称为中断嵌套。如果发出新的中断请求的中断源的优先权级别与正在处理的中断源同级或更低时,CPU 不会响应这个中断请求,直至正在处理的中断服务程序执行完以后才能去处理新的中断请求。

7.1.2 简单的中断处理过程

不同的微机系统和不同的中断方式,CPU 进行中断处理的具体过程不完全一样。但就多数而言,中断处理过程都要经历以下步骤:

(1)请求中断。当外设需要 CPU 服务时,首先要提出中断请求,使中断控制系统的中断请求触发器置位,中断请求信号一直保持到 CPU 对其进行中断响应才清除。

(2)中断响应。CPU 接到中断请求信号,根据不同的中断类型,响应过程不完全相同。例如,对系统内部中断源提出的中断请求,CPU 必须响应,而且自动取得中断服务子程序的入口地址,执行中断服务子程序;对于外部中断,CPU 在执行当前指令的最后一个时钟周期去查询 INTR 引脚,若查询到中断请求信号有效,同时在系统开中断(即 IF = 1)的情况下,CPU 向发出中断请求的外设回送一个低电平有效的中断应答信号,作为对中断请求 INTR 的应答,系统自动进入中断响应周期。

(3)中断处理。CPU 对中断的处理通过执行中断服务程序实现。中断服务程序一般包含保护现场、处理中断(执行不同的中断服务程序)及恢复现场几个部分。

(4)中断返回。在中断服务子程序的最后要安排一条中断返回指令 IRET,执行该指令,系统自动将堆栈内保存的 IP/EIP 和 CS 值弹出,从而恢复主程序断点处的地址值,同时还自动恢复标志寄存器 FR 或 EFR 的内容,使 CPU 转到被中断的程序中继续执行。

简单的中断的处理过程如图 7-1 所示。

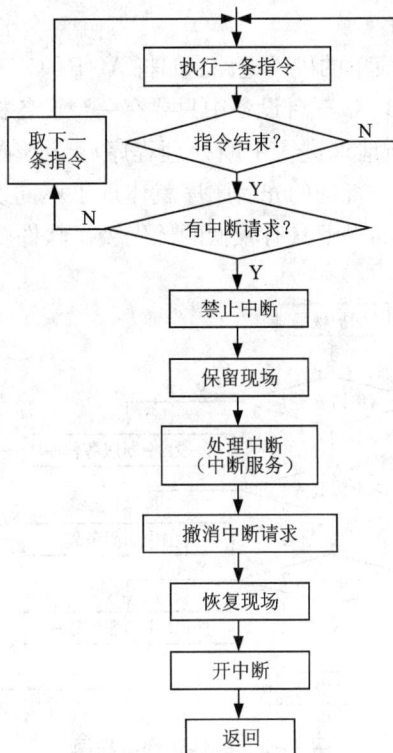

图 7 – 1　中断的响应过程

7.1.3　中断源识别与优先权判断

1. 中断源识别

在微机系统中，不同的中断源对应着不同的中断服务子程序，并且存放在不同的存储区域。当系统中有多个中断源时，一旦发生中断，CPU 必须确定是哪一个中断源提出了中断请求，以便获取相应的中断服务子程序的入口地址，进行中断处理，这个过程称为中断源识别。

中断源识别需要解决两个问题，一是明确是哪个中断源提出请求；二是找到与之对应的中断服务程序的入口地址。常用的中断源识别方法有软件查询法和中断向量法。

在 80x86 CPU 系统中，采用中断向量的方式来识别中断源。中断事件在提出中断请求的同时，通过硬件向 CPU 提供中断向量。中断服务子程序的入口地址称为中断向量。系统为每一个外设都预先指定一个中断向量，当 CPU 识别出某一个设备请求中断并予以响应时，中断控制逻辑就将设备的中断向量送给 CPU，而转去执行相应的中断服务子程序。

采用中断向量法，中断源识别及中断服务程序入口地址的获取由硬件自动完成，不需要CPU 去逐个检测和确定中断源，大大加快了中断响应速度。

2. 中断优先级

在实际系统中，常常遇到多个中断源同时请求中断的情况，这时 CPU 就要识别出是哪些中断源有中断请求，辨别和比较它们的优先权（Priority），先响应优先权级别最高的中断申请。另外，当 CPU 正在处理中断时，也要能响应更高级的中断申请，而屏蔽掉同级或较低级的中断申请。解决优先级的问题一般可有三种方法：软件查询法、简单硬件方法及专用硬件方法。下面分别介绍：

(1)软件查询法。只需有简单的硬件电路，如将 A、B、C 三台设备的中断请求信号"或"后作为系统 INTR，这时，A、B、C 三台设备中只要有一台设备提出中断请求，都可以向 CPU 发中断请求。当 CPU 响应中断请求进入中断处理程序后，必须在中断处理程序的开始部分安排一段带优先级的查询程序，查询的先后顺序就体现了不同设备的中断优先级，即先查的设备具有较高的优先级，后查的设备具有较低的优先级。软件查询的流程如图 7 - 2 所示。

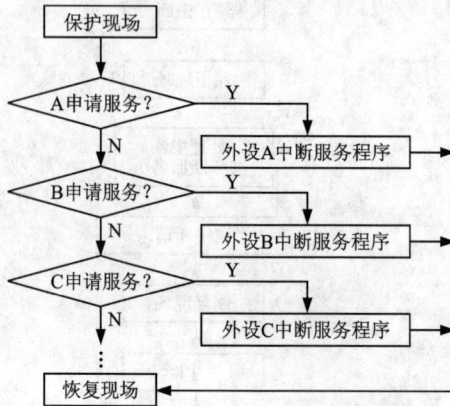

图 7 - 2　软件查询流程图

(2)简单硬件方法。以链式中断优先权排队电路为例，基本设计思想是将所有的设备连成一条链，靠近 CPU 的设备优先级最高，越远的设备优先级别越低，则发出中断响应信号，若级别高的设备发出了中断请求，在它接到中断响应信号的同时，封锁其后的较低级设备，使得它们的中断请求不能响应，只有等它的中断服务结束以后才开放，允许为低级的设备服务。判优方法如图 7 - 3 所示。

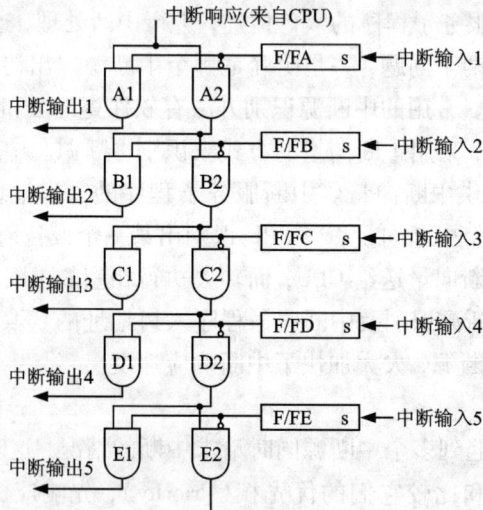

图 7 - 3　链式判优

（3）专用硬件方式。采用可编程的中断控制器芯片，如 Intel8259A。有了中断控制器以后，CPU 的 INTR 和$\overline{\text{INTA}}$引脚不再与接口直接相连，而是与中断控制器相连，外设的中断请求信号通过 IR0 ~ IR7 进入中断控制器，经优先级管理逻辑确认为级别最高的那个请求的类型号会经过中断类型寄存器在当前中断服务寄存器的某位上置 1，并向 CPU 发 INTR 请求，CPU 发出$\overline{\text{INTA}}$信号后，中断控制器将中断类型码送出。在整个过程中，优先级较低的中断请求都受到阻塞，直到较高级的中断服务完毕之后，当前服务寄存器的对应位清 0，较低级的中断请求才有可能被响应。电路如图 7 - 4 所示。利用中断控制器可以通过编程来设置或改变其工作方式，使用起来方便灵活。

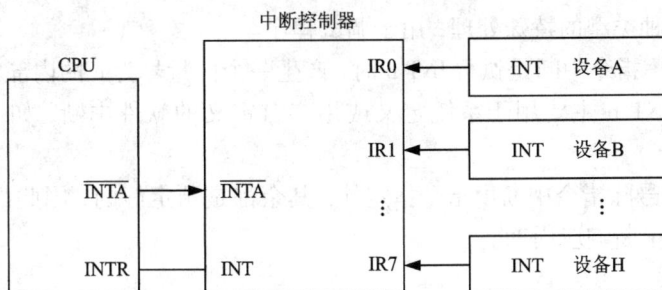

图 7 - 4　中断控制器的系统连接

当 CPU 正在为某一个中断源服务的过程中，又出现了其他中断请求，如何处理？一般的做法是，如果新提出的中断请求比当前正在服务的中断级别高，说明它更紧急、更迫切需要服务，CPU 应暂停当前正在执行的中断服务，转去执行更高级的中断服务程序。于是，出现了多重中断，或称中断嵌套；如果新提出的中断请求比当前正在服务的中断级别低，则不予理睬，待当前服务执行完后，再去根据当时的情况决定是否响应。中断过程中要占用堆栈空间来存放断点地址和现场信息。堆栈还用来存放子程序的返回地址。只要堆栈空间足够，中断嵌套的层数一般没有限制。

7.2　8086 中断系统

8086 有一个简单而灵活的中断系统，采用向量型中断结构，可以处理多达 256 个不同类型的中断请求。

7.2.1　8086 中断方式

8086 有两类中断，内部中断和外部中断。内部中断是由 CPU 内部事件引起的中断；外部中断是由外部（主要是外设）的请求引起的中断。

1. 内部中断

8086 可以有几种产生内部中断的情况：

（1）溢出中断。溢出中断是在执行溢出中断指令 INTO 时，若溢出标志 OF 为 1，产生一个向量号为 4 的内部中断。溢出中断为程序员提供一种处理算术运算出现溢出的方法，通常和带符号数的加、减法指令一起使用。

(2)除法出错中断。除法出错中断是进行除法运算时，若除数为0或商溢出时产生一个向量号为0的内部中断。0型中断没有相应的中断指令，也不由外部硬件电路引起，故也称"自陷"中断。

(3)单步中断。单步中断的中断类型号为1。当PSW标志寄存器的单步标志位TF为1时，每执行完一条指令，CPU立即暂停程序的执行，产生1号类型中断。单步中断是为调试程序而设置的。如DEBUG中的跟踪命令，就是将TF置1。

(4)断点中断。断点中断是指令中断中的一个特殊的单字节INT 3指令中断，执行一个INT 3指令，产生一个向量号为3的内部中断。断点中断常用于设置断点，停止正常程序的执行，转去执行某种类型的特殊处理，用于调试程序。

(5)指令中断。指令中断是执行INT n时，产生一个向量号为n的内部中断，为两字节指令，INT 3除外。INT n主要用于系统定义或用户自定义的软件中断，如BIOS功能调用和DOS功能调用。

内部中断向量号除指令中断由指令指定外，其余都是预定好的，因此都不需要传送中断向量号，也不需要中断响应周期。

2.外部中断

外部中断也叫硬件中断，是CPU外部中断请求信号引脚上输入有效的中断请求信号引起的，分为不可屏蔽中断NMI和可屏蔽中断INTR二种。

(1)不可屏蔽中断NMI

所谓不可屏蔽中断，就是用户不能通过CPU内的中断允许触发器IF控制的中断，由NMI引脚上输入有效的中断请求信号引起的一个向量号为2的中断。NMI用来通知CPU发生了致命性事件，如电源掉电、存储器读写错、总线奇偶位错等。NMI是不可用软件屏蔽的，采用上升沿触发方式，中断类型号预定为2，不需要中断响应周期。

(2)可屏蔽中断INTR

可屏蔽中断就是用户可以控制的中断，通过对CPU内的中断允许触发器IF的设置来禁止/允许CPU响应中断。可屏蔽中断的中断源一般是外部设备，可屏蔽中断请求信号通过INTR引脚输入，所有的可屏蔽中断请求共用一条INTR线，由可编程中断控制器8259A管理，中断类型号为08H~0FH。

8086中断源如图7-5所示。

7.2.2　中断向量表

系统处理中断的方法很多，处理中断的步骤中最主要的一步就是如何根据不同的中断源进入相应的中断服务子程序，目前用的最多的就是向量式中断。

把各个中断服务子程序的入口都称为一个中断向量，将这些中断向量按一定的规律排列成一个表，就是所谓的中断向量表，当中断源发出中断请求时，即可查找该表，找出其中断向量，就可转入相应的中断服务子程序。

1.中断向量表

8086中断系统中的中断向量表是建立在内存最低端1 KB RAM区，地址范围为0~3FFH，每个中断向量占用4个存储单元，4个单元中的前2个单元存放的是中断服务程序所

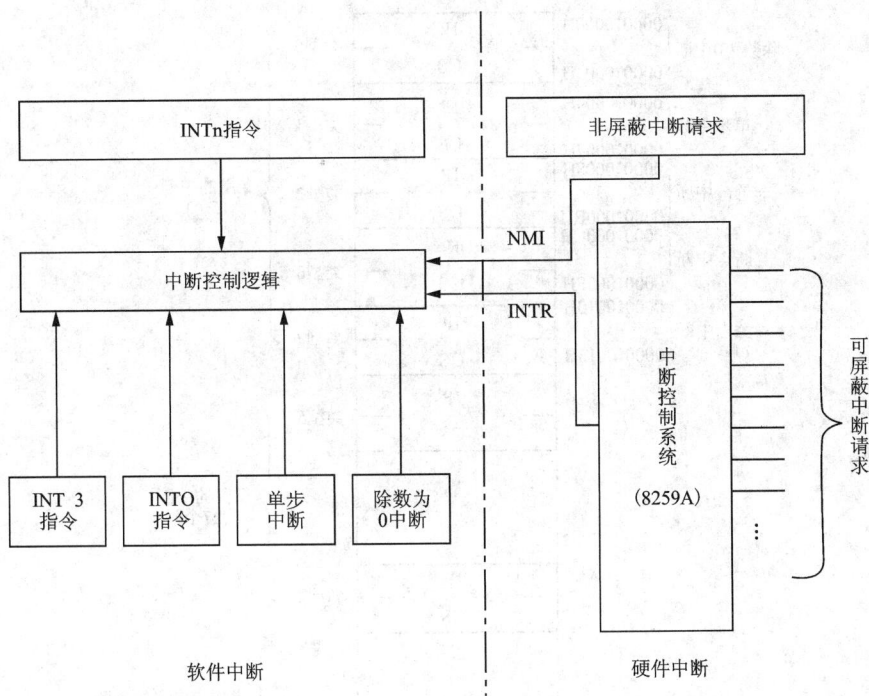

图 7 - 5　8086 中断源

在段内的偏移量(IP 的内容,16 位地址),低位字节存放在低地址,高位字节存放在高地址;后 2 个单元存放的是中断服务程序所在段的段基地址(CS 的内容,16 位地址),存放方法与前 2 个单元相同。

图 7 - 6 给出了中断类型号与中断向量所在位置之间的对应关系。中断向量表中,类型号 0 ~ 4 已由系统定义,不允许用户做修改;类型号 5 ~ 31 是系统备用中断,是为软硬件开发保留的,一般也不允许改为它用;类型号 32 ~ 255,供用户自由应用。

中断类型号 * 4 即可计算某个中断类型的中断向量在整个中断向量表中的位置。如类型号为 88H,则中断向量的存放位置为 88H × 4 = 220H(设中断服务子程序的入口地址为 4030:2010H,则在 0000:0220H ~ 0000:0223H 中就应顺序放入 10H、20H、30H、40H)。当系统响应 88H 号中断时,会自动查找中断向量,找出对应的中断向量装入 CS、IP,即转入该中断服务子程序。

2. 中断入口地址设置

对于系统定义的中断,如 BIOS 中断调用和 DOS 中断调用,在系统引导时就自动完成了中断向量表中断向量的装入,也即中断类型号对应中断服务程序入口地址的设置。而对于用户定义的中断调用,除设计好中断服务程序外,还必须把中断服务程序入口地址放置到与中断类型号相应的中断向量表中,有直接装入和利用 DOS 功能调用装入两种方法:

(1)直接装入

假定中断服务程序为 INT - EX,直接装入程序段如下:

```
SUB    AX, AX
```

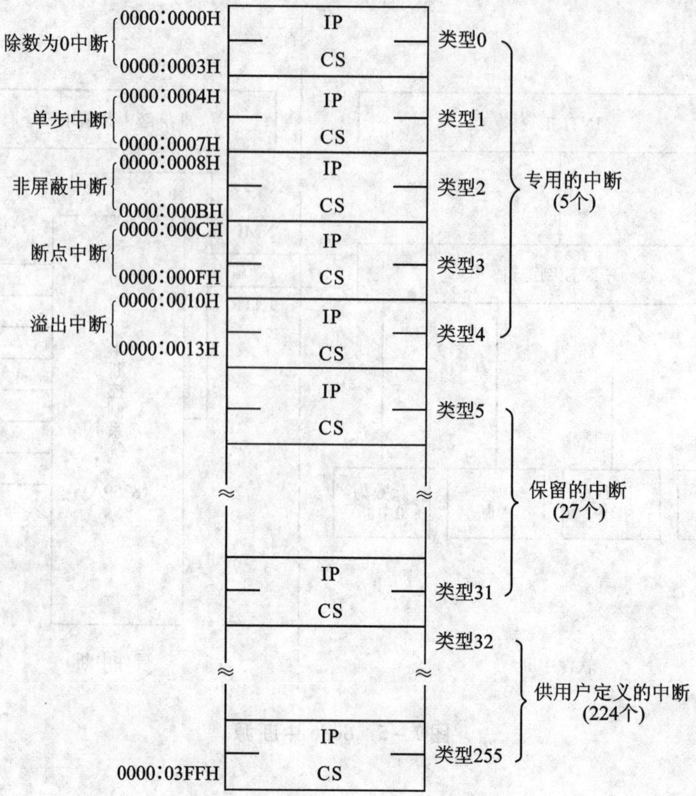

图 7-6　中断向量表

```
MOV  ES, AX                    ; 中断向量表的段地址为 0
MOV  AX, OFFSET INT - EX
MOV  ES: 28H, AX               ; IRQ2 的中断类型号为 0AH, 0AH * 4 = 28H
MOV  AX, SEG INT - EX
MOV  ES: 2AH, AX
```

（2）DOS 功能调用装入

INT 21H 的 25H 号功能为设置中断向量, 具体方法是在执行 INT 21H 前预置 AH 为 25H, AL 为要设置的中断类型号, DS: DX 中预置中断向量, 执行 INT 21H 即可。装入程序如下:

```
MOV  AX, SEG INT - EX
MOV  DS, AX
MOV  DX, OFFSET INT - EX
MOV  AX, 250AH
INT  21H
```

7.2.3　8086CPU 响应中断的流程

8086 对外部中断和内部中断响应的过程是不同的, 其主要区别在于如何获取相应的中断类型号。对于由 INTR 引脚进入的可屏蔽中断, CPU 在 INTR 引脚上接到一个中断请求信号,如果此时 IF = 1，CPU 就会在当前指令执行完以后开始响应外部的中断请求，这时，CPU 在引脚连续发两个负脉冲，外设在接到第二个负脉冲以后，在数据线上发送中断类型号，CPU 读取数据线获得由请求中断的外部设备输入的中断类型号。若是 NMI 引脚来的不可屏蔽中断，则 CPU 不用经过两个中断响应周期，而在内部自动产生中断类型号 2。内部中断的响应过程与不可屏蔽中断类似，中断类型号也是自动生成的。

8086CPU 在响应中断请求后，由硬件自动完成如下操作：

（1）获取中断类型号，生成中断向量表或中断描述符表的位移量；

（2）将标志寄存器内容压入堆栈，以保护中断时的状态；

（3）将 IF 和 TF 标志清 0，屏蔽 INTR 中断和单步中断；

（4）保护断点，将当前的 IP 和 CS 的内容入栈，保护断点是为了以后正确地返回主程序；

（5）根据取到的中断类型号，在中断向量表中找出相应的中断向量，将其装入 IP 和 CS，进入中断服务程序。

8086CPU 中断响应过程如图 7 - 7 所示。CPU 在当前指令执行完毕后，按中断源的优先顺序去检测和查询是否有中断请求，当查询到有内部中断发生时，中断类型号 n 由 CPU 内部形成或由指令本身（INT n）提供；当查询到有 NMI 请求时，自动转入中断类型 2 进行处理；当查询到有 INTR 请求时，响应的条件是 IF = 1，其中断类型号 n 由请求设备在中断响应周期自动给出；当查询到单步请求 TF = 1 时，并且在 IF = 1 时自动转入中断类型 1 进行处理。

7.3 可编程中断控制器 8259A

可编程中断控制器 8259A 是 Intel 公司专为 80x86 CPU 控制外部中断而设计开发的芯片。它将中断源优先级判优、中断源识别和中断屏蔽电路集于一体，不需要附加任何电路就可以对外部中断进行管理，单片可以管理 8 级外部中断，在多片级联方式下，可以管理多达 64 级的外部中断。

7.3.1 8259A 的结构及引脚

可编程中断控制器 8259A 是 28 引脚双列直插式芯片，单一 + 5 V 电源供电。

1. 8259A 的内部结构

8259A 内部结构如图 7 - 8 所示，由 8 个部分组成。

（1）数据总线缓冲器

这是一个 8 位双向三态缓冲器，是 8259A 与系统数据总线的接口。8259A 通过数据总线缓冲器接收微处理器发来的各种命令控制字、有关寄存器状态的读取，8259A 也通过数据总线缓冲器向微处理器送出中断类型号等。

（2）读/写控制逻辑

该部件接收来自 CPU 的读/写命令，配合片选信号 $\overline{CS}$、读信号 $\overline{RD}$、写信号 $\overline{WR}$ 和地址线 A0 共同实现控制，完成规定的操作。

（3）级联缓冲器/比较器

8259A 既可工作于单片方式，也可工作于多片级联方式。这个部件在级联方式下用于标识主从设备，在缓冲方式下控制收发器的数据传送方向。

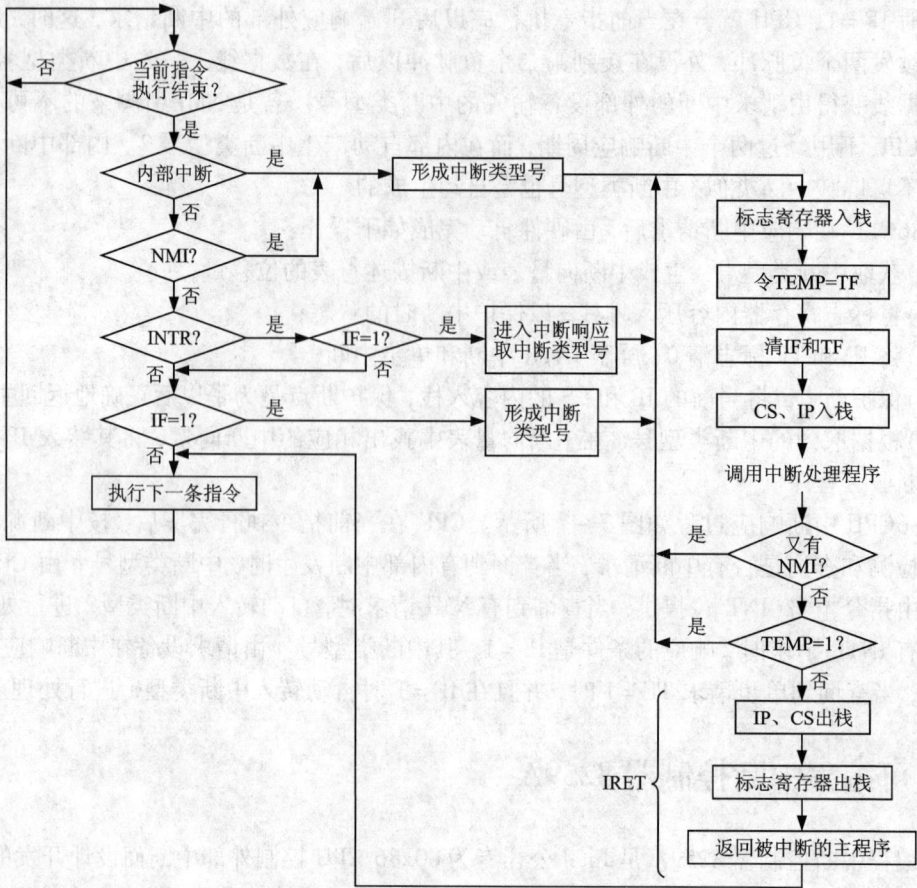

图 7 - 7　8086CPU 响应中断的流程

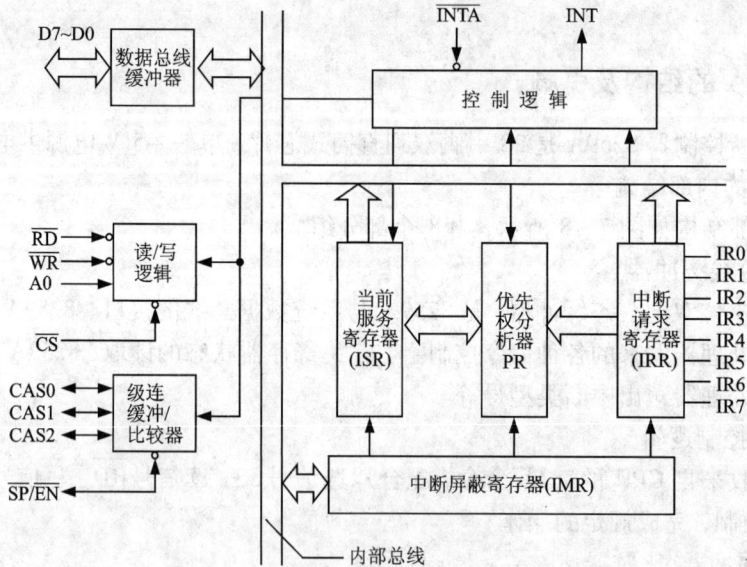

图 7 - 8　8259A 的内部结构

（4）中断请求寄存器 IRR

该寄存器是一个 8 位寄存器,用来锁存外部设备送来的 IR7 ~ IR0 中断请求信号。每位对应着 8259A 的 8 个外部中断请求输入端 IR7 ~ IR0 中的一位,当 IR7 ~ IR0 中某引脚上有中断请求信号时,IRR 对应位置 1,当该中断请求被响应时,该位复位。

（5）中断屏蔽寄存器 IMR

该寄存器是一个 8 位寄存器,用于设置中断请求的屏蔽信号。每位对应着 8259A 的 8 个外部中断请求输入端 IR7 ~ IR0 中的一位。如果用软件将 IMR 的某位置"1",则其对应引脚上的中断请求将被 8259A 屏蔽,即使对应 IRi 引脚上有中断请求信号输入也不会在 8259A 上产生中断请求输出;反之,若屏蔽位置"0",则不屏蔽,即产生中断请求。各个屏蔽位是相互独立的,某位被置 1 不会影响其他未被屏蔽引脚的中断请求工作。

（6）中断服务状态寄存器 ISR

该寄存器是一个 8 位寄存器,用于记录当前正在被服务的所有中断级,包括尚未服务完而中途被更高优先级打断的中断级。每位对应着 8259A 的 8 个外部中断请求输入端 IR7 ~ IR0 中的一位。若某个引脚上的中断请求被响应,则 ISR 中对应位被置 1,以示这一中断源正在被服务。这一位何时被置 0 取决于中断结束方式,见后述。例如,若 IRR 的 IR2 获得中断请求允许,则 ISR 中的 D2 位置位,表明 IR2 正处于被服务之中。ISR 的置位也允许嵌套,即如果已有 ISR 的某位置位,但 IRR 中又送来优先级更高的中断请求,经判优后,相应的 ISR 位仍可置位,形成多重中断。

（7）优先权分析器 PR

优先权分析器用于识别和管理各中断请求信号的优先级别。当在 IR 输入端有几个中断请求信号同时出现时,通过 IRR 送到 PR(只有 IRR 中置 1 且 IMR 中对应位置 0 的位才能进入 PR)。PR 检查中断服务寄存器 ISR 的状态,判别有无优先级更高的中断正在被服务,若无,则将中断请求寄存器 IRR 中优先级最高的中断请求送入中断服务寄存器 ISR,并通过控制逻辑向 CPU 发出中断请求信号 INT,并且将 ISR 中的相应位置"1",用来表明该中断正在被服务;若中断请求的中断优先级等于或低于正在服务中的中断优先级,则 PR 不提出中断请求,同样不将 ISR 的相应位置位。

（8）控制逻辑

控制逻辑是 8259A 全部功能的控制核心。它包括一组初始化命令字寄存器 ICW1 ~ ICW4 和一组操作命令字寄存器 OCW1 ~ OCW4,以及有关的控制电路。初始化命令字在系统初始化时设定,工作过程中一般保持不变。操作命令字在工作过程中根据需要设定。控制逻辑电路按照编程设定的工作方式管理 8259A 的全部工作。

2. 8259A 的引脚

8259A 是具有 28 个引脚的集成电路芯片,外部引脚如图 7 - 9 所示。

（1）D7 ~ D0:双向数据输入/输出引脚,用以与 CPU 进行信息交换。

（2）IR7 ~ IR0:8 级中断请求信号输入引脚,规定的优先级为 IR0 > IR1 > … > IR7,当有多片 8259A 形成级联时,从片的 INT 与主片的 IRi 相连。

（3）INT:中断请求信号输出引脚,高电平有效,用以向 CPU 发中断请求,接在 CPU 的 INTR 输入端。

（4）$\overline{\text{INTA}}$:中断响应应答信号输入引脚,低电平有效,在 CPU 发出第二个 $\overline{\text{INTA}}$ 时,

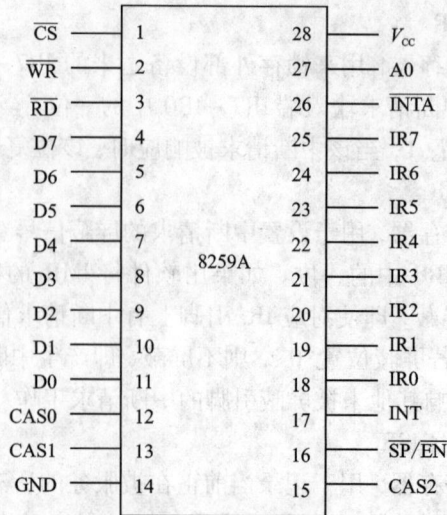

图 7 - 9 8259A 外部引脚图

8259A 将其中最高级别的中断请求的中断类型号送出；接在 CPU 的 $\overline{\text{INTA}}$ 中断应答信号输出端。

(5) $\overline{\text{RD}}$ 和 $\overline{\text{WR}}$：读和写控制信号输入引脚，低电平有效，接 CPU 的 $\overline{\text{IOR}}$ 和 $\overline{\text{IOW}}$ 信号。

(6) $\overline{\text{CS}}$：片选信号输入引脚，低电平有效，一般由系统地址总线的高位，经译码后形成，决定了 8259A 的端口地址范围。

(7) A0：用于选择 8259A 的内部寄存器。

(8) CAS2 ~ CAS0：级联信号引脚，当 8259A 为主片时，为输出；否则为输入，与 $\overline{\text{SP}}/\overline{\text{EN}}$ 信号配合，实现芯片的级联，这三个引脚信号的不同组合 000 ~ 111，刚好对应于 8 个从片。

$\overline{\text{SP}}/\overline{\text{EN}}$：SP 为级联管理信号输入引脚，在非缓冲方式下，若 8259A 在系统中作从片使用，则 SP = 1，否则 SP = 0；在缓冲方式下，$\overline{\text{EN}}$ 用作 8259A 外部数据总线缓冲器的启动信号。

7.3.2 8259A 的工作过程

(1) 当有一个或多个中断源申请中断时，通过 IR7 ~ IR0 输入给 8259A，使中断请求寄存器 IRR 相应位置 1。

(2) 当对中断源的中断申请不屏蔽的情况下，向中断控制器发中断申请信号，中断控制器把该信号转发给优先级判别器 PR。

(3) 优先权分析器 PR 根据中断申请寄存器的内容决定处理哪个中断源申请的中断，再根据中断服务寄存器 ISR 的内容决定 CPU 正响应哪一级中断源，经过优先级判别决定该中断源是否高于 CPU 正在服务的中断源，若高于，通过控制逻辑的 INT 线向 CPU 申请中断。

(4) 若 CPU 处于开中断状态，则在当前指令执行完后，进入中断服务程序，并用信号作为响应中断的回答信号。

(5) 8259A 接收到信号后，使中断服务寄存器 ISR 相应位置 1，使中断请求寄存器 IRR 的相应位置 0，以避免该中断源再次发生中断申请。

(6) CPU 启动另一个中断响应周期，输出另一个脉冲。这时 8259A 通过数据总线向 CPU

输出当前级别最高的中断申请源的中断类型号，以便 CPU 很快转入中断服务程序。

（7）若 8259A 工作在 AEOI 模式（自动结束方式），在第二个脉冲结束时，使中断源在中断服务寄存器中的相应位置 0；否则，直至中断服务程序结束，发出 EOI 命令，才使中断服务寄存器中的相应位复位。

7.3.3　8259A 的工作方式

8259A 的中断管理功能很强，单片可以管理 8 级外部中断，在多片级联方式下最多可以管理 64 级外部中断，并且具有中断优先权判优、中断嵌套、中断屏蔽和中断结束等多种中断管理方式。

1. 中断优先权方式

8259A 中断优先权的管理方式有固定优先权方式和自动循环优先权方式两种。

（1）固定优先权方式

在固定优先权方式中，IR7～IR0 的中断优先权的级别是由系统确定的。它们由高到低的优先级顺序是：IR0，IR1，IR2，…，IR7。当有多个 IRi 请求时，优先权分析器（PR）将它们与当前正在处理的中断源的优先权进行比较，选出当前优先权最高的 IRi，向 CPU 发出中断请求 INT，请求为其服务。

（2）自动循环优先权方式

在自动循环优先权方式中，IR7～IR0 优先权级别是可以改变的。其变化规律是：当某一个中断请求 IRi 服务结束后，该中断的优先权自动降为最低，而紧跟其后的中断请求 IR$(i+1)$ 的优先权自动升为最高，IR7～IR0 优先权级别按如下所示的右循环方式改变。

假设在初始状态 IR0 有请求，CPU 为其服务完毕，IR0 优先权自动降为最低，排在 IR7 之后，而其后的 IR1 的优先权升为最高，其余依此类推。这种优先权管理方式，可以使 8 个中断请求都拥有享受同等优先服务的权利。

在自动循环优先权方式中，按确定循环时的最低优先权的方式不同，又分为普通自动循环方式和特殊自动循环方式两种。普通自动循环方式的特点是：IR7～IR0 中的初始最高优先级由系统指定，即指定 IR0 的优先级最高，以后按右循环规则进行循环排队。而特殊自动循环方式的特点是：IR7～IR0 中的初始最低优先级，由用户通过置位优先权命令指定。

2. 中断嵌套方式

8259A 的中断嵌套方式分为完全嵌套和特殊完全嵌套两种。

（1）完全嵌套方式

完全嵌套方式是 8259A 在初始化时自动进入的一种最基本的优先权管理方式。其特点是：中断优先权管理为固定方式，即 IR0 优先权最高，IR7 优先权最低，在 CPU 中断服务期间（即执行中断服务子程序过程中），若有新的中断请求到来，只允许比当前服务的中断请求的优先权"高"的中断请求进入，对于"同级"或"低级"的中断请求禁止响应。

（2）特殊完全嵌套方式

特殊完全嵌套方式是 8259A 在多片级联方式下使用的一种优先权管理方式。其特点是：

中断优先权管理为固定方式，IR7 ~ IR0 的优先顺序与完全嵌套规定相同；与完全嵌套方式不同之处是在 CPU 中断服务期间，除了允许高级中断请求进入外，还允许同级中断请求进入，从而实现了对同级中断请求的特殊嵌套。

在级联方式下，主片通常设置为特殊完全嵌套方式，从片设置为完全嵌套方式。当主片为某一个从片的中断请求服务时，从片中的 IR7 ~ IR0 的请求都是通过主片中的某个 IRi 请求引入的。因此从片的 IR7 ~ IR0 对于主片 IRi 来说，它们属于同级，只有主片工作于特殊完全嵌套方式时，从片才能实现完全嵌套。

3. 中断屏蔽方式

中断屏蔽方式是对 8259A 的外部中断源 IR7 ~ IR0 实现屏蔽的一种中断管理方式，有普通屏蔽方式和特殊屏蔽方式两种。

(1) 普通屏蔽方式

普通屏蔽方式是通过 8259A 的中断屏蔽寄存器(IMR)来实现对中断请求 IRi 的屏蔽。由编程写入操作命令字 OCW1，将 IMR 中的 D_i 位置 1，以达到对 IRi($i = 0 \sim 7$)中断请求的屏蔽。

(2) 特殊屏蔽方式

特殊屏蔽方式允许低优先级中断请求中断正在服务的高优先级中断。这种屏蔽方式通常用于级联方式中的主片，对于同一个请求 IRi 上连接有多个中断源的场合，可以通过编程写入操作命令字 OCW3 来设置或取消。

在特殊屏蔽方式中，可在中断服务子程序中用中断屏蔽命令来屏蔽当前正在处理的中断，同时可使 ISR 中的对应当前中断的相应位清 0，这样一来不仅屏蔽了当前正在处理的中断，而且也真正开放了较低级别的中断请求。

在这种情况下，虽然 CPU 仍然继续执行较高级别的中断服务子程序，但由于 ISR 中对应当前中断的相应位已经清 0，如同没有响应该中断一样。所以，此时对于较低级别的中断请求，8259A 仍然能产生 INT 中断请求，CPU 也会响应较低级别的中断请求。

4. 中断结束方式

中断结束方式是指 CPU 为某个中断请求服务结束后，应及时清除中断服务标志位，否则就意味着中断服务还在继续，致使比它优先级低的中断请求无法得到响应。中断服务标志位存放在中断服务寄存器(ISR)中，当某个中断源 IRi 被响应后，ISR 中的 D_i 位被置 1，服务完毕应及时清除。

8259A 提供了以下三种中断结束方式：

(1) 自动结束方式

自动结束方式是利用中断响应信号的第二个负脉冲的后沿，将 ISR 中的中断服务标志位清除。这种中断服务结束方式是由硬件自动完成的，需要注意的是：ISR 中为"1"位的清除是在中断响应过程中完成的，并非中断服务子程序的真正结束，若在中断服务子程序的执行过程中有另外一个比当前中断优先级低的请求信号到来，因 8259A 并没有保存任何标志来表示当前服务尚未结束，致使低优先级中断请求进入，打乱正在服务的程序，因此这种方式只适合用在没有中断嵌套的场合。

(2) 普通结束方式

普通结束方式是通过在中断服务子程序中编程写入操作命令字 OCW2，向 8259A 传送一个普通 EOI(End Of Interrupt)命令(不指定被复位的中断的级号)来清除 ISR 中当前优先级别最高位。由于这种结束方式是清除 ISR 中优先权级别最高的那一位,适合使用在完全嵌套方式下的中断结束。因为在完全嵌套方式下,中断优先级是固定的,8259A 总是响应优先级最高的中断,保存在 ISR 中的最高优先级的对应位,一定对应于正在执行的服务程序。

(3)特殊结束方式

特殊结束方式是通过在中断服务子程序中编程写入操作命令字 OCW2,向 8259A 传送一个特殊 EOI 命令(指定被复位的中断的级号)来清除 ISR 中的指定位。

由于在特殊 EOI 命令中明确指出了复位 ISR 中的哪一位,不会因嵌套结构出现错误。因此,它可以用于完全嵌套方式下的中断结束,更适用于嵌套结构有可能遭到破坏的中断结束。

5. 中断触发方式

8259A 中断请求输入端 IR7 ~ IR0 的触发方式有电平触发和边沿触发两种,由初始化命令字 ICW1 中的 LTIM 位来设定。

当 LTIM 设置为 1 时,为电平触发方式,8259A 检测到 IRi(i = 0 ~ 7)端有高电平时产生中断。在这种触发方式中,要求触发电平必须保持到中断响应信号有效为止,并且在 CPU 响应中断后,应及时撤销该请求信号,以防止 CPU 再次响应,出现重复中断现象。

当 LTIM 设置为 0 时,为边沿触发方式,8259A 检测到 IRi 端有由低到高的跳变信号时产生中断。

6. 总线连接方式

8259A 数据线与系统数据总线的连接有缓冲和非缓冲两种方式。

(1)缓冲方式

如果 8259A 通过总线驱动器和系统数据总线连接,此时,8259A 应选择缓冲方式。当定义为缓冲方式后,$\overline{SP}/\overline{EN}$即为输出引脚。在 8259A 输出中断类型号的时候,$\overline{SP}/\overline{EN}$输出一个低电平,用此信号作为总线驱动器的启动信号。

(2)非缓冲方式

如果 8259A 数据线与系统数据总线直接相连,那么 8259A 工作在非缓冲方式。

7.3.4 8259A 的级联

在一个中断系统中,可以使用多片 8259A,使中断优先级从 8 级扩展到最多的 64 级,这得通过 8259A 的级联来实现。级联方法如图 7 – 10 所示。8259A 的 CAS2 ~ CAS0 三个引脚信号的不同组合 000 ~ 111,刚好对应于 8 个从片。在级联时,只能有一片 8259A 作为主片,其余的 8259A 均作为从片。将主 8259A 的三条级联线 CAS2 ~ CAS0 作为输出线,通过驱动器连接到每个从片的 CAS2 ~ CAS0 的输入端。如只有一个从片,也可以不加驱动器。每个从片的中断请求信号输出线 INT 连接到主片的中断请求输入端 IR7 ~ IR0,主片的中断请求输出线 INT 连接到 CPU 的中断请求输入端 INTR。

7.3.5 8259A 的控制字和初始化编程

Intel8259A 是一个可编程的中断控制器,通过编程可以实现灵活的中断管理方式。在 8259A 内部有两组寄存器,一组为命令寄存器,用于存放 CPU 写入的初始化命令字 ICW1 ~ ICW4(Initialization Command Words),在中断系统进入正常运行之前,通过设置 ICW 来预置工作方式；另一组为操作命令寄存器，用于存放 CPU 写入的操作命令字 OCW1 ~ OCW3 (Operation Command Words)，通过写 OCW 来实现 8259A 运行中的操作控制，可以在初始化之后的任何时候使用。

1. 初始化命令字 ICW 的格式

8259A 是中断系统的核心器件，对它的初始化编程要涉及中断系统的软、硬件的许多问题，而且一旦完成初始化，所有硬件中断源和中断处理程序都必须受其制约。

如图 7 - 11 所示，8259A 在任何情况下，从 A0 = 0 的端口接收到的命令字如果 D4 = 0，则该命令字为 ICW1，同时标志着初始化的开始，根据需要写入 ICW2 ~ ICW4 命令字。

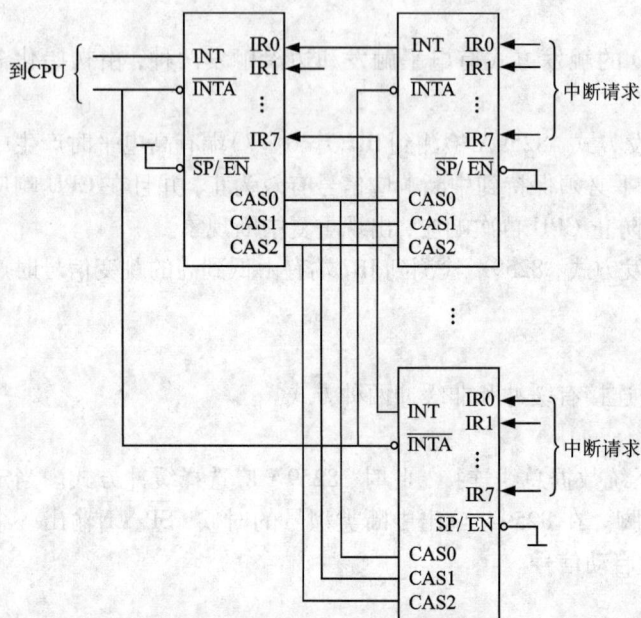

图 7 - 10　8 片 8259A 的级联连接

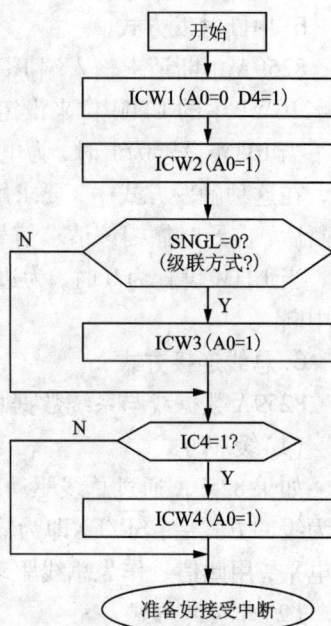

图 7 - 11　8259A 初始化流程图

(1)ICW1 的格式

ICW1 的格式如图 7 - 12 所示。

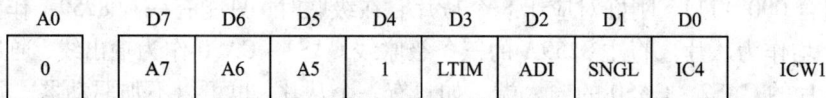

A0		D7	D6	D5	D4	D3	D2	D1	D0	
0		A7	A6	A5	1	LTIM	ADI	SNGL	IC4	ICW1

图 7 - 12　ICW1 的格式

IC4 (ICW4 Needed/No ICW4 Needed)：指示在初始化时是否需要写入命令字 ICW4。在 80x86 CPU 系统中需要定义 ICW4，设 IC4 = 1。

SNGL(Single/Cascade Mode)：指示 8259A 在系统中使用单片还是多片级联。SNGL = 1 为单片，SNGL = 0 为多片级联。

ADI(Call Address Interval)：设置调用时间间隔，在 80486 CPU 中无效。

LTIM(Level/Edge Triggered Mode)：定义 IRi 的中断请求触发方式。LTIM = 1 为电平触发，LTIM = 0 为边沿触发。

D4：ICW1 的标志位，恒为 1。

D5 ~ D7：未用，通常设置为 0。

（2）ICW2 的格式

ICW2 用于设置中断类型号，格式如图 7 – 13 所示。

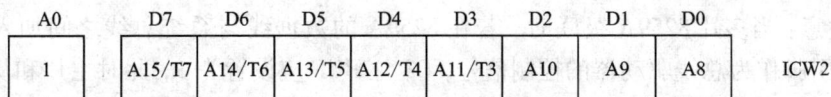

A0	D7	D6	D5	D4	D3	D2	D1	D0	
1	A15/T7	A14/T6	A13/T5	A12/T4	A11/T3	A10	A9	A8	ICW2

图 7 – 13　ICW2 的格式

ICW2 中的低 3 位 A10 ~ A8 由中断请求输入端 IRi(i = 0 ~ 7)的编码自动引入，高 5 位 T7 ~ T3 由用户编程写入。若 ICW2 写入 40H 时，则 IR0 ~ IR7 对应的中断类型号为 40H ~ 47H。

（3）ICW3 的格式

ICW3 是级联命令字，在级联方式下才需要写入，格式如图 7 – 14 所示。主片和从片所对应的 ICW3 的格式不同。

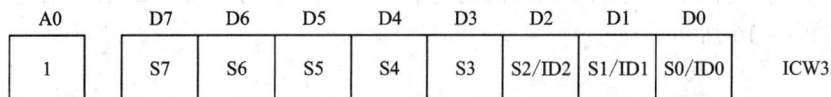

A0	D7	D6	D5	D4	D3	D2	D1	D0	
1	S7	S6	S5	S4	S3	S2/ID2	S1/ID1	S0/ID0	ICW3

图 7 – 14　ICW3 的格式

对于主片 8259A，ICW3 表示哪些 IRi 引脚接有从片 8259A，接有从片 8259A 的相应 S 位置 1，否则置 0。例如，若 IR2、IR6 上接有从片 8259A，且其他 IR 引脚未接有从片 8259A，则 ICW3 为 01000100。对于从片 8259A，用 ICW3 中的 ID2 ~ ID0 表示本 8259A 接在主片 8259A 的哪一根 IR 引脚上，与 IR0 ~ IR7 分别对应的 ID 码为 000 ~ 111。例如，若从片 8259A 接在主片 8259A 的 IR6 上，则从片 8259A 的 ICW3 应设定为：ID2 = 1，ID1 = 1，ID0 = 0。

（4）ICW4 的格式

ICW4 用于设定 8259A 的工作方式，其格式如图 7 – 15 所示。

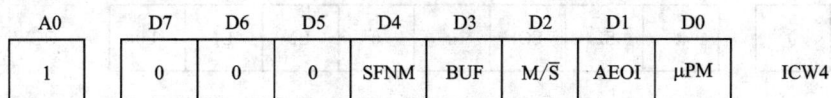

A0	D7	D6	D5	D4	D3	D2	D1	D0	
1	0	0	0	SFNM	BUF	M/$\overline{S}$	AEOI	μPM	ICW4

图 7 – 15　ICW4 的格式

μPM(Microprocessor)：设置 CPU 模式。μPM = 1 为 80x86 模式，μPM = 0 为 8080/8085 模式。

AEOI(Auto End Of Interrupt):设置 8259A 的中断结束方式。AEOI = 1 为自动结束方式,AEOI = 0 为非自动结束方式。

$M/\overline{S}$(Master/Slave):选择缓冲级联方式下的主片与从片。$M/\overline{S}$ = 1 为主片,$M/\overline{S}$ = 0 为从片。

BUF(Buffer):设置缓冲方式。BUF = 1 为缓冲方式,BUF = 0 为非缓冲方式。

SFNM(Special Fully Nested Mode):设置特殊完全嵌套方式。SFNM = 1 为特殊完全嵌套方式,SFNM = 0 为非特殊完全嵌套方式。

D7 ~ D5:未定义,通常设置为 0。

需要注意:当多片 8259A 级联时,若在 8259A 的数据线与系统总线之间加入总线驱动器,$\overline{SP}/\overline{EN}$引脚作为总线驱动器的控制信号,D3 位 BUF 应设置为 1,此时主片和从片的区分不能依靠$\overline{SP}/\overline{EN}$引脚,而是由 $M/\overline{S}$ 来选择,当 $M/\overline{S}$ = 0 时为从片;当 $M/\overline{S}$ = 1 时为主片。如果 BUF = 0,则 $M/\overline{S}$ 定义无意义。

2. 操作命令字 OCW 的格式

在 8259A 工作期间,可通过设置操作命令字来修改或控制 8259A 的工作方式。与初始化命令字 ICW1 ~ ICW4 需要按规定的顺序进行设置不同,操作命令字 OCW1 ~ OCW3 的设置没有规定其先后顺序,使用时可根据需要灵活选择不同的操作命令字写入到 8259A 中。当然,也需注意奇、偶端口地址及有关标识位的规定。

(1)OCW1 的格式

OCW1 为中断屏蔽字,写入中断屏蔽寄存器(IMR)中,对外部中断请求信号 IRi 实行屏蔽,格式如图 7 - 16 所示。

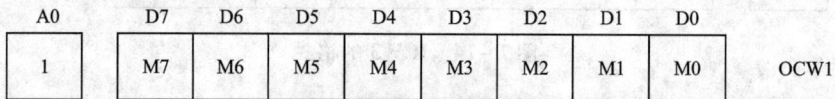

A0	D7	D6	D5	D4	D3	D2	D1	D0	
1	M7	M6	M5	M4	M3	M2	M1	M0	OCW1

图 7 - 16 OCW1 的格式

当某位 Mi(Interrupt Mask)为 1 时,则对应的 IRi 请求被禁止;当 Mi 为 0 时,则对应的 IRi 请求被允许。在工作期间可根据需要随时写入或读出。

(2)OCW2 的格式

OCW2 用于设置中断优先级方式和中断结束方式,其格式如图 7 - 17 所示。

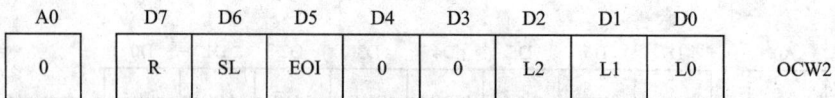

A0	D7	D6	D5	D4	D3	D2	D1	D0	
0	R	SL	EOI	0	0	L2	L1	L0	OCW2

图 7 - 17 OCW2 的格式

L2 ~ L0(IR Level To Be Acted Upon):8 个中断请求输入端 IR7 ~ IR0 的标志位,用来指定中断级别。L2 ~ L0 指定的中断级别是否有效,由 SL(Specific Level)位控制。当 SL = 1 时,L2 ~ L0 定义有效;当 SL = 0 时,L2 ~ L0 定义无效。

EOI(End Of Interrupt): 中断结束命令。若 EOI = 1 时, 在中断服务子程序结束时向 8259A 回送中断结束命令 EOI, 以便使中断服务寄存器(ISR)中当前最高优先权位复位(普通 EOI 方式), 或由 L2 ~ L0 表示的优先权位复位(特殊 EOI 方式)。

R(Rotation): 设置优先权循环方式位。R = 1 为优先权自动循环方式; R = 0 为优先权固定方式。D4, D3 为 OCW2 标志位。

由 R、SL、EOI 三位可以定义多种不同的中断结束命令或优先级循环方式。综合起来, R、SL、EOI 的设置与其代表的意义如表 7 – 1 所示。

表 7 – 1 R、SL、EOI 的设置及意义

R	SL	EOI	意义
0	0	1	普通 EOI 命令
0	1	1	特殊 EOI 命令
1	0	1	普通 EOI 循环命令
1	1	1	特殊 EOI 循环命令
0	0	0	自动 EOI 循环命令(复位)
1	0	0	自动 EOI 循环命令(置位)
1	1	0	置优先权命令
0	1	0	无操作

(3)OCW3 的格式

OCW3 用于设置或清除特殊屏蔽方式和读取寄存器的状态, 格式如图 7 – 18 所示。

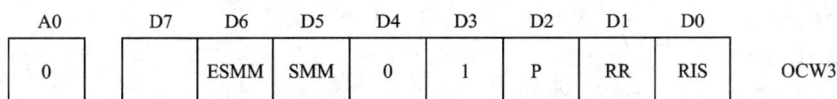

A0		D7	D6	D5	D4	D3	D2	D1	D0	
0			ESMM	SMM	0	1	P	RR	RIS	OCW3

图 7 – 18 OCW3 的格式

ESMM(Enable Special Mask Mode)与 SMM(Special Mask Mode)组合可用来设置或取消特殊屏蔽方式。当 ESMM = 1, SMM = 1 时, 设置特殊屏蔽; 当 ESMM = 1, SMM = 0 时, 取消特殊屏蔽。

P(Poll Command): 为中断状态查询位。当 P = 1 时, 可通过读入状态寄存器的内容, 查询是否有中断请求正在被处理, 如有则给出当前处理中断的最高优先级。

RR(Read Register Command): 读 ISR 和 IRR 命令位。

RIS(Read Interrupt Register Select)读寄存器选择位。

当 RR = 1, RIS = 0 时, 读取 IRR 命令; 当 RR = 1, RIS = 1 时, 读取 ISR 命令。在进行读 ISR 或 IRR 操作时, 先写入读命令 OCW3, 然后紧接着执行读 ISR 或 IRR 的指令。

在微机系统运行过程中, 有时需要读 8259A 的可编程寄存器的内容, 中断屏蔽寄存器

IMR 的内容可以随时读出，而中断请求寄存器 IRR 或正在服务寄存器 ISR 的内容则不能直接读出。为了读出寄存器 IRR 或 ISR 的内容，CPU 必须先发一个 OCW3 命令，将 8259A 置成允许读寄存器状态并且指明要读哪个寄存器。

3. 8259A 的初始化编程

8259A 的初始化编程需要注意：

(1)初始化前要确保 CPU 为关中断状态，在所有的初始化完成后才开中断；

(2)如系统是由多片 8259A 组成的级联中断系统，每一片 8259A 都要进行初始化；

(3)初始化程序应严格按照系统规定的顺序写入，即最先写入 ICW1。

操作命令字 OCW1 ~ OCW3 的写入比较灵活，没有固定的格式，可以在主程序中写入，也可以在中断服务子程序中写入，视需要而定。可以通过操作命令字，改变 8259A 的工作方式。

7.3.6　8259A 在 80x86 微机中的应用举例

1. 8259A 在 IBM PC/XT 中的应用

例 7 − 1　IBM PC/XT 微型计算机只用一片 8259A 作为整个系统的中断控制器，中断请求信号边沿触发，固定优先级，中断类型号范围为 08H ~ 0FH，非自动 EOI 方式，端口地址为 20H 和 21H，硬件连接及 8 级中断源的情况如图 7 − 19 所示。初始化程序如下所示：

初始化程序为：

```
MOV    AL, 13H        ; 设置 ICW1，边沿触发，单片，有 ICW4
OUT    20H, AL
MOV    AL, 08H        ; 设置 ICW2，中断类型号初值为 08H
OUT    21H, AL
MOV    AL, 09H        ; 设置 ICW4，8086 系统，非自动 EOI，非缓冲
OUT    21H, AL
MOV    AL, 0FFH       ; 设置 OCW1，屏蔽所有中断
OUT    21H, AL
```

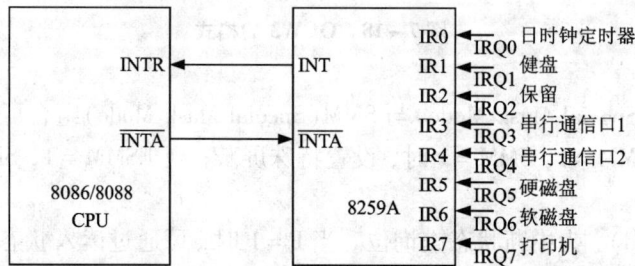

图 7 − 19　8259A 在 IBM PC/XT 中的连接

例 7 − 2　已知条件同例 7 − 1，设置中断屏蔽寄存器 IMR，只允许 IR1 和 IR2 中断，其余不变，编程如下：

```
IN     AL, 21H        ; 读出 IMR
AND    AL, 0FDH       ; 只允许 IR1 和 IR2 中断，其余不变
```

```
OUT    21H, AL              ; 写 OCW1
```

例 7 - 3 已知条件同例 7 - 1，发送中断结束命令编程如下：

```
MOV    AL, 20H
OUT    20H, AL              ; 写 OCW3
```

例 7 - 4 已知条件同例 7 - 1，读中断请求寄存器 IRR，设置 OCW3，编程如下：

```
MOV    AL, 0AH
OUT    20H, AL              ; 写 OCW3，发送读 IRR 命令
NOP                         ; 等待 8259A 响应
IN AL, 20H                  ; 读 IRR
```

2. 8259A 在 IBM PC/AT 中的应用

例 7 - 5 在 IBM PC/AT 微机系统中，使用两片 8259A 管理中断，采用级联方式。主片中的 8 个中断请求 IR7 ~ IR0 除 IR2 扩展从片以外，其他均为系统使用，从片中的 8 个中断请求 IR7 ~ IR0 供用户使用。PC/AT 中两片 8259A 的级联连接如图 7 - 20 所示。两片 8259A 中，主片的端口地址和中断类型号与 XT 微机系统相同，分别为 20H、21H 和 08H ~ 0FH；从片的端口地址为 A0H 和 A1H，中断类型号为 70H ~ 77H。在 ISA 总线 B4 引脚上连接的是 IRQ9。主片 8259A 初始化程序如下所示：

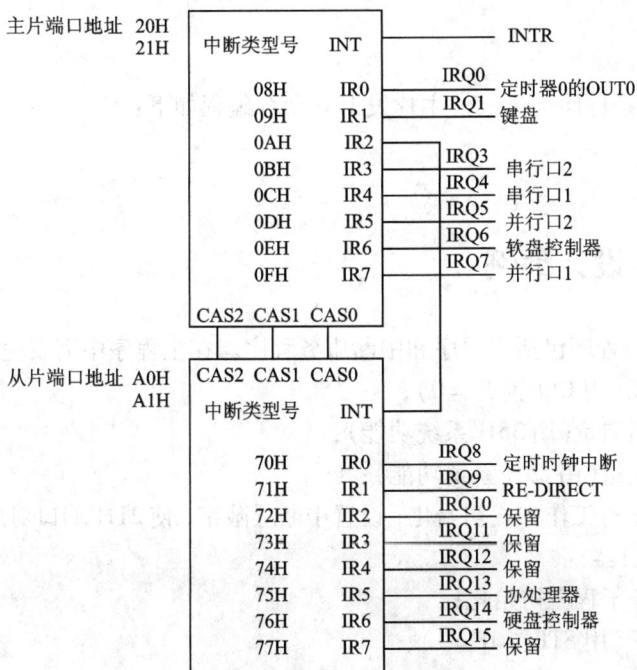

图 7 - 20 2 片 8259A 级联连接图

```
MOV    AL, 11H              ; ICW1，边沿触发，多片，需要写 ICW4
OUT    20H, AL
MOV    AL, 08H              ; ICW2，中断类型号
OUT    21H, AL
MOV    AL, 04H              ; ICW3，IR2 接从片
```

```
OUT    21H, AL
MOV    AL, 01H              ; ICW4,非缓冲,全嵌套,非自动结束
OUT    21H, AL
```

从片 8259A 初始化程序如下所示:

```
MOV    AL, 11H              ; ICW1,边沿触发,多片,需要写 ICW4
OUT    0A0H, AL
MOV    AL, 70H              ; ICW2,中断类型号
OUT    0A1H, AL
MOV    AL, 02H              ; ICW3, INT 接主片的 IR2
OUT    0A1H, AL
MOV    AL, 01H              ; ICW4,非缓冲,全嵌套,非自动结束
OUT    0A1H, AL
```

例 7 – 6　已知条件同例 7 – 5,读中断服务寄存器 ISR 编程如下:

```
MOV    AL, 0BH
OUT    0A0H, AL             ; 写 OCW3,发送读 ISR 命令
NOP                         ; 等待 8259A 响应
IN     AL, 0A0H            ; 读 ISR
```

例 7 – 7　已知条件同例 7 – 5,从片发 EOI 命令编程如下:

```
MOV    AL, 20H
OUT    0A0H, AL
```

例 7 – 8　已知条件同例 7 – 5,主片发 EOI 命令编程如下:

```
MOV    AL, 20H
OUT    20H, AL
```

7.4　中断程序设计举例

通常,完整中断程序包括主程序和中断服务程序。在主程序中需要完成以下几项工作:

(1)CPU 关中断(用 CLI 置 IF = 0);

(2)保存原中断向量(用 35H 系统功能);

(3)设置中断向量(用 25H 系统功能);

(4)对 8259A 进行工作方式初始化,设置中断屏蔽字,使 21H 端口对应位为 0,允许中断申请进入优先级裁决器;

(5)对中断服务子程序初始化;

(6)CPU 开中断(用 STI 置 IF = 1);

(7)主程序在返回 DOS 前,应恢复中断向量(用 25H 系统功能)。

在中断服务子程序中需要完成以下几项工作:

(1)保护现场;

(2)开中断,允许中断嵌套;

(3)完成中断源申请的任务;

(4)关中断;

(5)发中断结束命令;

（6）中断返回。

下面举例说明中断程序设计的方法。

例 7 - 9　图 7 - 19 是 IBM PC/XT 系统可屏蔽硬中断的连线示意图，利用连接在 8259A IR0 上的时钟信号，编写具有定时功能的程序，要求每隔 5 秒在屏幕上显示一个字符'A'。

时钟信号连接在 IR0 上，由其申请的中断类型码设为 08H。时钟信号是一个频率为 18.2 Hz 的方波信号，即每秒向 8259A 发出 18.2 次的中断申请。如果 CPU 响应该中断申请，则以每秒 18.2 次的频率执行 08H 类型的中断子程序。

中断申请的任务是每 5 秒显示一个字符'A'，1 秒执行 18.2 次，则 5 秒执行 $18.2 \times 5 = 91$ 次，只在执行到 91 次时显示'A'。在中断服务程序中计数中断服务程序被执行的次数，即 CPU 响应 IR0 中断申请的次数。当达到 91 次，则显示'A'，并将计数值清零，重新开始计数，而在其他情况下只计数，不显示'A'。

注意，必须在中断服务程序的最后用中断结束命令 EOI。

具体程序代码如下：

```
CODE    SEGMENT
        ASSUME CS：CODE
START：CLI                       ;关中断
        MOV AL, 08H
        MOV AH, 35H
        INT 21H                  ;取系统 08H 类型中断向量
        PUSH ES                  ;用堆栈保存
        PUSH BX
        PUSH DS
        MOV DX, OFFSET DISPLAY   ;设置 08H 类型中断向量
        MOV AX, SEG DISPLAY
        MOV DS, AX
        MOV AL, 08H
        MOV AH, 25H
        INT 21H
        POP DS
        IN AL, 21H               ;设置 8259A 中断屏蔽字
        AND AL, 0FEH             ;允许 IR0 中断
        OUT 21H, AL
        MOV CX, 0                ;置计数初值为 0
        STI                      ;CPU 开中断
        ……                      ;其他需处理的任务
        POP DX                   ;恢复系统 08H 类型中断向量
        POP DS
        MOV AL, 08H
        MOV AH, 25H
        INT 21H
```

```
        MOV AH, 4CH              ; 返回 DOS
        INT 21H
        DISPLAY PROC             ; 编写的 08H 类型中断服务程序
        PUSH AX                  ; 保护现场
        INC CX                   ; 执行中断服务程序一次, 计数值加 1
        CMP CX, 91
        JNZ EXIT                 ; 到 91 次了么? 未到跳转至 EXIT
        MOV DL, 'A'              ; 已到 5 秒, 显示字符 'A'
        MOV AH, 2
        INT 21H
        MOV CX, 0                ; 清计数值为 0, 重新计时
EXIT:   MOV AL, 20H
        OUT 20H, AL
        POP AX                   ; 恢复现场
        IRET                     ; 中断返回
DISPLAY ENDP
CODE ENDS
END START
```

习题 7

7.1 简述什么是中断? 中断系统的主要功能有哪些?

7.2 CPU 响应中断的条件是什么? 响应中断后, CPU 有一个什么样的处理过程?

7.3 对不同的中断源, 8086CPU 是如何获取中断类型号的?

7.4 中断向量表的功能是什么? 已知中断类型码分别是 84H 和 FAH, 它们的中断向量应放在中断向量表的什么位置?

7.5 设可屏蔽中断的中断类型号为 09H, 它的中断服务程序的入口地址为 0020H(段地址) 和 0040H(偏移量), 试用 8086 汇编语言程序将该中断服务程序的入口地址填入中断向量表中。

7.6 简要说明 8259A 的内部结构和工作原理。

7.7 8259A 中断屏蔽器 IMR 和 8086CPU 的中断允许标志 IF 在功能上有何区别? 在中断响应过程中, 它们如何配合工作?

7.8 单片 8259A 能够管理多少级可屏蔽中断? 若用 5 片级联, 能管理多少级可屏蔽中断?

7.9 8259A 初始化命令字和操作命令字有什么区别?

7.10 按照要求对 8259A 进行初始化编程: 单片 8259A 应用于 8086 系统, 中断请求信号为边沿触发方式, 中断类型号为 85H, 采用中断自动结束方式、特殊全嵌套方式, 工作在非缓冲方式, 其端口地址为 200H 和 201H。

7.11 试为 8086 系统编写一段屏蔽 8259A 中的 IR0, IR3, IR5 及 IR7 中断请求端的程序, 8259A 的偶地址是 200H, 奇地址是 201H。

第 8 章　常用可编程接口芯片

现代微型计算机系统中，接口电路通常被集成在单一的芯片上，通过编程方法可以设定其工作方式，以适应不同的应用要求，这种接口芯片被称为可编程接口芯片。

80x86 微机系统中，除了上章介绍的可编程中断控制器 8259A 外，还有可编程并行接口 8255A，可编程计数器/定时器 8253，可编程异步串行接口 8251A 和可编程 DMA 控制器 8237 等。本章介绍 8255A、8253 和 8251A 芯片及其在微型计算机中的应用。

8.1　可编程并行接口芯片 8255A

并行通信是把一个字符的各数位用几条线同时进行传输，其数据传输率较高，但由于并行通信需要的电缆较多，故只适合于传输距离较短的场合。实现并行通信的接口就是并行接口，8255A 是 Intel 系列的并行可编程接口芯片，用于 CPU 和 I/O 设备之间进行并行数据传输。

8.1.1　8255A 的内部结构

8255A 的内部结构框图如图 8 - 1 所示，它由以下几个部分组成。

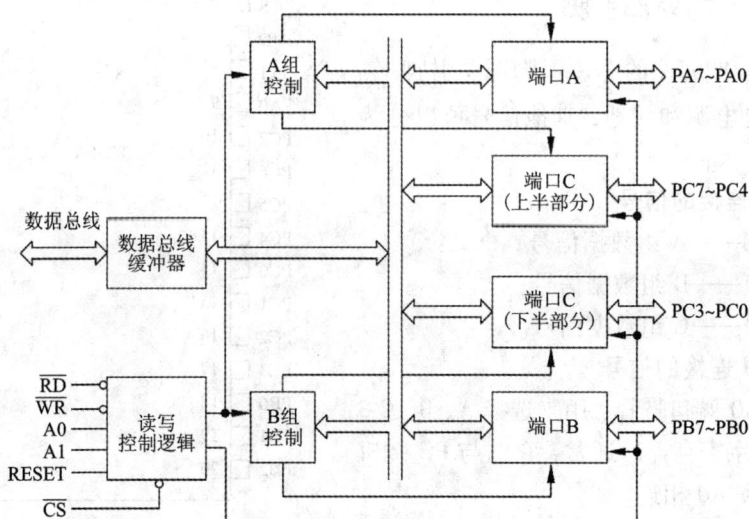

图 8 - 1　8255A 的内部结构框图

1. 端口 A、端口 B 和端口 C

8255A 内部有三个 8 位的并行端口：端口 A(PA 口)、端口 B(PB 口)和端口 C(PC 口)，三个端口既可以作为输入端口，也可以作为输出端口。端口 C 还可以将上半部(即高 4 位)和下半部(即低 4 位)分开使用，作为两个 4 位的输入或输出端口，分别用来为端口 A 和端口 B 工作在选通方式时提供控制信息和状态信息，其中，端口 A 和端口 C 的上半部分合称为 A 组，端口 B 和端口 C 的下半部分合称为 B 组。

2. A 组控制和 B 组控制

这两组控制电路一方面用来接收 CPU 输出的控制字，另一方面接收来自读写控制逻辑电路的读写信号，并据此决定两组端口的工作方式和读写操作。

(1) A 组控制电路

控制端口 A 和端口 C 的高 4 位(PC7 ~ PC4)的工作方式和读写操作。

(2) B 组控制电路

控制端口 B 和端口 C 的低 4 位(PC3 ~ PC0)的工作方式和读写操作。

3. 读写控制逻辑电路

读写控制逻辑电路负责管理 8255A 的数据传输过程，它与片选信号$\overline{CS}$、地址总线中的信号 A1、A0 以及控制总线中的信号 RESET、$\overline{WR}$、$\overline{RD}$相连，读写控制逻辑对以上信号进行组合，对 A 组控制电路和 B 组控制电路发出控制信号，完成接口中数据信息、状态信息和控制信息的传输。

4. 数据总线缓冲器

这是一个三态双向的 8 位缓冲器，它是 8255A 与系统数据总线的接口。输入/输出的数据以及 CPU 发出的命令控制字和外设的状态信息，都是通过这个缓冲器传送的。

8.1.2　8255A 的外部引脚

图 8 - 2 是 8255A 的芯片引脚图。引脚 V_{CC} 和 GND 分别是电源和接地，其他信号可以分为两组：

1. 和外设连接的信号

PA7 ~ PA0——A 组数据信号；

PB7 ~ PB0——B 组数据信号；

PC7 ~ PC0——C 组数据信号。

2. 和 CPU 连接的信号

(1) A1、A0 端口选择：用来选择 A、B、C 3 个端口和控制字寄存器。通常，它们与 PC 微机的地址线 A1 和 A0 相连。

(2) $\overline{CS}$ 选片信号：低电平有效，由它启动 CPU 与 8255A 之间的通信。通常，它与 PC 微机

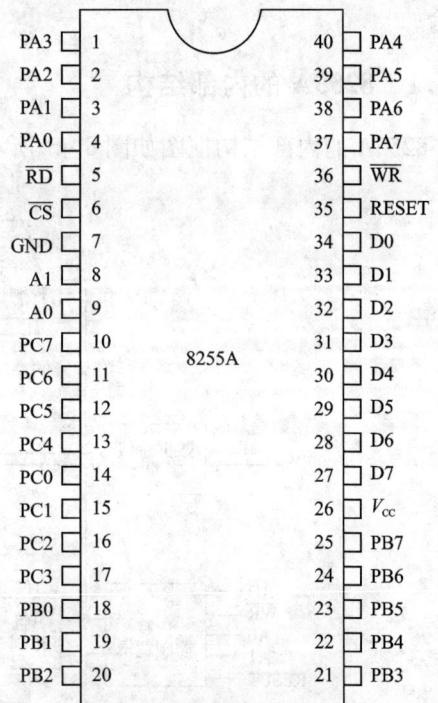

图 8 - 2　8255A 的引脚信号

地址线的译码电路的输出线相连，并由该译码电路的输出线来确定 8255A 的端口地址。

（3）D7 ~ D0：8255A 的数据信号，与系统数据总线相连。

（4）$\overline{\text{RD}}$读信号：低电平有效，它控制 8255A 送出数据或状态信息至系统数据总线。通常，它与 PC 微机的$\overline{\text{IOR}}$相连。

（5）$\overline{\text{WR}}$写信号：低电平有效，它控制把 CPU 输出到系统数据总线上的数据或命令写到 8255A。通常，它与 PC 微机的$\overline{\text{IOW}}$相连。

（6）RESET 复位信号：高电平有效，它清除控制寄存器，并置 A、B、C 3 个端口为输入方式。

概括起来，A1、A0 和$\overline{\text{CS}}$、$\overline{\text{WR}}$、$\overline{\text{RD}}$对 8255A 内部端口的读写操作如表 8 - 1 所示。

表 8 - 1　8255A 控制信号与内部端口的读写操作

$\overline{\text{CS}}$	$\overline{\text{RD}}$	$\overline{\text{WR}}$	A1	A0	读 写 操 作
0	1	0	0	0	CPU 向 A 口写入数据
0	1	0	0	1	CPU 向 B 口写入数据
0	1	0	1	0	CPU 向 C 口写入数据
0	1	0	1	1	CPU 向控制口写入数据
0	0	1	0	0	从 A 口读数据送 CPU
0	0	1	0	1	从 B 口读数据送 CPU
0	0	1	1	0	从 C 口读数据送 CPU
0	0	1	1	1	非法操作，不允许读控制口
1	×	×	×	×	8255A 未被选中

8.1.3　8255A 的控制字和初始化编程

8255A 可以通过指令向控制端口中写入控制字来设定 8255A 的工作方式或者指定它进行相应的操作。

8255A 有两类控制字，一类是芯片各端口的方式选择控制字，它可以设定 8255A 的三个端口工作在不同的工作方式。另一类是端口 C 按位置 1/置 0 控制字，它可以使端口 C 中的任何一位进行置位或复位。

方式选择控制字的第 7 位总是 1，而端口 C 按位置 1/置 0 控制字的第 7 位总是 0，8255A 就是通过这一位来识别这两个同样写入控制端口的控制字到底是哪一类。所以，控制字的第 7 位称为特征位。

1. 方式选择控制字

方式选择控制字的格式如图 8 - 3 所示。

8255A 有三种工作方式：方式 0、方式 1 和方式 2，方式选择控制字可以为端口 A、端口 B 和端口 C 选择工作方式，同时定义端口 A、端口 B、端口 C 的高 4 位和低 4 位的数据传输方向（输入或输出）。端口 C 只能工作在方式 0，故方式选择控制字中没有端口 C 的方式选择位。

例如，假设 8255A 的 A 口要定义为方式 0 输入，B 口定义为方式 0 输出，C 口高 4 位为

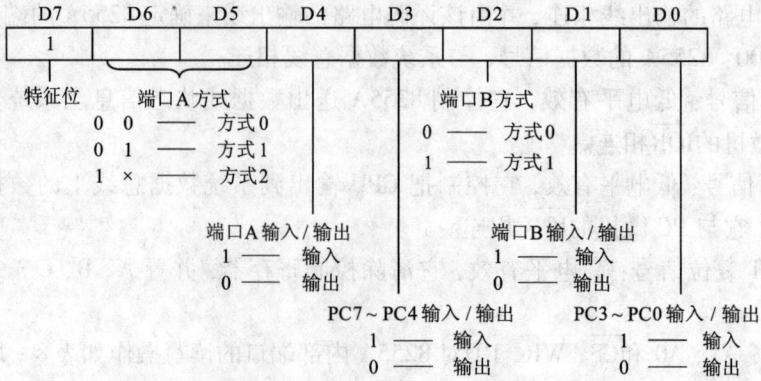

图 8-3　8255A 方式选择控制字

输出,低 4 位为输入,则方式选择控制字应设定为"10010001"。

　　要注意的是,尽管端口 C 的高 4 位和低 4 位的数据传输方向可以相同,也可以不同,但不管是哪一种情况,CPU 总是把端口 C 看作一个整体进行读写操作。

2. 端口 C 置 0/置 1 控制字

　　端口 C 置 0/置 1 控制字的格式如图 8-4 所示。

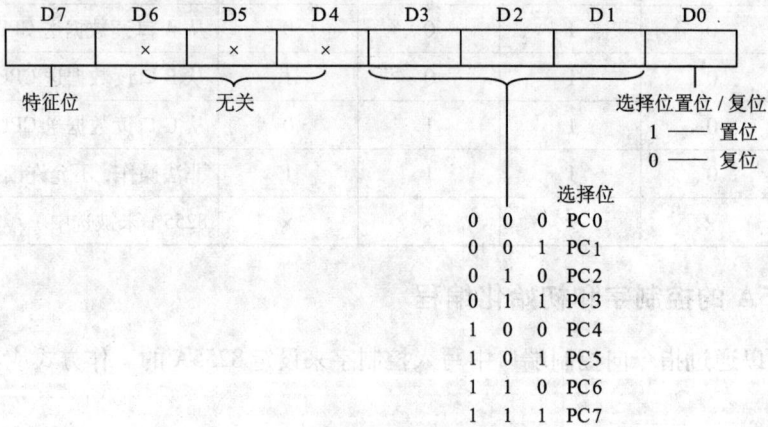

图 8-4　端口 C 置 0/置 1 控制字

　　端口 C 的数位通常作为 A 组和 B 组的控制位使用,端口 C 的任一个数位,可以用置 0/置 1 控制字来进行置位和复位,而其他位的状态不变。

　　与方式选择控制字一样,端口 C 置 0/置 1 控制字也是写入 8255A 的控制端口,而不是写入 C 口,两个控制字的区别在于最高位的特征位,为"1"表示方式选择字,为"0"表示 C 口置 0/置 1 控制字。

　　例如,要求对端口 C 的 PC7 置 1、对 PC3 置 0。设 8255A 的控制口地址为 00FEH,则按要求设计的程序段如下:

```
MOV    DX, 00FEH          ;控制口地址送 DX
MOV    AL, 91H            ;方式选择控制字
```

```
    OUT    DX, AL              ;写控制口
    MOV    AL, 0FH             ;对 PC7 置 1 的控制字
    OUT    DX, AL              ;对 PC7 置 1
    MOV    AL, 06H             ;对 PC3 置 0 的控制字
    OUT    DX, AL              ;对 PC3 置 0
```

8.1.4　8255A 的工作方式

前面已经提到，8255A 有三种工作方式，方式 0 是基本输入/输出方式，方式 1 是选通输入/输出方式，方式 2 是双向数据传输方式。

端口 A 可以工作在方式 0、方式 1 和方式 2；端口 B 可以工作在方式 0 和方式 1，不能工作在方式 2；端口 C 只能工作在方式 0。

当端口 A 工作在方式 1 和方式 2，端口 B 工作在方式 1 时，端口 C 的部分端线可作为接口与外设之间的联络线。

1. 方式 0——基本输入/输出方式

这是一种基本的 I/O 方式。在这种工作方式下，3 个端口都可以通过方式选择字设定为输入或输出。它们的输出是锁存的，输入是不锁存的。

在这种工作方式下，端口和外设之间没有联络线，不提供状态信号，端口也没有中断功能，因此，CPU 和端口之间采用无条件传送方式输入/输出数据，接口电路十分简单。下面通过时序图来说明方式 0 的输入/输出过程，在分析时序图时，应该注意两个方面：一是弄清每个信号的发起者和接收者；二是明确各个信号之间的前后因果关系。

（1）方式 0 的输入时序

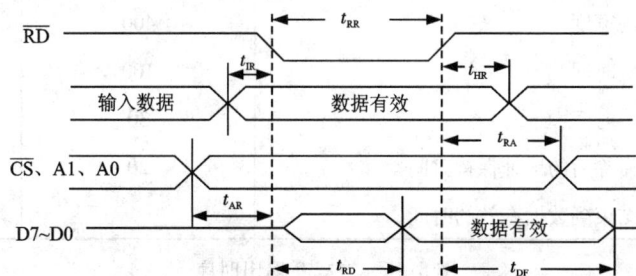

参数	说明	8255A	
		最小时间/ns	最大时间/ns
t_{RR}	读脉冲的宽度	300	
t_{AR}	地址稳定领先于读信号的时间	0	
t_{IR}	输入数据领先于$\overline{RD}$的时间	0	
t_{HR}	读信号后数据的保持时间	0	
t_{RA}	读信号无效后地址保持时间	0	250
t_{RD}	从读信号有效到数据稳定的时间		150
t_{DF}	读信号撤销后数据保持时间	10	
t_{RY}	两次读操作之间的时间间隔	850	

图 8-5　方式 0 输入时序

由图 8-5 可知,当端口工作在方式 0 输入时,对该端口执行一条 IN 指令,CPU 在送出有效地址后,至少经过 t_{AR} 时间,再发出读信号 $\overline{RD}$,8255A 在读信号 $\overline{RD}$ 有效以后,经过 t_{RD} 时间,端口数据就被读到 CPU 数据线。显然,在 CPU 发出读信号之前,外设必须已经将数据送到 8255A 的输入缓冲器,即输入数据要领先于读信号。

(2)方式 0 的输出时序

由图 8-6 可知,当端口工作在方式 0 输出时,对该端口执行一条 OUT 指令,数据必须在写信号结束前 t_{DW} 时间就能出现在数据总线上,且保持 t_{WD} 时间,在写信号结束后最多 t_{WB} 时间,输出数据就能出现在端口数据线上,从而可以送到外设。

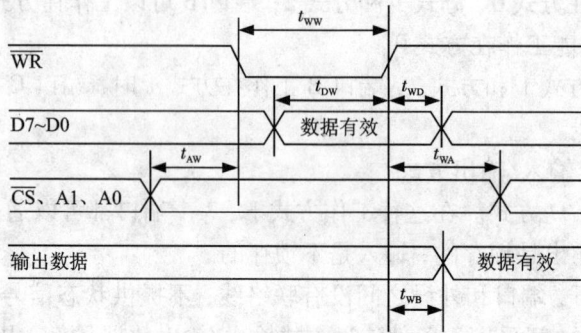

参数	说明	8255A	
		最小时间/ns	最大时间/ns
t_{AW}	地址稳定领先于写信号的时间	0	
t_{WW}	写脉冲的宽度	400	
t_{DW}	数据有效时间	100	
t_{WD}	数据保持时间	30	
t_{WA}	写信号撤除后的地址保持时间	20	
t_{WB}	写信号结束到数据有效的时间		350

图 8-6 方式 0 输出时序

2. 方式 1——选通输入/输出方式

端口 A 和端口 B 可以工作在方式 1 下,此时端口 C 的某些位作为端口与外设之间的控制状态信号,用于联络和中断,其各位的功能是固定的,不能用程序改变。因此,CPU 与端口之间的数据传输可以采用查询方式或中断方式。

(1)方式 1 输入时端口信号的定义

图 8-7 标示了端口 A 和端口 B 工作在方式 1 输入时端口信号的定义。

①端口 A 工作在方式 1 输入时端口信号的定义

PA7~PA0:8 位的数据输入端;

PC4:A 口的选通信号 $\overline{STBA}$ 输入端;

PC5:A 口的输入缓冲器满信号 IBFA 输出端;

PC3：A 口中断请求信号 INTRA 输出端。

②端口 B 工作在方式 1 输入时端口信号的定义

PB7 ~ PB0：8 位的数据输入端；

PC2：B 口的选通信号 $\overline{\text{STBB}}$ 输入端；

PC1：B 口的输入缓冲器满信号 IBFB 输出端；

PC0：B 口中断请求信号 INTRB 输出端。

需要注意的是：当端口 A 和端口 B 工作在方式 1 输入时，端口 C 的 PC0 ~ PC5 引脚信号的功能就被确定下来，程序员也无法更改。PC6、PC7 未被定义，可以通过方式选择字的 D3 位设定为数据输入端或输出端。

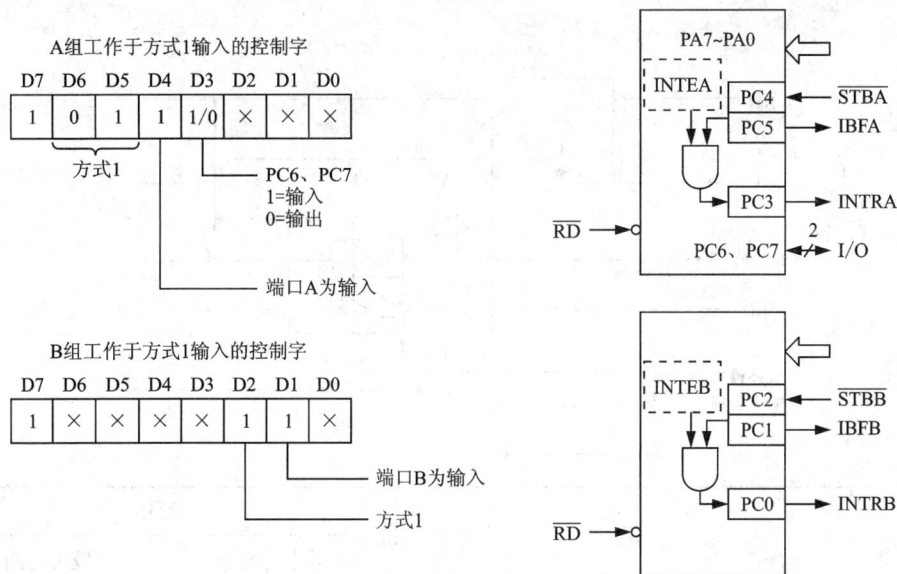

图 8 - 7　方式 1 输入时端口信号的定义

（2）方式 1 输入时控制信号的功能

① $\overline{\text{STB}}$（Strobe）：输入选通信号，低电平有效。当外设向端口发出 $\overline{\text{STB}}$ 信号后，信号的前沿（下降沿）把输入设备送来的数据送入 8255A 的输入缓冲器。

②IBF（Input Buffer Full）：输入缓冲器满信号，高电平有效。这是 8255A 输出给外设的联络信号。外设将数据送至输入缓冲器后，该信号有效，该信号一般作为状态信号供 CPU 查询；IBF 信号由 $\overline{\text{STB}}$ 使其置"1"，而由 $\overline{\text{RD}}$ 信号的后沿（上升沿）使其复位。

③INTR（Interrupt Request）：中断请求信号，高电平有效。这是 8255A 送给 CPU 的中断请求信号，以要求 CPU 的中断服务。当 IBF 为高和 INTE（中断允许）为高时，即端口的输入缓冲器为满且端口允许中断时，由 $\overline{\text{STB}}$ 的上升沿使其置为高电平。由 $\overline{\text{RD}}$ 信号的下降沿（CPU 读取数据前）清除为低电平。

④INTE（Interrupt Enable）：中断允许信号，它是 8255A 中控制中断允许和中断屏蔽的信号，INTE 置位允许中断。INTE 复位禁止中断。端口 A 的中断允许 INTEA 可通过对 PC4 的置位/复位来控制。而端口 B 的 INTEB 由 PC2 的置位/复位控制。

（3）方式 1 的输入时序

图 8-8 是方式 1 的输入时序图，由图可知 8255A 要求输入选通信号的宽度最小为 500 ns。

当 $\overline{STB}$ 信号从 1 变成 0 时，$\overline{STB}$ 信号有效，8255A 端口开始寄存输入数据，经过 t_{SIB} 时间后，IBF 信号有效，若数据传送采用查询方式，该信号作为状态信号可供 CPU 查询，

当 IBF = 1 时，CPU 通过执行 IN 指令读取输入缓冲器的数据。

在选通信号 $\overline{STB}$ 结束后，经过 t_{SIT} 时间，如果 IBF = 1，INTE = 1，则 INTR = 1，CPU 进入中断服务程序，通过执行 IN 指令读取输入缓冲器的数据。

无论采用查询方式还是中断方式，当 CPU 从端口读取数据时，$\overline{RD}$ 有效，经过 一段时间后撤销中断请求信号并使 IBF = 0，从而开始下一个数据的输入。

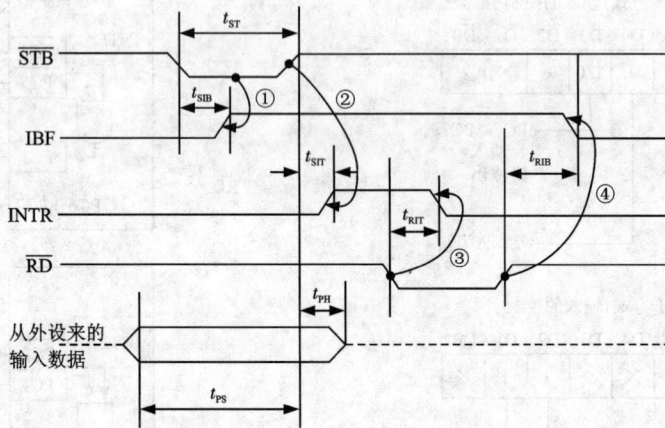

参数	说明	8255A	
		最小时间/ns	最大时间/ns
t_{ST}	选通脉冲的宽度	500	
t_{SIB}	选通脉冲有效到 IBF 有效之间的时间		300
t_{SIT}	$\overline{STB}$ = 1 到中断请求 INTR 有效之间的时间		300
t_{PH}	数据保持时间	180	
t_{PS}	数据有效到 $\overline{STB}$ 无效之间的时间	0	
t_{RIT}	$\overline{RD}$ 有效到中断请求信号撤除之间的时间		400
t_{RTB}	$\overline{RD}$ 为 1 到 IBF 为 0 之间的时间		300

图 8-8　方式 1 的输入时序

（4）方式 1 输出时端口信号的定义

图 8-9 标示了端口 A 和端口 B 工作在方式 1 输出时端口信号的定义。

①端口 A 工作在方式 1 输出时端口信号的定义

PA7 ～ PA0：8 位的数据输出端；

PC6：外设接收数据后的响应信号 $\overline{ACKA}$ 输入端；

PC7：A 口的输出缓冲器满信号$\overline{OBFA}$输出端；

PC3：A 口中断请求信号 INTRA 输出端。

②端口 B 工作在方式 1 输出时端口信号的定义

PB7～PB0：8 位的数据输出端；

PC2：B 口的选通信号$\overline{ACKB}$输入端；

PC1：B 口的输出缓冲器满信号$\overline{OBFB}$输出端；

PC0：B 口中断请求信号 INTRB 输出端。

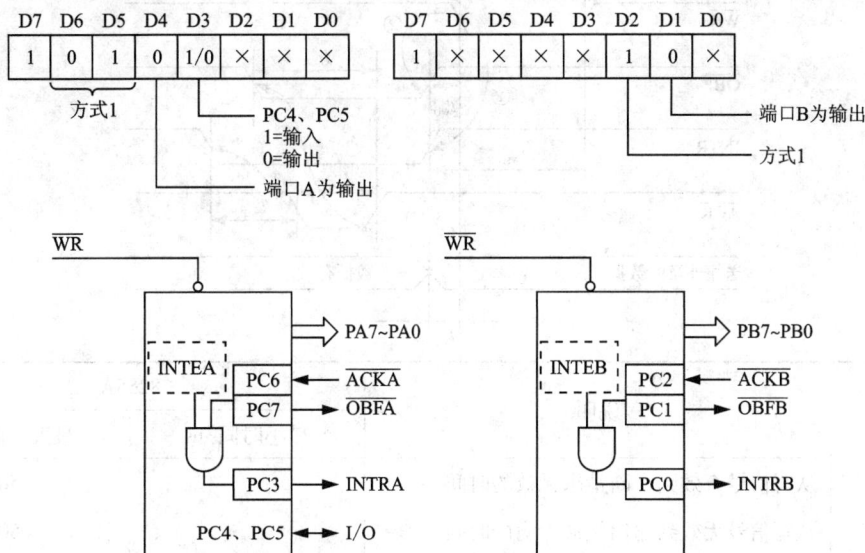

图 8-9　方式 1 输出时端口信号的定义

和作为输入端口时一样，当端口 A 和端口 B 工作在方式 1 输出时，端口 C 的 PC0～PC3，PC6、PC7 引脚信号的功能就被确定下来，程序员也无法更改。PC4、PC5 未被定义，可以通过方式选择字的 D3 位设定为数据输入端或输出端。

（5）方式 1 输出时控制信号的功能

①$\overline{OBF}$（Out Buffer Full）：输出缓冲器满信号，低电平有效。这是 8255A 输出给外设的一个联络信号。CPU 把数据写入指定端口的输出锁存器后，该信号有效，通知外设可以把数据取走。$\overline{OBF}$信号由$\overline{WR}$信号置成有效电平即低电平，而由$\overline{ACK}$信号的前沿使其恢复为高电平。

②$\overline{ACK}$（Acknowledge）：外设响应信号，低电平有效。这是外设送给 8255A 的响应信号，当$\overline{ACK}$有效时，表示外设已经取走数据。

③INTR：中断请求信号，高电平有效。当输出设备取走输出寄存器的数据后，发出$\overline{ACK}$信号，8255A 便向 CPU 提出中断请求，要求 CPU 继续输出数据。$\overline{OBF}$ =1 和 INTE =1 时，由$\overline{ACK}$的后沿（上升沿），使 INTR 置位（高电平），$\overline{WR}$信号的前沿（下降沿）使其复位（低电平）。

④INTE：中断允许信号。INTEA 由 PC6 的置位/复位控制，而 INTEB 由 PC2 的置位/复位控制。INTE 置位则允许中断。

（6）方式 1 的输出时序

由图 8 – 10 所示，当端口在方式 1 下进行输出时，CPU 对端口执行 OUT 指令，$\overline{WR}$ 有效，将数据存入输出寄存器，$\overline{WR}$ 信号的上升沿一方面撤销中断请求信号，表示 CPU 已响应中断；另一方面使 $\overline{OBF}$ 有效，通知外设接收数据。

$\overline{WR}$ 信号结束后经过 t_{WB} 时间，数据就输出到端线上，外设接收数据后，便会发出一个 $\overline{ACK}$ 信号，$\overline{ACK}$ 一方面使 $\overline{OBF}$ 无效，表示当前输出缓冲器为空；另一方面使 INTR 有效，即向 CPU 发出中断请求，从而开始一个新的数据输出。

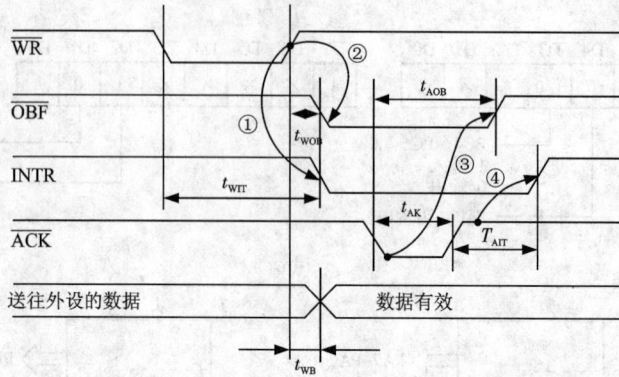

参数	说明	8255A	
		最小时间/ns	最大时间/ns
t_{WIT}	从写信号有效到中断请求无效的时间		850
t_{WOB}	从写信号无效到输出缓冲器满的时间		650
t_{AOB}	$\overline{ACK}$ 有效到 $\overline{OBF}$ 无效的时间		350
t_{AK}	$\overline{ACK}$ 脉冲的宽度	300	
t_{AIT}	$\overline{ACK}$ 为 1 到发新的中断请求的时间		350
t_{WB}	写信号撤除到数据有效的时间	350	

图 8 – 10　方式 1 的输出时序

3. 方式 2——双向数据传输方式

这种工作方式只适用于端口 A，外设在单一的 8 位数据总线上，既能发送数据，又能接收数据，与 CPU 进行双向传输，数据发送和接收是分时进行的。此时，端口 C 的 5 位端线作为端口 A 与外设的联络信号线，为其提供相应的控制信号和状态信号。其他 3 位作 I/O 用或作端口 B 控制状态信号线用。

（1）端口 A 工作于方式 2 时端口信号的定义

图 8 – 11 标示了端口 A 工作在方式 2 时端口信号的定义

PA7 ~ PA0：双向 8 位的数据输入/输出端；

PC4：A 口的选通信号 $\overline{STBA}$ 输入端；

PC5：A 口的输入缓冲器满信号 IBFA 输出端；

PC6：外设接收数据后的响应信号 $\overline{ACKA}$ 输入端；

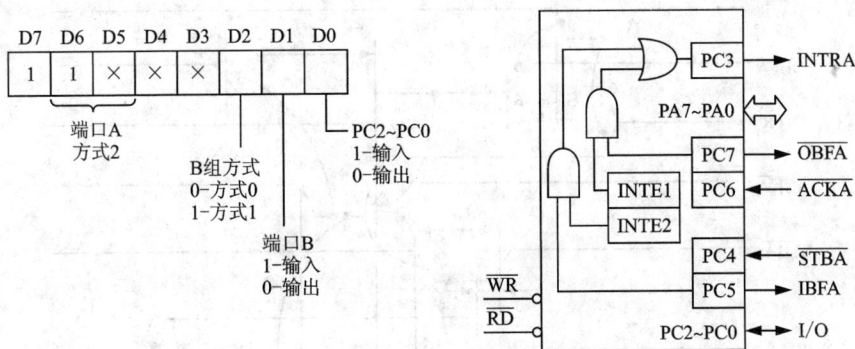

图 8 – 11　方式 2 的控制信号

PC7：A 口的输出缓冲器满信号$\overline{\text{OBFA}}$输出端；

PC3：A 口中断请求信号 INTRA 输出端。

（2）方式 2 时各控制信号的功能

方式 2 时各控制信号和状态信号的功能和意义与方式 1 相同，这里不再赘述。不同的是，端口 A 工作在方式 2 时，有两个中断允许信号 INTE1 和 INTE2：

INTE1 是输出的中断允许信号，由 PC6 的置位/复位控制；

INTE2 是输入的中断允许信号，由 PC4 的置位/复位控制。

（3）方式 2 的工作时序

方式 2 的时序相当于方式 1 的输入时序和输出时序的组合，图 8 – 12 给出了一个数据输出过程和一个数据输入过程，具体分析可参照方式 1 的时序分析。

8.1.5　8255A 的应用举例

8255A 作为并行接口使用时，首先要进行初始化编程，即先往 8255A 的控制端口写入方式控制字，设置 8255A 的工作方式，如果端口工作在方式 1 或方式 2，则要进一步确定接口的数据传送方式是查询方式还是中断方式，并通过 C 口按位置位/复位控制字开放 8255A 的中断允许功能。初始化之后，CPU 就可以用 IN/OUT 指令与外部设备进行数据交换。

1. 8255A 工作在方式 0

例 8 – 1　8255A 作为连接打印机的接口，其接线图如图 8 – 13 所示。

【分析】

当 CPU 往打印机输出字符时，先查询打印机忙信号，如果打印机正在处理一个字符或正在打印一行字符，则忙信号为 1；否则，忙信号为 0。根据接口工作原理，当查询到打印机忙信号为 0 时，则 CPU 可以通过 8255A 向打印机输出一个字符。此时要将选通信号$\overline{\text{STB}}$置成低电平，然后再将选通信号$\overline{\text{STB}}$置为高电平。这样，相当于在$\overline{\text{STB}}$端输出一个负脉冲（初始状态时$\overline{\text{STB}}$也为高电平），此负脉冲信号作为选通信号将字符输出到打印机缓冲器。

本例中将端口 A 作为传送字符的通道，工作于方式 0，输出方式；端口 B 未用；端口 C 工作于方式 0，PC2 作为 BUSY 信号输入端，故 PC3 ~ PC0 为输入方式，PC6 作为$\overline{\text{STB}}$信号，输出端，所以 PC7 ~ PC4 为输出方式。

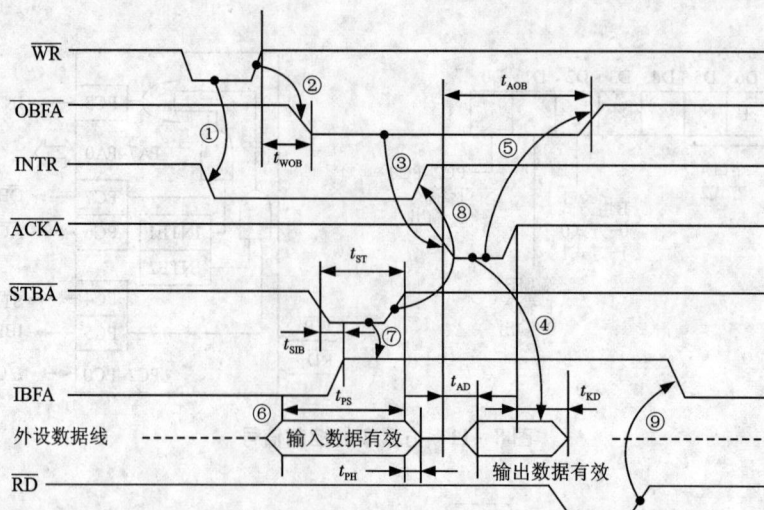

图 8 – 12 方式 2 的时序

参数	说明	8255A	
		最小时间/ns	最大时间/ns
t_{ST}	选通脉冲宽度	500	
t_{SIB}	选通 STBA 有效到 IBFA 有效之间的时间		300
t_{PS}	数据有效到 STBA 无效之间的时间	0	
t_{PH}	数据保持时间	180	
t_{WOB}	写信号无效到 OBFA 有效的时间		650
t_{AOB}	ACKA 有效到 OBFA 无效的时间		350
t_{AD}	ACKA 有效到数据输出的时间		350
t_{KD}	数据保持时间	200	

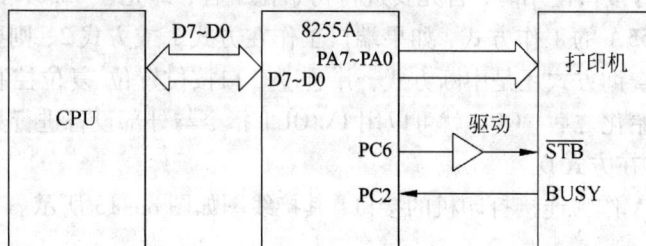

图 8 – 13 8255A 作为打印机接口接线图

设 8255A 的端口地址为 380H ~ 383H。

【程序设计】

8255A 初始化程序：

```
MOV   AL, 81H        ; 方式控制字, 使 A, B, C 三个端口工作于方式 0, 端口
MOV   DX, 383H
OUT   DX, AL         ; A 为输出, PC₃ ~ PC₀输入, PC₇ ~ PC₄为输出。
```

```
        MOV  AL, 0DH        ; 用置位/复位控制字使 PC6 为 1, 即STB为高电平
        OUT  63H, AL
```

打印数据输出子程序：(CL = 打印数据)

```
        PRINTCPROC
        PUSH AX
        PUSH DX
LPST：  MOV  DX, 382H
        IN   AL, 62H        ; 读端口 C 的值
        AND  AL, 04H        ; 如 PC2 不为 0, 则说明忙信号为 1, 打印机处于忙状态, JNZLPST; 故等待
        MOV  DX, 380H
        MOV  AL, CL
        OUT  DX, AL; 如不忙则把 CL 中的字符送端口 A
        MOV  DX, 383H
        MOV  AL, 0CH
        OUT  DX, AL        ; 使STB为 0
        NOP
        NOP                ; 产生一定宽度的负脉冲
        INC  AL
        OUT  DX, AL        ; 再使STB为 1
        POP  DX
        POP  AX
        RET
        PRINTC  ENDP
```

2. 8255A 工作在方式 1

例 8 - 2　监测 8 位开关设备的状态并通过发光二极管显示，设计接口电路和控制程序。

接口电路如图 8 - 14 所示，8 个开关模拟输入设备与端口 A 连接，8 个发光二极管作为状态输出设备与端口 B 相连，当某一位开关闭合时，对应的发光二极管亮；反之，发光二极管灭。由图中的译码电路可知，8255A 的端口地址为 390H ~ 393H。

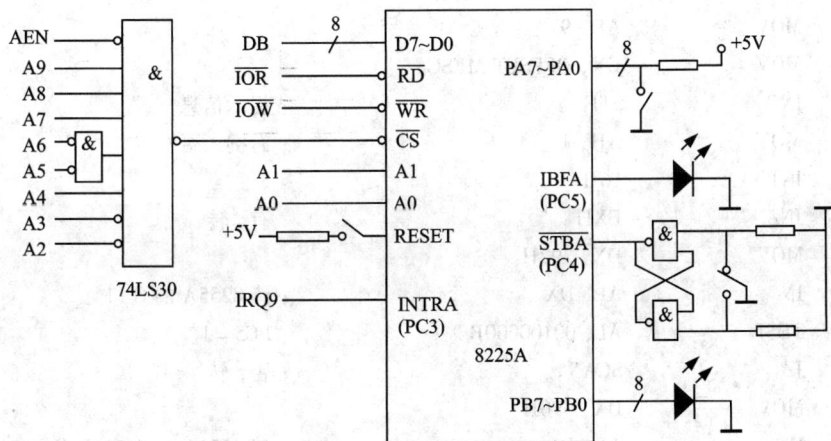

图 8 - 14　开关量监测

【分析】

（1）当 PC4（STBA）接收到单稳态脉冲电路的负脉冲信号后，8 位开关的状态被锁存到 A

口数据寄存器。CPU 读 A 口数据,获得开关状态,然后通过 B 口输出,使连接在 B 口的 LED 亮或灭。为实现上述控制,8255A 的端口 A 应设定为选通输入;而端口 B 应工作在基本输出方式下。

(2)端口 A 工作在选通输入方式时,CPU 读取 A 口数据有两种方式:查询方式和中断方式。

【程序设计】

(1)查询方式:当 PC4(STBA)接收到负脉冲信号后,8 位开关的状态被锁存到 A 口数据寄存器,8255A 使 PC5(IBFA)为高电平,即输入缓冲器满。因此,CPU 可以查询 PC5,当 PC5 =1 时,对 A 口执行 IN 指令。查询方式的控制程序如下:

```
        STACK    SEGMENT STACK 'STACK'
                 DW          32 DUP (0)
        STACK    ENDS
        DATA     SEGMENT
        MESG     DB          'SCAN............', 0DH, 0AH, ' $'
        DATA     ENDS
        CODE     SEGMENT
        BEGIN    PROC        FAR
                 ASSUME      SS: STACK, CS: CODE, DS: DATA
                 PUSH        DS
                 SUB         AX, AX
                 PUSH        AX
                 MOV         AX, DATA
                 MOV         DS, AX
                 MOV         DX, 393H
                 MOV         AL, 0B0H         ; 方式控制字: 10110000
                 OUT         DX, AL
                 MOV         AH, 9
                 MOV         DX, OFFSET MESG
                 INT         21H              ; 提示信息
        SCAN:    MOV         AH, 1            ; 有键入否?
                 INT         16H
                 JNZ         EXIT             ; 有, 转
                 MOV         DX, 392H
                 IN          AL, DX           ; 读 8255A 的 C 口
                 TEST        AL, 00100000B    ; PC5 = 1?
                 JZ          SCAN             ; 否, 转
                 MOV         DX, 390H
                 IN          AL, DX           ; 读 8255A 的 A 口开关状态
                 XOR         AL, 0FFH         ; 取反
                 INC         DX               ; 指向 8255A 的 B 口
                 OUT         AL, DX           ; 输出点亮 LED
                 JMP         SCAN
```

```
EXIT:       RET
BEGIN       ENDP
CODE        ENDS
            END             BEGIN
```

（2）中断方式：8255A 的 PC3 与 PC 机的 8259 的 IRQ9（从系统总线的 B4 引出）相连，IRQ9 是系统留给用户使用的可屏蔽中断，其中断类型号为 71H。首先端口 A 中断允许触发器 INTEA 置 1，当 PC4($\overline{\text{STBA}}$)接收到负脉冲信号后，8 位开关的状态被锁存到 A 口数据寄存器，8255A 令 PC3 为 1，向 CPU 发出中断请求。CPU 响应中断并调用中断服务程序进行中断处理。中断服务程序必须负责端口数据的输入/输出。

中断方式程序如下：

```
STACK       SEGMENT STACK 'STACK'
            DW              32 DUP (0)
STACK       ENDS
DATA        SEGMENT
MESG        DB              'SCAN...........', 0DH, 0AH, ' $ '
DATA        ENDS
CODE        SEGMENT
BEGIN       PROC            FAR
            ASSUME          SS: STACK, CS: CODE, DS: DATA
            PUSH            DS
            SUB             AX, AX
            PUSH            AX
            MOV             AX, DATA
            MOV             DS, AX
            CLI
            CALL            I8255A
            CALL            WT71
            IN              AL, 0A1H            ; 读 8259A 屏蔽字
            AND             AL, 11111101B
            OUT             0A1H, AL            ; 开放用户中断 IRQ9
            MOV             AH, 9
            MOV             DX, OFFSET MESG     ; 提示信息
            INT             21H
            STI
SCAN:       MOV             AH, 1
            INT             16H                 ; 有键入?
            JZ              SCAN                ; 无, 转
            IN              AL, 0A1H
            OR              AL, 00000010B       ; 屏蔽用户中断
            OUT             0A1H, AL
            RET
;..................................................中断服务程序
```

```
SERVER: PROC
        PUSH        AX
        PUSH        DS
        MOV         AX, DS
        MOV         DS, AX
        MOV         DX, 390H
        IN          AL, DX                    ; 读 A 口状态
        XOR         AL, 0FFH
        INC         DX
        OUT         AL, DX                    ; 输出控制 LED
        MOV         AL, 20H
        OUT         20H, AL                   ; 中断结束
        POP         DS
        POP         AX
        IRET
SERVER  ENDP
; ································································8255A 初始化
I8255A  PROC
        MOV         DX, 393H
        MOV         AL, 0B0H                  ; 8255A 方式控制字 10110000
        OUT         DX, AL
        MOV         AL, 00001001B
        OUT         DX, AL
        MOV         DX, 391H
        MOV         AL, 0FFH
        OUT         DX, AL
        RET
I8255A  ENDP
; ································································写中断向量
WT71    PROC
        PUSH        DS
        MOV         AX, CODE
        MOV         DS, AX
        MOV         DX, OFFSET SERVER
        MOV         AX, 2571H                 ; 写入新的 71H 中断向量
        INT         21H
        POP         DS
        RET
WT71    ENDP
CODE    ENDS
        END         BEGIN
```

8.2　可编程定时器/计数器 8253

在微机系统中，经常要用到定时信号或者进行延时控制，如定时中断、动态存储器的定时刷新、系统日时钟的定时及喇叭的声源等；在计算机实时控制系统中，也需要定时信号和计数功能，以实现对外部事件的定时采样和计数等。

实现定时或延时控制，一般有两种方法，即软件定时和硬件定时的方法。

软件定时是通过按照时间要求设计的延时子程序来实现的。延时子程序中包含一定的指令，通过对指令的执行时间进行精确地计算或测试，然后根据延时时间恰当安排循环指令和循环次数来实现定时。这种方法节省硬件，但程序的执行占用了 CPU 时间，降低了 CPU 效率。

硬件定时主要是通过对计数器/定时器的控制来进行准确地延时。按照定时时间要求，对计数器/定时器进行编程，设定它的定时常数并启动定时，从而获得满足不同需求的定时和计数输出。这种方法使用灵活、简单，因而在微机系统中应用广泛。

Intel 8253 是英特尔公司开发的可编程定时器/计数器芯片，其改进型为 8254。8253 具有 3 个独立的功能完全相同的 16 位计数器，每个计数器可以选择用二进制或二 – 十进制进行计数，每个计数器有 6 种工作方式。通过编程可以为每个计数器选择工作方式，还可以改变计数器的计数值，并读取它的当前计数值。

8.2.1　8253 的内部结构及其外部引脚

1. 8253 的内部结构

如图 8 – 15 所示，8253 的内部结构由数据总线缓冲器、读/写控制逻辑电路、控制寄存器和 3 个计数器组成。

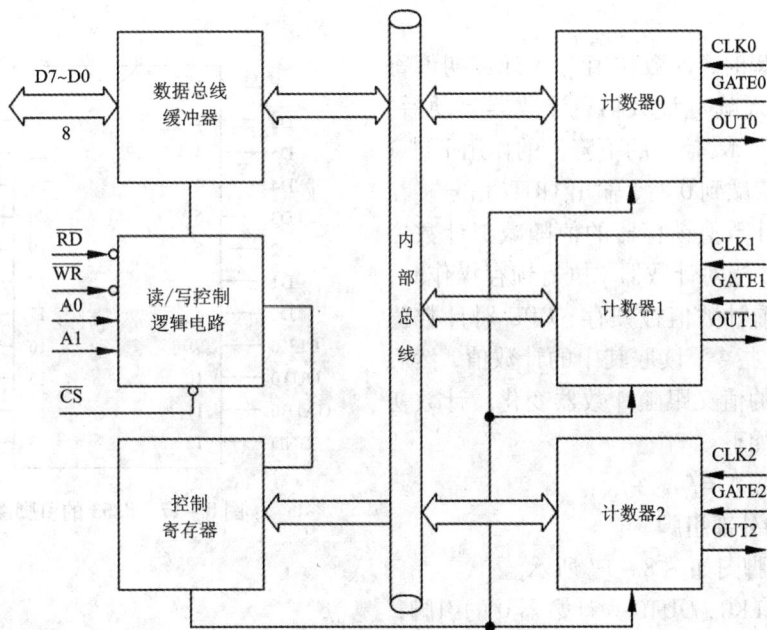

图 8 – 15　8253 的内部结构

（1）数据总线缓冲器

数据总线缓冲器是 8 位的双向三态缓冲器，是 8253 和 CPU 数据总线的接口，根据 CPU 的输入或输出指令实现数据传送。数据总线缓冲器具有下面 3 个基本功能。

①CPU 经过数据总线缓冲器向 8253 的控制字寄存器写入控制命令字。

②CPU 经过数据总线缓冲器向 8253 的计数器写入计数初值。

③CPU 读取某个计数器的当前值时，该值经数据总线缓冲器传送到系统的数据总线上，被 CPU 读入。

（2）读/写控制逻辑电路

读/写控制逻辑电路在片选信号$\overline{CS}$有效的情况下，接收 CPU 的端口读写信号，根据地址信号 A1，A0 选择一个计数器或者控制字寄存器，通过$\overline{RD}$或$\overline{WR}$完成对指定端口的读操作或写操作。

（3）控制寄存器

控制寄存器寄存初始化编程时 CPU 写入的控制字，决定计数器的工作方式和执行的操作。控制寄存器有 3 个，都是 8 位的寄存器，分别对应于 3 个计数器。控制寄存器只能写入，其值不能读出。

（4）计数器

8253 内部有 3 个相互独立结构相同的计数器，其内部结构如图 8 - 16 所示。

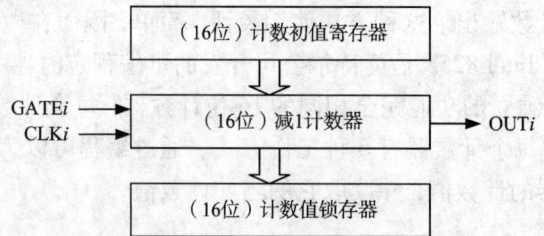

图 8 - 16　计数器内部结构

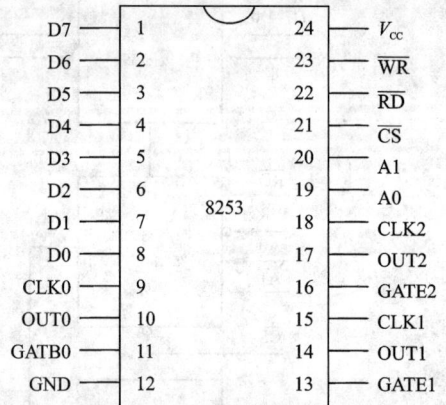

每个计数器有 3 个外部引脚：GATEi 为门控信号，CLKi 为时钟信号输入端，OUTi 为计数器输出端。

初始化编程时，计数初值写入计数初值寄存器并随后装入减 1 计数器，计数器启动后，减 1 计数器在 CLKi 信号的下降沿的作用下减 1 计数，当计数值减到 0 时，输出 OUTi 信号。在计数过程中，计数值锁存器的值随减 1 计数器的变化而变，仅当对计数器 i 执行锁存操作时，计数器 i 的当前计数值被锁存，CPU 对计数值锁存器执行 IN 指令，读取其中的计数值，然后计数值锁存器的值又跟随计数器变化。计数初值的计算公式如下：

$$N = f_{CLKi} \div f_{OUTi}$$

2.8253 的外部引脚

8253 的引脚图如图 8 - 17 所示。

GATE0，CLK0，OUT0 为计数器 0 的引脚；

GATE1，CLK1，OUT1 为计数器 1 的引脚；

GATE2，CLK2，OUT2 为计数器 2 的引脚；

图 8 - 17　8253 的引脚图

D7 ~ D0 为 8253 数据引脚；

$\overline{CS}$ 为 8253 片选信号引脚；

A1，A0 为地址引脚，用于片内 3 个计数器和控制寄存器的端口寻址；

$\overline{RD}$，$\overline{WR}$ 为读写信号引脚，与系统读写控制线相连，对 8253 的端口进行读写操作。

$\overline{CS}$，A1，A0 和 $\overline{RD}$，$\overline{WR}$ 信号组合起来，对 8253 完成的读写操作功能如表 8 – 2 所示：

表 8 – 2　8253 引脚信号与端口读写操作的关系

$\overline{CS}$	$\overline{RD}$	$\overline{WR}$	A1	A0	操作
0	1	0	0	0	写计数器 0
0	1	0	0	1	写计数器 1
0	1	0	1	0	写计数器 2
0	1	0	1	1	写控制字寄存器
0	0	1	0	0	读计数器 0
0	0	1	0	1	读计数器 1
0	0	1	1	0	读计数器 2
0	0	1	1	1	无操作

8.2.2　8253 的工作方式与操作时序

8253 作为一个可编程的计数器/定时器，其初始化编程一是向控制寄存器写入控制字，设定 8253 的工作方式；二是向使用的计数器写入计数初值。8253 有 6 种工作方式，无论哪种工作方式，其工作过程都具有一些基本的特征：

(1)控制字写入计数器时，所有的控制逻辑电路立即复位，输出端 OUT 进入初始状态。

(2)在 GATE 信号为高电平时，初始值写入以后，要经过一个时钟上升沿和一个下降沿，减 1 计数器开始计数。这种触发方式也称为软件触发；若初始值写入时 GATE 信号为低电平，则由 GATE 信号从 0 跳变为 1 的上升沿触发计数器开始计数。这种触发方式也称为硬件触发。

(3)方式 2 和方式 3 具有初值自动重装功能。初值自动重装功能是指当计数器计数结束时，存放在初值寄存器中的计数初值自动重新装入减 1 计数器。凡是有初值自动重装功能的工作方式，其输出必定是连续的波形。

下面结合时序图逐一介绍 6 种工作方式。

1. 方式 0——计数结束产生中断

工作方式 0 被称为计数结束中断方式，方式 0 的时序图如图 8 – 18 所示。当任一通道被定义为工作方式 0 时，OUTi 输出为低电平；若门控信号 GATE 为高电平，当 CPU 利用输出指令向该通道写入计数值使 $\overline{WR}$ 有效时，OUT 仍保持低电平，之后的下一时钟周期下降沿计数器开始减"1"计数，直到计数值为"0"，此刻 OUT 将输出由低电平向高电平跳变，可用它向 CPU 发出中断请求，OUT 端输出的高电平一直维持到下次再写入计数值为止。

在工作方式0情况下,门控信号 GATE 用来控制减"1"计数操作是否进行。当 GATE = 1 时,允许减"1"计数;GATE = 0 时,禁止减"1"计数,计数值将保持 GATE 有效时的数值不变,待 GATE 重新有效后,减"1"计数继续进行。

显然,利用工作方式0既可完成计数功能,也可完成定时功能。当用作计数器时,应将要求计数的次数预置到计数器中,将要求计数的事件以脉冲方式从 CLK 端输入,由它对计数器进行减"1"计数,直到计数值为0,此刻 OUT 输出正跳变,表示计数次数到。当用作定时器时,应把根据要求定时的时间和 CLK 的周期计算出定时系数,预置到计数器中。从 CLK 输入的应是一定频率的时钟脉冲,由它对计数器进行减"1"计数,定时时间从写入计数值开始,到计数值计到"0"为止,这时 OUT 输出正跳变,表示定时时间到。

有一点需要说明,任一通道工作在方式0情况下,计数器初值一次有效,经过一次计数或定时后如果需要继续完成计数或定时功能,必须重新写入计数器的初值。

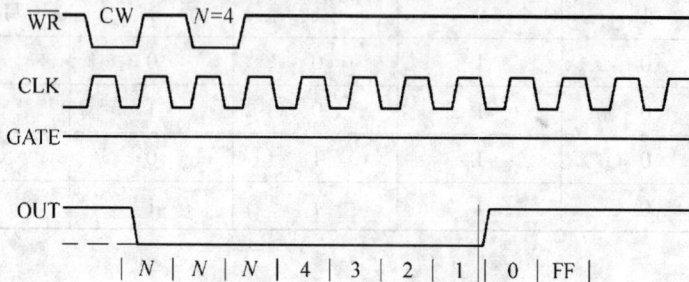

图 8 − 18　方式 0 的时序

2. 方式1——硬件触发的单脉冲发生器

工作方式1被称作可编程单脉冲发生器,方式1的时序图如图 8 − 19 所示。进入这种工作方式,CPU 装入计数值 n 后 OUT 输出高电平,不管此时的 GATE 输入是高电平还是低电平,都不开始减"1"计数,必须等到 GATE 由低电平向高电平跳变形成一个上升沿后,计数过程才会开始。与此同时,OUT 输出由高电平向低电平跳变,形成了输出单脉冲的前沿,待计数值计到"0",OUT 输出由低电平向高电平跳变,形成输出单脉冲的后沿,因此,由方式1所能输出单脉冲的宽度为 CLK 周期的 n 倍。

如果在减"1"计数过程中,GATE 由高电平跳变为低电平,这并不影响计数过程,仍继续计数;但若重新遇到 GATE 的上升沿,则从初值开始重新计数,其效果会使输出的单脉冲加宽。

这种工作方式下,计数值也是一次有效,每输入一次计数值,只产生一个负极性单脉冲。

3. 方式2——频率发生器

工作方式2被称作速率波发生器,方式2的时序图如图 8 − 20 所示。进入这种工作方式,OUT 输出高电平,装入计数值 n 后如果 GATE 为高电平,则立即开始计数,OUT 保持为高电平不变;待计数值减到"1"和"0"之间,OUT 将输出宽度为一个 CLK 周期的负脉冲,计数值为"0"时,自动重新装入计数初值 n,实现循环计数,OUT 将输出一定频率的负脉冲序列,其脉冲宽度固定为一个 CLK 周期,重复周期为 CLK 周期的 n 倍。

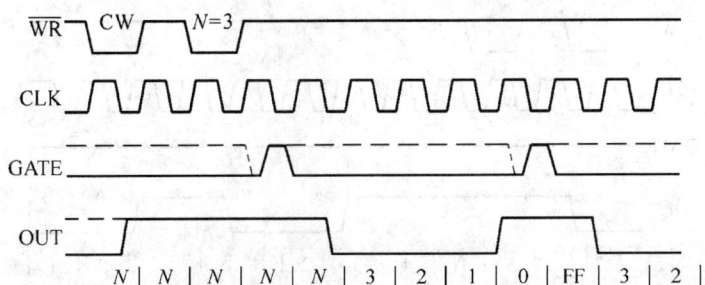

图 8 – 19　方式 1 的时序

如果在减"1"计数过程中，GATE 变为无效（输入 0 电平），则暂停减"1"计数，待 GATE 恢复有效后，从初值 n 开始重新计数。这样会改变输出脉冲的速率。

如果在操作过程中要求改变输出脉冲的速率，CPU 可在任何时候，重新写入新的计数值，它不会影响正在进行的减"1"计数过程，而是从下一个计数操作周期开始按新的计数值改变输出脉冲的速率。

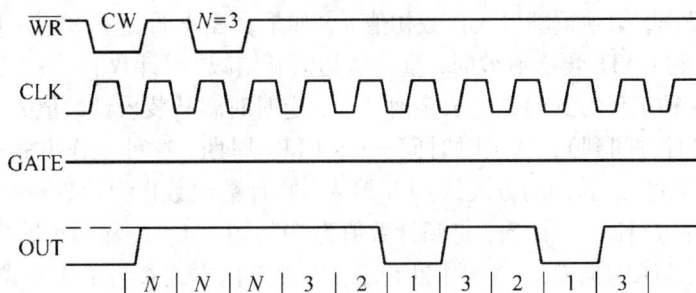

图 8 – 20　方式 2 的时序

4. 方式 3——方波发生器

工作方式 3 被称作方波发生器，方式 3 的时序图如图 8 – 21 所示。任一通道工作在方式 3，只在计数值 n 为偶数，则可输出重复周期为 n、占空比为 1∶1 的方波。

进入工作方式 3，OUT 输出低电平，装入计数值后，OUT 立即跳变为高电平。如果当 GATE 为高电平，则立即开始减"1"计数，OUT 保持为高电平，若 n 为偶数，则当计数值减到 $n/2$ 时，OUT 跳变为低电平，一直保持到计数值为"0"，系统才自动重新置入计数值 n，实现循环计数。这时 OUT 端输出的周期为 $n \times$ CLK 周期，占空比为 1∶1 的方波序列；若 n 为奇数，则 OUT 端输出周期为 $n \times$ CLK 周期，占空比为 $((n+1)/2)\colon((n-1)/2)$ 的近似方波序列。

如果在操作过程中，GATE 变为无效，则暂停减"1"计数过程，直到 GATE 再次有效，重新从初值 n 开始减"1"计数。

如果要求改变输出方波的速率，则 CPU 可在任何时候重新装入新的计数初值 n，并从下一个计数操作周期开始改变输出方波的速率。

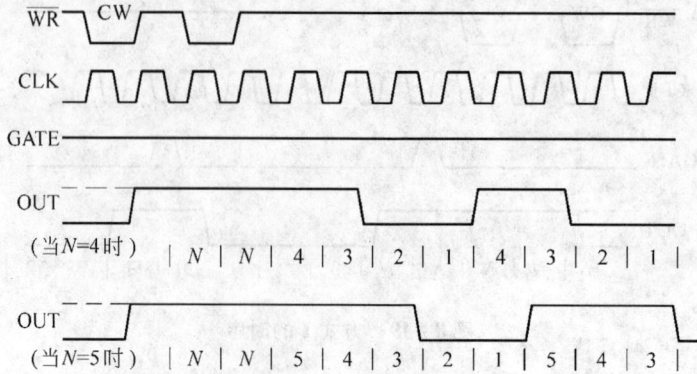

图 8-21 方式 3 的时序

5. 方式 4——软件触发的选通信号发生器

工作方式 4 被称作软件触发方式，方式 4 的时序图如图 8-22 所示。进入工作方式 4，OUT 输出高电平。装入计数值 n 后，如果 GATE 为高电平，则立即开始减"1"计数，直到计数值减到"0"为止，OUT 输出宽度为一个 CLK 周期的负脉冲。由软件装入的计数值只有一次有效，如果要继续操作，必须重新置入计数初值 n。如果在操作的过程中，GATE 变为无效，则停止减"1"计数，到 GATE 再次有效时，重新从初值开始减"1"计数。

显然，利用这种工作方式可以完成定时功能，定时时间从装入计数值 n 开始，则 OUT 输出负脉冲（表示定时时间到），其定时时间 $= n \times \text{CLK}i$ 周期。这种工作方式也可完成计数功能，它要求计数的事件以脉冲的方式从 CLK 输入，将计数次数作为计数初值装入后，由 CLK 端输入的计数脉冲进行减"1"计数，直到计数值为"0"，由 OUT 端输出负脉冲（表示计数次数到）。当然也可利用 OUT 向 CPU 发出中断请求。因此工作方式 4 与工作方式 0 很相似，只是方式 0 在 OUT 端输出正阶跃信号、方式 4 在 OUT 端输出负脉冲信号。

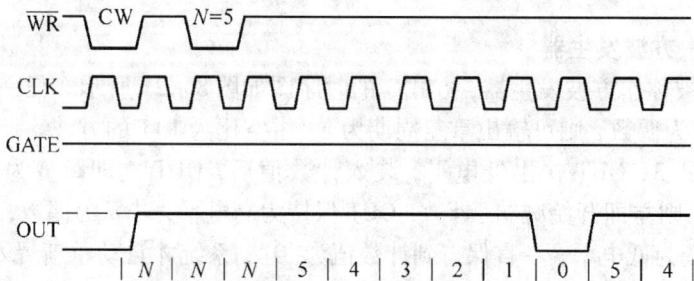

图 8-22 方式 4 的时序

6. 方式 5——硬件触发的选通信号发生器

工作方式 5 被称为硬件触发方式，方式 5 的时序图如图 8-23 所示。进入工作方式 5，OUT 输出高电平，硬件触发信号由 GATE 端引入。因此，开始时 GATE 应输入为 0，装入计数初值 n 后，减"1"计数并不工作，一定要等到硬件触发信号由 GATE 端引入一个正阶跃信号，减"1"计数才会开始，待计数值计到"0"，OUT 将输出负脉冲，其宽度固定为一个 CLK 周期，表示定时时间到或计数次数到。

这种工作方式下，当计数值计到"0"后，系统将自动重新装入计数值 n，但并不开始计数，一定要等到由 GATE 端引入的正跳沿，才会开始进行减"1"计数，因此这是一种完全由 GATE 端引入的触发信号控制下的计数或定时功能。如果由 CLK 输入的是一定频率的时钟脉冲，那么可完成定时功能，定时时间从 GATE 上升沿开始，到 OUT 端输出负脉冲结束。如果从 CLK 端输入的是要求计数的事件，则可完成计数功能，计数过程从 GATE 上升沿开始，到 OUT 输出负脉冲结束。GATE 可由外部电路或控制现场产生，故硬件触发方式由此而得名。

如果需要改变计数初值，CPU 可在任何时候用输出指令装入新的计数初值 n，它将不影响正在进行的操作过程，而是到下一个计数操作周期才会按新的计数值进行操作。

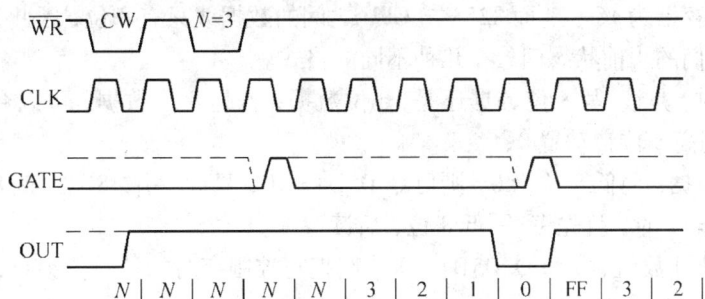

图 8-23　方式 5 的时序

在学习上述 8253 的工作方式时，需要注意两点：

(1)时钟周期和输出周期的区别。时钟周期是指 8253 输入时钟 CLK 的周期，这是固定的，输出周期指 8253 输出端 OUT 的输出波形的周期，两者不要混淆。

(2)8253 的输出端波形都是在时钟信号的下降沿时产生电平的变化。

8.2.3　8253 的控制字与初始化编程

8253 作为一个可编程的计数器/定时器，使用前必须进行初始化编程。初始化编程的步骤是：首先向控制寄存器写入控制字，设定 8253 相关计数器的工作方式；然后向使用的计数器写入计数初值。控制寄存器和 3 个计数器的端口地址由 8253 的引脚 A1、A0 区别：A1、A0 为 11 选择控制寄存器，00、01、10 则分别寻址计数器 0、计数器 1、计数器 2。

1.控制字

8253 的控制字格式如图 8-24 所示。

(1)计数器选择(D7、D6)

控制字的最高两位决定这个控制字是哪一个计数器的控制字。由于三个计数器的工作是完全独立的，所以每个计数器都有一个控制字。而三个控制字都由同一地址(控制字寄存器地址)写入，因而由控制字的 D7、D6 两位来指定该控制字是哪个计数器的控制字。在控制字中的计数器选择与计数器的地址是两回事，不能混淆。计数器的地址用作 CPU 向计数器写初值，或从计数器读取计数器的当前值。

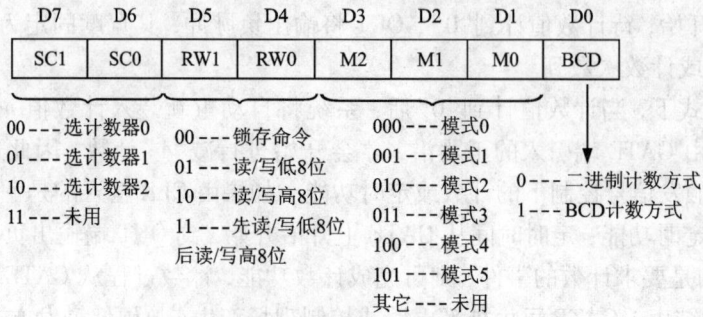

图 8 - 24　8253 的控制字格式

（2）数据读/写格式（D5、D4）

计数初值寄存器为 16 位，而 8253 与 CPU 之间的数据线只有 8 位，因此 CPU 向计数器写入初值和读取它们的当前状态时，有几种不同的格式。

读/写数据时，是读/写 8 位数据还是 16 位数据；若是 8 位数据，可以令 D5D4 = 01，只读/写低 8 位，则高 8 位自动置 0；

若是 16 位数据，而低 8 位为 0，则可令 D5D4 = 10，只读/写高 8 位，低 8 位就自动为 0；

若令 D5D4 = 11 时，就先读/写低 8 位，后读/写高 8 位。

在读取 16 位计数值时，可令 D5D4 = 00，则把写控制字时的计数值锁存，以后再读取。

（3）工作方式（D3、D2、D1）

8253 的每个计数器的 6 种不同的工作方式，由这 3 位决定。

（4）数制选择（D0）

8253 的每个计数器有两种计数制：二进制和十进制，由这位决定。

D0 = 0，表示后继写入的计数初值为二进制，并采用二进制计数，写入的初值的范围为 0000H ~ FFFFH，其中 0000H 是最大值，代表 65536。

D0 = 1，表示后继写入的计数初值为十进制（BCD 码数），并采用十进制计数，写入的初值的范围为 0000H ~ 9999H，其中 0000H 是最大值，代表 10000。

例 8 - 3　设 8253 的端口地址为 288H ~ 28BH，GATE0 信号为高电平，CLK0 接 2 MHz 的方波，编程使 OUT0 端输出 500Hz 的连续脉冲。

【分析】

（1）按照初始化编程步骤：先向控制端口 28BH 写入控制字；然后向计数器 0（288H）写入计数初值。

（2）根据要求，计数器 0 应工作在方式 2 或方式 3，计数初值 = 2 MHz ÷ 500Hz = 4000

初始化程序如下：

```
MOV     DX, 28BH
MOV     AL, 00110100B        ;定义计数器 0 为方式 2，二进制计数，写入为先低后高
OUT     DX, AL
MOV     DX, 288H
MOV     AX, 4000
OUT     DX, AL               ;写计数初值的低 8 位
MOV     AL, AH
```

```
OUT        DX, AL                    ; 写计数初值的高 8 位
```

2. 计数器锁存命令

在计数过程中，CPU 可读取计数器的当前计数值，可采用的一种方法是，先向控制寄存器写入一个锁存命令，将指定计数器的计数值在输出锁存器中锁存，然后对相关计数器端口执行 IN 指令，就可以读出计数器的当前计数值，读出顺序应遵照先前写入控制寄存器的控制字 D5D4 的规定。

锁存命令由控制字的 D5、D4 决定，其格式如图 8 - 25 所示。

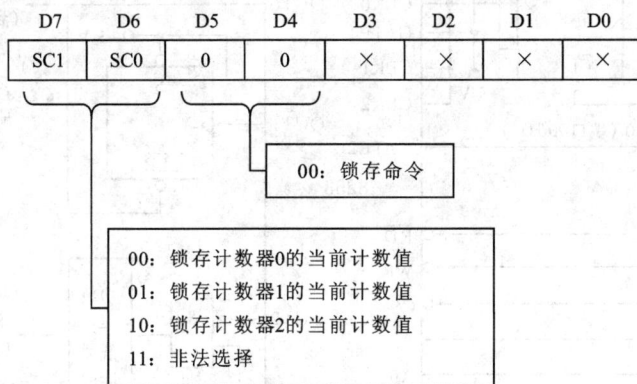

图 8 - 25　锁存命令格式

例如：设 8253 的端口地址为 388H ~ 38BH，向 8253 输送一个控制字，使 8253 的计数值锁存在输出寄存器。

```
MOV        DX, 38BH
MOV        AL, 40H               ; 计数器 1 的锁存命令
OUT        DX, AL
MOV        DX, 389H
IN         AL, DX
MOV        CL, AL
IN         AL, DX
MOV        CH, AL
```

8.2.4　8253 的应用举例

1. 8253 在 PC/XT 机中的应用

例 8 - 4　8253 在 PC/XT 机中的应用。

8253 的 3 个计数器通道在 PC 机定时系统中的作用及连接如图 8 - 26 所示。由片选信号 $\overline{CS}$ 和端口选择信号 A1、A0 的连接可推知 8253 的端口地址。片选信号来自地址译码电路的 $\overline{T/CCS}$ 端，而该端的逻辑表达式为：

$$\overline{T/CCS} = \overline{A9A8A7A6} \ \overline{A5}$$

可见，系统选中 8253 的端口地址范围为 0040H ~ 005FH。又由于 8253 的 A1、A0 由系统地址总线的 A1、A0 位控制，所以每个计数器通道的端口地址有 8 个。实际应用中，系统程

序仅从中选用了 4 个地址 0040H ~ 0043H 分别作为端口 0 至端口 3 的地址。

8253 三个计数器使用相同的时钟频率,它们是由 8284 时钟发生器输出时钟信号 PCLK,再经过 D 触发器 74LS175 二分频后得到的,频率为 1.19 MHz。8253 的 GATE0 和 GATE1 始终接 +5 V,GATE2 接 8255A 的 PB0,8255A 的 B 口地址为 61H。

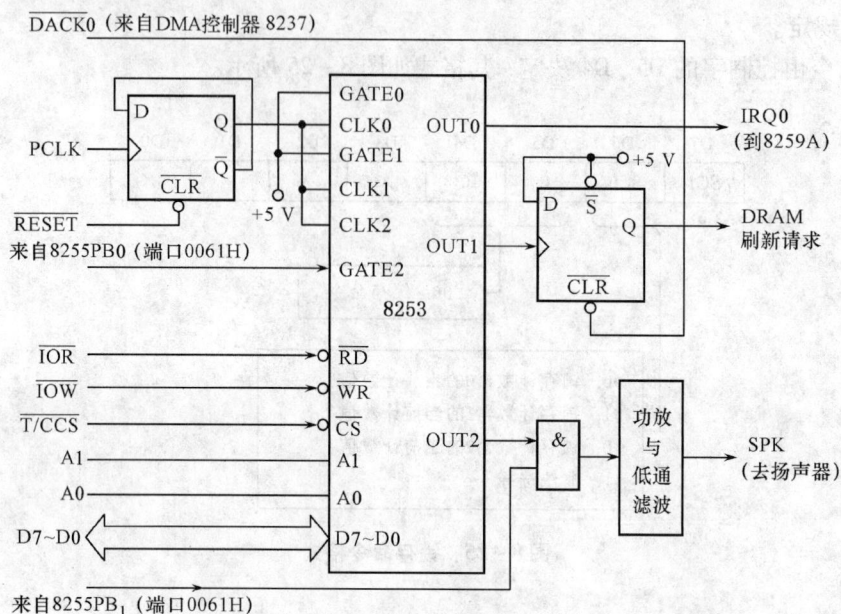

图 8 − 26 IBM PC/XT 微型计算机中 8253 的部分电路图

(1)计数器 0

计数器 0 向系统日时钟提供定时中断,工作在方式 3,计数初值预置为 0(即 65536)。因此,OUT0 输出方波的频率为 1.19 MHz/65536 = 18.2 Hz,即每秒产生 18.2 次中断,或者说每隔 55 ms 产生一次日时钟中断。

初始化程序如下:

```
MOV      AL, 36H        ; 设置计数器 0 为方式 3, 二进制计数
OUT      43H, AL        ; 写控制字
MOV      AL, 0          ; 计数初值为 0
OUT      40H, AL        ; 先写低字节计数值
OUT      40H, AL        ; 后写高字节计数值
```

(2)计数器 1

计数器 1 向 DMA 控制器定时发送动态存储器刷新请求。它选用工作方式 2,OUT1 输出周期为 15 μs 的负脉冲,该脉冲的上升沿使 D 触发器置 1,对 DMA 控制器 8237 的 DMA 请求信号 DRQ0 发出 DMA 请求信号,DMA 控制器则依据这个请求信号对动态存储器进行刷新。可知计数器 1 的计数初值为:

$$1.19 \times 10^6 \text{ Hz}/(1/15 \times 10^{-6}\text{s}) = 18$$

其初始化程序如下:

```
MOV        AL, 54H              ; 计数器 1, 方式 2, 只写低 8 位, 二进制计数
MOV        43H, AL
OUT        AL, 12H              ; 预置计数初值 18
OUT        41H, AL
```

（3）计数器 2

计数器 2 输出不同频率的方波, 经电流驱动器 75477 放大后驱动扬声器发声, 作为机器的报警信号或伴音信号。计数器 2 选用工作方式 3, 计数初值为可变值。门控信号 GATE2 接 8255A 的 PB0, 控制计数器 2 的计数过程。计数器输出 OUT2 经过一个与门, 这个与门受 8255A 的 PB1 控制, 所以扬声器由 PB0 和 PB1 来控制发声。

在 IBM PC/XT 机的 BIOS 中有一个声响子程序 BEEP, 计数初值为 0533H（即 1331）, 输出频率为 896Hz 的方波, 经滤波驱动后推动扬声器发声。

初始化程序如下:

```
MOV        AL, 10110110B        ; 计数器 2, 方式 3, 二进制计数
OUT        43H, AL
MOV        AX, 0533H            ; 初值为 0533H
OUT        42H, AL              ; 写低 8 位
MOV        AL, AH
OUT        42H, AL              ; 写高 8 位
```

例 8 - 5　对 8253 编程使扬声器发出 600Hz 的声响, 按任意键停止。

【分析】

（1）对计数器 2 重新写入计数初值, 改变计数初值:

$$计数初值 = 1331 * 896Hz/600Hz = 1988$$

（2）控制 8255A 的 PB0 使 GATE2 为高电平, 计数器 2 开始计数, 并且使 8255A 的 PB1 为高电平打开扬声器。发声结束后通过 PB0 和 PB1 输出低电平结束计数和关闭扬声器。8255A 的 B 口地址为 61H。

【程序设计】

```
CODE       SEGMENT
           ASSUME     CS: CODE
START:     IN         AL, 61H
           OR         AL, 03H
           OUT        61H, AL              ; 打开扬声器
           MOV        AX, 1988             ; 计数初值为 1988
           OUT        42H, AL              ; 先写低 8 位, 后写高 8 位
           MOV        AL, AH
           OUT        42H, AL
           MOV        AH, 1
           INT        21H                  ; 等待键入
           IN         AL, 61H
           AND        AL, 0FCH
           OUT        61H, AL              ; 关闭扬声器
```

```
      MOV       AH, 4CH              ; 返回 DOS
      INT       21H
CODE  ENDS
      END       START
```

8.3　串行通信与可编程串行通信接口 8251A

数据通信的基本方式有两种：并行通信与串行通信。并行通信是指利用多条数据传输线将一个数据的各位同时传送，特点是传输速度快，适用于短距离通信。串行通信是指利用一条传输线将数据一位位地顺序传送，在传输过程中，每一位数据都占据一个固定的时间长度。串行通信的特点是通信线路简单，利用电话或电报线路就可实现通信，降低了硬件开销成本，适用于远距离通信，但传输速度较慢。

8.3.1　串行通信概述

1. 串行同步通信和串行异步通信

（1）同步通信以帧为单位传输信息。将要传输的字符一个一个地组成一个数据块，数据块头部有 1～2 个同步字符，数据块尾部是校验字符，这样构成一个信息帧。收发双方在同一个时钟信号的控制下发送和接收信息帧，帧与帧之间不允许有间隔，若有，必须用同步字符填充。同步通信传输效率高，但对收发双方的同步要求严格，硬件电路比较复杂。

（2）异步通信以字符为单位传输信息。每个字符的前后都要附加起始位和停止位作为分隔位，因此通信中两个字符间的传输间隔是任意的，不需要收发双方的时钟信号的严格同步，硬件电路比较简单。但由于其附加信息量多，异步通信的传输效率比较低。

图 8-27 是异步通信时的标准数据格式。

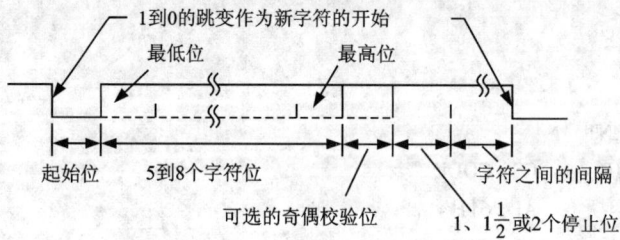

图 8-27　异步通信时的标准数据格式

2. 数据传送方式

串行数据传输方式有以下三种方式，如图 8-28 所示。

单工方式：数据向一个固定的方向传送，即一方只能作为发送端，另一方只能作为接收端。

半双工方式：收发双方都具有接受数据和发送数据的能力，但是使用同一根传输线，不能同时在两个方向上传送，每次只能有一个站发送，另一个站接收。

全双工方式：收发双方使用两根传输线进行通信，双方可同时进行发送和接收。

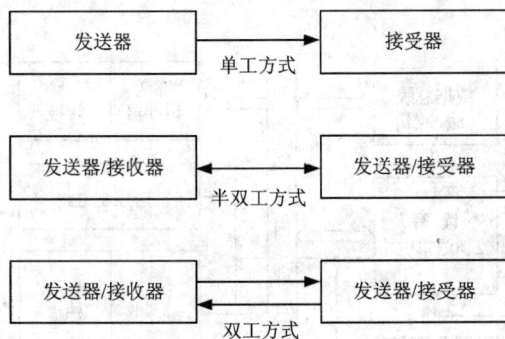

图 8 - 28　串行数据传输方式

3. 数据传输率

数据传输率即波特率,是衡量数据传送速率的指标。表示每秒钟传送的二进制位数。例如数据传送速率为 120 字符/秒,而每一个字符为 10 位,则其传送的波特率为 10 × 120 = 1200 位/秒 = 1200 波特。

8.3.2　8251A 的主要特征和内部结构

1. 8251A 的主要特征

8251A 是可编程的串行通信接口芯片,概括起来具有以下基本特征:

(1)通过编程可以选择同步方式或异步方式。同步方式下,波特率为 0 ~ 64 Kbps,异步方式下,波特率为 0 ~ 19.2 Kbps。

(2)同步方式下,每个字符可以用 5、6、7 或 8 位来表示,并且内部能自动检测同步字符,从而实现同步。除此之外,8251A 也允许同步方式下增加奇/偶校验位进行校验。

(3)异步方式下,每个字符也可以用 5、6、7 或 8 位来表示,时钟频率为传输波特率的 1、16 或 64 倍,用 1 位作为奇/偶校验。1 个启动位。并能根据编程为每个数据增加 1 个、1.5 个或 2 个停止位。可以检查假启动位,自动检测和处理终止字符。

(4)全双工的工作方式。其内部提供具有双缓冲器的发送器和接收器。

(5)提供出错检测。具有奇偶、溢出和帧错误三种校验电路。

2. 8251A 的内部结构

图 8 - 29 为 8251A 的内部结构。从图中可以看出,8251A 由 5 个主要功能模块组成:

(1)发送器

发送器由发送缓冲器和发送控制电路两部分组成。

发送缓冲器把来自 CPU 的并行数据加上相应的控制信息,然后转换成串行数据从 TXD 引脚发送出去。

发送控制电路和发送缓冲器配合工作,发送原理如下:

①采用异步方式,由发送控制电路在其首尾加上起始位和停止位,然后从起始位开始,经移位寄存器从数据输出线 TXD 逐位串行输出。

②采用同步方式,则在发送数据之前,发送器将自动送出 1 个或 2 个同步字符,然后才

逐位串行输出数据。

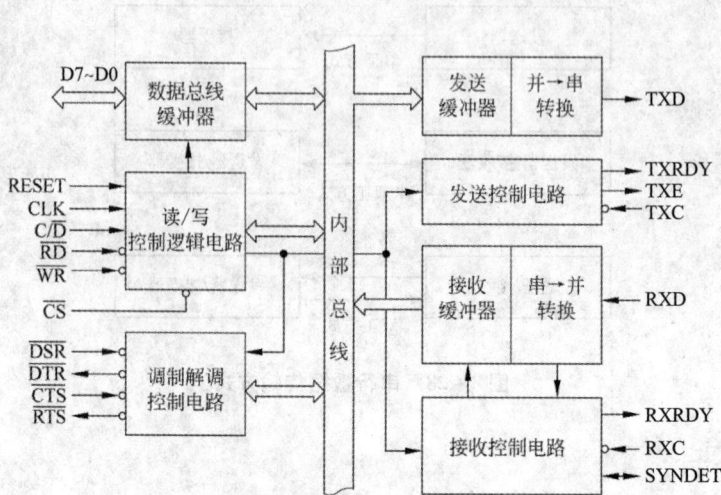

图 8 – 29　8251A 的内部结构

（2）接收器

接收器由接收缓冲器和接收控制电路两部分组成。

接收移位寄存器从 RXD 引脚上接收串行数据转换成并行数据后存入接收缓冲器。

接收控制电路配合接收缓冲器工作，其接收原理如下：

①异步方式：在 RXD 线上检测低电平，将检测到的低电平作为起始位，8251A 开始对 RXD 进行一次采样，把收到的数据送到输入移位寄存器，并进行奇偶校验和去掉停止位，变成并行数据后，送到数据输入寄存器，同时发出 RXRDY 信号送 CPU，表示已经收到一个可用的数据。

②同步方式：首先搜索同步字符。8251A 监测 RXD 线，每当 RXD 线上出现一个数据位时，接收下来并送入移位寄存器移位，与同步字符寄存器的内容进行比较，如果两者不相等，则接收下一位数据，并且重复上述比较过程。当两个寄存器的内容比较相等时，8251A 的 SYNDET 升为高电平，表示同步字符已经找到，同步已经实现。

采用双同步方式，就要在测得输入移位寄存器的内容与第一个同步字符寄存器的内容相同后，再继续检测此后输入移位寄存器的内容是否与第二个同步字符寄存器的内容相同。如果相同，则认为同步已经实现。

在外同步情况下，同步输入端 SYNDET 加一个高电位来实现同步的。

实现同步之后，接收器和发送器间就开始进行数据的同步传输。这时，接收器利用时钟信号对 RXD 线进行采样，并把收到的数据位送到移位寄存器中。在 RXRDY 引脚上发出一个信号，表示收到了一个字符。

（3）数据总线缓冲器

数据总线缓冲器是 8 位的双向、三态缓冲器，它是 CPU 与 8251A 之间的数据接口。CPU 通过数据总线缓冲器发送和接收数据，此外，CPU 发出的控制命令和外设的状态信息也是通过它来传送的。

（4）读/写控制逻辑电路

读/写控制逻辑电路用来接收片选信号、读写信号和控制信号，通过数据总线缓冲器对 8251A 进行读写操作。

（5）调制解调控制电路

调制解调控制电路产生并接收调制解调器信号，实现 8251A 和调制解调器的连接。

8.3.3　8251A 的外部引脚

作为 CPU 与外部设备（或调制解调器）之间的接口，8251A 的引脚信号可分为两组：一是 8251A 与 CPU 之间的信号；二是 8251A 与外部设备（或调制解调器）之间的信号。图 8 - 30 是 8251A 与 CPU 及外部设备之间的连接示意图。

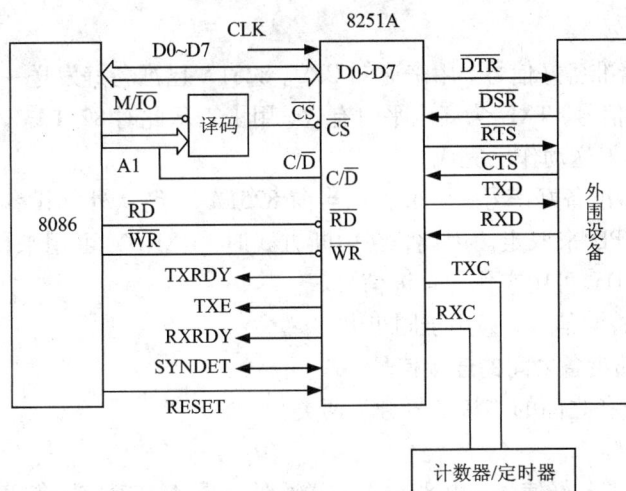

图 8 - 30　8251A 与 CPU 及外部设备之间的连接示意图

1.8251A 和 CPU 之间的连接信号

8251A 和 CPU 之间的连接信号可以分为四类：

（1）$\overline{CS}$：片选信号，它由 CPU 发出端口的地址信号译码产生，低电平有效。

（2）D0 ~ D7：8 位，三态，双向数据线，与系统的数据总线相连。

（3）读/写控制信号

$\overline{RD}$：读信号，低电平有效，表示 CPU 当前正在从 8251A 读取数据或者状态信息。

$\overline{WR}$：写信号，低电平有效，表示 CPU 当前正在往 8251A 写入数据或者控制信息。

$C/\overline{D}$：控制/数据信号，用来区分当前读/写的是数据还是控制信息或状态信息。该信号也可看作是 8251A 数据端口与控制端口的选择信号。

$\overline{RD}$、$\overline{WR}$、$C/\overline{D}$ 这 3 个信号的组合，决定了 CPU 对 8251A 的具体操作，它们的关系如表 8 - 3 所示：

表 8 – 3　8251A 引脚信号与端口读写操作的关系

C/$\overline{\text{D}}$	$\overline{\text{RD}}$	$\overline{\text{WR}}$	操作
0	0	1	CPU 从 8251A 输入数据
0	1	0	CPU 向 8251A 输出数据
1	0	1	CPU 读取 8251A 的状态
1	1	0	CPU 往 8251A 写入控制字

注意，8251A 只有两个连续的端口地址，数据输入端口和数据输出端口合用同一个偶地址，而状态端口和控制端口合用同一个奇地址。在 8086/8088 系统中，利用 A1 来区分奇地址和偶地址。

(4)收发联络信号

TXRDY：发送器准备好信号，用来通知 CPU，8251A 已准备好发送一个字符。

TXE：发送器空信号，TXE 为高电平时有效，用来表示此时 8251A 发送器中并行到串行转换器空，说明一个发送动作已完成。

RXRDY：接收器准备好信号，用来表示当前 8251A 已经从外部设备或调制解调器接收到一个字符，等待 CPU 来取走。因此，在中断方式时，RXRDY 可用来作为中断请求信号；在查询方式时，RXRDY 可用来作为查询信号。

SYNDET：同步检测信号，只用于同步方式。

2. 8251A 与外部设备之间的连接信号

8251A 与外部设备之间的连接信号分为两类：

(1)收发联络信号

DTR：数据终端准备好信号，由 8251A 发送给外部设备，表示当前 CPU 已经准备就绪。

DSR：数据设备准备好信号，由外设送往 8251A，表示当前外设已经准备好。

RTS：请求发送信号，由 8251A 发送给外部设备，表示 CPU 已经准备好发送。

CTS：允许发送信号，是对 $\overline{\text{RTS}}$ 的响应，由外设送往 8251A，表示当前允许 8251A 执行发送操作。

实际使用时，这 4 个信号中通常只有 $\overline{\text{CTS}}$ 必须为低电平，其他 3 个信号可以悬空起来不用。

(2)数据信号

TXD：发送器数据输出信号。当 CPU 送往 8251A 的并行数据被转变为串行数据后，通过 TXD 送往外设。

RXD：接收器数据输入信号。用来接收外设送来的串行数据，数据进入 8251A 后被转变为并行方式。

3. 时钟、电源和地

8251A 除了与 CPU 及外设的连接信号外，还有电源端、地端和 3 个时钟端。

CLK：时钟输入，用来产生 8251A 器件的内部时序。同步方式下，大于接收数据或发送数据的波特率的 30 倍；异步方式下，则要大于数据波特率的 4.5 倍。

TXC：发送器时钟输入，用来控制发送字符的速度。同步方式下，TXC 的频率等于字符传输的波特率；异步方式下，TXC 的频率可以为字符传输波特率的 1 倍、16 倍或者 64 倍。

RXC：接收器时钟输入，用来控制接收字符的速度，和 TXC 一样。在实际使用时，RXC 和 TXC 往往连在一起，由同一个外部时钟来提供，CLK 则由另一个频率较高的外部时钟来提供。

V_{CC}：电源输入。

GND：地。

8.3.4　8251A 的编程

8251A 有两个控制字和一个状态字。两个控制字即方式选择控制字和操作命令控制字，它们没有特征位，必须按先后顺序写入控制端口。状态字从状态端口读取，状态端口与控制端口使用一个端口地址。

1. 方式选择控制字（模式字）

对 8251A 进行初始化时，由方式选择控制字的设置决定 8251A 的工作模式，方式选择控制字的格式如图 8－31 所示。

当方式选择控制字的最低两位 D1D0 = 00 时，8251A 工作在同步方式，此时最高两位 D7D6 决定了是内同步还是外同步，以及同步字符的个数；若当方式选择控制字的最低两位 D1D0 不全为 0，则 8251A 进入异步方式。

在同步方式下，接收和发送的波特率分别和 TXC、RXC 引脚上的时钟频率相等；但在异步方式中，要用方式选择控制字中的最低两位确定波特率因子，此时，TXC、RXC 引脚上的时钟频率、波特率因子和波特率之间的关系如下：

时钟频率 = 波特率因子 × 波特率

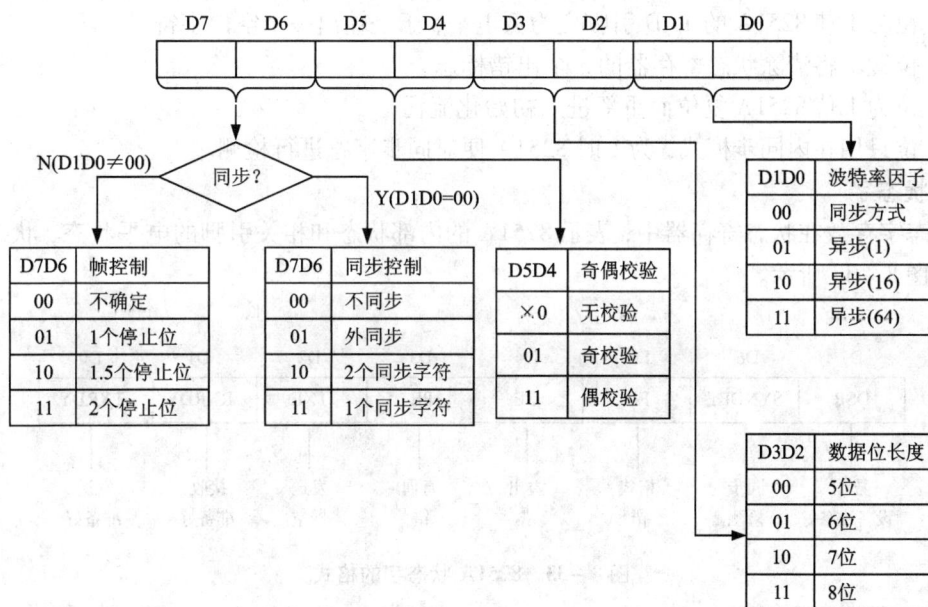

图 8－31　8251A 的方式选择控制字的格式

2. 操作命令控制字(控制字)

操作命令控制字在对8251A初始化时控制8251A的具体操作,操作命令控制字的格式如图8-32所示。

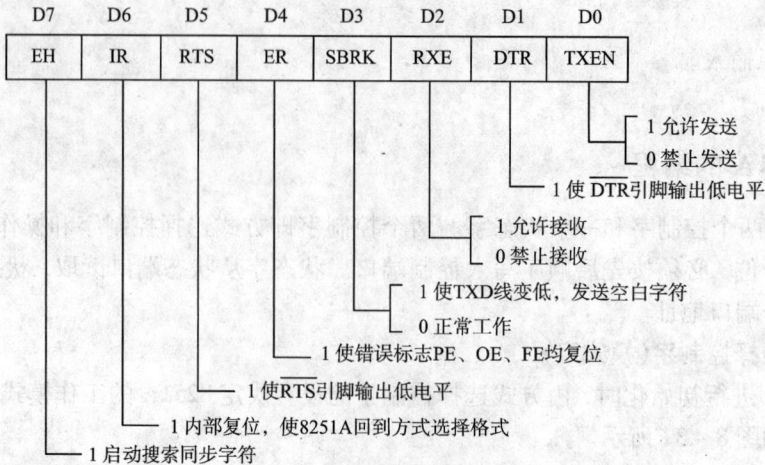

图 8-32　8251A 的操作命令控制字的格式

操作命令控制字的 D0 位为输出允许信号,为 1 时允许 8251A 发送数据;

操作命令控制字的 D2 位为输入允许信号,为 1 时允许 8251A 接收数据;

D1 和 D5 位与 8251A 的 DTR 引脚和 RTS 引脚相关,当 CPU 把操作命令控制字的 DTR 和 RTS 置为 1 时,则 8251A 的 DTR 引脚和 RTS 引脚分别输出低电平,作为 CPU 与外部设备的联络信号,表示双方已准备好接收数据和发送数据;

D3 位为 1 使 8251A 的 TXD 引脚变为低电平,于是输出一个空白字符;

D4 位置 1 将清除状态寄存器的 3 个出错标志;

D6 位为 1 使 8251A 复位而重新进入初始化流程;

D7 位只用在内同步模式,为 1 时 8251A 便对同步字符进行检测。

3. 状态字

状态字存放在状态寄存器中,表示 8251A 的内部状态和相关引脚的电平状态,状态字的格式如图8-33所示。

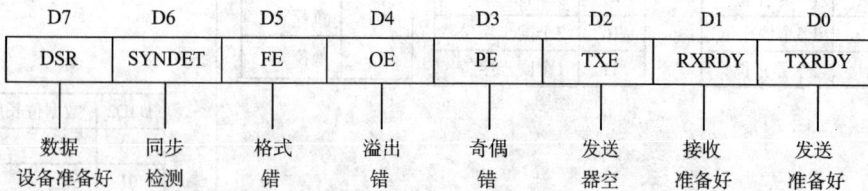

图 8-33　8251A 状态字的格式

状态寄存器的 D1、D2、D6 位分别与 8251A 引脚 RXRDY、TXE、SYNDET 上的信号相同;

D0 位 TXRDY 为 1 表示发送准备好,当前数据输出缓冲器为空置 D0 为 1。但 8251A 引脚 TXRDY 信号的置 1 条件与状态字 D0 位不同，引脚 TXRDY 信号的置 1 的条件为：数据输出缓冲器为空；输入引脚$\overline{CTS}$为低电平；操作控制字的 TXEN 位为 1。

状态字的 RXRDY 和 TXRDY 可以在程序中用来作为输入和输出的测试状态位。而引脚 RXRDY 和 TXRDY 两个信号则常常作为外设对 CPU 的中断请求信号。

状态寄存器的 D3、D4、D5 分别作为奇偶校验出错、溢出错和帧格式出错指示。

4.8251A 的初始化编程

8251A 开始通信之前，首先必须进行初始化编程。按照 8251A 芯片使用手册规定，对 8251A 的初始化编程必须遵守以下约定：

（1）接通电源时，电路将自动进入复位状态，但不能保证总是正确复位，因此首先要对 8251A 作软件复位操作，使 8251A 正确复位。即应先向 8251A 控制口连续写入 3 个 0，然后再向该端口送入复位控制字 40H 进行复位。

（2）芯片复位后，第一次用奇地址写入的值作为模式字送控制寄存器。

（3）若模式字中规定了 8251A 工作在同步模式，那么，CPU 接着往奇地址端口输出的字节为同步字符，同步字符被写入同步字符寄存器。如果有两个同步字符，则会按先后分别写入第一个同步字符寄存器和第二个同步字符寄存器。

（4）此后，除复位命令，不管同步方式还是异步方式，CPU 往奇地址写入的值将作为操作字送到控制寄存器，往偶地址端口写入的值作为数据送到数据输出寄存器。

8251A 的初始化编程的流程图如图 8 - 34 所示。

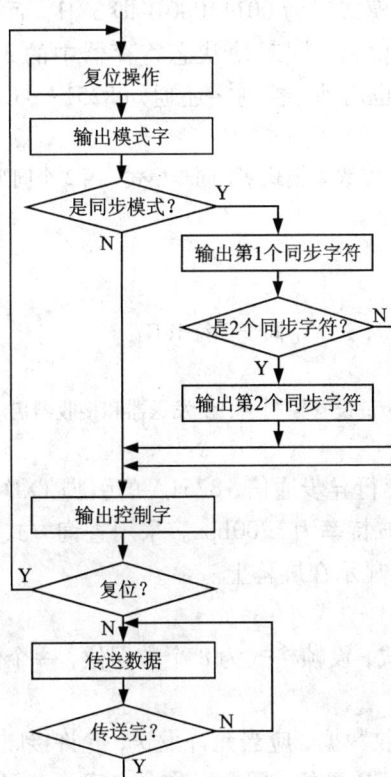

图 8 - 34　8251A 的初始化流程图

8.3.5　8251A 的应用举例

1.8251A 初始化编程举例

（1）异步模式

例 8－6　设 8251A 工作在异步模式，波特率因子为 16，7 个数据位/字符，偶校验，2 个停止位，发送、接收允许，设端口地址为 00E2H。完成初始化程序。

【分析】根据题目要求，可以确定模式字为 11111010B 即 FAH，而控制字为 00110111B 即 37H，则初始化程序如下：

```
MOV     AL, 0FAH          ;设置模式字，异步方式，7 位/字符，偶校验，2 个停止位，波特率因子
                            为 16
MOV     DX, 00E2H
OUT     DX, AL
MOV     AL, 37H           ;设置控制字，使发送、接收允许，清除错标志，使RTS, DTR有效
OUT     DX, AL
```

（2）同步模式

例 8－7　设端口地址为 0E2H，采用内同步方式，2 个同步字符（设同步字符为 16H），偶校验，7 位数据位/字符。

【分析】

根据题目要求，可以确定模式字为 00111000B 即 38H，而控制字为 10010111B 即 97H。它使 8251A 对同步字符进行检索；同时使状态寄存器中的 3 个出错标志复位；此外，使 8251A 的发送器启动，接收器也启动；控制字还通知 8251A，CPU 当前已经准备好进行数据传输。具体程序段如下：

```
MOV     AL, 38H           ;设置模式字，同步模式，用 2 个同步字符，7 个数据位，偶校验
MOV     DX, 00E2H
OUT     DX, AL
MOV     AL, 16H
OUT     DX, AL            ;送 2 个同步字符 16H
OUT     DX, AL
MOV     AL, 97H           ;设置控制字，使发送器和接收器启动并置其他相关信号
OUT     DX, AL
```

例 8－8　用 8251A 实现串行异步通信，8251A 的引脚 TXD 和 RXD 连接构成自收自发的通信电路，如图 8－35 所示，波特率为 1200bps。采用查询方式将键盘输入的字符从 TXD 端发送，经 RXD 端接收，并最终显示在屏幕上。

【分析】

（1）8251A 工作在异步方式，设帧格式为 8 个数据位，一个停止位，无校验位，波特率系数为 16，则模式字为 4EH。

（2）要使 8251A 发送和接收数据，应当允许发送，允许接收，即操作字的 TXEN 和 RXEN 应为低电平，同时令错误标志 ER 复位，因此操作命令字为 15H。

（3）8251A 没有内置的波特率发生器，电路中外接一片 8253 作为时钟信号发生器，用其计数器 2 产生连续方波，作为 8251A 的发送器时钟信号和接收器时钟信号。若 8251A 的波特

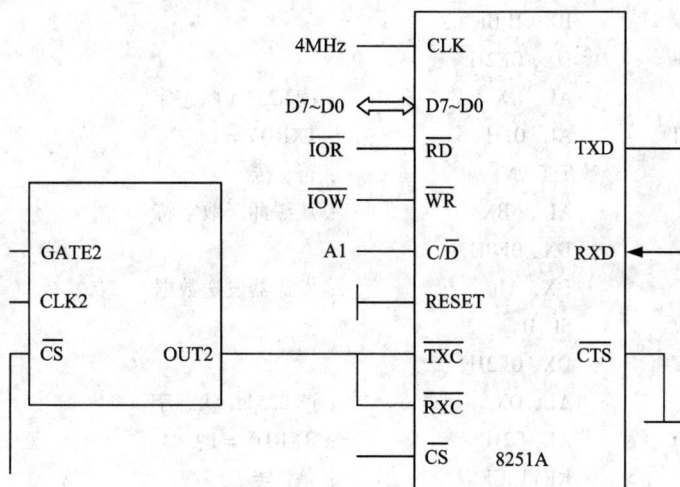

图 8 – 35 8251A 异步通信实验接线图

率为 1200 波特，则发送器和接收器时钟信号的频率为：

$$f_{\text{OUT2}} = 16 \times 1200 \text{ Hz} = 19.2 \text{ kHz}$$

计数器 2 的输入时钟频率 $f_{\text{CLK2}} = 2$ MHz，故计数初值 $= 104$，对 8253 计数器 2 设定为工作方式 3，二进制计数，读写格式为只写低八位，因此 8253 的方式控制字为 96H。

（4）为启动 8251A 发送器，引脚 $\overline{\text{CTS}}$ 必须为低电平，这里把 $\overline{\text{CTS}}$ 直接接地。

（5）8251A 的 C/$\overline{\text{D}}$ 引脚与地址线 A1 相连，当 $\overline{\text{CS}}$ 片选地址为 0E0H ~ 0E3H 时，8251A 控制口地址为 0E2H，0E3H，数据口地址为 0E0H，0E1H。

【程序设计】

```
DATA      SEGMENT
MESG      DB        'INPUT……', 0DH, 0AH, '$'
IBUF      DB        20, ?, 20 DUP(20)
ERROR     DB        0DH, 0AH, 'ERROR! $'
DATA      ENDS
CODE      SEGMENT
          ASSUME    CS: CODE, DS: DATA
START:    MOV       AX, DATA
          MOV       DS, AX
          CALL      I8253            ; 8253 初始化
          CALL      I8251A           ; 8251A 初始化
          MOV       AH, 9
          MOV       DX, OFFSET MESG  ; 提示信息
          INT       21H
          MOV       AH, 10
          MOV       DX, IBUF
          INT       21H              ; 输入字符
```

```
AGAIN:      MOV       CX, IBUF + 1          ；循环计数 = 字符数
            MOV       BX, IBUF + 2
TSCAN:      MOV       DX, 0E2H
            IN        AL, DX                ；读 8251A 状态字
            TEST      AL, 01H               ；TXRDY = 1?
            JZ        TSCAN                 ；否, 转
SEND:       MOV       AL, [BX]              ；从缓冲区取字符
            MOV       DX, 0E0H
            OUT       DX, AL                ；发送器发送数据
            MOV       SI, 0
RSCAN:      MOV       DX, 0E2H
            IN        AL, DX                ；读 8251A 状态字
            TEST      AL, 02H               ；RXRDY = 1?
            JNZ       REVEICE               ；是, 转
            DEC       SI
            JNZ       RSCAN
            JMP       ERR                   ；超时, 转
REVEICE:    MOV       DX, 0E0H
            IN        AL, DX                ；接收器接收数据
            MOV       DL, AL
            MOV       AH, 2                 ；屏显
            INT       21H
            LOOP      AGAIN
            JMP       EXIT
ERR:        MOV       AH, 9                 ；超时提示
            MOV       DX, OFFSET ERROR
            INT       21H
EXIT:       MOV       AH, 4CH
            INT       21H
; ·············································8253 初始化
I8253       PROC
            MOV       AL, 96H
            OUT       43H, AL               ；写控制字
            MOV       AL, 104               ；计数初值
            OUT       42H, AL
            RET
I8253       ENDP
; ·············································8251 初始化
I8251A      PROC
            MOV       CX, 3
            MOV       AL, 0
            MOV       DX, 0E2H
LOP:        OUT       DX, AL                ；写 3 个 0 到控制口
```

```
        LOOP        LOP
        MOV         AL, 40H
        OUT         DX, AL              ; 写复位命令
        CALL        DELAY               ; 延时 10 μs
        MOV         DX, 0E2H
        MOV         AL, 01001110B       ; 方式控制字
        OUT         DX, AL
        MOV         AL, 00010101B       ; 命令字
        OUT         DX, AL
        RET
I8251A  ENDP
; ………………………………………………………………………… 延时
DELAY   PROC
        MOV         CX, 0               ; 微秒为单位的高 16 位值
        MOV         DX, 10              ; 微秒为单位的低 16 位值
        MOV         AH, 86H             ; 中断功能号
        INT         15H                 ; 延时
        RET
DELAY   ENDP
CODE    ENDS
        END         START
```

习题 8

8.1　8255A 有哪三种工作方式？写出每种工作方式下控制字的格式和意义，并分析其握手联络方式。

8.2　设 8255A 的端口 A、B、C 和控制寄存器的地址为 F4H、F5H、F6H、F7H，要使 A 口工作于方式 0 输出，B 口工作于方式 1 输入，C 口上半部输出，下半部输入，且要求初始化时使 PC6＝0，试设计 8255A 与 PC 系列机的接口电路，并编写初始化程序。

8.3　将 8255 C 端口的 8 根 I/O 线接 8 只发光二极管的正极(八个负极均接地)，用按位置位/复位控制字编写使这 8 只发光二极管依次亮、灭的程序。设 8255 的端口地址为 380H～383H。

8.4　用 8255 的 A 端口接 8 只理想开关输入二进制数，B 端口和 C 端口各接 8 只发光二极管显示二进制数。设计这一接口电路。编写读入开关数据(原码)送 B 端口(补码)和 C 端口(绝对值)的发光二极管显示的程序段(设 8255 的端口地址为 384H～387H)。试设计其接口电路和控制程序。

8.5　试用一片 8255 做 8 只理想开关和 2 只七段显示器的接口，将开关输入的 8 位二进制数以十六进制数形式在这 2 只七段显示器上显示出来。设计这一接口电路和控制程序(设 8255 的端口地址为 384H～387H)。

8.6　8253 计数器硬件触发和软件触发的含义是什么？

8.7　若 8253 CLK1 接 2 MHz，编初始化程序使 OUT1 产生 10 ms 定时中断。如何产生 1

s 定时中断?

8.8　设 8253 的端口地址为 200H ~ 203H,欲使用 8253 的通道 2 产生一周期为 1 ms 的脉冲序列,试编写初始化程序。设已有基准时钟频率为 4 MHz。

8.9　若使用 8253 对外部脉冲进行计数,计数的时间持续期由另一外来信号控制,计数过程结束时向 8259A 发中断请求信号。试编写 8253 的初始化程序,并说明一片 8253 最大计数值为多少? 如何考虑的?(编程时 8254 的地址自定)

8.10　8251A 内部有哪些寄存器? 分别举例说明它们的作用和使用方法。

8.11　8251A 的引脚分为哪几类? 分别说明它们的功能。

8.12　8251A 数据发送的条件是什么? 工作在异步通信方式时,初始化编程有哪些步骤?

8.13　已知 8251A 发送的数据格式为:数据位 7 位、偶校验、1 个停止位、波特率因子 64。设 8251A 控制寄存器的地址码是 3FBH,发送/接收寄存器的地址码是 3F8H。试编写用查询法和中断法收发数据的通信程序。

8.14　若 8251A 的收、发时钟的频率为 38.4 KHz,它的 RTS 和 CTS 引脚相连,试完成满足以下要求的初始化程序:(8251A 的地址为 02C0H 和 02C1H。)

(1)半双工异步通信,每个字符的数据位数是 7,停止位为 1 位,偶校验,波特率为 600 B/s,发送允许。

(2)半双工同步通信,每个字符的数据位数是 8,无校验,内同步方式,双同步字符,同步字符为 16H,接收允许。

第 9 章　　DMA 技术

直接存储器存取 DMA(Direct Memory Access)是指计算机的外部设备与存储器之间直接进行数据交换的一种输入/输出方式。在这种方式下,DMA 控制器拥有总线控制权,操作数据在存储器与外设之间直接传送,不需要 CPU 执行指令,因此可以实现外部设备与存储器之间的高速数据传输。本章讲述了 DMA 基本概念、DMA 传送原理、DMA 传送方式和 DMA 控制器;DMA 控制器 8237A 的内部结构、编程字、初始化方法;DMA 控制器 8237A 在微机中的应用。

9.1　DMA 技术概述

数据的传输是计算机操作过程中最基本、最重要的操作。在微机系统中,外设与计算机的数据传输可以通过程序查询方式和中断控制方式进行,这两种方法都是通过 CPU 执行程序来实现数据的传输。

在程序查询的传输方式中,CPU 要反复检测外设的状态,在外设没有准备好时,CPU 则处于等待状态,直到外设准备好,才进行数据的传输。在中断控制传输方式中,每执行一次数据传输,CPU 都必须执行一次中断服务程序,每进一次中断服务程序,CPU 都要保护断点、各种标志位和数据;在执行中断服务程序时,CPU 要保护寄存器和恢复寄存器的指令。显然,这两种方式每传输一个字节的数据都要耗费比较长的时间,对于高速的 I/O 设备,大量交换数据以及要求响应时间极短的场合,这两种传输方式不能满足其速度要求。因此,在微机系统中引入了 DMA 控制方式来提高数据传输速度。

DMA 方式就是直接存储器存取(Direct Memory Access)工作方式。用 DMA 传输数据时,在高速 I/O 设备与存储器之间,直接开辟高速的数据传输通道,CPU 不再直接参与数据交换,而是通过 DMA 的一种专门接口逻辑电路即 DMA 控制器来负责管理。数据的 DMA 传输方式如图 9-1 所示。

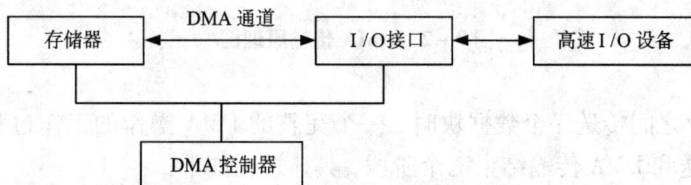

图 9-1　DMA 数据传输示意图

DMA 传输主要用于需要高速传输、大批量的数据传输以及要求响应时间极短的系统中，其主要原因有两个：一方面，传送计数和内存地址的修改均由 DMA 控制器硬件完成；另一方面，在 DMA 传输期间 CPU 只是放弃总线控制权，其现场环境不变，无需保存与恢复现场。

9.1.1　DMA 的传送原理

在微型计算机系统中，DMA 传输原理如图 9-2 所示。DMA 传输的过程大致是：首先由 CPU 向 DMA 控制器布置数据传输任务，并启动外设，外设准备好数据后通过 I/O 接口向 DMA 控制器发 DRQ 信号，表示外设已准备好数据，请求进行数据传输；DMA 控制器收到 DRQ 信号后进行优先级的判别和屏蔽位的检测，若外设的 DRQ 请求获得允许，DMA 控制器向 CPU 发送 HRQ 信号，请求使用总线；CPU 在当前指令执行完后向 DMA 控制器发送 HLDA 信号，同时 CPU 让出总线，DMA 控制器收到 HLDA 信号后通过接口向发送 DRQ 请求信号的外设发 DACK 信号，表示其 DMA 请求已获得允许，外设收到 DACK 信号后，开始数据的传送，并以中断的方式通知 CPU，传输结果由 CPU 负责处理。

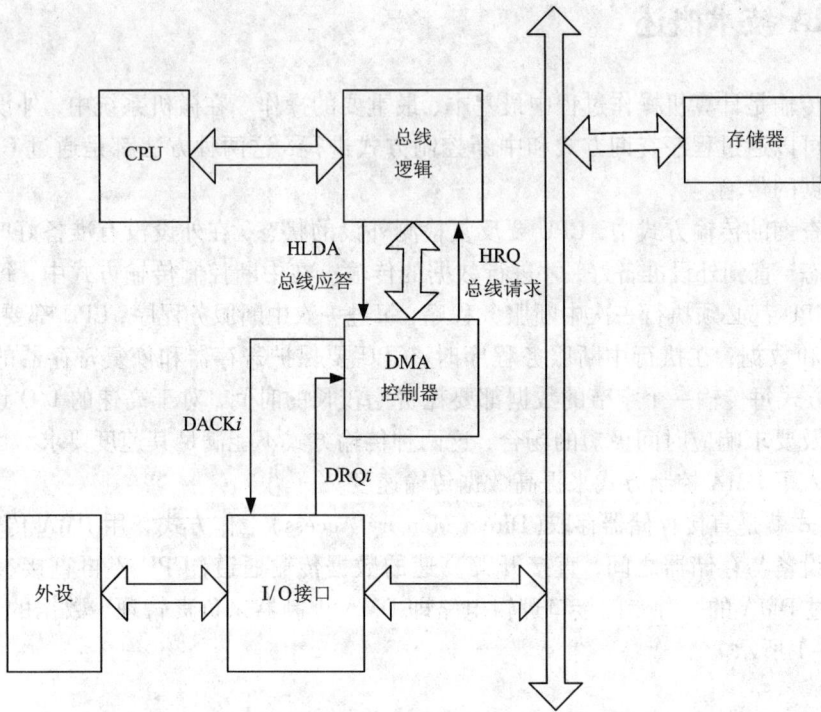

图 9-2　DMA 传输原理图

在外设和内存之间传送一个数据块时，一个完整的 DMA 操作的工作过程通常包括初始化、DMA 数据传送和 DMA 传输结束三个阶段，具体过程如下：

（1）初始化

在启动 DMA 传输之前，DMA 控制器和其他接口芯片一样受 CPU 控制，由 CPU 执行相应指令来对 DMA 控制器进行初始化编程，以确定数据的传输方向、工作方式及数据在存储器中的起始位置；指出数据在外设存储介质上的地址、数据的传输量及 DMA 控制器的通道号等。初始化后，就等待外设来申请 DMA 传输。

（2）DMA 数据传输

当外设准备就绪时，就通过其接口向 DMA 控制器发出一个 DMA 传送请求 DREQ，DMA 控制器接到此请求信号后送到判优电路（如果系统中存在多个 DMA 通道），判优电路把优先级最高的 DMA 请求选择出来向 CPU 发总线请求信号 HOLD，请求 CPU 暂时放弃对系统总线的控制权。

CPU 接到总线请求信号 HOLD 后，在执行完当前指令的当前总线周期后，向 DMA 控制器发出响应信号 HLDA，同时放弃对系统总线的控制。

DMA 控制器收到总线响应信号 HLDA 后，即取得了系统总线的控制权。DMA 控制器向 I/O 设备发出 DMA 请求的应答信号 DACK，告诉外设可以进行数据传输了，从而实现存储器与外设间的数据传输。DMA 控制器把 DMA 传输所涉及到的存储区地址送到地址总线上，控制数据按照初始化设定的方向传输数据，同时发出相应的读/写控制信号，完成一个字节的传送。每传送一个字节，DMA 控制器会自动修改地址寄存器的值，以指向下一个要传送的字节，同时修改字节计数器，并判断本次传送是否结束，如果没有结束，则继续传送。

（3）DMA 结束

当字节计数器的值达到计数终点时，DMA 传输过程结束。这时 DMA 控制器向 CPU 发 DMA 传送结束信号，将总线控制权交还给 CPU，至此，一次 DMA 传输结束。发送结束信号有两种方式：一种是以计数器的回零信号通知 CPU；另一种是外设收到控制器的结束信号后，向 CPU 发出中断请求信号。DMA 数据传输流程如图 9 - 3 所示。

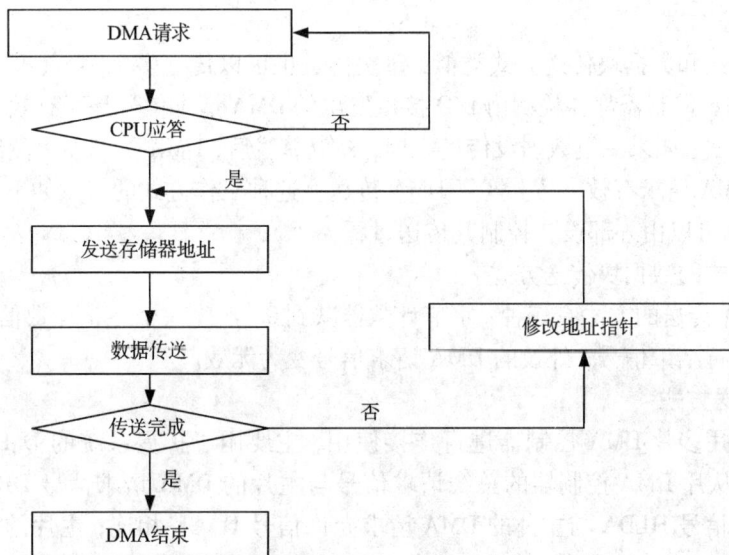

图 9 - 3　DMA 数据传输流程图

9.1.2 DMA 的工作方式

DMA 传送的主要操作是传送数据,根据 DMA 控制器对总线的控制方式不同,DMA 的数据传送一般有四种基本方式,即单字节传送方式、数据块传送方式、请求传送和级联传送方式。

(1)单字节传送方式

每次 DMA 请求只传送一个字节数据,每传送完一个字节,DMA 控制器中的字节计数寄存器的值减 1,当前地址寄存器加 1 或减 1(根据编程确定),然后撤除 DMA 控制器对 CPU 的请求信号,释放总线返回给 CPU,这样 CPU 至少可以获得一个总线周期。这种工作方式的特点如下:

①DMA 控制器和 CPU 轮流拥有总线的控制权。

②系统不会长期只为一个 DMA 通道服务,它会对各个通道的 DMA 请求重新进行选择。

③ DMA 请求、响应和返回需要一定的时间,该方式传输速率较低,当存储器的速度远高于外设速度时,常采用这种方式。

(2)数据块传送方式

每次 DMA 请求获得 CPU 响应后,DMA 控制器就连续占用多个总线周期,传送一个数据块,待规定长度的数据块传完后或外部作用要求强行结束 DMA 传送时,才撤除 DMA 请求信号,释放总线。这种工作方式的特点如下:

①在 DMA 传送操作期间,CPU 将有多个总线周期无法拥有总线控制权。

②停止 DMA 传送的方法有两种:当前字节计数器由编程设定值减到 0,产生一个终止计数信号;由外界送来一个有效的强行结束信号。

③该方式传输数据的效率高,传输量大。

(3)请求传送方式

请求传送方式和数据块传送方式类似,每次传送也可以传送多个字节,但是在每传送完一个字节后,DMA 控制器都要检测由 I/O 接口发出的 DMA 请求信号是否有效,一旦 DMA 请求无效就释放总线;如果一组数据没传送完毕,释放总线后,DMA 控制器仍然继续检测 DMA 请求端,一旦 DMA 请求有效,马上恢复 DMA 传送。这种工作方式的特点如下:

①DMA 操作可以由外部设备控制其传送过程。

②采用查询式的数据块传送方式。

③停止 DMA 传送的方法有三种:字节计数器减到 0,产生一个终止计数信号;由外界送来一个有效的强行结束信号;外设的 DMA 请求信号变为无效。

(4)级联传送方式

级联传送是用多片 DMA 控制器进行连接使用,主要用于扩展系统的 DMA 通道的数据量。其方法是:从片 DMA 控制器的总线请求信号与主片的 DMA 请求信号 DRQ 相连,从片的总线请求允许信号 HLDA 与主片的 DMA 请求允许信号 DACK 相连;主片的总线请求信号与 CPU 的 HOLD 相连,主片总线请求允许信号 HLDA 与 CPU 的 HLDA 相连。

9.1.3 DMA 控制器的功能和结构

1. DMA 控制器的基本功能

DMA 控制器是用来接管 CPU 对总线的控制权,在存储器与高速外设之间建立直接进行数据传送的专用接口电路，能提供内存地址和必要的读写控制，所以 DMA 控制器应具备以下这些功能：

（1）当外设准备就绪，希望进行 DMA 操作时，会向 DMA 控制器发出 DMA 请求信号，DMA 控制器接收到此信号后，应能向 CPU 发出总线请求信号。

（2）当 CPU 接收到总线请求信号后，如果同意让出总线，则会发出 DMA 响应信号，同时 CPU 会放弃对总线的控制，此时 DMA 控制器应能对总线实行控制。

（3）DMA 控制器得到总线控制权以后，要往地址总线发送地址信号，修改所用的存储器或接口的地址指针。

（4）在 DMA 期间，应能发读/写控制信号。

（5）能决定本次 DMA 传送的字节数，并且判断本次 DMA 传送是否结束。

（6）DMA 过程结束时，能向 CPU 发出 DMA 结束信号，并将总线控制权交还给 CPU。

2. DMA 控制器的基本结构

为了实现 DMA 传送数据的功能，DMA 控制器必须有相应的硬件作为支持，比如地址寄存器、字节计数器、控制寄存器、状态寄存器等，其基本结构如图 9-4 所示。

地址寄存器：存放地址信息，指出下一个要访问的内存单元的地址。每传输完一个字节以后，地址寄存器的内容加 1 或者减 1（取决于数据传输方向，编程设定）。

字节计数器：存放传送的字节数。每传送一个字节以后，字节计数器减 1。

控制寄存器：规定数据传送方向，确定是读操作还是写操作；设置 DMA 传送方式；启动 I/O 操作；控制是否允许 DMA 请求等。

状态寄存器：指示数据块传送是否结束等。

在 DMA 控制器中，除了状态寄存器外，其他寄存器在块传输前都要进行初始化，具体如下：

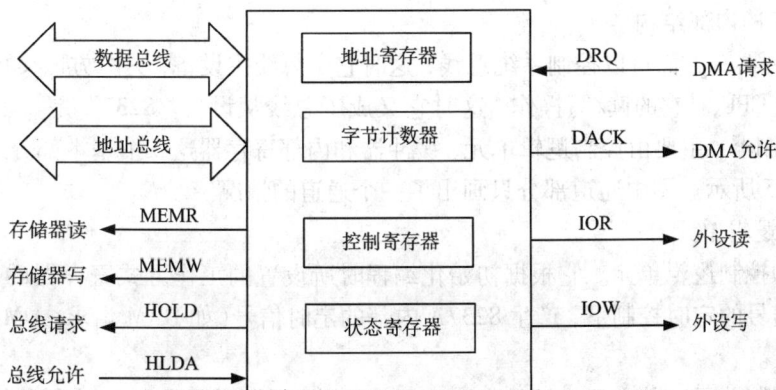

图 9-4　DMA 控制器基本结构

（1）地址寄存器：设置地址初值，以确定数据传输所用的存储区域的首地址。

（2）字节计数器：设置计数初值，以确定数据传输长度。

（3）控制寄存器：设置控制字以指出数据传输方向、是否进行块传输，并启动数据传输操作。

DMA 控制器的引脚说明：

数据总线：用于传送数据。

地址总线：发出要访问的存储器地址。

控制总线：数据传输的读写控制信号。包括存储器读信号、存储器写信号、外设读信号和外设写信号等。

DMA 请求：外设向 DMA 控制器发出的 DMA 请求信号。

DMA 响应：DMA 控制器响应外设 DMA 请求的 DMA 响应信号。

总线请求：DMA 控制器向 CPU 要求让出总线的总线请求信号。

总线允许：CPU 向 DMA 控制器表示允许其接管总线控制权的总线响应信号。

9.2　DMA 控制器 8237A

目前在微型计算机系统中使用的 DMA 控制器都是可编程大规模集成电路芯片，其产品类型主要有 Z80DMA、Intel 8237、8257、82380 等。8237A 是 Intel 系列高性能可编程 DMA 控制器芯片，它直接应用于 8086/8088、80386、80486 等微型计算机系统中，其具体功能如下：

（1）每片 8237A 内部有 4 个独立的 DMA 通道，每个通道可分别进行数据传送，一次传送的最大长度可达 64 KB；

（2）每个通道的 DMA 请求都可以允许和禁止，具有不同的优先级，并且每个通道的优先级可以是固定的，也可以是循环的；

（3）每个 DMA 通道具有 4 种传送方式：单字节传送方式、数据块传送方式、请求传送方式和级联方式。

9.2.1　8237A 的内部结构和引脚

1. 8237A 的内部结构

DMA 控制器一方面可以控制系统总线，这时它是总线主设备；另一方面又可以和其他接口一样，接收 CPU 对它的读/写操作，这时它又成了总线从设备。8237A 是一个多功能可编程的 DMA 控制器，主要由控制逻辑单元、缓冲器和内部寄存器这 3 个基本部分组成，其内部结构如图 9-5 所示。图中通道部分只画出了一个通道的情况。

（1）控制逻辑单元

①定时和控制逻辑单元。它根据初始化编程时所设置的工作方式寄存器的内容和命令，在输入时钟信号的定时控制下，产生 8237A 内部的定时信号（如 DAM 请求、DMA 传送）和外部的控制信号。

②命令控制单元。其主要作用是在 DMA 处于空闲周期时，即 CPU 控制总线时，将 CPU 在编程初始化时送来的命令字进行译码；在 8237A 进入 DMA 服务时，对设定 DMA 操作类型的工作方式字进行译码。

③优先权控制逻辑单元。8237A 有 4 个通道，这个单元用来裁决 4 个通道的优先权次序，解决多个通道同时请求 DMA 服务时的冲突问题。

（2）缓冲器

8237A 内部包含两个 I/O 缓冲器和一个输出缓冲器。其作用是将 8237A 的数据线和地址

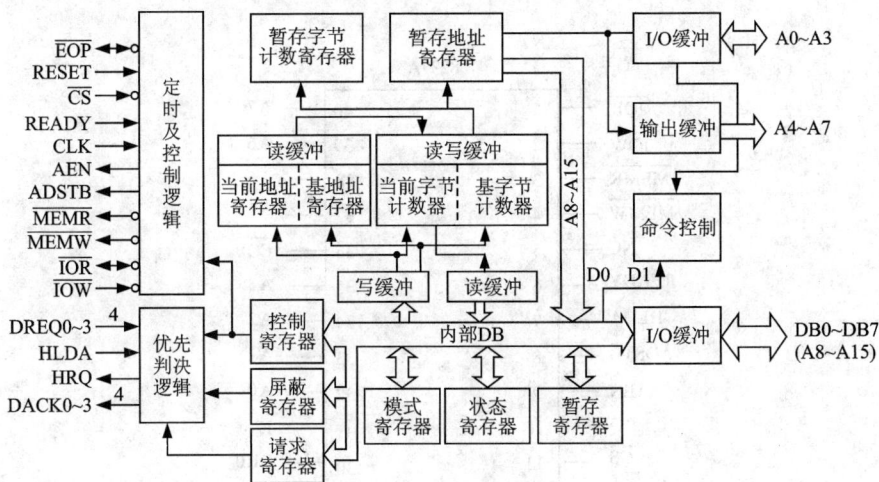

图 9－5　8237A 内部结构

线与系统总线相连，从而保证 8237A 可以接管总线也可以释放总线。

（3）内部寄存器

8237A 的内部寄存器如表 9－1 所列。这些内部寄存器确定了 8237A 的内部操作和工作方式，它与用户编程直接相关。这些寄存器的功能和编程将在后面的内容中详细介绍。

表 9－1　8237A 的内部寄存器

寄存器名称	位数	数量	CPU 访问方式
基地址寄存器	16	4	只写
基字节计数寄存器	16	4	只写
当前地址寄存器	16	4	可读可写
当前字节计数寄存器	16	4	可读可写
暂存地址寄存器	16	1	不能访问
暂存字节计数寄存器	16	1	不能访问
命令寄存器	8	1	只写
模式寄存器	8	4	只写
屏蔽寄存器	4	1	只写
请求寄存器	4	1	只写
状态寄存器	8	1	只读
暂存寄存器	8	1	只读

2. 8237A 的引脚功能

8237A 是一款采用双列直插式封装的芯片，有 40 条引脚。其引脚如图 9－6 所示，各引脚功能如下：

8237A

$\overline{IOR}$	1	40	A7	
$\overline{IOW}$	2	39	A6	
$\overline{MEMR}$	3	38	A5	
$\overline{MEMW}$	4	37	A4	
NC	5	36	$\overline{EOP}$	
READY	6	35	A3	
HLDA	7	34	A2	
ADSTB	8	33	A1	
AEN	9	32	A0	
HRQ	10	31	V_{CC}	
$\overline{CS}$	11	30	DB0	
CLK	12	29	DB1	
RESET	13	28	DB2	
DACK2	14	27	DB3	
DACK3	15	26	DB4	
DREQ3	16	25	DACK0	
DREQ2	17	24	DACK1	
DREQ1	18	23	DB5	
DREQ0	19	22	DB6	
GND	20	21	DB7	

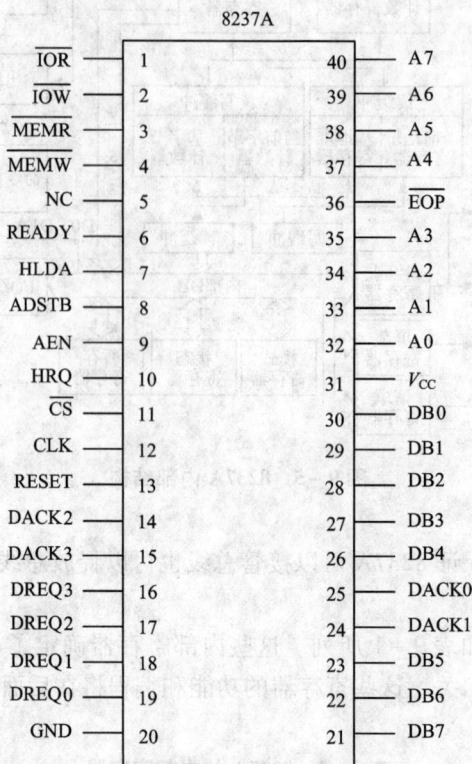

图 9 - 6　8237A 引脚图

CLK：时钟输入端。

$\overline{CS}$：片选信号输入端，低电平有效。

RESET：复位信号输入端，高电平有效。芯片复位时清除内部各寄存器，并置位屏蔽寄存器。

READY：准备好信号输入端，高电平表示存储器或外设已经准备好。该信号用于 DMA 操作时与慢速存储器或外部设备同步。

ADSTB：地址选通信号输出端，高电平有效。在 DMA 传送期间，此信号用于将 DB7 ～ DB0 输出的当前地址寄存器中高 8 位地址送到外部锁存器，与 8237A 芯片直接输出的低 8 位地址 A7 ～ A0 共同构成内存单元地址的偏移量。

AEN：地址允许信号输出端，高电平有效。AEN 为高电平时，允许 8237A 将高 8 位地址输出至地址总线，同时使与 CPU 相连的地址锁存器无效，即禁止 CPU 使用地址总线。AEN 为低电平时，8237A 被禁止，CPU 占用地址总线。

$\overline{IOR}$：I/O 读信号，是双向、低电平有效的三态信号。在 CPU 控制总线期间，它为输入信号，低电平有效时，CPU 读取 8237A 内部寄存器的值；在 DMA 传送期间，它为输出信号，与 $\overline{MEMW}$ 相配合，控制数据由外设传送到存储器。

$\overline{IOW}$：I/O 写信号，是低电平有效的双向三态信号。在 CPU 控制总线期间，它为输入信号，CPU 在 $\overline{IOW}$ 控制下对 8237A 内部寄存器进行编程。在 DMA 传送期间，它为输出信号，与

$\overline{\text{MEMR}}$ 配合将数据从存储器传送到外设接口中。

$\overline{\text{MEMR}}$：存储器读信号，低电平有效的三态输出信号，仅用于 DMA 传送。在 DMA 写传送时，它与 $\overline{\text{IOW}}$ 配合，把数据从存储器传到外设；在存储器到存储器传送时，$\overline{\text{MEMR}}$ 有效控制从源区读出数据。

$\overline{\text{MEMW}}$：存储器写信号，低电平有效的三态输出信号，仅用于 DMA 传送。在 DMA 读传送时，它与 $\overline{\text{IOR}}$ 配合，把数据从外设传送到存储器；在存储器到存储器传送时，$\overline{\text{MEMW}}$ 有效控制把数据写入目的区。

$\overline{\text{EOP}}$：DMA 过程结束信号。它是双向低电平有效信号，其有效时，可使 8237A 内部寄存器复位。在 DMA 传送期间，当任一通道当前字节寄存器的值为 0 时，8237A 从 $\overline{\text{EOP}}$ 引脚输出一个低电平信号，表示 DMA 传输结束。另外，8237A 允许由外设送入一个有效的 $\overline{\text{EOP}}$ 信号，强制结束 DMA 传送过程。

DREQ3 ~ DREQ0：通道 DMA 请求输入信号，通道 3 至通道 0 分别对应于 DREQ3 至 DREQ0。当外设请求 DMA 服务时，由 I/O 接口向 8237A 发出 DMA 请求信号 DREQ，该信号一直保持有效，直到收到 DMA 响应信号 DACK 后，信号才撤销。其有效电平由编程设定。在优先级固定的方式上，DREQ0 优先级最高，DREQ3 优先级最低。

DACK3 ~ DACK0：DMA 响应输出信号，是 8237A 对 DREQ 信号的响应，每个通道各有一个。当 8237A 接收到 DMA 响应信号 HLDA 后，开始 DMA 传送，响应的通道 DACK 信号输出有效，其有效电平由编程确定。

HRQ：总线请求输出信号。当 8237A 的任一个未屏蔽通道接收到 DREQ 请求时，8237A 就向 CPU 发出 HRQ 信号，请求 CPU 出让总线控制权。

HLDA：总线响应信号，是 CPU 对 HRQ 信号的响应，将在现行总线周期结束后让出总线的控制权，使 HLDA 信号有效，通知 8237A 接收总线的控制权，用以完成 DMA 传送。

A7 ~ A4：4 位双向三态地址线。只用于 DMA 传送时，输出要访问的存储单元地址低 8 位中的高 4 位。

A3 ~ A0：4 位双向三态地址线。CPU 对 8237A 进行编程时，它们是输入信号，用于寻址 8237A 的内部各寄存器。在 DMA 传送期间，这 4 条输出要访问的存储单元地址低 4 位。

DB7 ~ DB0：8 位双向三态数据总线，与系统的数据总线相连。CPU 可以用 I/O 读命令，从 DB7 ~ DB0 读取 8237A 的状态寄存器和现行地址寄存器、字节数计数器的内容，以了解 8237A 的工作状态；也可以用 I/O 写命令通过 DB7 ~ DB0 对各个寄存器进行编程。在 DMA 传送期间，DB7 ~ DB0 输出当前地址寄存器中的高 8 位，由 ADSTB 信号锁存到外部锁存器中，与地址线 A0 ~ A7 一起组成 16 位地址。

9.2.2　8237A 的工作周期和时序

8237A 有两种工作周期，即空闲周期和有效周期，每一个周期由多个时钟周期组成。8237A 中设定了七种独立的状态 SI、S0、S1、S2、S3、S4 和 SW。

1. 空闲周期

当 8237A 的任一通道无 DMA 请求时就进入空闲周期，在空闲周期 8237A 始终处于 SI 状态。在每一个时钟周期都采样通道的请求输入线 DREQ，只要无请求就始终停留在 SI 状态。此外，8237A 在 SI 状态也始终采样片选信号 $\overline{\text{CS}}$，当 $\overline{\text{CS}}$ 为低电平，且 4 个通道均无 DMA 请求，则 8237A 进入编程状态, 即 CPU 对 8237A 进行读/写操作。8237A 复位后处于空闲周期。

2. 有效周期

当 8237A 在 SI 状态, 采样到有一个通道的 DREQ 端变为有效电平, 就会向 CPU 发总线请求信号 HRQ, 请求 CPU 出让总线控制权, 并脱离 SI 进入 S0 状态。由于 DMA 传送是借用系统总线完成的, 所以, 它的控制信号以及工作时序类似 CPU 总线周期。图 9 - 7 为 8237A 的 DMA 传送时序, 每个时钟周期用 S 状态表示, 而不是 CPU 总线周期的 T 状态。

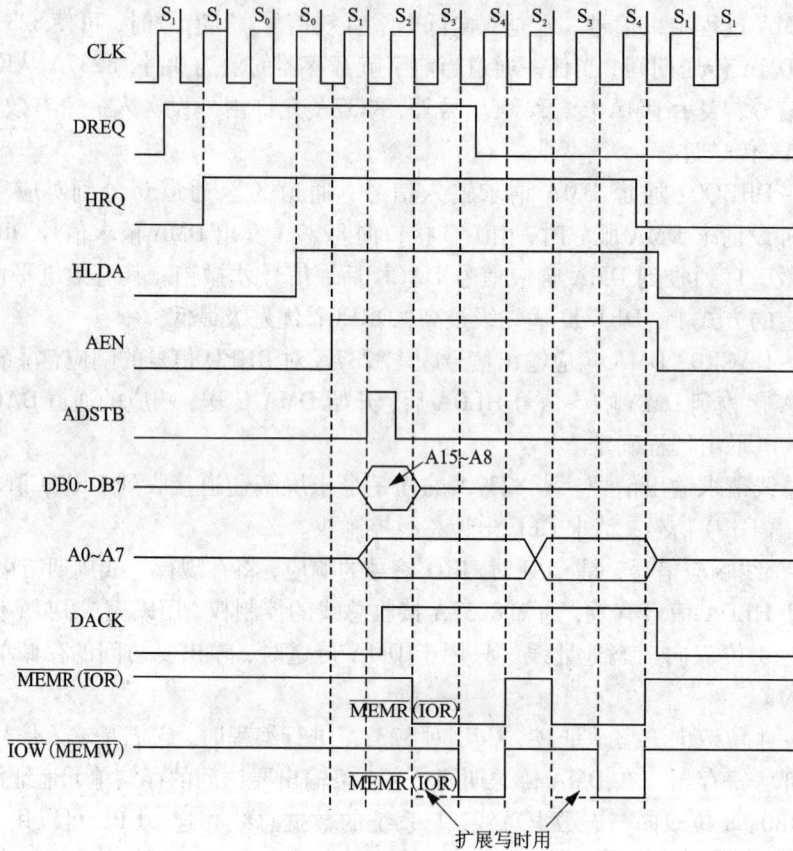

图 9 - 7 　 **8237A 的 DMA 传输时序**

(1) 当在 SI 脉冲的下降沿检测到某一通道或几个通道同时有 DMA 请求时, 则在下一个周期就进入 S0 状态; 而且在 SI 脉冲的上升沿, 使总线请求信号 HRQ 有效。在 S0 状态 8237A 等待 CPU 对总线请求的响应, 只要未收到有效的总线请求应答信号 HLDA, 8237A 始终处于 S0 状态。当在 S0 的上升沿采样到有效的 HLDA 信号, 则进入 DMA 传送的 S1 状态。

(2) 典型的 DMA 传送由 S1、S2、S3、S4 四个状态组成。在 S1 状态使地址允许信号 AEN 有效。自 S1 状态起, 一方面把要访问的存储单元的高 8 位地址通过数据总线输出, 另一方面发出一个有效的地址选通信号 ADSTB, 利用 ADSTB 的下降沿把在数据线上的高 8 位地址锁存至外部的地址锁存器中。同时, 地址的低 8 位由地址线输出, 且在整个 DMA 传送期间保持不变。

（3）在 S2 状态，8237A 向外设输出 DMA 响应信号 DACK。在通常情况下，外设的请求信号 DREQ 必须保持到 DACK 有效。即自状态 S2 开始使"读写控制"信号有效。

如果将数据从存储器传送到外设，则 8237A 输出 $\overline{MEMR}$ 有效信号，从指定存储单元读出一个数据并送到系统数据总线上，同时 8237A 还输出 $\overline{IOW}$ 有效信号将系统数据总线的这个数据写入请求 DMA 传送的外设中。

如果将数据从外设传送到存储器，则 8237A 输出 $\overline{IOR}$ 有效信号，从请求 DMA 传送的外设读取一个数据并送到系统数据总线上，同时 8237A 还输出 $\overline{MEMW}$ 有效信号将系统数据总线的这个数据写入指定的存储单元。

由此可见，DMA 传送实现了外设与存储器之间的直接数据传送，传送的数据不进入 8237A 内部，也不进入 CPU。另外，DMA 传送不提供 I/O 端口地址（地址线上总是存储器地址），请求 DMA 传送的外设需要利用 DMA 响应信号进行译码以确定外设数据缓冲器。

（4）在 8237A 输出信号控制下，利用 S3 和 S4 状态完成数据传送。若存储器和外设不能在 S4 状态前完成数据的传送，则只能设法使 READY 信号变低，就可以在 S3 和 S4 状态间插入等待状态。在此状态，所有控制信号维持不变，从而加宽 DMA 传送周期。

（5）在数据块传送方式下，S4 后面应接着传送下一个字节。因为 DMA 传送的存储器区域是连续的，通常情况下地址的高 8 位不变，只是低 8 位增量或减量。所以，输出和锁存高地址的 S1 状态不需要了，直接进入 S2 状态，由输出地址低 8 位开始，在读写信号的控制下完成数据传送。这个过程一直持续到把规定的数据个数传送完。此时，一个 DMA 传送过程结束，8237A 又进入空闲周期，等待新的请求。

9.2.3　8237A 的工作方式和传送类型

1.8237A 的工作方式

8237A 的每个 DMA 通道都有四种工作方式：单字节传输方式、块传输方式、请求传输方式和级联传输方式。

（1）单字节传送方式

这种方式下每次传送一个字节之后就释放总线。传送一个字节后，字节数寄存器减 1，地址寄存器加 1 或减 1，HRQ 变为无效。这样，8237A 释放系统总线，将总线控制权交还 CPU。若此时当前字节数由 0 减到 FFFFH，将发出 $\overline{EOP}$ 信号，从而结束 DMA 传送。否则 8237A 会立即对 DREQ 信号进行检测，一旦 DREQ 有效，8237A 立即向 CPU 发出总线请求信号，获得总线控制权后，再进行下一个字节的传送。

（2）块传输方式

这种传输方式可以连续传送多个字节。8237A 获得总线控制权之后，可以完成一个数据块的传送，直到当前字节数寄存器由 0 减为 FFFFH，或由外部接口输入有效的 $\overline{EOP}$ 信号，8237A 才释放总线，将总线控制权交还 CPU。

（3）请求传输方式

这种传输方式也可以连续传送多个字节的数据。8237A 进行 DMA 传输时，若出现当前字节寄存器由 0 减为 FFFFH、外部接口输入有效 $\overline{EOP}$ 信号或外界的 DREQ 信号变为无效这 3 种情况之一时，8237A 结束传送，释放总线，由 CPU 接管总线。

其中当外界的 DREQ 信号变为无效时，8237A 释放总线，CPU 可继续操作。8237A 相应通道将保存当前地址和字节数寄存器的中间值。8237A 释放总线后继续检测 DREQ，一旦变为有效信号，传送就可以继续进行。

(4)级联传输方式

这种传输方式是通过级联扩展传输通道。级联方式构成的主从式 DMA 系统中，第一级的 DREQ 和 DACK 信号分别连接第二级的 HRQ 和 HLDA，第二级的 HRQ 和 HLDA 连接系统总线，此时第二级各个 8237A 芯片的优先级与所连的第一级通道相对应。这样由 5 片 8237构成的二级主从式 DMA 系统中，DMA 数据通道可扩展到 16 个。值得注意的是主片需要在模式寄存器中设置为级联方式，而从片不设置为级联方式。

2. DMA 传送类型

8237A 允许每个 DMA 通道有四种传送类型：读传送、写传送、校验传送和存储器到存储器的传送。

(1)读传送

读传送是指从指定的存储器单元读出数据写入到响应的 I/O 设备。操作时由有效的 $\overline{MEMR}$ 信号从存储器读出数据，由有效的 $\overline{IOW}$ 信号把数据传送至外设。

(2)写传送

写传送是指从 I/O 设备读出数据写入到指定的存储器单元。操作时由有效的 $\overline{IOR}$ 信号从 I/O 设备输入数据，由有效的 $\overline{MEMW}$ 信号把数据写入内存。

(3)校验传送

校验传送是一种伪传送操作，用于对读传送和写传送功能进行校验。它与读传输和写传输一样产生存储器地址和时序信号，但存储器和 I/O 的读写控制信号无效。

(4)存储器到存储器的传送

使用此方式可实现存储器内部不同区域之间的传送。这种传送类型仅适用于通道 0 和通道 1，此时通道 0 的地址寄存器存源数据区地址，通道 1 的地址寄存器存目的数据区地址，通道 1 的字节计数器存传送的字节数。传送由设置通道 0 的 DMA 请求(设置请求寄存器)启动，8237A 按正常方式向 CPU 发出 HRQ 请求信号，待 HLDA 响应后传送就开始。每传送一个字节需用 8 个状态，前 4 个状态用于从源数据存储器中读取数据并存放到 8237A 中的数据暂存器，后 4 个状态用于将数据暂存器的内容写入目的存储器中。

9.2.4 8237A 的内部寄存器及编程控制字

8237A 的内部寄存器分为两大类：第一类是每个通道都有的寄存器，包括当前地址寄存器、当前字节寄存器、基地址寄存器和基字节寄存器；第二类是四个通道公用的寄存器 6 个，包括模式寄存器、控制寄存器、暂存寄存器、屏蔽寄存器、请求寄存器和状态寄存器。此外，8237A 中每个通道占用一位，4 个通道共 4 位组成一个寄存器，为其分配一个 I/O 端口地址以方便 CPU 访问，对四个通道都有控制作用的命令寄存器和每个通道内部都有的方式寄存器决定着 DMA 控制器的工作方式和每个通道的具体工作方式。

(1)地址寄存器

8237A 的每一个通道都有一个 16 位的基地址寄存器和一个 16 位当前地址寄存器。一般 DMA 传送主要用于数据块传送，所以要求地址寄存器具备自动修改地址值的功能，以便按其顺序传送数据。

基地址寄存器用于存放本通道 DMA 传送数据的地址初值，在 CPU 对 8237A 进行编程时，同时写入基地址寄存器和当前地址寄存器。基地址寄存器的值不会修改，而且不能读出。

当前地址寄存器用于保存 DMA 传送过程中当前地址值，每次 DMA 传送后其内容自动增 1 或减 1。CPU 以连续两字节的方式，并按先低后高的顺序对它进行写入或读出。在自动预置方式，当 $\overline{EOP}=0$ 时，基地址寄存器的内容会自动写入当前地址寄存器。

（2）字节数寄存器

8237A 的每一个通道都有一个 16 位的基字节寄存器和一个 16 位当前字节计数器，它们确定了一次进行 DMA 传送时所能传送的字节数。

基字节寄存器用于存放进行 DMA 传送时一次所能传送的字节数，在 CPU 对 8237A 进行编程时，同时写入基字节寄存器和当前字节计数器。基字节寄存器的值不会修改，而且不能读出。

当前字节计数器用于保存 DMA 传送过程中当前要传送的字节数，每次 DMA 传送后其内容自动减 1，当它的值由零减为 FFFFH 时，将发出 $\overline{EOP}$ 信号，表明 DMA 操作结束。在自动预置方式，当 $\overline{EOP}=0$ 时，基字节寄存器的内容会自动写入当前字节计数器。CPU 以连续两字节的方式对它进行写入或读出。

（3）状态寄存器

8237A 内部有一个 8 位状态寄存器，用来存放 8237A 控制器 DMA 传送前后的状态信息，DMA 传送结束后，CPU 通过对状态寄存器执行输入命令读入状态字。状态字的低 4 位表示 4 个通道的终止计数状态，高 4 位反映每个通道的 DMA 请求情况（为 1 表示有请求），如图 9 - 8 所示。这些状态位在复位或被读出后，均被清除。

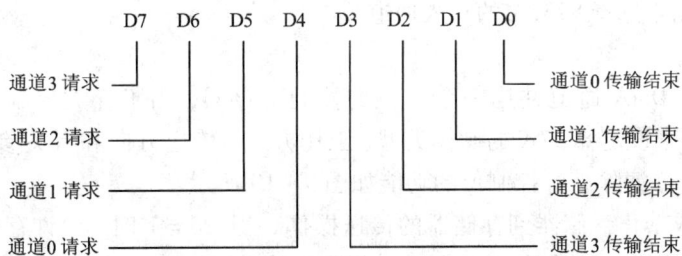

图 9 - 8　8237A 状态字格式

（4）模式寄存器

8237A 内部每个通道都有一个 8 位的模式寄存器，用于存放相应通道的工作模式、地址增减、是否自动预置、传输类型及通道选择，在 CPU 对 8237A 初始化编程时设定。工作模式寄存器各位的定义如图 9 -9 所示。

D7、D6 位：不同的编码决定该通道进行 DMA 传送的工作方式。8237A 共有四种工作方式：D7D6 = 00 时，为请求传送模式；D7D6 = 01 时，为单字节传送模式；D7D6 = 10 时，为块传送模式；D7D6 = 11 时，为级联传送模式。

D5 位：用于决定当前地址寄存器的修改方式，每次传输后当前地址寄存器内容是增 1 还是减1。

D4 位: 用于设定通道是否进行自动预置。D4 为 1 时, 可以使 DMA 控制器进行自动预置。所谓自动预置就是指在计数器到达 0 时, 当前地址寄存器和当前字节计数器会从基本地址寄存器和基本字节计数器中重新取得初值, 从而进入下一个数据传输过程。需要注意的是, 如果一个通道被设置为具有自动预置功能, 那么本通道的对应屏蔽位必须为 0。

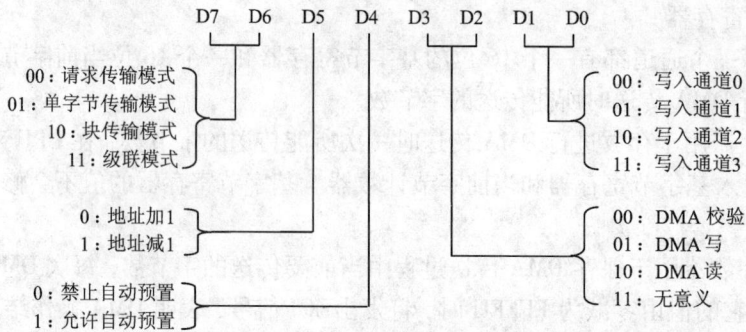

图 9 – 9   8237A 模式寄存器的格式

D3、D2 位: 用于决定该通道 DMA 操作的传送类型。数据传输有三种类型, 分别为: 读传送($D3D2 = 10$), 将数据由存储器传送到外部设备, 8237A 要发出$\overline{MEMR}$和$\overline{IOW}$信号; 写传送($D3D2 = 01$), 将数据由 I/O 设备读出写入存储器, 8237A 要发出$\overline{IOR}$和$\overline{MEMW}$信号; 校验传送($D3D2 = 00$), 是一种伪操作, 它只是用来对读传送和写传送功能进行比较校验, 并不进行真正的读写操作。

D1、D0 位: 用于选择 8237A 的写入通道。

(5)控制寄存器

8237A 的 4 个 DMA 通道共用一个 8 位的控制寄存器, 用于存放控制字。该控制字由 CPU 编程写入, 用来设定 8237A 的操作类型、工作方式、传送方向和有关参数, 而且可以用复位信号和软件命令清除。各控制位的功能如图 9 – 10 所示。

D0 位: 允许或禁止存储器到存储器的传送操作。当 D0 = 1 时, 允许存储器到存储器的传送, 此时首先由通道 0 发软件 DMA 请求, 规定通道 0 用于源地址读入数据, 将读取的数据存放在暂存寄存器中, 再把暂存寄存器中的数据写入以通道 1 的当前地址寄存器的内容指定的目标地址存储单元, 然后两通道对应存储器的地址各自加 1 或减 1。当通道 1 的字节计数器减 1 过 0 为 FFFFH 时, 产生$\overline{EOP}$信号而结束 DMA 服务。

D1 位: 用于设定在存储器到存储器传送方式下, 源地址保持不变或按加 1 减 1 改变。当 D0 = 0 时, 传送过程源地址是变化的, D1 位无意义; 当 D0 = 1、D1 = 1 时, 通道 0 的地址在整个传送过程中保持不变; 当 D0 = 1、D1 = 0 时, 通道 0 的地址在整个传送过程中可变。

D2 位: 8237A 的工作位, 当 D2 = 1 时, 停止 8237A 的工作; 当 D2 = 0 时, 则启动 8237A 的工作。

D3 位: 用于控制 8237A 进行 DMA 传送时数据在 I/O 设备和存储器之间的传送速度。在系统性能允许的范围, 为获得较高的传送效率, 8237A 能将每次传输时间从正常时序的 3 个

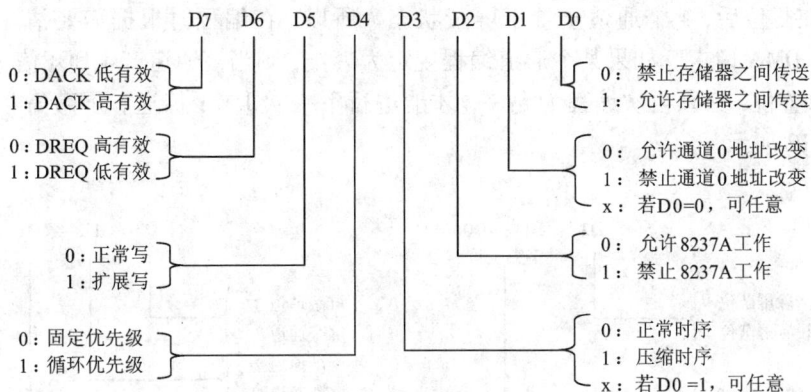

图 9-10　8237A 控制寄存器的格式

时钟周期变为压缩时序的 2 个时钟周期。当 D3 = 0 时，采用正常时序；D3 = 1 时为压缩时序。

D4 位：用于设定各通道 DMA 请求的优先级。当 D4 = 0 时，采用固定优先级，其优先级从高到低的排列顺序为：通道 0、通道 1、通道 2、通道 3。显然通道 0 的优先级最高，通道 3 的优先级最低；当 D4 = 1 时，采用循环优先级。在循环优先级编码中，初始化优先次序是 0 - 1 - 2 - 3，每次 DMA 操作周期之后，各个通道的优先权都发生变化。本次循环中最近一次服务的通道在下次循环中变成最低优先级，而它后面的通道的优先权变为最高。比如，某次传输前的优先级次序为 3 - 0 - 1 - 2，那么在通道 1 进行一次传输后，优先级次序变为 2 - 3 - 0 - 1，如果这时通道 2 没有 DMA 请求，而通道 3 有 DMA 请求，那么，在通道 3 完成 DMA 传输后，优先级次序成为 0 - 1 - 2 - 3。

D5 位：判断是否采用扩展的写信号，D5 位的控制权仅在 D3 = 0 时有效。当 D5 = 1 时，采用扩展的写信号，这时使 $\overline{IOR}$ 和 $\overline{MEMW}$ 脉冲加宽一个时钟周期。

D6、D7 位：用于设定 DREQ 和 DACK 的有效电平信号。

（6）请求寄存器

请求寄存器用于设置 DMA 的请求标志位。DMA 请求可以来自两个方面：一方面由硬件产生，8237A 的每个通道对应一条硬件 DREQ 请求线，当某通道的请求信号 DREQ 有效时，请求寄存器的 D2 位置 1；另一方面由软件产生，通过对每个通道的 DMA 请求标志置位产生。这种软件请求 DMA 传送操作必须是数据块传送方式，在传送结束后，$\overline{EOP}$ 信号有效，该通道对应的请求标志位被清 0，每执行一次软件请求 DMA 传送都要对请求寄存器编程一次，

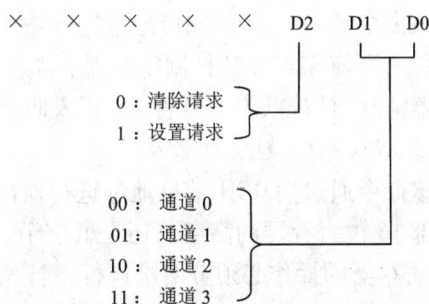

图 9-11　8237A 请求寄存器格式

RESET 复位信号可清除请求寄存器。该寄存器只能写，不能读，其格式如图 9-11 所示，其中 D1D0 位决定写入的通道，D2 位决定是请求（置位）还是复位。

（7）屏蔽寄存器

8237A 内部的屏蔽寄存器对应于每个通道的屏蔽触发器，当其设置为 1 时禁止该通道的

DMA 请求。在复位后, 4 个通道全置于屏蔽状态。所以, 在编程时根据需要清除某些屏蔽位, 允许产生 DMA 请求。如果某个通道编程规定为禁止, 则当该通道产生 $\overline{EOP}$ 信号时, 它所对应的屏蔽位置位, 必须再次编程为允许, 才能进行下一次 DMA 传送。屏蔽寄存器的两种格式如图 9–12 所示。

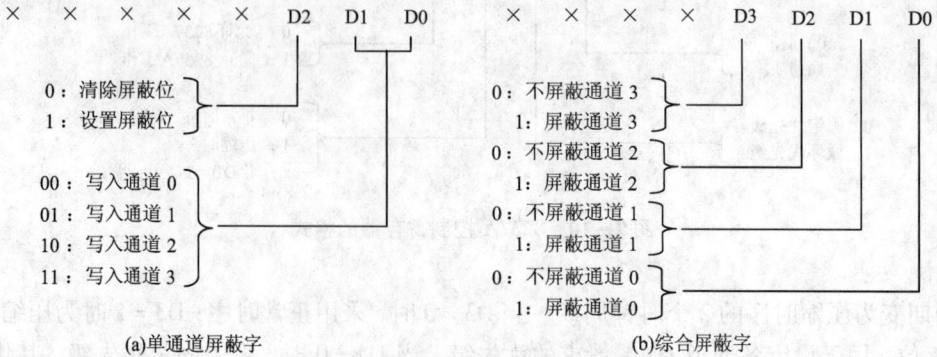

(a)单通道屏蔽字   (b)综合屏蔽字

图 9–12 8237A 屏蔽字格式

(8)暂存寄存器

暂存寄存器是 8237A 中 4 个通道公用 8 位的寄存器, 用于在存储器至存储器传送期间, 暂时保存从源地址读出的数据。当数据传送完成时, 所传送的最后一个字节数据可以由 CPU 读出。用复位信号和总清除命令(软件命令)可清除暂存寄存器的内容。

(9)软件命令

8237A 中设置了 3 种软件命令, 它们是主清除、清除先/后触发器和清屏蔽寄存器命令。这些软件命令不需要通过数据总线写入控制字, 只要对某个适当的地址写入操作就会自动执行清除命令。

① 主清除命令

该命令通过向 0DH 端口地址进行输出来完成, 其功能与硬件 RESET 信号相同, 执行软件复位命令使 8237A 的控制寄存器、状态寄存器、DMA 请求寄存器、暂存器及内部的先/后触发器清 0, 使屏蔽寄存器置 1。写入此命令时要求地址信号 $A3A2A1A0 = 1101$。

② 清除先/后触发器命令

该命令通过向 0CH 端口地址进行输出来完成。8237A 的先/后触发器用以控制写入或读出内部 16 位寄存器的高字节还是低字节, 采用这种控制是因为 8237A 只有 8 条数据线, 对 16 位寄存器的操作必须分两次进行。若先/后触发器为 0, 则读/写低字节; 为 1 则读/写高字节。复位后, 该触发器被清 0, 进行一次读/写低字节的操作后, 触发器变为 1, 再对高位进行操作。使用此命令可以改变将要进行的 16 位数据读/写的顺序。此时要求地址信号 $A3A2A1A0 = 1100$。

③ 清屏蔽寄存器命令

该命令通过向 0EH 端口地址进行输出来完成。这个命令清除 4 个通道的屏蔽标志位, 使 4 个通道都接受 DMA 请求。对 8237A 的编程, 只需向其端口写入任意数就可以使屏蔽寄存器清 0。

9.3　8237A 的应用举例

9.3.1　8237A 的初始化编程

在进行 DMA 传送之前，CPU 要对 8237A 控制器进行初始化编程。也就是在 CPU 控制总线时，要向 8237A 的内部寄存器写入控制字，以便获得相应的功能。通常对 8237A 初始化编程的一般步骤是：

（1）写主清除命令，使 8237A 处于复位状态，以便接受新的命令。

（2）根据所选通道，写相应通道的基地址寄存器和当前地址寄存器的初始值。

（3）写相应通道的基字节寄存器和当前计数器的初始值。

（4）写模式寄存器，设置 8237A 的工作方式和数据传送类型。

（5）写屏蔽寄存器，设置要屏蔽的 DMA 通道。

（6）写控制寄存器，以设置 8237A 进行 DMA 传送时的工作时序、优先级方式等。

（7）写请求寄存器，可使用软件方法启动 DMA 传送；也可以使用硬件方法，等待 8237A 的某个通道的引脚信号 DREQ 端发出 DMA 传送请求。

8237A 的编程命令是通过对内部寄存器的写操作来执行的，而状态寄存器和暂存寄存器的内容是通过读操作将其读出。要对 8237A 进行编程，CPU 要在信号线 $\overline{CS}$、$\overline{IOR}$、$\overline{IOW}$ 和 A0 ~ A3 地址线上送出相应的信号，这些信号将决定 8237A 对哪些寄存器进行操作。A0 ~ A3 给出了各内部寄存器对应的端口地址的低 4 位，如表 9 - 2 所示。

表 9 - 2　8237A 的内部端口及操作

A3	A2	A1	A0	读操作（$\overline{IOR}$）	写操作（$\overline{IOW}$）
0	0	0	0	通道 0 当前地址寄存器	通道 0 基地址寄存器
0	0	0	1	通道 0 当前字节数寄存器	通道 0 基字节数寄存器
0	0	1	0	通道 1 当前地址寄存器	通道 1 基地址寄存器
0	0	0	1	通道 1 当前字节数寄存器	通道 1 基字节数寄存器
0	1	0	0	通道 2 当前地址寄存器	通道 2 基地址寄存器
0	1	0	1	通道 2 当前字节数寄存器	通道 2 基字节数寄存器
0	1	1	0	通道 3 当前地址寄存器	通道 3 基地址寄存器
0	1	1	1	通道 3 当前字节数寄存器	通道 3 基字节数寄存器
1	0	0	0	状态寄存器	命令寄存器
1	0	0	1	—	请求寄存器
1	0	1	0	—	单通道屏蔽字
1	0	1	1	—	模式寄存器
1	1	0	0	—	清除先/后触发器命令
1	1	0	1	暂存器	复位命令
1	1	1	0	—	清屏蔽寄存器命令
1	1	1	1	—	综合屏蔽命令

例9-1　设要从 8237A 的 DMA 通道 3 的外设中输入 32 K(8000H)字节的数据块,送到起始地址为 3000H 的内部存储器中。DMA 传送的要求是:增量传送、采用数据块连续传送方式、传送完不自动初始化、外设的 DREQ 和 DACK 高电平有效、正常时序、固定优先级。

【分析】　首先要确定端口地址,地址的低 4 位用于区分 8237A 的内部寄存器;高 4 位地址译码后,连接到选片端 $\overline{\text{CS}}$,假定选择的高 4 位为 2。

其次,根据题目要求,模式寄存器的控制字应设为:

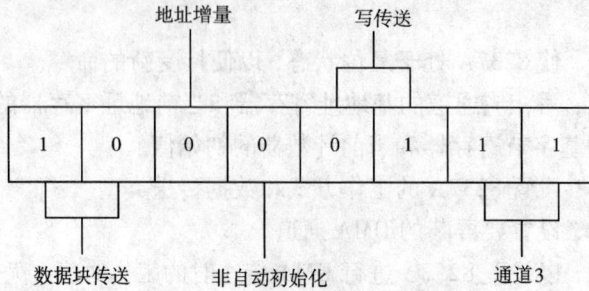

				地址增量		写传送	
1	0	0	0	0	1	1	1
数据块传送			非自动初始化			通道3	

屏蔽寄存器的格式字应设为:

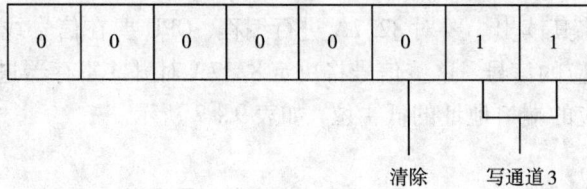

0	0	0	0	0	0	1	1
						清除	写通道3

控制寄存器的格式字应设为:

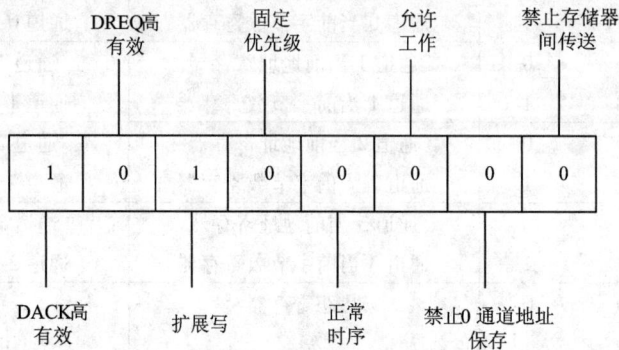

	DREQ高有效		固定优先级		允许工作		禁止存储器间传送
1	0	1	0	0	0	0	0
DACK高有效		扩展写		正常时序		禁止0通道地址保存	

初始化程序:

```
MOV     AL, 00H
OUT     2DH, AL          ;写主复位命令
OUT     26H, AL          ;写通道3基地址低8位
MOV     AL, 30H
OUT     26H, AL          ;写通道3基地址高8位
```

```
MOV        AL, 00H
OUT        27H, AL              ; 写入要传送的字节数低 8 位
MOV        AL, 80H
OUT        27H, AL              ; 写入要传送的字节数高 8 位
MOV        AL, 10000111B
OUT        2BH, AL              ; 写模式寄存器
MOV        AL, 00000011B
OUT        2AH, AL              ; 写屏蔽寄存器
MOV        AL, 10100000B
OUT        28H, AL              ; 写控制寄存器
……
```

9.3.2　8237A 的应用举例

1. DMA 读传送

例 9 - 2　如图 9 - 13 为一个用于 IBM PC 系列机的 DMA 传送接口电路。每当外设准备好接受数据时，提出一次 DMA 请求，经过 D 触发器产生 DRQ1 有效信号。当微机系统允许 DMA 操作时，它就会输出 DMA 通道 1 响应信号$\overline{\text{DACK1}}$，同时在 DMA 控制器输出 I/O 写信号$\overline{\text{IOW}}$的控制下，将内存 50000H 起始的数据经数据总线 D0 ~ D7 写入锁存器提供给外设。另外，DMA 响应信号$\overline{\text{DACK1}}$还使 DRQ1 请求信号无效，保证 DMA 请求信号保持到 DMA 响应为止，说明一次 DMA 传送结束。

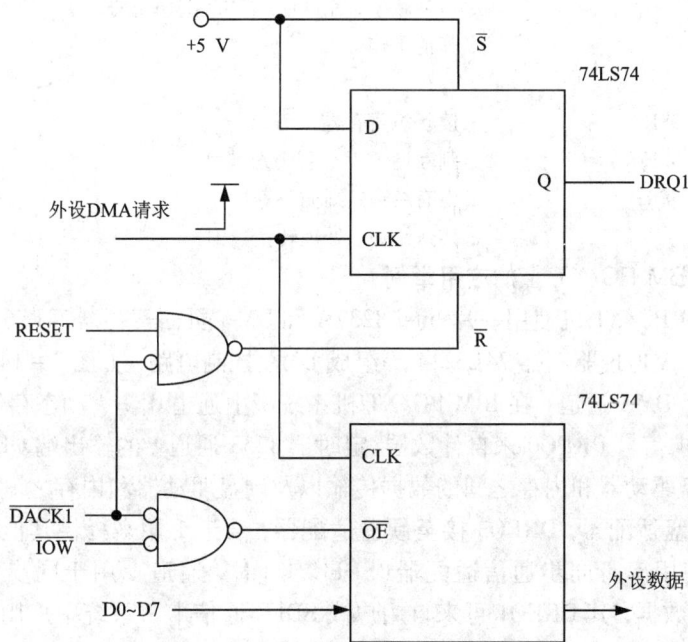

图 9 - 13　DMA 读传送的接口电路

假设采用 IBM PC/XT 中 DMA 通道 1 传送 4 KB 数据到外设，下面是汇编语言源程序段，

重点给出了对 8237A 通道 1 的编程部分。由于 PC 系列机中 8237A 的工作方式已经设定,即已写入命令字,所以,对通道 1 的编程主要是写入模式字、地址寄存器和页面寄存器、字节数寄存器,最后复位 DMA 屏蔽位允许通道工作。本例中采用程序查询方式检测传送是否完成。

```
        MOV     AL, 0
        OUT     0CH, AL             ; 清先/后触发器
        MOV     AL, 01001001B       ; 工作模式为单字节 DMA 读传送, 地址增量, 禁止自动初始化
        OUT     0BH, AL
        POSH    AX                  ; 延时
        POP     AX
        MOV     AL, 0
        OUT     02H, AL             ; 送地址的低 8 位
        MOV     AL, 0
        OUT     02H, AL             ; 送地址的高 8 位
        MOV     AL, 05H             ; 送最高 4 位地址
        OUT     83H, AL             ; 给页面寄存器
        MOV     AX, 4096 - 1
        OUT     03H, AL             ; 送字节数低 8 位到字节数寄存器
        MOV     AL, AH
        OUT     03H, AL             ; 送字节数高 8 位到字节数寄存器
        MOV     AL, 1
        OUT     0AH, AL             ; 送屏蔽字, 允许通道 1 的 DMA 请求
        ⋮                           ; 其他工作
DSNDP:
        IN      AL, 08H             ; 读状态寄存器
        AND     AL, 02H             ; 判断通道 1 是否传送结束
        JZ      DSNDP               ; 没有结束, 则循环等待
        ⋮                           ; 传送结束, 处理转换数据
```

2. 8237A 在 IBM PC/XT 上的应用举例

例 9 - 3　IBM PC/XT 机使用一片 Intel 8237A 和 DMA 页面寄存器 74LS670、DMA 地址锁存器 74LS373、DMA 地址驱动器 74LS244 等组成 DMA 控制电路,如图 9 - 14 所示。

8237A 有 4 个 DMA 通道,在 IBM PC/XT 机系统板上通道 0 作为动态存储器 DRAM 刷新使用,其 DMA 请求信号 DREQ0 来自计数器/定时器 8253 通道 1 的输出端 OUT1;通道 2 和通道 3 分别用于软盘驱动器和内存之间的数据传输以及硬盘驱动器和内存之间的数据传输,其中 DREQ2 接至软盘适配器,DREQ3 接至硬盘适配器;通道 1 用来提供其他传输功能,如网络通信功能,当使用串行同步通信适配器(SDLC 卡)时,通道 1 用于同步通信,在内存与SDLC 卡之间传输数据,其 DREQ1 可来自用户或 SDLC 通信卡。系统中采用固定优先级,即动态 RAM 刷新操作对应的优先级最高,硬盘和内存的数据传输对应的优先级最低。

在 IBM PC/XT 机中,8237A 对应的端口地址为 00 ~ 0FH,由于 8237A 只提供 16 位地址,系统的高 4 位地址由页面寄存器(74LS670)提供,以形成整个微机系统需要的所有存储器地址。系统分配给页面寄存器的端口地址为 80H ~ 83H。

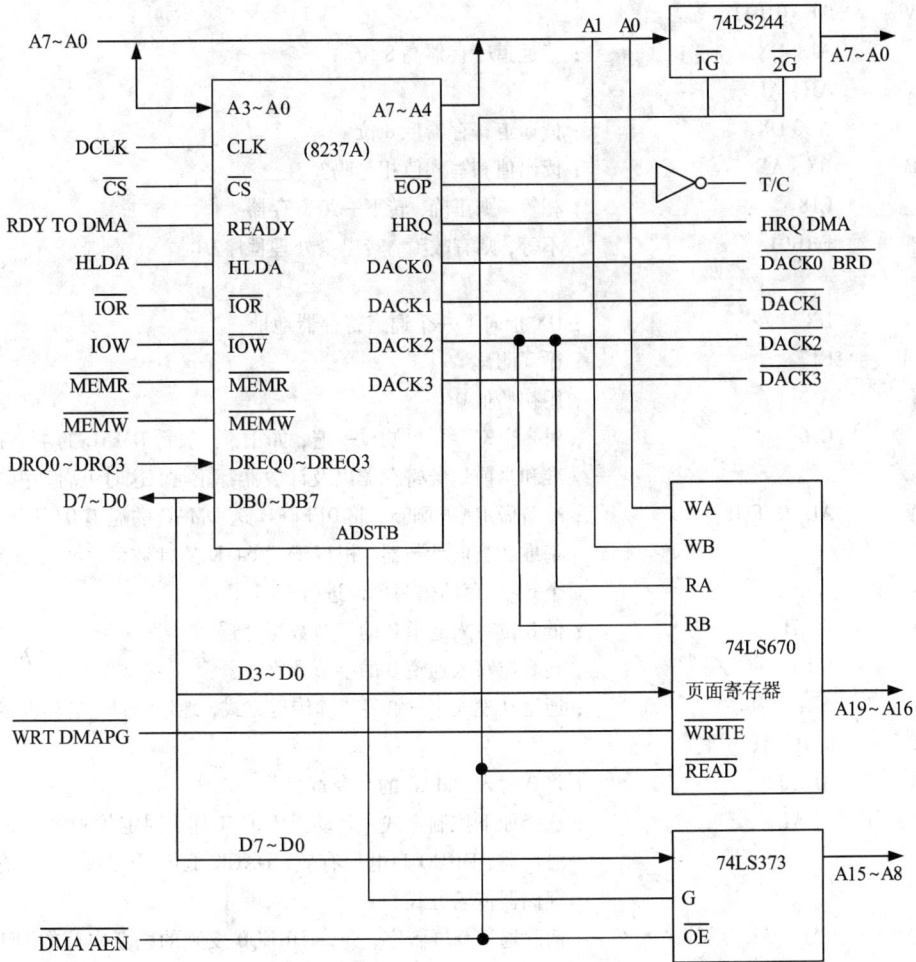

图 9 – 14　IBM PC/XT 微型机的 DMAC 电路示意图

　　在系统 ROM – BIOS 中有一段上电自测试程序，它对系统各部件进行测试，以确定系统部件是否无故障，然后对 8237A 的通道 0 ~ 通道 4 进行初始化。下面是 ROM – BIOS 对 8237A 进行测试和初始化的部分程序清单。

```
        OUT     0DH, AL             ;发 DMA 总清除命令
        MOV     AL, 0FFH           ;通道寄存器测试初始值
C16：
        MOV     BL, AL             ;寄存器测试值写入 BX
        MOV     BH, AL
        MOV     CX, 8              ;准备测试 DMAC 的 4 个通道的地址寄存器和计数寄存器 0 ~ 7 是
                                    否正常
        MOV     DX, 0              ;通道寄存器地址送 DX
C17：
        OUT     DX, AL             ;测试值低 8 位写入通道寄存器
```

OUT	DX, AL	; 测试值高 8 位写入通道寄存器
MOV	AL, 0101H	
IN	AL, DX	; 读通道寄存器高 8 位
MOV	AH, AL	
IN	AL, DX	; 读通道寄存器低 8 位
CMP	BX, AX	; 读出值和写入值相等吗?
JE	C18	; 相等, 则正确, 转下一组寄存器
JMP	ERR01	; 不等, 则有故障, 转出错处理程序 01

C18:

INC	DX	; DX 指向下一个通道寄存器地址
LOOP	C17	; 循环测试
NOT	AL	; 用初始值 0
JZ	C16	; 对 8 个寄存器再测试一遍, 如正常, 表示 DMAC 的 4 个通道的基准和当前地址寄存器以及计数器都正常, 这时可启动内存刷新
MOV	AL, 0FFH	; 准备做 RAM 刷新, 将 0FFFFH 送 DMAC 的通道 0(用于刷新)的基准和当前计数器, 相当于置 64 K 的计数值, 因为刷新是对每个 64 K 存储体为单位进行
OUT	1, AL	; 低 8 位写入通道 0 的字节数寄存器
OUT	1, AL	; 高 8 位写入通道 0 的字节数寄存器
MOV	AL, 58H	; 通道 0 模式字: 单字节读传送方式, 地址增量, 自动设定
OUT	0BH, AL	
MOV	AL, 0	; 将 0 写入 DMAC 的命令寄存器
OUT	8, AL	; 选择如下控制方式: 启动 DMAC 工作、固定优先级、正常时序、滞后写、DREQ 高电平有效、DACK 低电平有效、禁止存储器到存储器传输方式
OUT	0AH, AL	; 清除通道 0 屏蔽字, 允许 DREQ0 发来的刷新内存的 DMA 请求。至此, 才进行 DRAM 存储器的周期刷新, 而且一直进行下去
MOV	AL, 41H	; 通道 1 模式字: 校验方式、单字节传送模式, 地址递增方式、关闭自动设定
OUT	0BH, AL	
MOV	AL, 42H	; 通道 2 模式字; 设置同通道 1
OUT	0BH, AL	
MOV	AL, 43H	; 通道 3 模式字; 设置同通道 1
OUT	0BH, AL	
⋮		
ERR01: HLT		; 如出错, 则停机等待

习题 9

9.1 什么是 DMA? 简述完整 DMA 传送的基本过程。

9.2 试比较进行数据传输时, 中断方式和 DMA 方式各有什么优缺点及它们的适用场合。

9.3　简述 8237A 的主要功能。

9.4　8237A 有哪几种工作模式？各模式的特点？

9.5　假设利用 8237A 控制在存储器的两个区域 0018H：0010H 和 1234H：0010H 间直接传送 16 KB 数据，采用块传送方式，传送完毕后，不自动预置，8237A 的端口地址为 40H 和 4FH。试写出初始化程序。

第 10 章　总线技术

10.1　总线技术概述

任何一个微处理器都要与一定数量的部件和外围设备连接,但如果将各部件和每一种外围设备都分别用一组线路与 CPU 直接连接,那么连线将会错综复杂,甚至难以实现。为了简化系统结构和软硬件设计、便于系统功能扩充和升级,引入了总线技术。总线是一组信号线的集合,是一种在各模块间传送信息的公共通路。它由传送信息的物理介质和相应的管理信息传输的协议构成。

采用总线结构的主要优点是:

(1)便于采用模块化结构设计方法,简化了硬件的设计。整个系统结构清晰,连线少,底板连线可以印制化。面向总线的微型计算机设计只要按照这些规定制作 CPU 插件、存储器插件以及 I/O 插件等,将它们连入总线就可工作,而不必考虑总线的详细操作。

(2)标准总线得到各厂商的支持,便于开发相互兼容的硬件板卡和软件。

(3)模块结构便于系统扩充和升级。

(4)便于故障诊断和维修。用主板测试卡可以很方便找到出现故障的部位,以及总线类型。

10.1.1　总线的分类

微机总线的分类方法比较多,依据不同的分类方法,总线有不同的名称:按照总线的数据传输方式,总线可以分为串行总线和并行总线;根据总线的传输方向又可以分为单向总线和双向总线;按照总线内部信息传输的性质,总线可以分为数据总线、地址总线、控制总线和电源总线;而依据总线在系统结构中的层次位置,又可分为片内总线、片总线(芯片级总线)、内部总线和外部总线四个层次。

1. 片内总线

它位于微处理器芯片内部,故称为芯片内部总线。用于微处理器内部 ALU 和各种寄存器等部件间的互连及信息传送。由于受芯片面积及对外引脚数的限制,片内总线大多采用单总线结构,这有利于芯片集成度和成品率的提高,而对于内部数据传送速度要求较高的,也可采用双总线或三总线结构。这种总线一般由芯片生产厂家设计,计算机系统设计者并不关心,但随着微电子学的发展,出现了 ASIC 技术,用户也可以按照自己的要求借助于适当的 EDA 工具,选择适当的片内总线,设计自己的芯片。

2. 片总线

片总线又称元件级(芯片级)总线。微机主板、单板机以及其他一些插件板、卡(如各种 I/O 接口板/卡),它们本身就是一个完整的子系统,板/卡上包含有 CPU、RAM、ROM、I/O 接口等各种芯片,这些芯片间也是通过总线来连接的,因为这有利于简化结构,减少连线,提高可靠性,方便信息的传送与控制。通常把各种板、卡上实现芯片间相互连接的总线称为片总线或元件级总线。典型的片总线有 I^2C 总线、SPI 总线、SCI 总线、CAN 总线等。

3. 内部总线

内部总线又称系统总线或板级总线。因为该总线是用来连接计算机中各功能部件而构成一个完整微机系统的,所以称之为系统总线。系统总线是计算机系统中最重要的总线,人们平常所说的计算机总线就是指系统总线,如 PC/XT 总线、ISA 总线(AT 总线)、EISA 总线、PCI 总线、APG 总线、PCI – E 总线等。

4. 外部总线

外部总线又称为通信总线。用于计算机与计算机之间,计算机与远程终端之间,计算机与外部设备以及计算机与测量仪器仪表之间的通信。该类总线不是计算机系统已有的总线而是利用电子工业或其他领域已有的总线标准。外部总线又分为串行总线和并行总线。典型的外部总线有 IEEE – 488 总线,IEEE1394 总线,RS – 232 – C 总线,RS – 422 总线和 RS – 485 总线,通用串行总线 USB。外部总线标准的机械要素包括接插件型号和电缆线,电气要素包括发送与接受信号的电平和时序,功能要素包括发送和接受双方的管理能力、控制功能和编码规则等。

图 10 – 1 给出了一般计算机总线结构示意图。

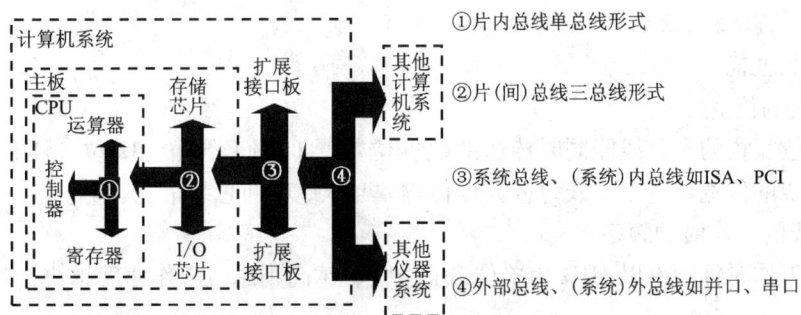

图 10 – 1　计算机系统的四层总线结构

(1) 片内总线位于 CPU 内部;

(2) 片(间)总线实现 CPU 与存储芯片、I/O 芯片互联;

(3) 内部总线(系统总槽线)将各种功能相对独立的模板有机地连接起来,完成系统内部各模板之间的信息传送;

(4) 外部总线实现计算机系统与系统之间的信息交换和通信,以便构成更大的系统。

10.1.2　总线标准及性能参数

1.总线标准

总线对总线插座的尺寸、引线数目、各引线信号的含义、时序和电气参数等作明确规定，这个规定就是总线标准。主要包括如下规范：

机械规范：规定总线的根数、插座形状、引脚排列等。

功能规范：规定总线中每根线的功能。从功能上，总线分成：地址总线、数据总线、控制总线。

电气规范：规定总线中每根线的传送方向、有效电平范围、负载能力等。

时间规范：规定每根线在什么时间有效，通常以时序图的方式进行描述。

PC 系列机上采用的总线标准主要有：

ISA　　　　工业标准体系结构(Industrial Standard Architecture)

EISA　　　 扩展工业标准体系结构(Extended Industrial Standard Architecture)

VESA　　　视频电气标准协会(Video Electronics Standards Association 又称 VL – Bus)

PCI　　　　外部设备互连

　　　　　　(Peripheral Component Interconnect)

USB　　　　通用串行总线

　　　　　　(Universal Serial Bus)

AGP　　　　图形加速端口(显卡专用线)

　　　　　　(Accelerated Graphics Port)

PCI – Express

IEEE1394　高速串行总线

2.总线的性能

(1)总线的位宽

总线的位宽指的是总线能同时传送的数据位数，即我们常说的 32 位、64 位等总线宽度的概念。总线的位宽越宽则总线每秒数据传输率越大，也即总线带宽越宽。

(2)总线的工作时钟频率

总线的工作时钟频率以 MHz 为单位，工作频率越高则总线工作速度越快，也即总线带宽越宽。

(3)总线的带宽

总线的带宽即总线的传输率，指的是一定时间内总线上可传送的数据量，即每秒传输的最大字节数：MB/s。总线带宽 = 总线频率 × 总线位宽/8，如 32 位 PCI 总线工作频率是 33 MHz、总线宽度为 32 位，则最大传输率是 132 MB/s。

总线带宽类似高速公路的车流量，总线位宽仿佛高速公路上的车道数，总线时钟工作频率则相当于车速。高速公路上的车流量取决于公路车道的数目和车辆行驶速度，显然，车道越多、车速越快，则车流量越大；类似地，总线位宽越宽、总线时钟工作频率越高则总线带宽越大。

当然，单方面提高总线的位宽或工作时钟频率都只能部分提高总线的带宽，并容易达到各自的极限。只有两者配合才能使总线的带宽得到更大的提升。

微机总线主要性能指标如表 10 – 1 所示。

表 10 - 1　微机总线主要性能指标

	第一代				第二代			第三代
	ISA	MCA	EISA	VL – Bus	PCI	AGP	PCI – X	PCI – Express
出现年代	1981	1987	1988	1992	1992	1996	1998	2002
最高时钟频率/MHz	8.3	10	8.3	33	66	533	533	10000
最高总线宽度/Bits	16	32	32	32	64	64	64	32 每一方向
理论极限带宽/Mbps	16.6	40	33.2	132	528	2100	4300	64000

10.1.3　总线的数据传输过程

1. 数据传输的基本方式

计算机总线中,有两种基本的数据传输方式:串行传输和并行传输。

(1)串行传输

串行总线的数据在数据线上按位进行传输,只需要一根数据线,线路成本低,一般适合于远距离的数据传输。在计算机中普遍使用串行通信总线连接慢速设备,像键盘、鼠标和终端设备等。近年来出现一些中高速的串行总线,可连接各种类型的外设,可传送多媒体信息,如 USB、IEEE1394 串行总线等。

(2)并行传输

并行总线的数据在数据线上同时有多位一起传送,每一位要有一根数据线。并行传输比串行传输速度要快得多,但需要更多的传输线。

衡量并行总线速度的指标是最大数据传输率,即单位时间内在总线上传输的最大信息量。一般用每秒多少兆字节(MB/s)来表示。

2. 数据传输过程

一般来说,总线上完成一次数据传输要经历以下 4 个阶段:

(1)总线请求和仲裁(Bus Request & Arbitration)阶段。需要使用总线的主控模块(如 CPU 或 DMAC)向总线仲裁机构提出占有总线控制权的申请,由总线仲裁机构判别确定,把下一个总线传输周期的总线控制权授给申请者。

(2)寻址(Addressing)阶段。获得总线控制权的主模块,通过地址总线发出本次打算访问的从属模块,如存储器或 I/O 接口的地址。通过译码使被访问的从属模块被选中,而开始启动。

(3)数据传送(Data Transferring)阶段。主模块和从属模块进行数据交换。数据由源模块发出经数据总线流入目的模块。对于读传送,源模块是存储器或 I/O 接口,而目的模块是总线主控者 CPU;对于写传送,则源模块是总线主控者,如 CPU,而目的模块是存储器或 I/O 接口。

(4)结束(Ending)阶段。主、从模块的有关信息均从总线上撤除,让出总线,以便其他模块能继续使用。

10.1.4　总线技术发展趋势

　　自 IBM PC 问世 20 余年来,随着微处理器技术的飞速发展,CPU 的处理能力迅速提升,随之而来对总线技术也提出了更高的要求。因此,一是不断地完善现有总线标准,如 USB 总线从 1.0、1.1 标准发展到 2.0、3.0 标准,其数据传输速率从 1.5Mbps、12Mbps 提高到了 480Mbps 甚至 5Gbps;二是针对不同的应用领域提出了新的标准,如最近出现的 EV6 总线、PCI - X 局部总线、NGIO 总线、Future I/O 总线等;三是某些总线标准也会因其技术过时而被淘汰,如 ISA 总线现在除了在一些工控机上而还保留外,在 PC 机上已见不到它的身影。总线技术的这种不断完善与创新,反过来也促进了 PC 系统性能的日益提高。

10.2　常用标准总线

10.2.1　ISA 总线

　　ISA(Industrial Standard Architecture,工业标准体系结构)是 Intel 公司、IEEE 和 EISA 集团,在 62 线的 PC 总线的基础上经过扩展成 98 线而开发的一种系统总线。因为开始时是应用在 IBM PC/AT 机上,所以又称为 PC/AT 总线。

　　ISA 总线是为采用 80286 CPU 的微机系统设计的,但是兼容这一标准的微机系统还是有很大的市场,286、386、486 微机大多采用 ISA 总线,即使 586 和奔腾机也还保留有 1 个 ISA 总线插槽。

　　ISA 总线的主要性能指标:24 位地址线,可直接寻址内存容量为 16 MB,I/O 地址空间为 0100H ~ 03FFFH,8/16 位数据线,62 + 36 个引脚,工作频率 8 MHz,最大传输率 16 MB/s,具备中断和 DMA 传送功能。

　　ISA 总线接口信号共 98 个,均连接到主板的 ISA 总线插槽上。ISA 插槽长度 138.5 mm,由基本的 62 线 8 位插槽(A1 ~ A31、B1 ~ B31)和扩展的 36 线 16 位插槽(C1 ~ C18、D1 ~ D18)两部分组成。除了数据和地址线的扩充外,还扩充了中断和 DMA 请求、应答信号。若只是用基本插槽时,可用 8 位数据宽度及 20 位地址;若需要使用 16 位数据或 20 位以上的地址及其他扩充信号时,则采用 8 位基本 ISA 加 16 位扩充 ISA 的方式。其 16 位 ISA 总线插槽示意图如图 10 - 2 所示,其引脚排列如图 10 - 3 所示。一块有 5 条 16 位 ISA 槽和 1 条 8 位 ISA 槽的主板如图 10 - 4 所示,各引脚功能列于表 10 - 2。

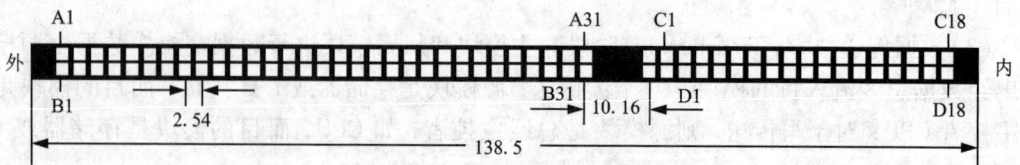

图 10 - 2　16 位 ISA 总线插槽槽

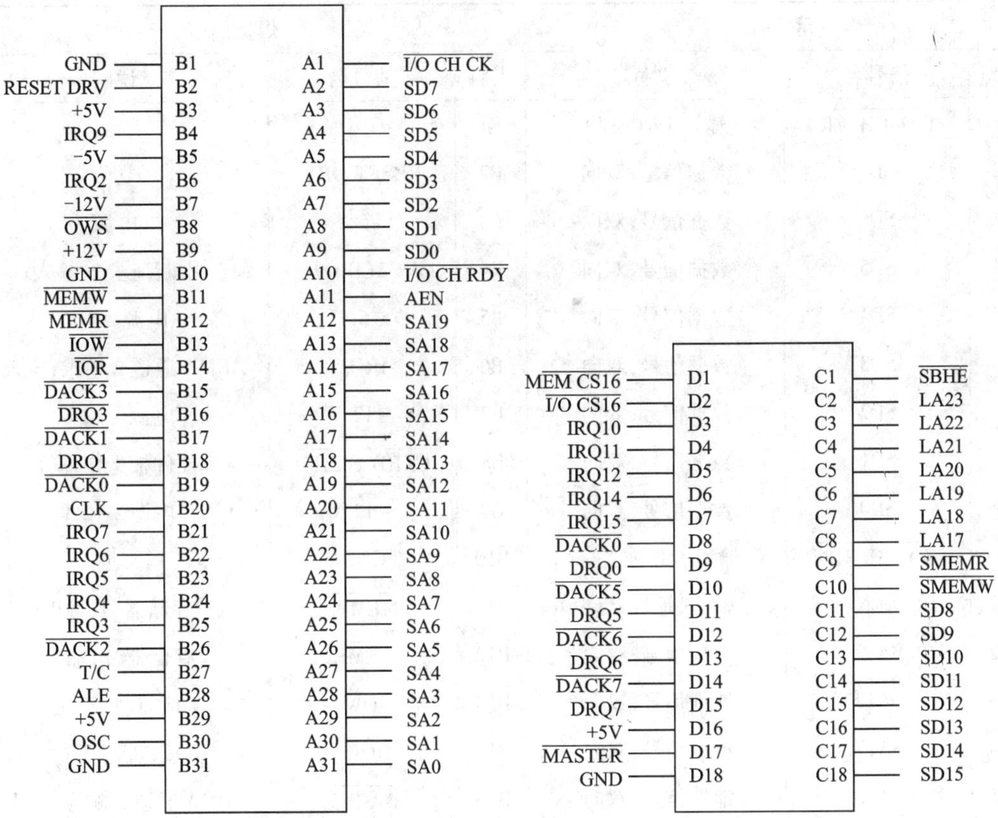

GND	B1	A1	I/O CH CK	
RESET DRV	B2	A2	SD7	
+5V	B3	A3	SD6	
IRQ9	B4	A4	SD5	
−5V	B5	A5	SD4	
IRQ2	B6	A6	SD3	
−12V	B7	A7	SD2	
OWS	B8	A8	SD1	
+12V	B9	A9	SD0	
GND	B10	A10	I/O CH RDY	
MEMW	B11	A11	AEN	
MEMR	B12	A12	SA19	
IOW	B13	A13	SA18	
IOR	B14	A14	SA17	
DACK3	B15	A15	SA16	
DRQ3	B16	A16	SA15	
DACK1	B17	A17	SA14	
DRQ1	B18	A18	SA13	
DACK0	B19	A19	SA12	
CLK	B20	A20	SA11	
IRQ7	B21	A21	SA10	
IRQ6	B22	A22	SA9	
IRQ5	B23	A23	SA8	
IRQ4	B24	A24	SA7	
IRQ3	B25	A25	SA6	
DACK2	B26	A26	SA5	
T/C	B27	A27	SA4	
ALE	B28	A28	SA3	
+5V	B29	A29	SA2	
OSC	B30	A30	SA1	
GND	B31	A31	SA0	

MEM CS16	D1	C1	SBHE	
I/O CS16	D2	C2	LA23	
IRQ10	D3	C3	LA22	
IRQ11	D4	C4	LA21	
IRQ12	D5	C5	LA20	
IRQ14	D6	C6	LA19	
IRQ15	D7	C7	LA18	
DACK0	D8	C8	LA17	
DRQ0	D9	C9	SMEMR	
DACK5	D10	C10	SMEMW	
DRQ5	D11	C11	SD8	
DACK6	D12	C12	SD9	
DRQ6	D13	C13	SD10	
DACK7	D14	C14	SD11	
DRQ7	D15	C15	SD12	
+5V	D16	C16	SD13	
MASTER	D17	C17	SD14	
GND	D18	C18	SD15	

图 10 – 3　ISA 总线引脚排列

图 10 – 4　一块有 5 条 16 位 ISA 槽和 1 条 8 位 ISA 槽的主板

表 10-2　ISA 总线引脚功能

元件面			焊接面		
引脚	信号名	说明	引脚	信号名	说明
A1	$\overline{\text{I/O CH CK}}$	输入 I/O 校验	B1	GND	地
A2	SD7	数据信号,双向	B2	RESET DRV	复位
A3	SD6	数据信号,双向	B3	+5 V	电源
A4	SD5	数据信号,双向	B4	IRQ2(IRQ9)	中断请求 2,输入
A5	SD4	数据信号,双向	B5	-5 V	电源 -5 V
A6	SD3	数据信号,双向	B6	IRQ2	DMA 通道 2 请求,输入
A7	SD2	数据信号,双向	B7	-12 V	电源 -12 V
A8	SD1	数据信号,双向	B8	$\overline{\text{CARD SLCTD}}$	插件板选中信号
A9	SD0	数据信号,双向	B9	+12 V	电源 +12 V
A10	$\overline{\text{I/O CH RDY}}$	输入 I/O 准备好	B10	GND	地
A11	AEN	输出,地址允许	B11	$\overline{\text{MEMW}}$	存储器写,输出
A12	SA19	地址信号,双向	B12	$\overline{\text{MEMR}}$	存储器读,输出
A13	SA18	地址信号,双向	B13	$\overline{\text{IOW}}$	接口写,双向
A14	SA17	地址信号,双向	B14	$\overline{\text{IOR}}$	接口读,双向
A15	SA16	地址信号,双向	B15	$\overline{\text{DACK3}}$	DMA 通道 3 响应,输出
A16	SA15	地址信号,双向	B16	DRQ3	DMA 通道 3 请求,输入
A17	SA14	地址信号,双向	B17	$\overline{\text{DACK1}}$	DMA 通道 1 响应,输出
A18	SA13	地址信号,双向	B18	DRQ1	DMA 通道 1 请求,输入
A19	SA12	地址信号,双向	B19	$\overline{\text{DACK0}}$	DMA 通道 0 响应,输出
A20	SA11	地址信号,双向	B20	CLK	系统时钟,输出
A21	SA10	地址信号,双向	B21	IRQ7	中断请求,输入
A22	SA9	地址信号,双向	B22	IRQ6	中断请求,输入
A23	SA8	地址信号,双向	B23	IRQ5	中断请求,输入
A24	SA7	地址信号,双向	B24	IRQ4	中断请求,输入
A25	SA6	地址信号,双向	B25	IRQ3	中断请求,输入
A26	SA5	地址信号,双向	B26	$\overline{\text{DACK2}}$	DMA 通道 2 响应,输出
A27	SA4	地址信号,双向	B27	T/C	计数终点信号,输出
A28	SA3	地址信号,双向	B28	ALE	地址锁存信号,输出
A29	SA2	地址信号,双向	B29	+5 V	电源 +5 V
A30	SA1	地址信号,双向	B30	OSC	振荡信号,输出

续表 10 - 2

元件面			焊接面		
引脚	信号名	说明	引脚	信号名	说明
A31	SA0	地址信号,双向	B31	GND	地
C1	$\overline{SBHE}$	高位字节允许	D1	$\overline{MEM\ CS16}$	存储器 16 位片选信号,输入
C2	LA23	高位地址,双向	D2	$\overline{I/O\ CS16}$	接口 16 位片选信号,输入
C3	LA22	高位地址,双向	D3	IRQ10	中断请求,输入
C4	LA21	高位地址,双向	D4	IRQ11	中断请求,输入
C5	LA20	高位地址,双向	D5	IRQ12	中断请求,输入
C6	LA19	高位地址,双向	D6	IRQ14	中断请求,输入
C7	LA18	高位地址,双向	D7	IRQ15	中断请求,输入
C8	LA17	高位地址,双向	D8	$\overline{DACK0}$	DMA 通道 0 响应,输出
C9	$\overline{SMEMR}$	存储器读,双向	D9	DRQ0	DMA 通道 0 请求,输入
C10	$\overline{SMEMW}$	存储器写,双向	D10	$\overline{DACK5}$	DMA 通道 5 响应,输出
C11	SD8	高位数据,双向	D11	DRQ5	DMA 通道 5 请求,输入
C12	SD9	高位数据,双向	D12	$\overline{DACK6}$	DMA 通道 6 响应,输出
C13	SD10	高位数据,双向	D13	DRQ6	DMA 通道 6 请求,输入
C14	SD11	高位数据,双向	D14	$\overline{DACK7}$	DMA 通道 7 响应,输出
C15	SD12	高位数据,双向	D15	DRQ7	DMA 通道 7 请求,输入
C16	SD13	高位数据,双向	D16	+5 V	电源 +5 V
C17	SD14	高位数据,双向	D17	$\overline{MASTER}$	主控,输入
C18	SD15	高位数据,双向	D18	GND	地

1.8 位 ISA(即 XT)总线定义

IBM PC/XT 使用的总线称为 PC 总线,它是为配置外部 I/O 适配器和扩充存储器专门设计的一组 I/O 总线,又称为 I/O 通道,共有 62 条引线,全部引到系统板上 8 个 62 芯总线的扩展槽 J1 ~ J8 上,可插入不同功能的插件板,用以扩展系统功能。

62 根总线按功能可分为电源线、数据总线、地址总线、控制总线四类。

(1)电源线

共 8 根,其中 +5 V 的 2 根、-5 V 的 1 根、+12 V 的 1 根、-12 V 的 1 根及地线 3 根。

(2)数据总线

D7 ~ D0 共 8 条,是双向数据传送线,为 CPU、存储器及 I/O 设备间提供信息传送通道。平时由 CPU 控制,当 DMA 操作时由 DMA 控制器 8237A 控制。

(3)地址总线

A19 ~ A0 共 20 条,用来选定存储器地址或 I/O 设备地址。当选定 I/O 设备地址时,A19

~A16 无效。这些信号一般由 CPU 产生,也可以由 DMA 控制器产生。20 位地址线允许访问 1 MB 存储空间,16 位地址线允许访问 64 KB 的 I/O 设备空间。

(4)控制总线

控制总线共 26 条,可大致分为三类。

①纯控制线(21 根)

ALE:(输出信号)地址锁存允许,由总线控制器 8288 提供。ALE 有效时,在 ALE 下降沿锁存来自 CPU 的地址。目前地址总线有效,可开始执行总线工作周期。

IRQ2~IRQ7:(输入信号)中断请求。8259A 有 8 个中断请求输入端 IRQ0~IRQ7。其中 IRQ0、IRQ1 直接用在系统主板上,剩下的 6 个中断请求输入端 IRQ2~IRQ7 引到扩展槽,供 I/O 设备申请中断使用。中断优先级别是 IRQ0 最高,IRQ7 最低。

$\overline{\text{IOR}}$:(输出信号、低电平有效)I/O 读命令,由 CPU 或 DMA 控制器产生。信号有效时,把选中的 I/O 设备接口中数据读到数据总线。

$\overline{\text{IOW}}$:(输出信号、低电平有效)I/O 写命令,由 CPU 或 DMA 控制器产生,用来控制将数据总线上的数据写到所选中的 I/O 设备接口中。

$\overline{\text{MEMR}}$:(输出信号、低电平有效)存储器读命令,由 CPU 或 DMA 控制器产生,用来控制把选中的存储单元数据读到数据总线。

$\overline{\text{MEMW}}$:(输出信号、低电平有效)存储器写命令,由 CPU 或 DMA 控制器产生,把数据总线上的数据写入所选中的存储单元。

DRQ1~DRQ3:(输入信号)DMA 控制器 8273A 的通道 1~3 的 DMA 请求,是由外设接口发出的,DRQ1 优先级最高。当有 DMA 请求时,对应的 DRQ 为高电平,一直保持到相应的 DACK 为低电平为止。

$\overline{\text{DACK0}}$~$\overline{\text{DACK3}}$:(输出信号、低电平有效)DMA 通道 0~3 的响应信号,由 DMA 控制器送往外设接口,低电平有效。DACK0 用来响应外设的 DMA 请求或实现动态 RAM 刷新。

AEN:(输出信号)地址允许信号,由 8237A 发出,此信号用来切断 CPU 控制,以允许 DMA 传送。AEN 为高电平有效,此时由 DMA 控制器 8237A 来控制地址总线、数据总线以及对存储器和 I/O 设备的读/写命令线。在制作接口电路中的 I/O 地址译码器时,必须包括这个控制信号。

T/C:(输出信号)计数结束,当 DMA 通道计数结束时,T/C 线上出现高电平脉冲。

RESET DRV:(输出信号)系统总清,高电平有效。加电或按复位按钮时,产生此信号对系统复位。

②状态线(2 根)

$\overline{\text{I/O CH CK}}$:(输入信号,低电平有效)I/O 通道奇偶校验信号。此信号向 CPU 提供关于 I/O 通道上的设备或存储器的奇/偶校验信息。当为低电平时,表示校验有错。

I/O CH RDY:(输入信号)I/O 通道准备好,用于延长总线周期。一些速度较慢的设备可通过使 I/O CH RDY 为低电平,而令 CPU 或 DMA 控制器插入等待周期,来达到延长总线的 I/O 或存储周期。不过此信号时间不宜过长,以免影响 DRAM 刷新。

③辅助线(3 根)

OSC:(输出信号)晶振信号,其周期为 70 ns(14.31818 Hz),占空比 50% 的方波脉冲。若将此信号除以 4,可得到 3.58 MHz 的设计彩显接口所必须用的控制信号。

CLK：（输出信号）系统时钟信号，由 OSC 三分频得到，频率为 4.77 MHz（周期 210 ns），占空比为 33%。

CARD SLCTD：（输出信号、低电平有效）插件板选中信号，此信号有效时，表示扩展槽 J8 的扩展板被选中。

2. 16 位 ISA（即 AT）总线定义

AT 总线在 XT 总线基础上增加了一个 36 引脚的插槽，同一槽线的插槽分成 62 线和 36 线两段，共计 98 条引线。这样也就构成了 16 位 ISA 总线。新增加的 36 个引脚定义说明如下：

（1）新增加的地址线高位 LA20 ~ LA23，使原来的 1 MB 的寻址范围扩大到 16 MB。同时，又增加了 LA17 ~ LA19 这 3 条地址线，这几条线与原来的 PC/XT 总线的地址线是重复的。原先 PC/XT 地址线是利用锁存器提供的，锁存过程导致了传送速度降低。在 AT 微机中，为了提高速度，在 36 引脚插槽上定义了不采用锁存的地址线 LA17 ~ LA23。

（2）SD8 ~ SD15 是新增加的 8 位高位数据线。

（3）$\overline{\text{SBHE}}$数据总线高字节允许信号。该信号与其他地址信号一起，实现对高字节、低字节或一个字（高低字节）的操作。

（4）在原 PC/XT 总线基础上，又增加了 IRQ8 ~ IRQ15 中断请求输入信号。其中 IRQ13 指定给数值协处理器使用。另外，由于 AT 总线上增加了外部中断的数量，在底板上，是由两块中断控制器（8259）级联实现中断优先级的。而中断请求优先级低的一块中断控制器的中断请求，接到主中断控制器的 IRQ2 上，而原 PC/XT 定义的 IRQ2 引脚，在 AT 总线上变为 IRQ9。IRQ0 接定时器（8254），用于产生定时中断（实时钟）。

（5）为实现 DMA 传送，在 AT 机的底板上采用两块 DMA 控制器级联。其中，主控级的 DRQ0 接从属级的请求信号（HRQ），这样就形成了 DRQ0 到 DRQ7 中间没有 DRQ4 的 7 级 DMA 优先级安排。同时，在 AT 机中，不再采用 DMA 实现动态存储器刷新，故总线上的设备均可使用这 7 级 DMA 传送。除原 IBM - PC 总线上的 DMA 请求信号外，其余的 DRQ0、DRQ5 ~ DRQ7 均定义在引脚为 36 的插槽上。与此相对应的是，DMA 控制器提供的响应信号 DACK0、DACK5 ~ DACK7 也定义在该插槽上。

（6）定义了新的$\overline{\text{SMEMW}}$、$\overline{\text{SMEMR}}$，它们与 PC 总线上的$\overline{\text{MEMR}}$和$\overline{\text{MEMW}}$不同的是，IBM - PC 总线上的信号只有在存储器的寻址范围小于 1 MB 时才有效，而新定义的信号在整个 16 MB 范围内均有效。

（7）$\overline{\text{MASTER}}$是新增加的主控信号。利用该信号可以使总线插板上设备变为总线主控器，用来控制总线上的各种操作。在总线插板上的 CPU 或 DMA 控制器可以将 DRQ 送往 DMA 通道。在接收到响应信号 DACK 后，总线上的主控器可以使$\overline{\text{MASTER}}$成为低电平，并且在等待一个系统周期后开始驱动地址和数据总线。在发出读写命令之前，必须等待两个系统时钟周期。

（8）$\overline{\text{MEM CS16}}$是存储器的位选片信号，如果总线上某一存储器要传送 16 位数据，则必须产生一个有效的（低电平）$\overline{\text{MEM CS16}}$信号，该信号加到系统板上，通知主板实现 16 位数据传送。此信号由 LA17 ~ LA23 高位地址译码产生，利用三态门或集电极开路门进行驱动。

（9）$\overline{\text{IO CS16}}$为接口的 16 位选片信号，它由接口地址译码信号产生，低电平有效，用来通知主板进行 16 位接口数据传送。该信号由三态门或集电极开路门输出，以便实现"线或"。

在 AT 总线上,对 IBM－PC 总线上所定义的 B8 引脚(原只有第 8 插槽 J8 定义为 CARD SLCTD)进行了重新定义,即定义 B8 为 OWS(零等待状态信号)信号,这是因为 80286 的速度比 8088 的速度快很多。为了使 PC/XT 能与 PC/AT 兼容,不至于因为 CPU 的速度不同而发生错误,则设置该信号。当该信号为低电平时,通知 CPU 无需插入等待状态。可以利用设备地址译码、读或写信号及时钟信号形成 OWS 信号,并且利用三态门或集电极开路门驱动,以便对多块总线插板上的这个信号进行"线或"。

3. 当前应用

除了一些特殊工业使用以外,ISA 已经不再使用了,而且现在的主板都不带 ISA 接口。甚至在一些设备要用上 ISA 时,系统生产商也不对消费者提及"ISA 总线"这个被遗忘的术语,而称呼它为"旧式总线(Legacy Bus)"。

尽管 ISA 已经几乎没人使用了,但以它为基础的其他总线依然被应用。PC/104,一种派生自 ISA 的扩展接口,目前仍被用于工业和嵌入式系统,这种接口利用与 ISA 相同的信号传输线连接不同的连接器。LPC 总线在现在的一些主板上取代 ISA 总线,连接一些老式的 I/O 设备;尽管物理层上与传统的 ISA 有区别,但是一般软件都会把 LPC 看成 ISA,因此一些 ISA 的缺陷依然存在,比如 16 MB 的 DMA 寻址极限。

10.2.2　PCI 总线

20 世纪 90 年代,随着图形处理技术和多媒体技术的广泛应用,在以 Windows 为代表的图形用户接口(GUI)进入 IBM－PC 机之后,要求有高速的图形处理能力和 I/O 吞吐能力。这不仅要求图形适配卡要改善其性能,也对总线的速度提出了挑战。Intel 公司首先提出了 PCI (Peripheral Component Interconnect,外设互联标准)的概念,于 1992 年 6 月 22 日,发表 PCI 1.0 标准,该标准仅限于组件级规范。1993 年 4 月 30 日,PCI－SIG(外围部件互联专业组)发表了 PCI 2.0 标准,这个标准第一次建立了连接器与主板插槽间的标准。目前 PCI 总线已广泛用于微机、工作站以及便携式计算机中。

PCI－X 在外形上和 64bit 的 PCI 基本上是一样的,但是它们使用的是不同的标准,PCI－X 的插槽可以兼容 PCI 的卡(通过针脚区分),PCI－X 也是共享总线的,插多个设备传输速率会下降。PCI－X 一般只出现在服务器主板上,不过现在也逐步被 PCI－E 取代,很多厂商的服务器都已经不提供 PCI－X 的插槽了。

1. PCI 总线结构

PCI 总线是一种树型结构,并且独立于 CPU 总线,可以和 CPU 总线并行操作。PCI 总线上可以挂接 PCI 设备和 PCI 桥片,PCI 总线上只允许有一个 PCI 主设备,其他的均为 PCI 从设备,而且读写操作只能在主从设备之间进行,从设备之间的数据交换需要通过主设备中转。PCI 总线结构如图 10－5 所示,主板上的 32 位 PCI 扩充插槽如图 10－6 所示。

2. PCI 总线的主要特点

PCI 是随系统速度不断提高,以及总线接口相对简单的要求而制定出的一种处理器局部总线,它具有如下的特点:

(1)独立于处理器。与处理器/存储器子系统完全并行操作,与 CPU 更新换代无关。

(2)高性能。实现了 33 MHz 和 66 MHz 的同步总线操作,传输速率从 132 MB/s(33 MHz 时钟、32 位数据通路)升级到 528 MB/s(66 MHz、64 位数据通路)。支持突发工作方式(如果

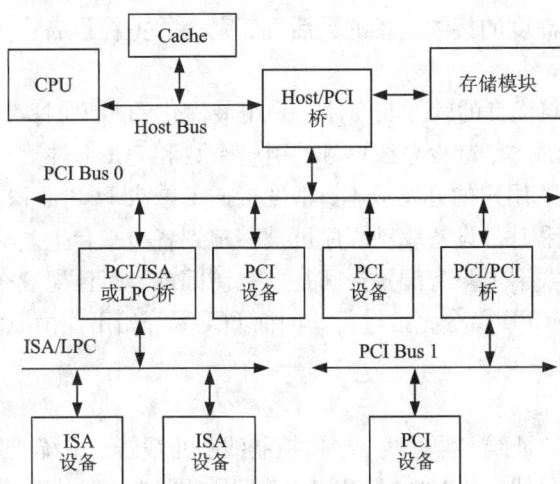

图 10-5　PCI 总线结构

图 10-6　主板上的 32 位 PCI 扩充插槽 PCI 总线信号

被传送的数据在内存中连续存放，则在访问这一组连续数据时，只有在传送第一个数据时需要两个时钟周期，第一个时钟周期给出地址，第二个时钟周期传送数据。而传送其后的连续数据时，传送一个数据只要一个时钟周期，不必每次都给出地址，这种传送称为"突发传送"或"成组传送"）。能真正实现写处理器/存储器子系统的安全并发。

（3）良好的兼容性。PCI 总线部件和插件接口相对于处理器是独立的，PCI 总线支持所有的目前和将来不同结构的处理器，因此具有相对长的生命周期。

（4）支持即插即用，自动识别与配置外设。PCI 设备内含设备信息的寄存器组，这些信息可以使系统 BIOS（基本输入/输出系统）和操作系统层的软件自动配置 PCI 总线部件和插件，使系统使用方便。

（5）支持多主设备能力。支持多主设备系统，允许任何 PCI 主设备和从设备之间实现点到点对等存取，体现了高度的接纳设备的灵活性，完全的主控设备占用总线能力，中央式集中仲裁逻辑。

（6）相对的低成本与优良的软件兼容性。采用最优化的芯片(标准的 ASIC)和采用地址/数据线复用技术以降低成本，减少总线信号的引脚个数和 PCI 部件数。PCI 到 ISA/EISA 的转换由芯片厂提供，减少了用户的开发成本，密度接插卡减少 PCB 面积。PCI 部件可完全兼容现有的驱动程序和应用程序，设备驱动程序可被移植到各类平台上。

当 PCI 卡刚加电时，卡上只有配置空间是可被访问的，而且配置空间的访问也不能通过简单的存储器或 I/O 等 CPU 指令直接进行。因而 PCI 卡开始不能由驱动或用户程序访问，这与 ISA 卡有本质的区别。

3. PCI 总线信号定义

PCI 总线信号分为地址线、数据线、接口控制线、仲裁线、系统线、中断请求线、高速缓存支持、出错报告等信号线，共 188 根。PCI 总线引脚图如图 10 - 7 所示。

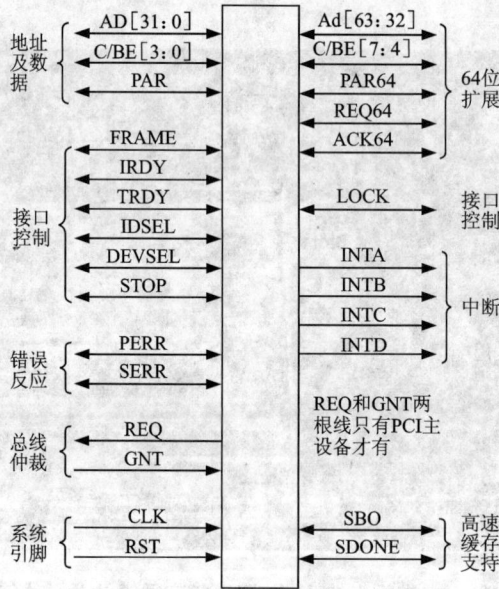

图 10 - 7　PCI 总线引脚图

（1）系统信号

系统信号线有时钟信号线 CLK 和复位信号线 RST。CLK 信号是 PCI 总线上所有设备的一个输入信号，为所有 PCI 总线上设备的 I/O 操作提供同步定时。RST 使各信号线的初始状态处于系统规定的初始状态或高阻态。

CLK：PCI 时钟，上升沿有效，输入信号，频率范围：0 ~ 33 MHz 或者 0 ~ 66 MHz，除了 RST 和 INT(A ~ D)外，其余信号都在 CLK 的上升沿有效。

RST：Reset 信号，输入信号，异步复位，复位是 PCI 的全部输出应驱动到三态。

（2）地址/数据线

地址/数据总线 AD0～AD31 是时分复用的信号线。C/BE0～C/BE3 称为"命令/字节使能"信号，也为复用线。在传输数据阶段，它们指明所传输数据的各个字节的通路；在传送地址阶段，这四条线决定了总线操作的类型，这些类型包括 I/O 读、I/O 写、存储器读、存储器写、存储器多重写、中断响应、配置读、配置写和双地址周期等等。为了实现即插即用(PnP)功能，PCI 部件内都置有配置寄存器，配置读和配置写命令就是用于在系统初始化时，对这些寄存器进行读写操作。

AD0～AD31：地址、数据复用信号，一个总线交易由一个地址期和一个或多个数据期构成，FRAME 有效时，是地址期，IRDY 和 TRDY 有效时是数据期；

C/BE0～C/BE3：总线命令和字节使能多路复用信号线。在地址期中，传输的是总线命令；在数据期内，传输的是字节使能信号。[0]对应于最低的 8 个字节。

PAR：PAR 信号为校验信号。用于对 AD0～AD31 和 C/BE0～C/BE3 的偶校验。

(3)接口控制信号

接口控制信号有成帧信号 FRAME(标志传输开始与结束)、目标设备就绪信号 TDRY(Slave 可以传输数据的标志)、始发设备就绪信号 IRDY(Master 可以传输数据的标志)、停止传输 STOP(Slave 主动结束传输数据的信号)、初始化设备选择 IDSEL(在即插即用系统启动时用于选中板卡的信号)、资源封锁 LOCK 和设备选择 DEVSEL(当 Slave 发现自己被寻址时置低应答)。

FRAME：帧周期信号。由当前的主设备驱动，表示一次交易的开始和持续时间；FRAME 失效后，是交易的最后一个数据期。

IRDY：主设备准备好信号。由当前主设备驱动；在读周期，表示主设备已作好接收数据的准备；在写周期，表明数据已提交到 AD 总线上。

TRDY：目标设备准备好信号。由当前被寻址的目标设备驱动；在读周期，表明数据已提交到 AD 总线上；在写周期，表示从设备已作好接收数据的准备。

数据传输期间，TRDY，IRDY 任一个无效都将插入等待周期。

STOP：停止数据传送信号。由目标设备驱动；表示目标设备要求主设备中止当前的数据传送。

IDSEL：初始化设备选择信号。在参数配置读和配置写期间，用作片选信号。

DEVSEL：设备选择信号。由当前被寻址的目标设备驱动。

LOCK：锁定信号(可选)。

(4)仲裁信号

PCI 总线采用独立请求的仲裁方式。每一个 PCI 始发设备都有一对总线仲裁线 REQ 和 GNT 直接连到 PCI 总线仲裁器。当各始发设备使用总线时，分别独立地向 PCI 总线仲裁器发出总线请求信号 REQ(Master 用来请求总线使用权的信号)，由总线仲裁器根据系统规定的判决规则决定把总线使用权赋给哪一个设备。

REQ：总线占用请求。

GNT：总线允许信号。

PCI 的仲裁为"隐式"仲裁，即在一个主设备控制总线时，仲裁器仍然起作用。当主设备接受来自仲裁器的授权时，必须等待当前的主设备完成其传送，直到采样到 FRAME 和 IRDY 均无效时，它才认为自己取得总线授权。

（5）错误报告信号

PERR：数据奇偶校验错误信号。由数据的接收端驱动，同时设置其状态寄存器中的奇偶校验错误位。一个交易的主设备负责给软件报告奇偶校验错误，为此在写数据期它必须检测 PERR 信号。

SERR：系统错误报告信号。它的作用是报告地址奇偶错误，特殊周期命令的数据错误。SERR 是一个 OD(漏极开路)信号，它通常会引起一个 NMI 中断，Power PC 中会引起机器核查中断。

（6）中断信号

中断在 PCI 中是可选项，属于电平敏感型，低电平有效，OD，与时钟异步。其中 INTB ~ INTD 只能用于多功能设备。中断线和功能之间的最终对应关系是由中断引脚寄存器来定义的。

（7）附加信号

PRSNT[2：1]：插卡存在信号。用于指出 PCI 插件板上是否存在插卡板，如存在则要求母板为其供电。

CLKRUN：时钟运行信号。用于停止或者减慢 CLK。

M66EN：66 M 使能信号。

PME：电源管理事件信号。

3.3 Vaux：辅助电源信号。当插卡主电源被软件关闭时，3.3 Vaux 为插件提供电能以产生电源管理事件。

（8）64 位总线扩展信号

AD[64：32]：在地址期，如使用 DAC 命令且 REQ64 有效时为高 32 位地址；在数据期，REQ64 和 ACK64 都有效时高 32 位数据有效。

C/BE[7：4]：用法与 AD 信号同。

REQ64：64 位传输请求。由主设备驱动，并和 FRAME 有相同的时序。

ACK64：64 位传输认可。由从设备驱动，并和 DEVSEL 有相同的时序。

PAR64：奇偶双字节校验。

（9）JTAG/边界扫描信号

JTAG/边界扫描信号有 TCK，TDI，TDO，TMS，TRST。

4. PCI 总线操作

PCI 总线的数据传输采用突发(Burst)方式，每次传输由一个地址周期和一个或多个数据周期组成，PCI 总线的读操作和写操作时序分别如图 10－8 与图 10－9 所示。

PCI 总线的写操作：在 FRAME 有效后的第一个时钟周期内，AD 上传输的是要写入目标 PCI 设备的地址信息，C/BE 上传输的是命令类型(I/O 写命令为 0011)，DEVSEL 信号有效后，表明目标 PCI 设备已经被选择到，IRDY 和 TRDY 同时有效后，主 PCI 设备向目标 PCI 设备中传输要写入的数据，在第 5 个时钟周期时，IRDY 和 TRDY 同时变为无效状态，AD 总线上被插入一个等待周期，第 6 和第 7 个时钟周期时，IRDY 有效，但是 TRDY 无效，传输仍然不能有效进行，总线上被继续插入两个等待周期，第 8 个时钟周期时，IRDY 和 TRDY 都有效，数据传输继续。

PCI 总线的读操作：同写操作类似，只是在 FRAME 有效后的第一个时钟周期内，C/BE

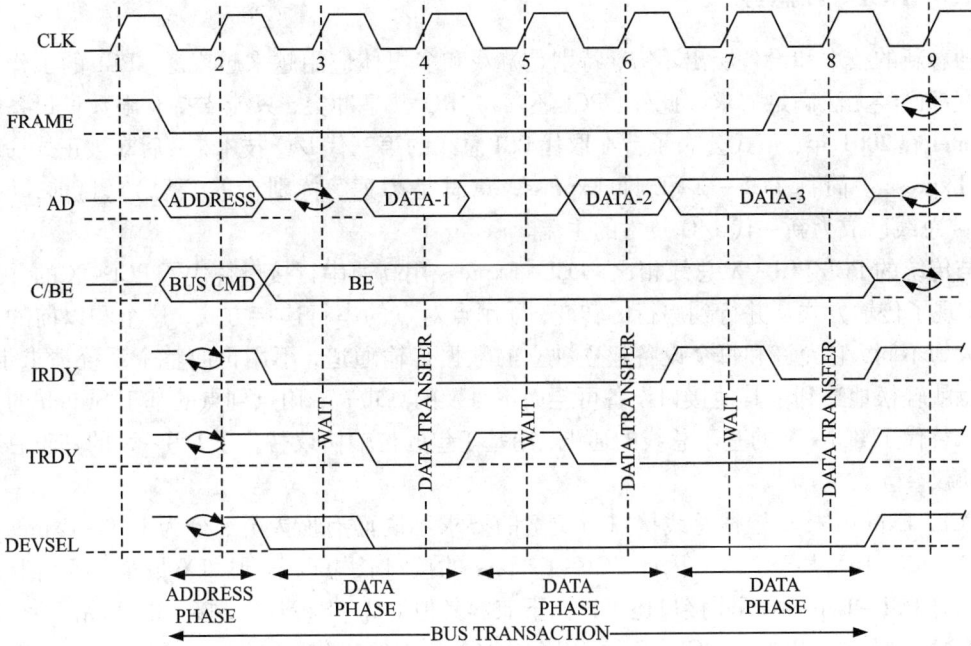

图 10 − 8 PCI 总线的读操作

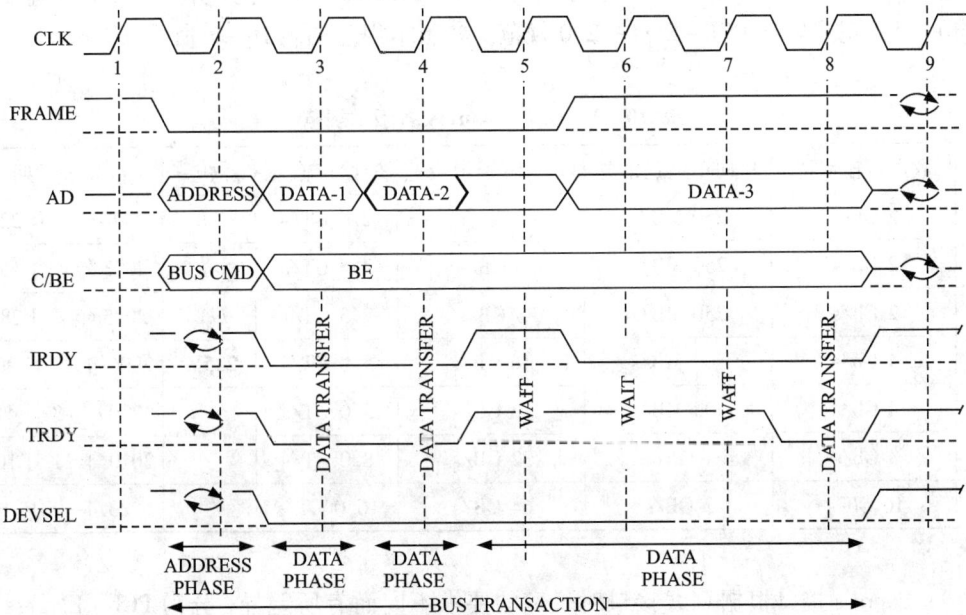

图 10 − 9 PCI 总线的写操作

上传输的是读操作命令（I/O 读操作命令为 0010）。

10.2.3　PCI – E 总线

随着新的技术和设备层出不穷，特别是游戏和多媒体应用越来越广泛，PCI 的工作频率和带宽都已经无法满足需求。此外，PCI 还存在 IRQ 共享冲突，只能支持有限数量设备等问题。Intel 在 2001 年，正式公布了旨在取代 PCI 总线的第三代 I/O 技术，最后却被正式命名为 PCI – Express，简称 PCI – E（E 即 Express，意思是高速、特别快的意思）。目前，PCI – Express 总线已成为新一代 I/O 技术的主流。

与传统的 PCI/PCI – X 总线相比，PCI – Express 用高速串行接口替代了 PCI – X 的并行接口，实现了传输方式从并行到串行的转变；采用点对点的串行连接方式，这个和以前的并行通道大为不同，它允许和每个设备建立独立的数据传输通道，不用再向整个系统请求带宽，这样也就轻松地达到了其他接口设备可望而不可及的高带宽；用点到点的基于 Switch 的交换式通讯替代了 PCI – X 的基于总线的通讯；用基于包的传输协议替代了 PCI – X 的基于总线的传输协议。

PCI – Express 接口根据总线接口对位宽的要求不同而有所差异，分为 PCI – Express1X、2X、4X、8X、16X 甚至 32X。因此 PCI – Express 的接口长短也不同。1X 最小，越往上则越大。同时 PCI – Express 不同接口还可以向下兼容其他 PCI – Express 小接口的产品。即 PCI – Express4X 的设备可以插在 PCI – Express8X 或 16X 上进行工作。

1. PCI – Express 规范与各型接口

2002 年 7 月 23 日，PCI – SIG 正式公布了 PCI – Express 1.0 规范，并且根据开发蓝图，在 2006 年的时候正式推出 PCI – Express2.0 规范。各版本规范如表 10 – 3 所示。

表 10 – 3　PCI – Express 各版本规范

版本	数据传输带宽	单向单通道带宽	双向16通道带宽	原始传输率	供电	发表日期
1.0	2 Gb/s	250 MB/s	8 GB/s	2.5 GT/s		2002 年 7 月 22 日
1.0a	2 Gb/s	250 MB/s	8 GB/s	2.5 GT/s		2003 年 4 月 15 日
1.1	2 Gb/s	250 MB/s	8 GB/s	2.5 GT/s	77W	2005 年 3 月 28 日
2.0	4 Gb/s	500 MB/s	16 GB/s	5.0 GT/s	225W	2006 年 12 月 20 日
2.1	4 Gb/s	500 MB/s	16 GB/s	5.0 GT/s		2009 年 3 月 4 日
3.0	8 Gb/s	1 GB/s	32 GB/s	8.0 GT/s		2010 年 11 月 10 日
4.0	16 Gb/s	2 GB/s	64 GB/s	16.0 GT/s		2014—2015 年

PCI – Express 接口根据总线接口对位宽的要求不同而有所差异，分为 PCI – Express X1、X2、X4、X8、X16，其中 PCI – Express X16 是专为显卡所设计的。接口长短也不同，X1 最小，往上则越大。PCI – E 插槽是可以向下兼容的，比如 PCI – E X16 插槽可以插 X8、X4、X1 的卡。图 10 – 10是各式不同的 PCI – Express 插槽。由上而下是 X4, X16, X1 与 X16 及传统的 32 – bit PCI 插槽。现在的服务器一般都会提供多个 X8、X4 的接口，以取代以前的 PCI – X 接口。

PCI – Express 各类型接口及与其他传输规格比较如表 10 – 4、表 10 – 5 所示。

图 10 -10　各式不同的 PCI – Express 插槽

表 10 -4　PCI – Express 各类型接口

传输通道数	脚 Pin 总数	主接口区 Pin 数	总 长 度	主接口区长度
X1	36	14	25 mm	7.65 mm
X4	64	42	39 mm	21.65 mm
X8	98	76	56 mm	38.65 mm
X16	164	142	89 mm	71.65 mm

表 10 -5　PCI – Express 与其他传输规格比较

规格	总线宽度	工作时钟频率	数据速率
PCI 2.3	32 位	33/66 MHz	133/266 MB/s
PCI – X 1.0	64 位	66/100/133 MHz	533/800/1066 MB/s
PCI – X 2.0(DDR)	64 位	133 MHz	2.1 GB/s
PCI – X 2.0(QDR)	64 位	133 MHz	4.2 GB/s
AGP 2X	32 位	66 MHz	*2 = 532 MB/s
AGP 4X	32 位	66 MHz	*4 = 1.0 GB/s
AGP 8X	32 位	66 MHz	*8 = 2.1 GB/s
PCI – E 1.0 X1	1 比特	2.5 GHz	500 MB/s(双工,文稿数据)
PCI – E 1.0 X2	2 比特	2.5 GHz	1 GB/s(双工)
PCI – E 1.0 X4	4 位	2.5 GHz	2 GB/s(双工)
PCI – E 1.0 X8	8 位	2.5 GHz	4 GB/s(双工)
PCI – E 1.0 X16	16 位	2.5 GHz	8 GB/s(双工)

2. PCI – Express 体系结构

PCI – Express 的基本结构包括根组件(Root Complex)、交换器(Switch)、桥和各种终端设备(Endpoint)(如图 10 - 11 所示)。根组件可以集成在北桥芯片中,用于处理器和内存子系统与 I/O 设备之间的连接,而交换器负责数据转发的设备,它的功能通常是以软件形式提供的,它包括两个或更多的逻辑 PCI 到 PCI 的连接桥(PCI – PCI Bridge),以保持与现有 PCI 兼容。桥,指的是 PCI – Express 到 PCI 或 PCI – X 的桥接设备,实现 PCI 或 PCI – X 到 PCI – Express 的挂接。端点设备是不同于根设备、交换器和桥的其他设备。端点设备可以包含多个功能模块,但有且只有一个上游端口、没有下游端口。设备通过该上游端口与根设备或 Switch 连接。通常,端点设备指的是系统的外围设备,如以太网、USB 或图形设备。

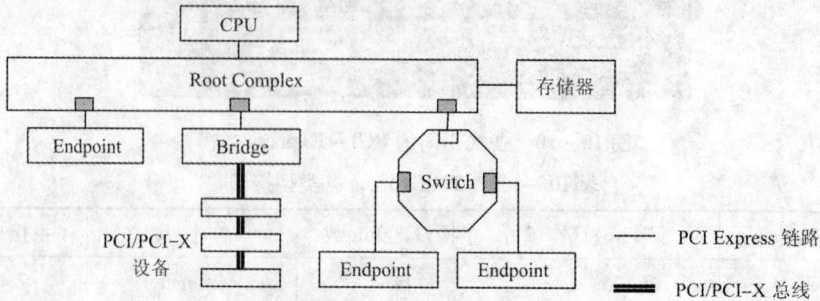

图 10 – 11　典型的 PCI – Express 系统结构

PCI – Express 体系结构采用分层设计,就像网络通信中的七层 OSI 结构一样,这样利于跨平台的应用。

PCI – Express 体系结构如图 10 – 12 所示。它共分为四层,从下到上分别为:物理层(Physical Layer)、数据链路层(Link Layer)、事务层(Transaction Layer)和软件层(Software Layer)。

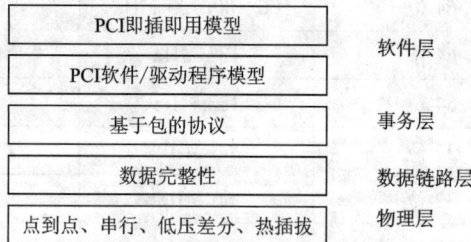

图 10 – 12　PCI – Express 体系结构

物理层是最低层,它负责接口或者设备之间的链接,包含的接口有:驱动器和输入缓冲、并 – 串/串 – 并转换、锁相环、阻抗匹配电路等;数据链路层的主要职责就是确保数据包可靠、正确传输,它的任务是确保数据包的完整性,并在数据包中添加序列号和发送冗余校验码到处理层;事务层的作用主要是接受从软件层送来的读、写请求,并且建立一个请求包传输到链接层;软件层的目的在于使系统在使用 PCI – Express 启动时,像在 PCI 下的初始化和运行那样,无论是在系统中发现的硬件设备,还是在系统中的资源,如内存、I/O 空间和中断等,它都可以创建非常优化的系统环境,而不需要进行任何改动。它们共同完成设备间的相互通信,并且每层具有独立于其他层的通信协议。

　　PCI – Express 的体系结构兼容于 PCI 地址结构模式，使得所有已有应用和驱动程序均不需作任何修改即可应用到新总线系统中。PCI – Express 配置使用标准的 PCI 即插即用规格标准。

　　PCI – Express 的连接是创建在一个双向的串行的(1 – bit)点对点连接基础之上，这称之为"传输通道"。与 PCI 连接形成鲜明对比的是 PCI 是基于总线控制，所有设备共同分享的单向 32 位并行总线。PCI – Express 是一个多层协议，由一个对话层，一个数据交换层和一个物理层构成。物理层又可进一步分为逻辑子层和电气子层。逻辑子层又可分为物理代码子层(PCS)和介质接入控制子层(MAC)。

3. PCI – Express 的技术特点

　　PCI – Express 总线是一种完全不同于 PCI 总线的总线规范，与 PCI 总线共享并行架构相比，PCI – Express 总线是一种点对点串行连接的设备连接方式，其具有如下主要技术特点：

　　(1)点对点串行互联

　　PCI – Express 总线采用点对点技术，能够为每一块设备分配独享通道带宽，不需要在设备之间共享资源，充分保障各设备的带宽资源，提高数据传输速率，而且数据不需要同步。相对于过去 PCI 那种共享总线方式，PCI 总线上只能有一个设备进行通信，一旦 PCI 总线上挂接的设备增多，每个设备的实际传输速率就会下降，性能得不到保证。

　　(2)双通道数据传输

　　在数据传输模式上，PCI – Express 总线采用独特的双通道传输模式，即数据发送与接收有各自独立的通道，从而提高数据传输带宽。

　　(3)支持通道合并及拆分

　　PCI – Express 的优点在于其可升级性。它的规格允许实现 X1(带宽 250 MB/s)，X2，X4，X8，X12，X16 通道的 PCI – Express，即可以将多个通道合并供一个设备使用，最终该设备的可用带宽将会是 250 MB/s 乘以通道的数量，这样可以得到高效数据带宽。X16 的通道数据传输带宽将达到 4 GB。

　　例如 PCI – Express X16 的图形接口将包括两条专用的通道，一条可由显卡单独到北桥，而另一条则可由北桥单独到显卡，每条单独的通道均将拥有 4 GB/s 的数据带宽，可充分避免因带宽所带来的性能瓶颈问题。

　　同时 PCI – Express 还提供了把大的信道分成小的信道的能力。如：一个 X8 的 PCI – Express 连接能分为二个 X4 通道的连接，或四个 X2 通道的连接，或八个 X1 通道的连接。

　　(4)支持设备热插拔和热交换

　　PCI – Express 总线接口插槽中含有"热插拔检测信号"，所以可以像 USB、IEEE1394 总线那样进行热插拔和热交换。

　　(5)灵活扩展性

　　PCI – Express 总线能够延伸到系统之外，采用专用线缆可将各种外设直接与系统内的 PCI – Express 总线连接在一起，允许开发商生产出能够与主系统脱离的高性能的存储控制器，不必再担心由于改用 FireWire 或 USB 等其他接口技术而使存储系统的性能受到影响。

　　(6)其他特点

　　由于 PCI – Express 总线采用比 PCI 总线更简单的物理结构，如单 X1 带宽模式只需 4 线即可实现数据传输，实际上是每个通道只需 4 根线，发送和接收数据的信号线各一根，另外各一根独立的地线。当然实际上在单通道 PCI – Express 总线接口插槽中并不是 4 针引脚,而是 18 针,其余的 14 针都是通过 4 根芯线相互组合得到的。与 PCI 相比,PCI – Express 总线的导线数量减少了将近 75%,主板上走线少了,从而使通过增加走线数量提升总线宽度的方法更容易实现。

由于减少了数据传输线数量,所以总线自身的电源消耗也就大大降低了,同时 PCI – Express 在规范中改善了直接从插槽中取电的功率限制,X16 的最大提供功率达到了 70W,比 AGP 8X 接口有了很大的提高,有利于满足未来中高端显卡的供电需求。

相对于过去 PCI 那种共享总线方式,PCI 总线上只能有一个设备进行通信,一旦 PCI 总线上挂接的设备增多,每个设备的实际传输速率就会下降,性能得不到保证。PCI – Express 以点对点的方式处理通信,每个设备在要求传输数据的时候各自建立自己的传输通道,对于其他设备这个通道是封闭的,这样的操作保证了通道的专有性,避免其他设备的干扰。

4. 与其他第三代输入/输出总线结构比较

第三代输入/输出总线可以工作于各种不同的物理媒介,可以为各种设备提供足够的带宽,具备极佳的兼容性,将成为下一代通用的 I/O 总线标准。Hyper Transport 和 Rapid IO 是另外两种第三代输入/输出总线结构。表 10 – 6 对 PCI – Express 与 Hyper Transport 和 Rapid IO 进行了比较。

以 Intel 为代表的 PCI – Express 总线和以 AMD 为代表的 Hyper Transport 架构以及 Rapid IO 总线是目前高速数据传输率、高宽带互联总线技术的主要代表。Rapid IO 是高带宽、信息包交换互联结构。主要是用于芯片对芯片和板对板的连接,专门应用于如电信等通信和网络行业以及高端存储领域。Hyper Transport 联盟正在力推面向 CPU 至 CPU、CPU 至 I/O、以及板至板内部互接的 Hyper Transport 串行和并行架构。从定位上来看,PCI – Express 更多地服务于电脑、服务器和网络设备等之间的连接,将成为主导 PC 平台以及服务器和存储标准,Hyper Transport 则主要面向芯片间/板内的高速互联,适合为高端的计算和网络设备提供高宽带的解决方案。它将进一步进入路由器、交换机和网络处理器组件。而鉴于 PowerPC 平台在嵌入式通信应用中的成功,Rapid IO 已经在高端通信基础设施市场中占居有利地位。随着高速总线技术的不断成熟和高速终端产品的推出,三者总线架构将会并存,并且它们的应用领域也将进一步相互渗透。

表 10 – 6　第三代输入/输出总线比较

	PCI – Express	Hyper Transport	Rapid IO(parallel)	Rapid IO(Serial)
物理接口	串行,点对点	并行,点对点	并行	串行
与 PCI 兼容	是	是	不	不
信号方式	1.2V LVDS 差动	0.8V LVDS 差动	0.8V LVDS 差动	IEEE 光纤 串行通路标准
最高时钟频率	2.5GHz	1.44GHz(DDR)	1GHz(DDR)	3.125GHz
总线宽度	1bit、2bit、4bit、8bit、12bit、16bit 或 32bit 数据通道	2bit、4bit、8bit、16bit 通道	8bit、16bit 通道	1bit、14bit 通道

续表 10 - 6

	PCI - Express	Hyper Transport	Rapid IO(parallel)	Rapid IO(Serial)
应用	芯片对芯片，有限的主板	芯片对芯片	芯片对芯片和主板	芯片对芯片和主板
传输距离	适中	短	短	长
硬件故障恢复	适中	不	可靠	可靠
链路层确认	是	不	是	是
流量控制	基于信用	基于信用	基于信用	基于信用或基于重试
传输量 <1KB 时的传输效率	适中	适中	高	高
最大有效负载	4096B	64B	256B	256B

10.2.4　IEEE1394 高速串行总线

IEEE1394，别名火线(FireWire)接口，是由苹果公司领导的开发联盟开发的一种高速传送接口，IEEE1394 是由苹果电脑所创，其他制造商也已获得授权生产。"火线"一词为苹果电脑登记之商标，因此其他制造商在运用这项科技时，会采用不同的名称。Sony 的产品称这种接口为 i. Link，德州仪器则称之为 Lynx。作为一种串行数据传输的开放式技术标准，IEEE1394 可广泛用于各类消费电子产品、电子及外围设备、通讯设备、家庭娱乐系统、局域网络系统，以及汽车、航空、船舶等多个领域。正在形成中的 IEEE1394 无线连接标准，将IEEE1394 与 IEEE 802.11 结合，在传输距离及传输速度等方面，其性能优于蓝牙技术，或可成为无线网络化的首选标准。

IEEE1394 继承了成熟的 SCSI 指令体系，因此传输的稳定度和效率都相当地高。和USB2.0 相比，对于 CPU 的负担也较低。通过 IEEE1394 连接的各种设备可以采用任何一种拓扑结构。IEEE1394 的连接方式一为菊链式(Mode Daisy Chain)，另一种为接点树状分枝式，两者可以混合使用。IEEE1394 网络使用的是对等网结构，不需要设置专门的服务器。对于那些集中进行管理或数据存储的系统如 OA 办公系统来说，IEEE1394 网络并不合适。另一方面，由于两个节点之间 4.5 m 的最大距离限制，IEEE1394 并不适合在距离较长的广域网中使用。

1. IEEE1394 的发展历史

第一个火线标准是由 IEEE 在 1995 年发布的。随着技术的进步，又出现了多个扩展标准。下面列出了 IEEE1394 标准的演变和主要改良：

- IEEE1394—1995

最早的火线接口标准。数据传输速率为 100 Mbps，200 Mbps 和 400 Mbps。

- IEEE1394a—2000

和 IEEE1394—1995 几乎相同，改良数个地方之后制定的新规格，又称 FireWire 400。

- IEEE1394b—2002(FireWire 800)

理论最高速为 800 Mbps 的高速规格，兼容 IEEE1394a，但是接头的形状从 IEEE1394a 的 6 芯变成 9 芯，因此需要经由转接线连接。又称 FireWire 800。

- IEEE1394c—2006(FireWire S800T)

FireWire S800T 发布于 2007 年 6 月 8 日，提供了一个重大的技术改进，新的接头规格和 RJ45 相同，并使用 CAT -5(5 类双绞线)和相同的自动协议，可以使用相同的端口来连接任何 IEEE1394 设备或 IEEE 802.3(1000BASE - T 以太网双绞线)的设备。

- IEEE1394—2008

兼容以上所有版本，提供最高 1600 Mbps 和 3200 Mbps 数据传输速率。

2. IEEE1394 的主要性能特点

(1)支持"热插拔"与即插即用，安装方便且容易使用。即系统在全速工作时，IEEE1394 设备也可以插入或拆除，增添一个 1394 器件，就像将电源线插入其电气插座中一样容易；无需设定设备 ID(识别符)或终端负载，不必关机即可随时动态配置外部设备，增加或拆除外设后 IEEE1394 会自动调整拓扑结构，重设整个外设网络状态。从 Win98 SE 以后版本的操作系统开始内置 IEEE1394 支持核心，在这些操作系统中用户不用再安装驱动程序，也能使用 IEEE1394 设备。

(2)具有高速数据传输能力。IEEE1394 标准定义了三种传输速率：100 Mbps，200 Mbps，400 Mbps。这个速度完全可以用来传输未经压缩的动态画面信号。而新 IEEE 标准更支持 800 Mbps、1600 Mbps，甚至更高的 3200 Mbps 的传输速率。

(3)支持点对点(Peer - To - Peer)连接。接口设备对等，不分主从设备，都是主导者和服务者。任何二台支持 IEEE1394 的设备之间可以直接连接，而不需要计算机的参与。

(4)采用"级联"方式连接各个外部设备。IEEE1394 不需要集线器(Hub)就可在一个端口上连接 63 个设备，设备间采用树型或菊花链结构，其电缆的最大长度是 4.5 m。采用树型结构时可达 16 层，因此，从主机到最末端外设电缆总长可达 72 m。电缆不需要终端器(Terminator)。

(5)支持即时数据传输(Real - Time Data Transfer)。IEEE1394 具有两种数据传输模式：同步(Isochonous)传输与异步(Asynchronous)传输。在同一总线下，同步及异步传输可以同时存在，同步数据传输模式在优先级上要高于异步传输模式，当一台设备发送同步数据时，将获得一个专用的数据通道，直到数据传送完毕为止，而同一时刻发生的异步数据传输则只能使用当前所剩的可用带宽。同步传输模式会确保某一连线的频宽，这对于像视频流那些对时间延迟要求很高的应用是相当重要的，因为影音数据都会有其时间上的限制，无法接受过久的延迟。

(6)能够向被连接的设备提供电源。IEEE1394 的连接头规格为 8 mm × 4 mm，使用 6 芯铜质电缆，其中两条线为电源线，其他 4 条线被包装成两对双绞线，用来传输信号，一对用于发送数据，一对用于接收数据，能够实现全双工通信。2 条电源线可以提供 8 ~ 40 V 电压、最大 1.5A 电流。一些无自用电源的低功耗设备(如数码相机、MP3 播放器)可以通过 IEEE1394 的 6 - Pin 的连接头来供给电源。有些 FireWire 设备为节约空间而使用 4 针的连接器，省略了电源线的两根针。

(7)IEEE1394 的总线仲裁除了优先权仲裁方式之外，还有均等仲裁和紧急仲裁两种方式，这保证了多媒体数据的实时传送。

(8)通用 I/O 接口，兼容性好。IEEE1394 整合串口、并口、SCSI 口和音频接口等各种 PC 接口成为一种万用的连接口。

3. IEEE1394 总线拓扑结构

IEEE1394 标准既可用于内部总线连接，也可用于设备之间的电缆连接。计算机的基本单元 CPU、RAM 和外设等都可以用它连接。一个典型的 IEEE1394 总线系统连接如图 10 – 13 所示。它包含了两个环境：用电缆连接的电缆(Cable)环境，以及内部总线连接的底板(Black – Plane)环境。不同环境之间采用桥连接起来。

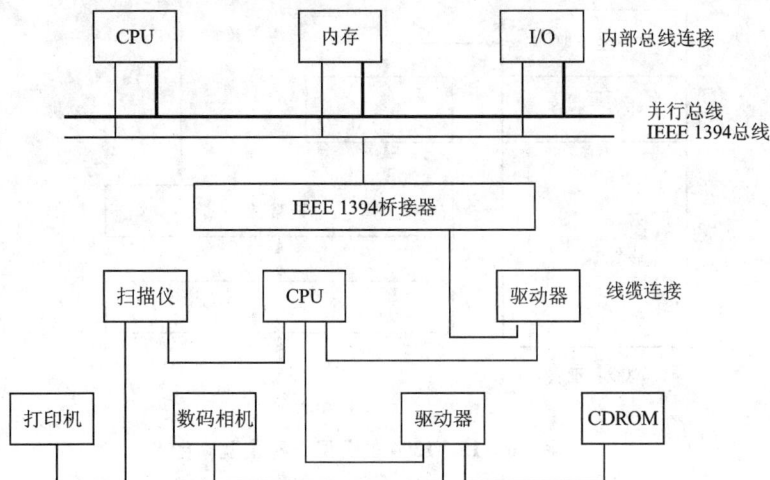

图 10 – 13　IEEE1394 总线拓扑结构

IEEE1394 网络由网段和节点构成，每个网段(即一条总线端口)可包含 64 个节点(0 ~ 63)，其中节点 63 被用作公共广播地址节点，因此一条总线上可连接 63 台设备。1394 网络允许最多 1024 个网段，网段间可用网桥互联，所以共可连接 64512(1024 × 63)台设备，拓扑结构为树型或菊花链型。如图 10 – 14 所示。

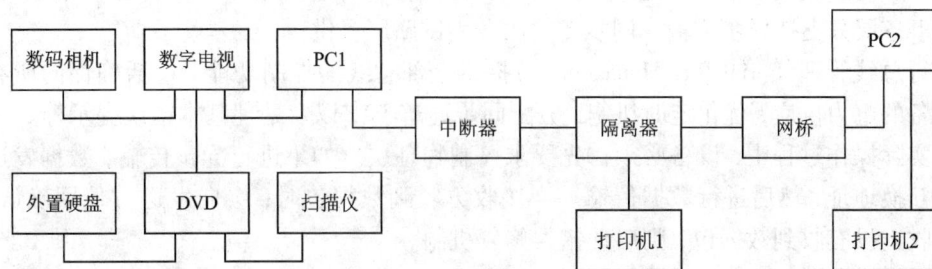

图 10 – 14　IEEE1394 网络的拓扑示意图

4. IEEE1394 的接口规范

开放式主机控制器接口(OHCI)规范是基于 IEEE1394 基础规范之上制定的，定义了 IEEE1394 总线接入主机的方式，是向所有支持 IEEE1394 厂商提供的开放式标准。该规范定义 IEEE1394 接口由物理层、链路层、事务层和串行总线管理四部分组成。物理层和链路层由硬件构成，而事务层主要由软件实现。如图 10 – 15 所示。

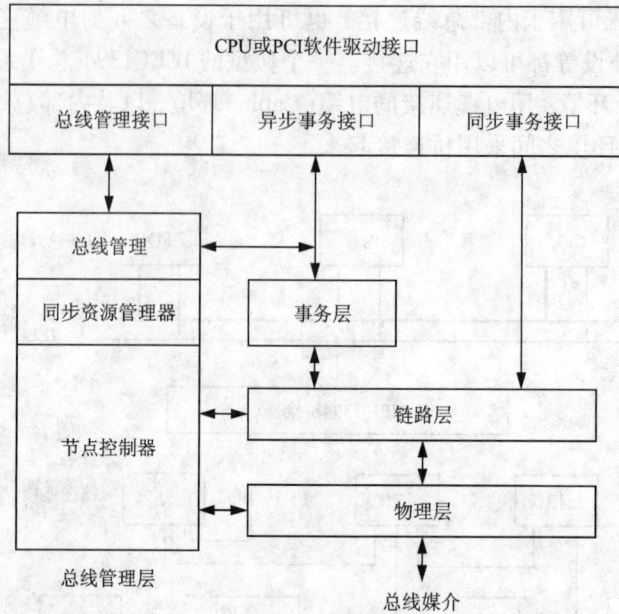

图 10 – 15　1394 的分层结构模型

物理层提供了 IEEE1394 的电气和机械接口，它的功能是重组字节流并将它们发送到目的节点上去。同时，物理层为链路层提供服务，解析字节流并发送数据包给链路层。

链路层提供了给事务层确认的数据包服务，包括寻址、数据组帧以及数据校验。链路层还提供直接面向应用的服务，包括产生 125 μs 的同步周期。链路层支持两种传输模式。链路层的底层(对应于 OSI 的介质访问层，也有的书上将它归为物理层)提供了仲裁机制，以确保同一时间上只有一个节点在总线上传输数据。

事务层为应用提供服务。它定义了 3 种基于请求响应的服务，分别为 Read、Write 和 Lock。事务层只支持异步传输。同步传输服务由链路层提供。

串行总线管理(Serial Bus Management)提供全部总线的控制功能，包括确保向所有总线连接设备的电力供应，优化定时机制，分配同步通道 ID，以及处理基本错误提示等。

在实际操作过程中，设备必须首先要求控制物理层。如果进行异步传输，数据发送方和接收方互换地址，然后进行数据传输。当接收方收到数据包时，会向发送方传回确认信息。如果接收方没有收到数据包，则启动错误修复机制。

一般来讲，物理层以及链路层由电路来实现，通常集成在一芯片上。而事务层是由软件来实现的。由此可以看出，IEEE1394 定义了分层的协议结构，这使得它更适合于网络应用，通过各协议层的配合工作，可以为终端用户提供可靠、快速的通信服务。

5. IEEE1394 电缆与连接

IEEE1394 有两种类型的电缆，早期的 IEEE1394 定义一个带有 6 针插头的 6 芯电缆来实现设备间的互联。电缆由两对(4 根)信号传送线 TPA/TPA * 和 TPB/TPB * 、两根电源线 VP

和 VG,以及一个套在外面的保护层组成,如图 10 - 16 所示。其中,两对信号双绞线用作接收和发送连接;电源线 VP 向连在总线上的设备提供 4 ~ 10 V、1.5A 的电源,VG 接地。通常,6 根线按标号的顺序采用的颜色分别是白、黑、红、绿、橙和蓝。

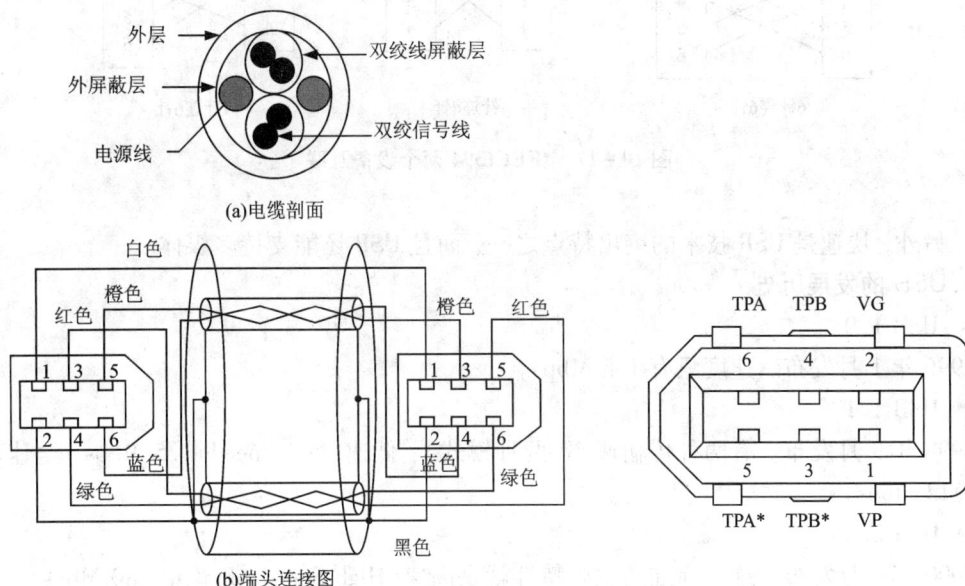

图 10 - 16　FireWire 的 6 针接口

火线现在有三种连接线缆:四针 (4 - pin)、六针 (6 - pin) 及套用于 FireWire 800 的九针 (9 - pin) 线缆。

有些 FireWire 设备为节约空间而使用 4 针的连接器,省略了电源线的两根针。FireWire 800 缆线使用 9 针的配置。其中的 6 针和 1394a 接口的相同,另外有两针用作"接地屏蔽"保护其他线路免受干扰,还有一针暂时未用。

IEEE1394 采用两对双绞线传输数据,一对用来发送,另一对用来接收,因此实现了真正的全双工通信。插头 1、2 点分别是电源和地,3、4 点为数据发送端,5、6 点为接收端,两对数据线在端头之间是交叉的。

6 芯插槽的电源针比信号针长,以保证电源先于信号线接通并后于信号线断开,4 芯线缆是索尼公司的 i. link 版本,去掉了电源线并对连接器形状作了改动,其他特性与 6 芯相同。4 芯头可与 6 芯头互联。

IEEE1394 两个设备互联如图 10 - 17 所示。

10.2.5　通用串行总线 USB

通用串行总线 USB(Universal Serial Bus) 是由 Intel、Compaq、Digital、IBM、Microsoft、NEC、Northern Telecom 等 7 家世界著名的计算机和通信公司共同推出的一种新型接口标准。它基于通用连接技术,实现外设的简单快速连接,达到方便用户、降低成本、扩展 PC 连接外设范围的目的。它可以为外设提供电源,而不像普通的使用串、并口的设备需要单独的供电

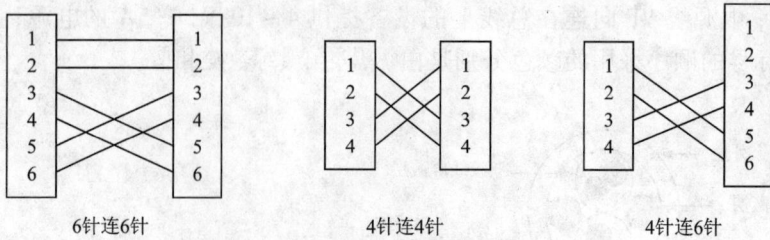

6针连6针　　　　　　4针连4针　　　　　　4针连6针

图 10 − 17　IEEE1394 两个设备互联

系统。另外,快速是 USB 技术的突出特点之一,而且 USB 还能支持多媒体。

1. USB 的发展历史

● USB 1.0

1996 年 1 月发布。速度只有 1.5 Mbps。

● USB 1.1

1998 年 9 月发布。有两种传输速率(两种模式):低速(Low Speed)1.5 Mbps,全速(Full Speed)12 Mbps。

● USB 2.0

2000 年 4 月发布。这一标准的主要特性就是高速(High Speed,理论值 480 Mbps)。2002 年 12 月修订后加入三个不同速度标准,低速(Low Speed)1.5 Mbps、全速(Full Speed)12 Mbps、高速(High Speed,理论值 480 Mbps)。允许所有 USB2.0 兼容所有标准的 USB 设备包括 1.1 和 1.0,这使得标准能够向后兼容。这是当前使用得最广泛的版本。

● USB 3.0

2008 年 11 月发布。理论上最大传输速率高达 5.0 Gbps,也就是 625 Mbps ——称之为"超速(Super Speed)"。USB 3.0 信号线由 USB 2.0 的 4 条线路增加到 8 条线路,采用了对偶单纯形四线制差分信号线,故而支持双向并发数据流传输,能够实现真正意义上的全双工通信,大大提高了数据传输速率;引入了新的电源管理机制,支持待机、休眠和暂停等状态,能够向 USB 设备提供高达 900 mA 的电流,解决了 USB 接口连接 USB 硬盘等耗电较大设备所导致的供电能力不足的问题。USB 3.0 向下兼容 USB2.0 和 USB1.1 标准。目前新的微机主板大多配置了 USB 2.0 和 USB 3.0 两种接口,能够同时支持两种 USB 标准。

USB 传输模式及其应用、特性如表 10 − 6 所示。

表 10 − 6　USB 传输模式

传输模式	应用	特性
低速(Low Speed)1.5 Mbps	键盘、鼠标、游戏棒	低价格、热插拔、易用性
全速(Full Speed)12 Mbps	电话、音频、压缩视频	低价格、易用性、动态插拔、限定带宽和延迟
高速(High Speed)480 Mbps	视频、音频、磁盘等	高带宽、限定延迟、易用性
超速(Super Speed)5.0 Gbps	高清晰视频、磁盘阵列等	超高带宽、全双工通信、电源管理

2. USB 的主要特点

（1）USB 支持热插拔（Hot Plug）和即插即用（PnP，Plug – and – Play）技术。在不关闭计算机，不切断电源的情况下可以安全地插上和断开 USB 设备，计算机系统能够动态地检测外设的插拔，自动找到一个不冲突的中断和 I/O 地址分配给外部设备并加载驱动程序。

（2）USB 为所有的 USB 外设提供了单一的、易于使用的标准的连接类型，简化了 USB 外设的设计，同时也简化了用户在判断哪个插头对应哪个插槽时的任务，实现了单一的数据通用接口。

（3）整个 USB 的系统只有一个端口和一个中断节省了系统资源。

（4）USB 在设备供电方面提供了灵活性，USB 直接连接到 Hub 或者是连接到 Host 的设备，可以通过 USB 电缆供电也可以通过电池或者其他的电力设备来供电或使用两种供电方式的组合并且支持节约能源的挂机和唤醒模式。

（5）USB 提供低速 1.5 Mbps、全速 12 Mbps、高速 480 Mbps、超速 5.0 Gbps 等不同的速率来适应各种不同类型的外设。

（6）为了适应各种不同类型外围设备的要求，USB 提供了四种不同的数据传输类型，控制传输、块数据传输、中断数据传输和同步数据传输，同步数据传输可为音频和视频等实时设备的实时数据传输提供固定带宽。

（7）USB 的端口具有很灵活的扩展性，一个 USB 端口串接上一个 USB Hub 就可以扩展为多个 USB 端口。USB 是用于将适用 USB 的外围设备连接到主机的外部总线结构，其主要是用在中速和低速的外设，USB 是通过 PCI 总线和 PC 的内部系统数据线连接实现数据的传输，同时又是一种通信协议，它支持主系统（Host）和 USB 的外围设备（Device）之间的数据传输。

（8）不需要系统资源

USB 设备不占用内存或 I/O 地址空间，而且也不占用 IRQ 和 DMA 通道，所有事务处理都是由 USB 主机管理。

（9）错误检测和恢复

USB 事务处理包括错误保护机制，确保数据无错误发送。在发生错误时，事务处理可以重来。

3. USB 体系结构

（1）USB 设备

USB 总线系统中的设备有三种类型，如图 10 – 18 所示。

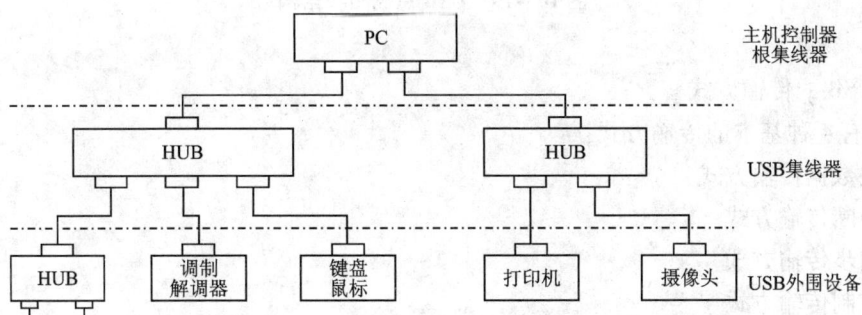

图 10 – 18　USB 设备

- USB 主机(USB 主控制器/根集线器(USB Host))
- USB 集线器(HUB)
- USB 总线设备(USB 功能外设)

USB 主机用于管理 USB 系统,在任何 USB 系统中,仅有一个主机,每秒产生一帧数据,发送配置请求对 USB 设备进行配置操作,对总线上的错误进行管理和恢复。

USB 集线器(HUB)类似于网络集线器,完成 USB 设备的添加、插拔检测和电源管理,向下层设备提供电源和设置速度类型,为其他 USB 设备提供扩展端口。

USB 总线设备(USB 功能外设)是完成某项具体功能的硬件设备,如鼠标、键盘等,能在总线上发送和接收数据或控制信息。

(2)USB 拓扑结构

USB 协议定义了在 USB 系统中主控制器 Host 与 USB 设备间的连接和通信,其物理拓扑结构是金字塔形的层层向上方式,允许最多连接 127 个设备,如图 10 - 19 所示。最上层是 USB 主控制器。USB 连接了 USB 设备和 USB 主机,USB 的物理连接是有层次性的星型结构。每个网络集线器是在星型的中心,每条线段是点点连接,从主机到集线器或其功能部件,或从集线器到集线器或其功能部件。

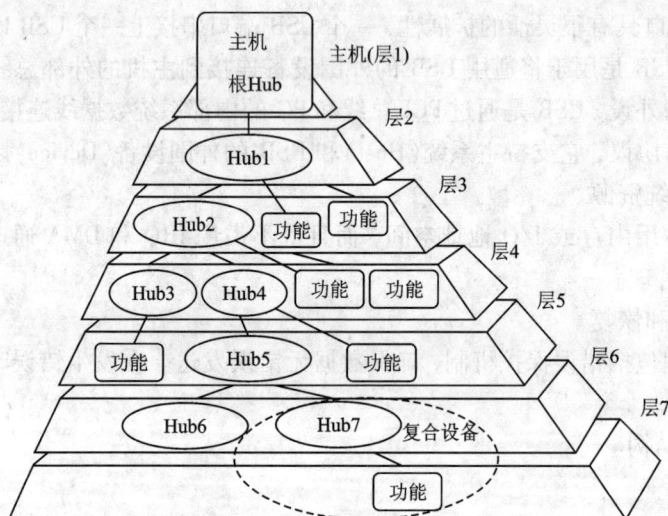

图 10 - 19　USB 总线拓扑结构

(3)USB 的传输方式

USB 有 4 种基本的传输方式:

- 块数据传输方式
- 中断传输方式
- 同步传输方式
- 控制传输方式

块数据传输(批处理)用于传输大批数据,可以是单向传输,也可以是双向传输。这种数据传输的时间性不强,但要确保数据的正确性。在数据包的传输过程中,出现错误,则需重新传输。其典型的应用是扫描仪、打印机和数码相机。

中断传输用于传输不固定的、少量的数据。这种数据传输是单向的，且仅输入到主机，但需要及时处理。当设备需要主机为其服务时，向主机发送此类信息以通知主机，像键盘、鼠标之类的输入设备采用这种方式。USB 的中断传输是 Polling（查询）类型。主机要频繁地请求端点输入。USB 设备在全速情况下，其端点 Polling 周期为 1 ~ 255 ms；对于低速情况，Polling 周期为 10 ~ 255 ms。因此，最快的 Polling 频率是 1 kHz。在信息的传输过程中，如果出现错误，则将在下一个 Polling 中重新传输。

同步传输用于传输连续性、实时的数据，可以单向也可以双向。这种方式的特点是要求传输速率固定，时间性强，忽略传输错误，即传输中出错也不重传。因为这样会影响传输速率。传输的最大数据包是 1024B/ms。如视频设备、数字声音设备采用这种方式。

控制传输用于设置初次安装的 USB 设备，双向传输。它的传输有 2 ~ 3 个阶段：Setup 阶段（可以没有），Data 阶段和 Status 阶段。在 Setup 阶段，主机传送命令给设备；在 Data 阶段，传输的是 Setup 阶段所设定的数据；Status 阶段，设备返回握手信号给主机。当 USB 设备初次安装时，USB 系统软件使用控制数据对设备进行设置，设备驱动程序通过特定的方式使用控制数据来传送，数据传送是无损性的。

在图 10 - 20 所示系统中，USB Host 根据外部 USB 设备速度及使用特点采取不同的数据传输方式。如通过控制传输设置键盘、鼠标、显示器等外部设备，通过中断传输要求键盘、鼠标输入数据，通过块数据传输将要显示的数据送给显示器。

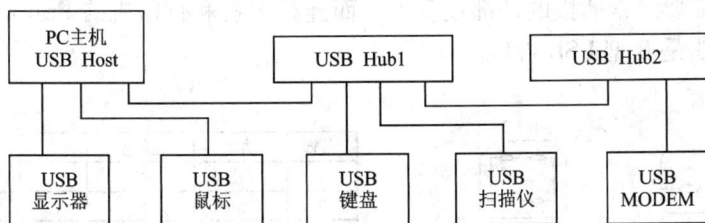

图 10 - 20　USB 系统典型应用

（4）USB 驱动

USB 设备驱动程序（USB Device Drivers）通过 I/O 请求包（IRP）发出对 USB 设备的请求，而这些 IRP 则完成对目标设备传输的设置。

USB 驱动程序（USB Driver）在设备设置时读取描述寄存器以获取 USB 设备的特征，并根据这些特征，在请求发生时组织数据传输。

主控制器驱动程序（Host Controller Driver）完成对 USB 交换的调度，并通过根 Hub 或其他的 Hub 完成对交换的初始化。

4. USB 的物理接口和电气特性（USB2.0 与 USB1.1 标准）

（1）标准 USB 接口

● 标准 USB 接口信号线

USB 线缆包括 4 根导线：$V_{BUS}(V_{CC})$、GND、D +、D -，如图 10 - 21 所示。其中，V_{CC} 是 + 5 V 电源线，GND 为接地线，D + 和 D - 是差分数据传输的信号线。需要说明的是 USB 的特

点之一是热插拔,PC 主机会不间断地检测 USB 设备的插入和拔出。当主机检测到信号电平上升到一定电平时,即判断出有设备已连接;当主机检测到信号电平下降到一定电平后,即判断出设备移除。D + 和 D - 采用差分方式能够减少传输干扰,提高总线传输速度。USB 对电缆长度的要求很宽,最长可为几米。通过选择合适的导线长度以匹配指定的 IR Drop(电压降)和其他一些特性,如设备能源预算和电缆适应度。为了保证足够的输入电压和终端阻抗,重要的终端设备应位于电缆的尾部。

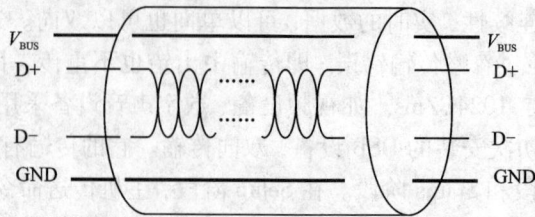

图 10 - 21　USB 线缆

- 标准 USB 接口

USB 的连接器分为 A、B 两种,分别用于主机和设备,如图 10 - 22 所示。USB 信号使用分别标记为 D + 和 D - 的双绞线传输,它们各自使用半双工差分信号并协同工作,以抵消长导线的电磁干扰。微机主板上都配置有数个标准 A 型 USB 接口,B 型 USB 接口一般用于打印机、投影仪等需要经常插拔的外部设备上。而连接主机和打印机的 USB 电缆一头是 A 型 USB 接口,另一头是 B 型 USB 接口。

引脚	功能	颜色	备注
1	V_{Bus}	红	电源正5V
2	Data-	白	数据-
3	Data+	绿	数据+
4	GND	黑	地

图 10 - 22　标准 USB 接口及引脚定义

- 全速设备与低速设备的连接

通过在不同的数据线 Data + 与 Data - 上连接外拉电阻,可连接全速设备或低速设备,如图 10 - 23 所示。

全速设备:D + 上接 1.5 kΩ 上拉电阻;

低速设备:D - 上接 1.5 kΩ 上拉电阻。

(2)Mini USB 接口与 Micro USB 接口

- Mini USB 接口

所谓的 Mini(迷你)USB 指的是小型 USB 接口,简单地说就是小一号的 USB 接口,Mini USB 除了第 4 针外,其他接口功能皆与标准 USB 相同。第 4 针成为 ID,只有在 OTG 功能中才使用。在 Mini - A 上连接到第 5 针,在 Mini - B 可以悬空亦可连接到第 5 针。

- Micro USB 接口

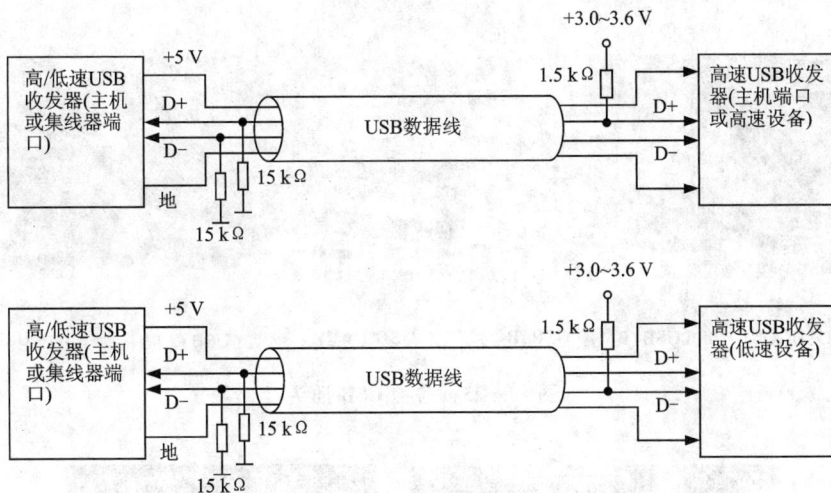

图 10 – 23　全速设备与低速设备的连接

Micro USB 是 2007 年 9 月，由 OMTP（Open Mobile Terminal Platform，开放移动终端平台）发布的全球统一的手机充电器接口标准。新的 Micro USB 规范支持手机等移动设备上的 USB 技术，并且为今后更小、更紧凑的便携设备做好了准备。Micro USB 接口的使用使得一个接口即可进行充电、音频及数据连接，现在几乎所有手机厂商所生产的手机都支持 Micro USB 标准。甚至借助于 USB OTG 技术，手机、MP4、数码相机等各种便携设备可以在不经 PC 中转的情况下进行互联与通信。

Micro USB 型连接器是在 Mini USB 型连接器基础上进行外形缩减，虽然 Micro USB 型连接器尺寸变小，但对连接器的机械电气特性却提出了更高的要求，如接触电阻、通流能力等方面。比如广濑电机（HRS）的新一代 Micro USB 型连接器，允许供电能力最大为 1800 mA，达到了 Mini USB 3.6 倍的特点。插拔耐久性为普通 USB 连接器的 2 倍，达到 1 万多次，拔出力在插拔 1 万次后仍高达 8 N 以上。由于 Micro USB 型连接器的优越性能，已有取代 Mini USB 接口的趋势。

Micro USB 型连接器的电信号定义维持与 Mini USB 一致，共有 5 个引脚（V_{Bus}，D +，D –，ID，GND）。

Mini USB 接口与 Micro USB 接口及引脚定义如图 10 – 24 所示。各种插头与 B 型母口如图 10 – 25 和图 10 – 26 所示。

引脚	功能	颜色	备注
1	V_{BuS}	红	电源正5V
2	Data-	白	数据-
3	Data+	绿	数据+
4	ID		A型：与地相连
			B型：不接地(空)
5	GND	黑	地

图 10 – 24　Mini USB 接口与 Micro USB 接口及引脚定义

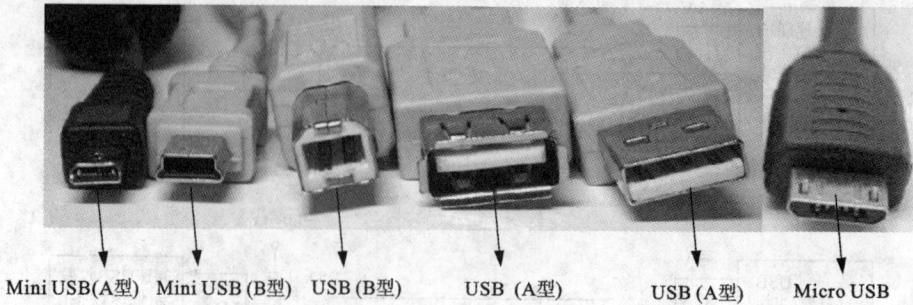

Mini USB(A型) Mini USB (B型) USB (B型) USB (A型) USB (A型) Micro USB

图 10 – 25 各种 USB 插头

图 10 – 26 USB – B 型母口

- OTG 技术

USB OTG 是 USB On – The – Go(移动 USB) 的缩写，是近年发展起来的技术。2001 年 12 月 18 日由 USB Implementers Forum 发布，主要应用于各种不同的设备或移动设备间的连接，进行数据交换。以往外部设备间的互联，都是通过 USB 总线，作为 PC 的周边设备，在 PC 的控制下进行数据交换。但这种交换方式，一旦离开了 PC 就无法进行，因为没有一个设备能够充当 PC 一样的 Host(主机)。OTG 技术就是实现在没有 Host 的情况下，实现设备间的数据传送。例如数码相机直接连接到打印机上，通过 OTG 技术，连接两台设备间的 USB 口，将拍出的相片立即打印出来；也可以将数码照相机中的数据，通过 OTG 发送到 USB 接口的移动硬盘上，这样野外操作就没有必要携带价格昂贵的存储卡，或者背一个便携电脑，给我们的工作与生活带来了更多的便利。

(3) 电源

主要包括电源分配与电源管理两方面。电源分配即 USB 的事实设备如何通过 USB 分配得到由主计算机提供的能源；电源管理即通过电源管理系统，USB 的系统软件和设备如何与主机协调工作。

- 电源分配

每个 USB 单元通过电缆只能提供有限的能源。主机对那种直接相连的 USB 设备提供电源供其使用。并且每个 USB 设备都可能有自己的电源。那些完全依靠电缆提供能源的设备称作"总线供能"设备。相反，那些可选择能源来源的设备称作"自供电"设备。而且，集线器也可由与之相连的 USB 设备提供电源。键盘、输入笔和鼠标均为"总线供能"设备。

- 电源管理

USB 主机与 USB 系统有相互独立的电源管理系统。USB 的系统软件可以与主机的能源管理系统结合共同处理各种电源子件如挂起、唤醒，并且有特色的是，USB 设备应用特有的电源管理特性，可让系统软件控制其电源管理。

习 题 10

10.1　什么是总线？为什么要采用总线技术？

10.2　简述微机总线的分类。

10.3　简要说明 PC 总线和 ISA 总线的区别与联系。

10.4　ISA 16 位总线是在 ISA 8 位总线基础上扩充了哪些信号而形成的？

10.5　PCI 总线访问时，怎样的信号组合启动一个总线的访问周期，又怎样结束一个访问周期？

10.6　简述 PCI 总线的特点。

10.7　简述 PCI – Express 总线的主要特点。

10.8　采用一种总线标准进行微型计算机的硬件结构设计具有什么优点？

10.9　一个总线的技术规范应包括哪些部分？

10.10　总线的定义是什么？简述总线的发展过程。

10.11　简述总线传输的基本方式，以及数据传输过程。

10.12　为什么要引入局部总线？它的特点是什么？

10.13　简述 USB 发展历史及各版本特点。

10.14　总线的指标有哪几项，它工作时一般由哪几个过程组成？

10.15　简述 OTG 技术及其特点。

10.16　比较 USB 与 IEEE1394 有何异同点。

第11章 数模、模数接口

在由计算机进行实时控制及数据采集处理的系统中,需要对被控对象的有关参数进行测量和控制。这些参数往往是一些连续变化的模拟量,如温度、压力、流量、位移量等,这种模拟量的连续性表现为时间变化的连续性和数值变化的连续性。而计算机所能处理加工的信息只能是数字量,它们在时间上是离散的,在数值上是不连续的。如何把这些模拟信号变化为数字信号? 同时,由于大多数的被控设备需要接收模拟信号,而计算机只能输出数字量。那么,又如何把数字信号变化为模拟信号? 通过本章的模/数转换器(ADC)与数/模转换器(DAC)与相关电路的连接,即可实现相应转换功能。

11.1 D/A 与 A/D 接口概述

一个包含 A/D 和 D/A 转换器的计算机闭环自动控制系统如图 11−1 所示。

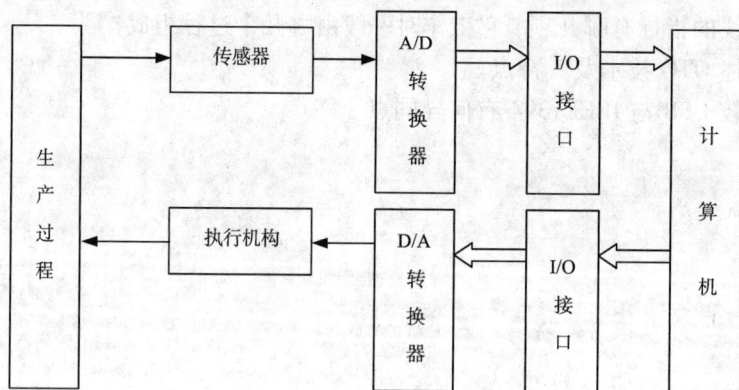

图 11−1　典型的计算机自动控制系统

在图 11−1 中,A/D 转换器和 D/A 转换器是模拟量输入和模拟量输出通路中的核心部件。在实际控制系统中,各种非电物理量需要由各种传感器把它们转换成模拟电流或电压信号后,才能送入 A/D 转换器转换成数字量。

一般来说,传感器的输出信号只有微伏或毫伏级,需要采用高输入阻抗的运算放大器将这些微弱的信号放大到一定的幅度,有时候还要进行信号滤波,去掉各种干扰和噪声,保留所需要的有用信号。送入 A/D 转换器的信号大小与 A/D 转换器的输入范围不一致时,还需进行信号预处理。

在计算机控制系统中，若测量的模拟信号有几路或几十路，考虑到控制系统的成本，可采用多路开关对被测信号进行切换，使各种信号共用一个 A/D 转换器。多路切换的方法有两种：一种是外加多路模拟开关，如多路输入一路输出的多路开关有：AD7501，AD7503，CD4097，CD4052 等。另一种是选用内部带多路转换开关的 A/D 转换器，如 ADC0809 等。

若模拟信号变化较快，为了保证模数转换的正确性，还需要使用采样保持器。

在输出通道，对那些需要用模拟信号驱动的执行机构，由计算机将经过运算决策后确定的控制量(数字量)送 D/A 转换器，转换成模拟量以驱动执行机构动作，完成控制过程。

11.2 数模(D/A)转换接口

D/A 转换器(DAC)是将微机处理后的数字量转换为模拟量(电压或电流)。DAC 的芯片有多种类型。按 DAC 的性能分，有通用、高速和高精度等转换器；按内部结构分，不含数据寄存器的，包含数据寄存器的；按数字量输入的位数分，有 8 位、12 位和 16 位等；按输出模拟信号分，有电流输出型和电压输出型两种。

11.2.1 D/A 转换原理

数字量是由代码按数值组合起来表示的。欲将数字量转换成模拟量，必须先把每一位代码按其权的大小转换成相应的模拟量，然后将各模拟量分量相加，其总和就是与数字量相应的模拟量。例如：$1110B = 1 \times 2^3 + 1 \times 2^2 + 1 \times 2^1 + 0 \times 2^0 = 14$。

按这个 D/A 转换原理构成的转换器，主要由电阻网络、电子开关和基准电压组成。电阻网络通常有两种形式：权电阻网络、$R-2R$ 梯形电阻网络。DAC 集成电路大多采用 $R-2R$ 梯形电阻网络。输入的二进制数字量通过逻辑电路控制电子开关。当输入的数字量不同时，通过电子开关使电阻网络中的不同电阻和基准电压接通，在运算放大器将电流转换为与输入二进制数成正比的输出电压。基准电压是提供给转换电路的稳定电压源，也称为参考电压 V_{REF}，其基本变换原理如图 11-2 所示。

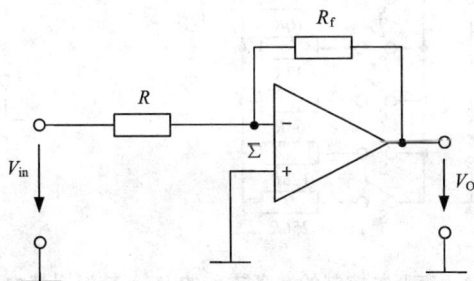

图 11-2 D/A 转换器基本原理图

运放的放大倍数足够大时，输出电压 V_O 与输入电压 V_{in} 的关系为：

$$V_O = -\frac{R_f}{R}V_{in}$$

$$(11-1)$$

若输入端有 n 个支路, 如图 11-3 所示, 则输出电压 V_O 与输入电压 V_{in} 的关系为:

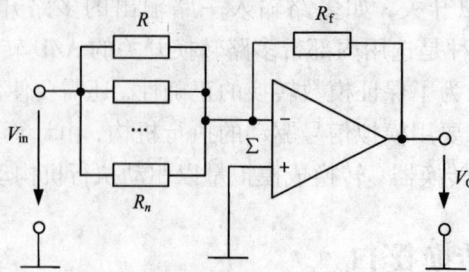

图 11-3   有 n 条支路的 D/A 转换器基本原理图

$$V_O = -R_f \sum_{i=1}^{n} \frac{1}{R_i} V_{in} \tag{11-2}$$

令每个支路的输入电阻为 $2^i R_f$, 并令 V_{in} 为一基准电压 V_{REF}, 则有

$$V_O = -R_f \sum_{i=1}^{n} \frac{1}{2^i R_f} V_{REF} = -\sum_{i=1}^{n} \frac{1}{2^i} V_{REF} \tag{11-3}$$

如果每个支路由一个开关 S_i 控制, 如图 11-4 所示, $S_i=1$ 表示 S_i 合上, $S_i=0$ 表示 S_i 断开, 则式(11-3)变换为

$$V_O = -\sum_{i=1}^{n} \frac{1}{2^i} S_i V_{REF} \tag{11-4}$$

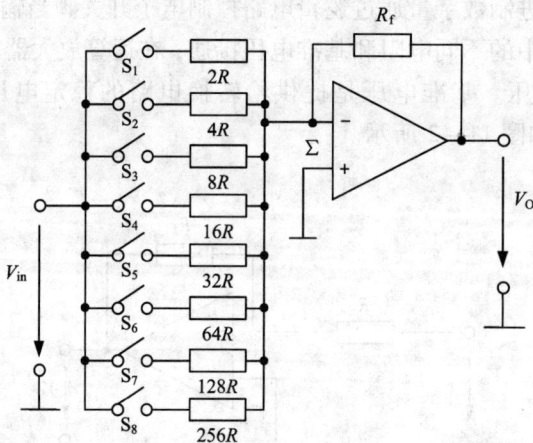

图 11-4   有开关控制的 n 条支路的 D/A 转换器基本原理图

若 $S_i=1$, 该项对 V_O 有贡献; 若 $S_i=0$, 该项对 V_O 无贡献。

如果用 8 位二进制代码来控制图中的 $S_1 \sim S_8$($Di=1$ 时 S_i 闭合; $Di=0$ 时 S_i 断开), 则不同的二进制代码就对应不同输出电压 V_O;

当代码在 0~FFH 之间变化时, V_O 相应地在 $0 \sim -(255/256)V_{REF}$ 之间变化。

为控制电阻网络各支路电阻值的精度,实际的 D/A 转换器常采用 $R - 2R$ 梯形电阻网络,它只用两种阻值的电阻(R 和 $2R$),如图 11 - 5 所示。

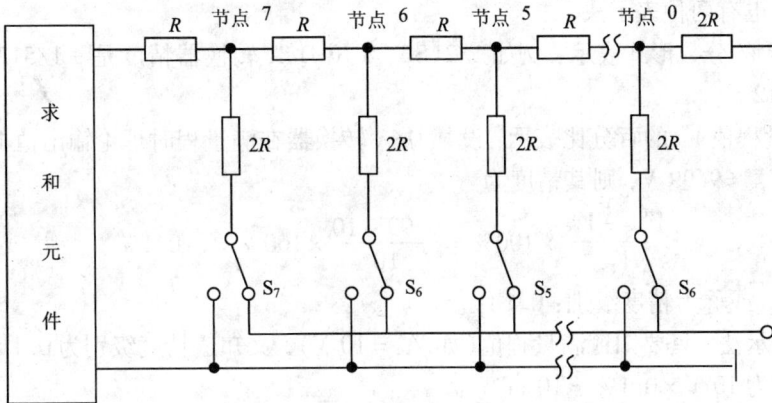

图 11 - 5　T 型解码网络原理图

集成的 DAC 芯片有多种形式,从结构上看,可分为两大类:一类 DAC 芯片内设置有数据寄存器、片选信号和其他控制信号,可直接与 CPU 或微机系统总线相连接;另一类没有数据寄存器,因此需要通过接口芯片与 CPU 或微机系统总线相连接,由接口芯片进行数据锁存。当前生产的大多数 DAC 芯片内部均带有数据寄存器,从而可以直接与 CPU 连接,使用比较方便。

11.2.2　D/A 转换的主要技术指标

1. 分辨率

分辨率是指 D/A 转换器所能分辨出来的最小输出电压(即最小模拟量增量)。这个参数反映 D/A 转换器对模拟量的分辨能力。可用数字量最低有效位(LSB, Least Significant Bit)所对应的模拟量表示,即

$$LSB = \frac{V_{FS}}{2^N} \tag{11 - 5}$$

式中,V_{FS} 为满量程模拟量。

例如,假定 8 位 D/A 转换器满量程电压为 5 V,则其分辨率为

$$LSB = \frac{5\ V}{2^8} = \frac{5\ V}{256} = 19.55\ mV$$

又假定 12 位 D/A 转换器满量程电压为 5 V,则其分辨率为

$$LSB = \frac{5\ V}{2^{12}} = 1.22\ mV$$

比较上述两例可见,D/A 转换器输入数字量位数(N)越多,其能分辨的输出电压值越小,其分辨率越高。

2. 精度

精度是用于衡量 D/A 转换器在将数字量转换成模拟量时,所得模拟量的精确程度。精

度可分为绝对精度和相对精度两种。

(1)绝对精度

绝对精度是指在输入端加入给定数字量时,D/A 转换器实际输出值与理论值之间的误差。绝对精度也有两种表示法。

① 用 LSB 的分数形式表示:例如 1/2LSB, 8 位 D/A 转换器精度是 $\pm 1/512\ V_{FS}$,即满量程电压的 1/512。

② 用满量程值 V_{FS} 的百分比表示:设某 D/A 转换器在满量程时理论输出值 $V_{FS} = 10$ V,而实际输出值 $V'_{FS} = 9.99$ V,则其精度为

$$\frac{V'_{FS} - V_{FS}}{V_{FS}} \times 100\% = \frac{9.99 - 10}{10} \times 100\% = -0.1\%$$

记为 0.1%FS,或称为精度级别:0.1 级。

上述的表示法,只要知道满量程值(如 $V_{FS} = 10$ V),又知道精度级别为 0.1 级,则可得知其最大误差值为 10 V $\times 0.1\%$ = 10 mV。

相比之下,第①种表示法既要知道 V_{FS},还要知道位数 N,才可求得误差值,所以第②种表示法在工程上较常用。

(2)相对精度

相对精度是指在满量程校准的情况下,在量程范围内任一数字量输入,其相应的 D/A 转换输出值与理论值的偏差。

从相对精度定义可知,它实际上就是 D/A 转换器的线性度,其表示法与绝对精度相同,这里不再重复。

分辨率和精度两个不同的参数,但很容易混淆,必须从本质上加以区分:分辨率取决于 D/A 转换器的位数;精度取决于 D/A 转换器的各部件的制作误差,包括 V_{REF} 的电压波动、电阻网络中的电阻值偏差、模拟开关导通电阻值偏差、运算放大器温度漂移和增益误差等。

3. 温度灵敏度

这个参数表明 D/A 转换器受温度变化影响的特性。它是指数字输入不变的情况下,模拟输出信号随温度的变化。一般 D/A 转换器温度灵敏度为 ± 50PPM/℃。1PPM 为百万分之一。

4. 建立时间

建立时间是指从数字输入端发生变化开始,输出模拟值稳定在额定值的 $\pm 1/2$LSB 时所需时间。它是表明 D/A 转换速率快慢的一个重要参数。在实际应用中,要正确选择 D/A 转换器,使它的转换时间小于数字输入信号发生变化的周期。

11.2.3 8 位 D/A 转换器 DAC0832 的结构与工作方式

1. DAC0832 的内部结构与引脚功能

DAC0832 是 8 位数/模转换芯片,数据的输入方式有双缓冲、单缓冲和直接输入,适用于要求几个模拟量同时输出的情况。DAC0832 具有以下主要特点:

(1)与 TTL 电平兼容;

(2)分辨率为 8 位;

(3)建立时间为 1 μs;

（4）功耗为 20 mW；

（5）电流输出型 D/A 转换器。

DAC0832 的结构框图和引脚如图 11 - 6 所示。

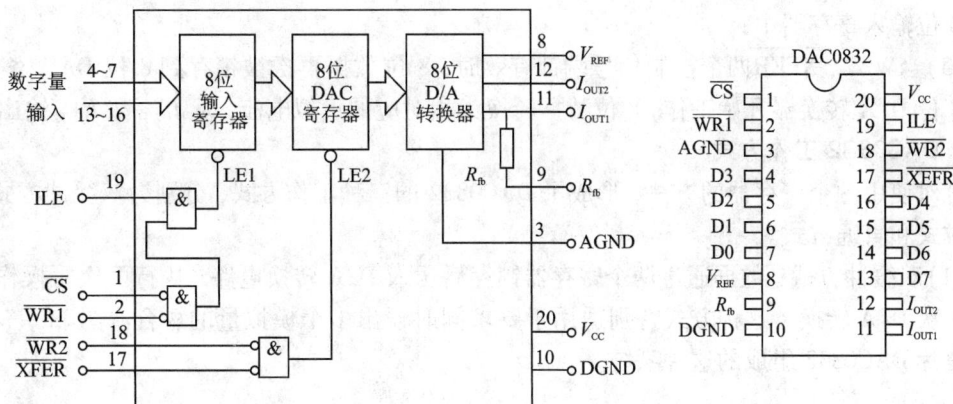

图 11 - 6　DAC0832 结构框图和引脚图

DAC0832 是 T 型电阻网络，需要外接"运算放大器"才能得到模拟电压输出。其引脚功能如下：

D0 ~ D7：8 位数据输入端。

ILE：输入锁存允许信号，高电平有效。此信号用来控制 8 位输入寄存器的数据是否能被锁存的控制信号之一。

$\overline{CS}$：片选信号，低电平有效。此信号与 ILE 信号一起用于控制$\overline{WR1}$信号能否起作用。

$\overline{WR1}$：写信号 1，低电平有效。在 ILE 和$\overline{CS}$有效的情况下，此信号用于控制将输入数据锁存于输入寄存器中。

ILE、$\overline{CS}$、$\overline{WR1}$是 8 位输入寄存器工作时的三个控制信号。

$\overline{WR2}$：写信号 2，低电平有效。在$\overline{XFER}$有效的情况下，此信号用于控制将输入寄存器中的数字传送到 8 位 DAC 寄存器中。

$\overline{XFER}$：传送控制信号，低电平有效。此信号和$\overline{WR2}$控制信号决定 8 位 DAC 寄存器是否工作的控制信号。

8 位 D/A 转换器接收被 8 位 DAC 寄存器锁存的数据，并把该数据转换成相对应的模拟量，输出信号端如下：

I_{OUT1}：DAC 电流输出 1，它是逻辑电平为 1 的各位输出电流之和。

I_{OUT2}：DAC 电流输出 2，它是逻辑电平为 0 的各位输出电流之和。

为保证转换电压的范围、电流输出信号转换成电压输出信号、DAC0832 的正常工作，应具有以下几个引线端：

R_{fb}：反馈电阻引脚，该电阻被制作在芯片内，用作运算放大器的反馈电阻。

V_{REF}：基准电压输入引脚。一般在 - 10 ~ + 10 V 范围内，由外电路提供。

V_{CC}：逻辑电源。一般在 + 5 ~ + 15 V 范围内。最佳为 + 15 V。

AGND：模拟地。芯片模拟电路接地点。

DGND：数字地。芯片数字电路接地点。

2. DAC0832 工作过程

(1)CPU 执行输出指令，输出 8 位数据给 DAC0832；

(2)在 CPU 执行输出指令的同时，使 ILE、$\overline{\text{CS}}$、$\overline{\text{WR1}}$三个控制信号端都有效，8 位数据锁存在 8 位输入寄存器中；

(3)当$\overline{\text{WR2}}$、$\overline{\text{XFER}}$两个控制信号端都有效时，8 位数据再次被锁存到 8 位 DAC 寄存器，这时 8 位 D/A 转换器开始工作，8 位数据转换为相对应的模拟电流，从 I_{OUT1} 和 I_{OUT2}输出。

3. DAC0832 工作方式

针对使用两个寄存器的方法，形成了 DAC0832 的三种工作方式，分别为双缓冲方式、单缓冲方式和直通方式。

(1)双缓冲方式：数据通过两个寄存器锁存后送入 D/A 转换电路，执行两次写操作才能完成一次 D/A 转换。这种方式特别适用于要求同时输出多个模拟量的场合。图 11－7 显示出由三片 DAC0832 组成的这种系统。

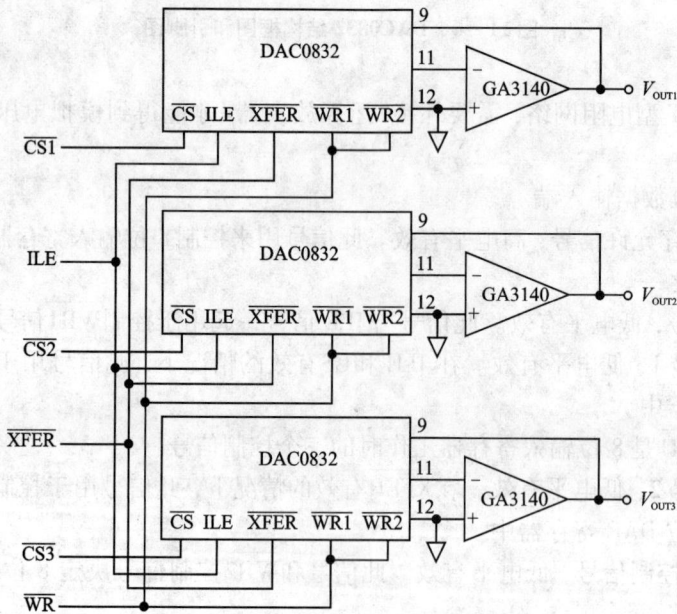

图 11 –7 三个模拟量同时输出的原理图

(2)单缓冲方式：两个寄存器中的一个处于直通状态，输入数据只经过一级缓冲送入 D/A 转换器电路。在这种方式下，只需执行一次写操作，即可完成 D/A 转换，可以提高 DAC 的数据吞吐量。

(3)直通方式：两个寄存器都处于直通状态，即 ILE、$\overline{\text{CS}}$、$\overline{\text{WR1}}$、$\overline{\text{WR2}}$和$\overline{\text{XFER}}$都处于有效电平状态，数据直接送入 D/A 转换器电路进行 D/A 转换。这种方式可用于一些不采用微机的控制系统中。

11.2.4　12 位 D/A 转换器 DAC1232 结构及引脚

DAC1232 是 12 位 D/A 转换器，属于 DAC1230 系列芯片。DAC1230 系列的芯片还有 DAC1230、DAC1231，它们都是 12 位的数模转换器。它们之间因在线性误差上有些差别，因而价格上也有差别，用户可根据需要选用。

DAC1232 的主要特性是：

(1)分辨率 12 位；

(2)具有双寄存器结构，可对输入数据进行双重缓冲；

(3)输入端与 TTL 兼容，接口方便；

(4)转换时间为 1 μs；

(5)外接 ±10 V 的基准电压，工作电源为 +5 ~ +15 V；

(6)功耗低，约 20 mW；

(7)电流输出型 D/A 转换器。

DAC1232 的内部结构及引脚如图 11 - 8 所示。

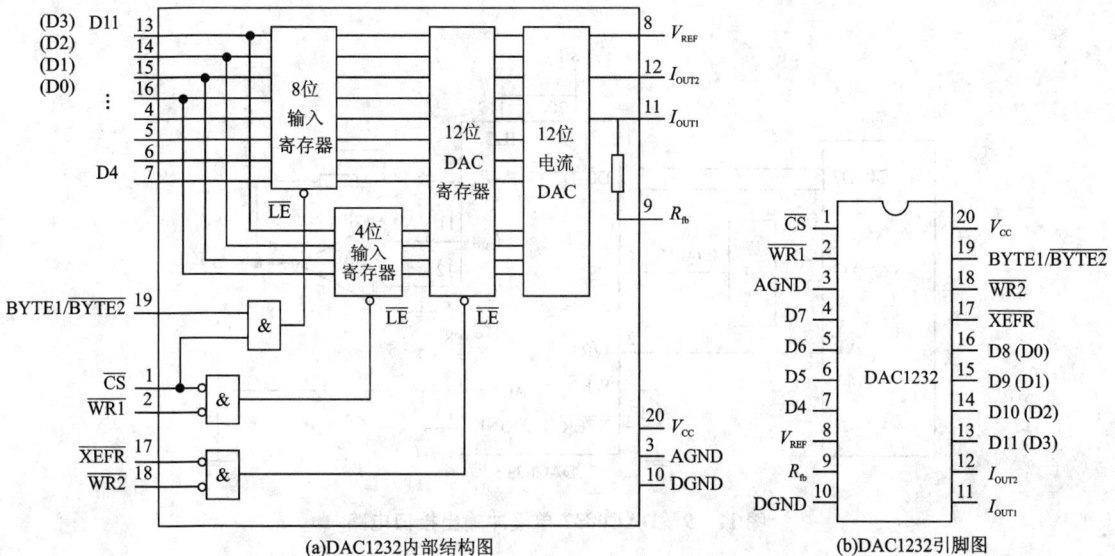

图 11 - 8　DAC1232 内部结构图和引脚图

DAC1232 的内部结构与 DAC0832 非常相似，也具有双缓冲输入寄存器，不同的是 DAC1232 的双缓冲寄存器和 D/A 转换均为 12 位。12 位输入寄存器由一个 8 位寄存器和一个 4 位寄存器组成。

其引脚功能如下：

D0 ~ D7：数据输入端。8 位数据输入端口，对于 12 位数据分两次送入。

BYTE1/$\overline{\text{BYTE2}}$：字节控制端。输入高 8 位数据时，BYTE1/$\overline{\text{BYTE2}}$ = 1。输入低 4 位数据时，BYTE1/$\overline{\text{BYTE2}}$ = 0。

$\overline{\text{CS}}$：片选信号。低电平有效。

$\overline{WR1}$：写信号 1。低电平有效。

$\overline{WR2}$：写信号 2。低电平有效。

$\overline{XFER}$：12 位 DAC 寄存器控制端。低电平有效。

DAC1232 的工作过程是先送高 8 位数据，当 BYTE1/$\overline{BYTE2}$ = 1，$\overline{CS}$ = 0，寄存器$\overline{WR1}$ = 0 时，打开 8 位输入寄存器和 4 位输入寄存器，高 8 位数据被锁存在 8 位输入寄存器，高 8 位数据的高 4 位也存入 4 位输入寄存器；后送低 4 位数据，当 BYTE1/$\overline{BYTE2}$ = 0，$\overline{CS}$ = 0，$\overline{WR1}$ = 0 时，仅打开 4 位输入寄存器，低 4 位数据冲掉原来的数据，被锁存在 4 位输入寄存器中。实际操作结果是高 8 位数据锁存在 8 位输入寄存器，低 4 位数据锁存在 4 位输入寄存器。这里要注意的是低 4 位的数据是通过 D7 ~ D4 输入的。当$\overline{XFER}$ = 0，$\overline{WR2}$ = 0 时，打开 12 位 DAC 寄存器，12 位数据一起被锁存在 12 位 DAC 寄存器中，同时启动 12 位 D/A 转换器，开始 12 位数据的转换，模拟量以电流形式通过 I_{OUT1} 和 I_{OUT2} 输出。

11.2.5　D/A 转换器应用举例

例 11-1　如图 11-9 所示，采用单缓冲方式，通过 DAC0832 输出产生三角波，三角波最高电压 5 V，最低电压 0 V。

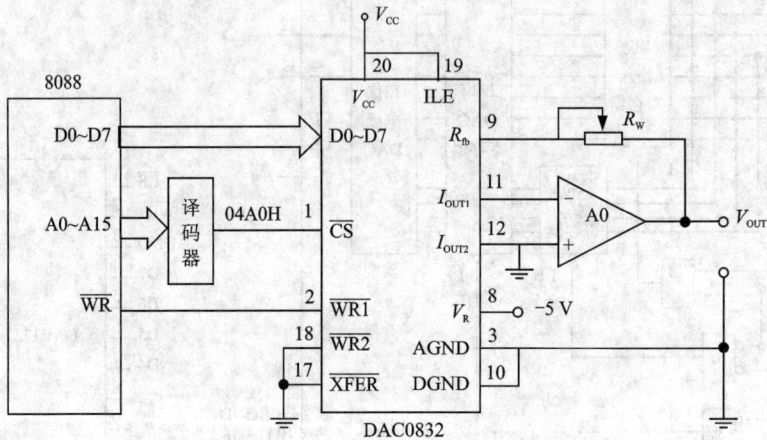

图 11-9　DAC0832 单缓冲输出接口电路

（1）电路设计所要考虑的问题

① 从 CPU 送来的数据能否被保存。

DAC0832 内部有二级锁存寄存器，从 CPU 送来的数据能被保存，不用外加锁存器，可直接与 CPU 数据总线相连。

② 二级输入寄存器如何工作。

按题意采用单缓冲方式，即经一级输入寄存器锁存。假设我们采用第一级锁存，第二级直通，则第二级的控制端$\overline{WR2}$和$\overline{XFER}$应一直处于有效电平状态，使第二级锁存寄存器一直处于打开状态。第一级寄存器具有锁存功能的条件是 ILE、$\overline{CS}$、$\overline{WR1}$ 都要满足有效电平。为减少控制线条数，可使 ILE 一直处于高电平状态，只控制$\overline{WR1}$和$\overline{CS}$端。电路连接如图 11-9 所示。

③ 输出电压极性。

按题意输出波形变化范围为 0～5 V，需单极性电压输出。

（2）软件设计所要考虑的问题

① 单缓冲方式下输出数据的指令仅需一条输出指令即可。

图 11－9 所示 $\overline{CS}$ 端与译码电路的输出端相连，其地址数既是选中该 DAC0832 芯片的片选信号，也是第一级寄存器打开的控制信号。

另外由于 CPU 的控制信号 $\overline{WR}$ 与 DAC0832 的写信号 $\overline{WR1}$ 相连，当执行 OUT 指令时，CPU 的 $\overline{WR1}$ 写信号有效，与 $\overline{CS}$ 信号一起，打开第一级寄存器，输入数据被锁存。

② 产生锯齿波只须将输出到 DAC0832 的数据由 0 循环递增即可。

（3）参考程序流程图如图 11－10 所示。

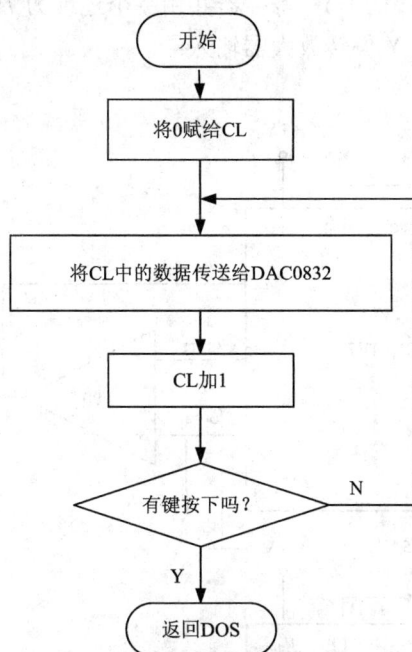

图 11－10　锯齿波流程图

（4）参考程序

```
CODE   SEGMENT
    ASSUME CS：CODE
START：  MOV   CL, 0          ；设置输出电压值
         MOV   DX, 4A0H       ；DAC0832 芯片地址送 DX
LLL：    MOV   AL, CL
         OUT   DX, AL
         INC   CL             ；CL 加 1
         PUSH  DX
         MOV   AH, 06H        ；判断是否有键按下
         MOV   DL, 0FFH
         INT   21H
```

```
POP    DX
JZ     LLL                      ; 若无则转 LLL
MOV    AH, 4CH                  ; 返回 DOS
INT    21H
CODE   ENDS
END    START
```

例 11 – 2　设计二路模拟量同步输出系统。

DAC0832 可工作于双缓冲方式, 使输入寄存器的锁存信号和 DAC 寄存器的锁存信号分开控制。这种方式更适用于几个模拟量需同时输出的系统, 每一路模拟量输出需一个 DAC0832, 多个 DAC0832 同步输出多路模拟量。图 11 – 11 为二路模拟量同步输出的 0832 系统。在图 11 – 11 中, 1#DAC0832 的输入寄存器地址为 DFFFH, 2#DAC0832 的输入寄存器地址为 BFFFH, 1#和 2#DAC0832 的 DAC 寄存器共用一个地址为 7FFFH, DAC0832 的输出分别接图形显示器(示波器)的 X、Y 偏转放大器输入端。

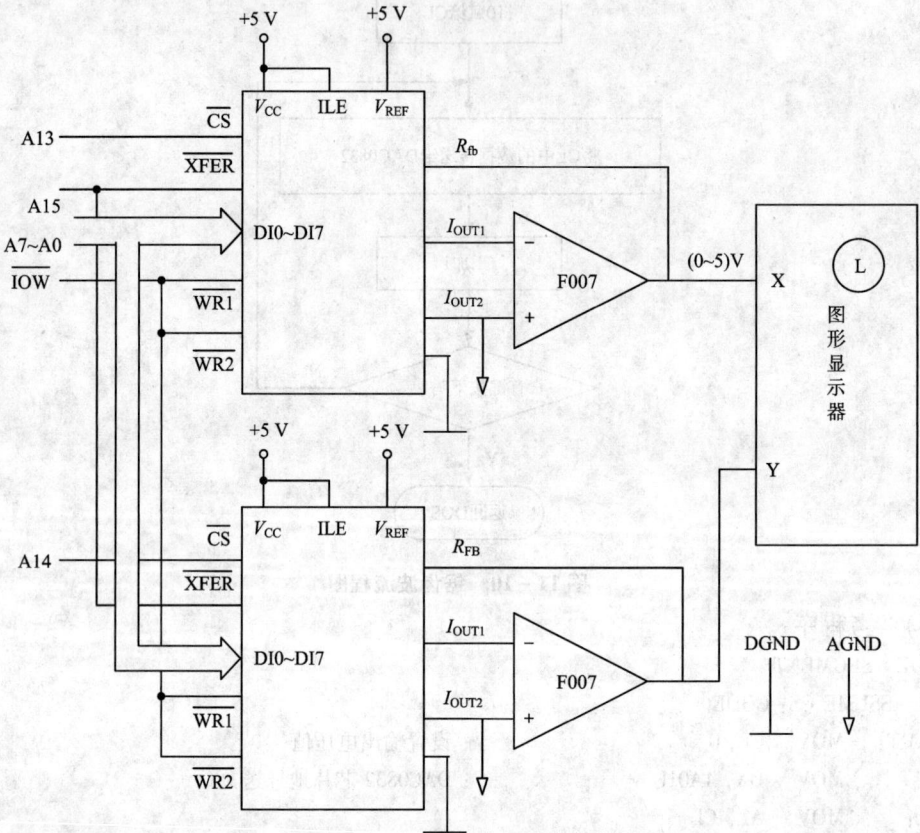

图 11 – 11　二路模拟量同步输出系统

执行下面程序, 将使图形显示器的光栅移动到一个新的位置。

```
MOV   DX, 0DFFFH
MOV   AL, X
```

```
OUT   DX, AL                            ; DATA X 写入 1#DAC0832 输入寄存器
MOV   DX, 0BFFFH
MOV   AL, Y
OUT   DX, AL                            ; DATA Y 写入 2#DAC0832 输入寄存器
MOV   DX, 07FFFH
OUT   DX, AL                            ; 1#和 2#输入寄存器内容同时传送到 DAC 寄存器
```

最后一条指令与 AL 中的内容无关，仅使二片 0832 的$\overline{\text{XFER}}$有效，打开 2 片 0832DAC 寄存器选通门。

例 11 - 3　采用直通方式，利用 DAC0832 产生三角波，波形范围为 0 ~ 5 V。

采用直通方式时，DAC0832 的 8 位输入寄存器、8 位 DAC 寄存器一直处于直通状态，因此要求控制端 ILE 接高电平，$\overline{\text{CS}}$、$\overline{\text{WR1}}$、$\overline{\text{WR2}}$、$\overline{\text{XFER}}$接地。

直通方式时，CPU 输出的数据可直接到达 DAC0832 的 8 位 D/A 转换器进行转换。在这种情况下，如果还是把 DAC0832 D/A 转换器的数据输入端直接连在 CPU 数据总线上，会造成 CPU 数据总线上只能有 D/A 转换所需要的数据流，数据总线上的任何数据都会导致 D/A 进行变换和输出，这在实际工程中是不可能的。因而 DAC0832 D/A 转换器的数据输入端不能直接连在 CPU 数据总线上，来自 CPU 数据总线上的数据必须经锁存后才能传送到 DAC0832 D/A 转换器的输入端。本题采用将 DAC0832 数据输入端连接到 8255A 的 A 口，通过 8255A 的 A 口将来自 CPU 的数据锁存。如图 11 - 12 所示。

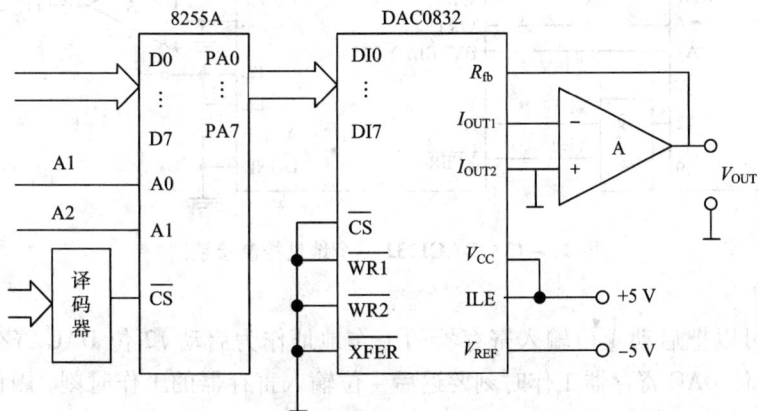

图 11 - 12　直通方式 DAC0832 接口电路图

波形范围为 0 ~ 5 V，单极性输出。

设 8255A 芯片各口地址分别为 04A0H, 04A2H, 04A4H, 04A6H, 参考程序段如下。

```
        MOV   DX, 04A6H          ; 8255A 控制口地址送 DX
        MOV   AL, 00H            ; 设置输出电压值
        MOV   DX, 04A0H          ; DAC0832 芯片地址送 DX
AA1:    OUT   DX, AL
        INC   AL                 ; 修改输出数据
        CMP   AL, 0FFH
        JNZ   AA1
```

```
AA2:     OUT    DX, AL
         DEC    AL                        ;修改输出数据
         CMP    AL, 00H
         JNZ    AA2
         JMP    AA1
```

例 11 – 4　利用 DAC1232 产生 0～5 V 范围的方波,试设计 DAC1232 的接口电路和编程。

(1)DAC1232 8 位数据输入端与 CPU 数据总线的低 8 位数据相连,若 CPU 是 8088 无奇偶地址的问题,若 CPU 是 8086 有奇偶地址的问题。目前多数情况是利用微机开发用户的产品,用户开发板插在 PC 总线插槽内,数据线为 16 位,所以在接口芯片的片选地址设计时要考虑奇、偶地址的问题。

(2)DAC1232 为 12 位 D/A 转换器,与 CPU 数据总线的接口只有 8 位,因而 12 位数据需 CPU 分两次送出,先送高 8 位,再送低 4 位。这样需设置二个地址值,一个为 8 位输入寄存器地址,一个为 4 位输入寄存器地址。

(3)要启动 12 位 DAC 寄存器工作,可以专设一个地址为 12 位的 DAC 寄存器的工作地址,加上前面送的高 8 位地址和低 4 位地址,一共需要 3 个地址,如图 11–13 所示。

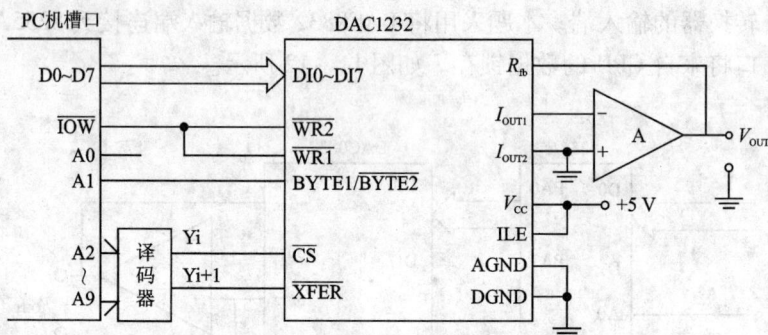

图 11 – 13　DAC1232 三个地址控制接线图

另外,还可以把启动 4 位输入寄存器的工作地址作为启动 12 位 DAC 寄存器工作的地址,但由于 12 位 DAC 寄存器工作时刻要迟后 4 位输入寄存器的工作时刻,因而把启动 4 位输入寄存器的控制信号,延迟两个门后,作为启动 12 位 DAC 寄存器的控制信号。如图 11–14所示。

(4)方波输出范围为 0～5 V,单极性输出。

(5)PC 机使用 A0～A9 作为选择 I/O 口地址的地址选择线,用户使用地址 218H、21AH。利用图 11–14 所示的硬件连接产生一方波程序如下:

```
COUNT: MOV    AL, 00H           ;设置输出 0 V 对应数值的高 8 位
       MOV    DX, 021AH         ;设置 DAC1232 8 位输入寄存器口地址
       OUT    DX, AL            ;输出数据
       MOV    AL, 00H           ;设置输出 0 V 对应数值的低 4 位
       MOV    DX, 0218H         ;DAC1232 4 位输入寄存器口地址送 DX
       OUT    DX, AL            ;输出数据
```

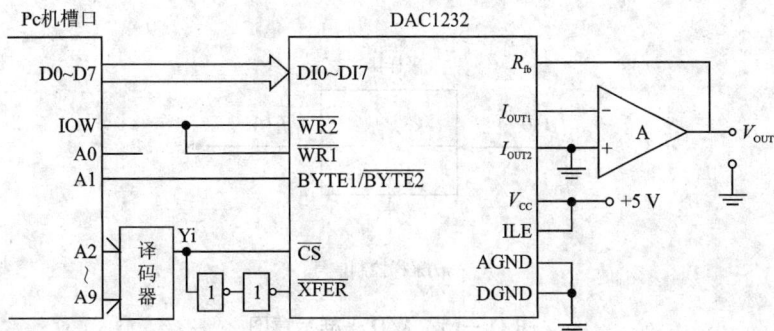

图 11 – 14　DAC1232 二个地址控制接线图

```
CALL    DELAY           ;调用延时程序
MOV     DX, 021AH       ;设置 DAC1232 8 位输入寄存器口地址
MOV     AL, 0FFH        ;输出 5 V 对应数值的高 8 位
OUT     DX, AL          ;输出数据
MOV     AL, 0F0H        ;输出 5 V 对应数值的低 4 位
MOV     DX, 0218H       ;设置 DAC1232 4 位输入寄存器口地址
OUT     DX, AL          ;输出数据
CALL    DELAY           ;调用延时程序
JMP     COUNT
```

思考：利用图 11 – 13 该如何编程？

11.3　模数(A/D)转换接口

A/D 转换器是将模拟量转换成数字量的器件，模拟量可以是电压、电流等信号，也可以是声、光、压力、温度、湿度等随时间连续变化的非电的物理量。非电量的模拟量可通过适当的传感器(如光电传感器、压力传感器、温度传感器)转换成电信号。ADC 的芯片有多种类型，目前较常用的有积分型、逐次逼近型、并行比较型/串并行型、Σ – Δ 调制型、电容阵列逐次比较型及压频变换型。

11.3.1　模数转换的工作原理

1. A/D 转换的一般概念

A/D 转换器是把模拟量(通常是模拟电压)信号转换为 n 位二进制数字量信号的电路。这种转换通常分 4 步进行：

采样→保持→量化→编码

前两步在采样保持电路中完成，后两步在 A/D 转换过程中同时实现。

(1)采样

所谓采样，是将一个时间上连续变化的模拟量转换为时间上断续变化的(离散的)模拟量。或者说，采样是把一个时间上连续变化的模拟量转换为一个串脉冲，脉冲的幅度取决于输入模拟量, 时间上通常采用等时间间隔采样。采样过程的示意图如图 11 –15 所示。

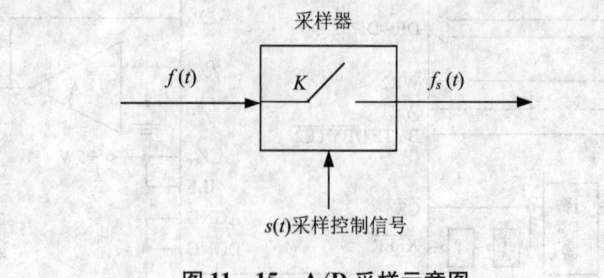

图 11 –15　A/D 采样示意图

采样器相当于一个受控的理想开关, $s(t) = 1$ 时, 开关闭合, $f_s(t) = f(t)$; $s(t) = 0$ 时开关断开, $f_s(t) = 0$。如用数字逻辑式表示, 即为: $f_s(t) = f(t) \cdot s(t)$, $s(t) = 1$ 或 0。

(2)保持

所谓保持, 就是将采样得到的模拟量值保持下来, 即是说, $s(t) = 0$ 期间, 使输出不是等于 0, 而是等于采样控制脉冲存在的最后瞬间的采样值。可见, 保持发生在 $s(t) = 0$ 期间。最基本的采样 – 保持电路如图 11 –16 所示。它由 MOS 管采样开关 T、保持电容 C_b 和运放做成的跟随器三部分组成。$s(t) = 1$ 时, T 导通, v_i 向 C_b 充电, v_C 和 v_o 跟踪 v_i 变化, 即对 v_i 采样。$s(t) = 0$ 时, T 截止, v_o 将保持前一瞬间采样的数值不变。只要 C_b 的漏电电阻、跟随器的输入电阻和 MOS 管 T 的截止电阻都足够大, 大到可忽略 C_b 的放电电流的程度, v_o 就能保持到下次采样脉冲到来之前而基本不变。实际中进行 A/D 转换时所用的输入电压, 就是这种保持下来的采样电压, 也就是每次采样结束时的输入电压。

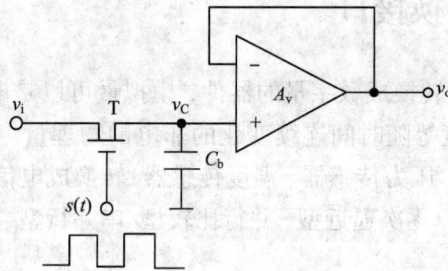

图 11 –16　A/D 保持电路

(3)量化和编码

所谓量化, 就是用基本的量化电平 q 的个数来表示采样 – 保持电路得到的模拟电压值。这一过程实质上是把时间上离散而数字上连续的模拟量以一定的准确度变为时间上、数字上都离散的、量级化的等效数字值。量级化的方法通常有两种: 只舍不入法和有舍有入法(四舍五入法)。这两种量化法的示意图如图 11 – 17(a)和图 11 – 17(b)所示。图 11 – 17(c)给出了一个用只舍不入法量化的实例。从图中可看出, 量化过程也就是把采样保持下来的模拟值舍入成整数的过程。

显然, 对于连续变化的模拟量, 只有当数值正好等于量化电平的整数倍时, 量化后才是

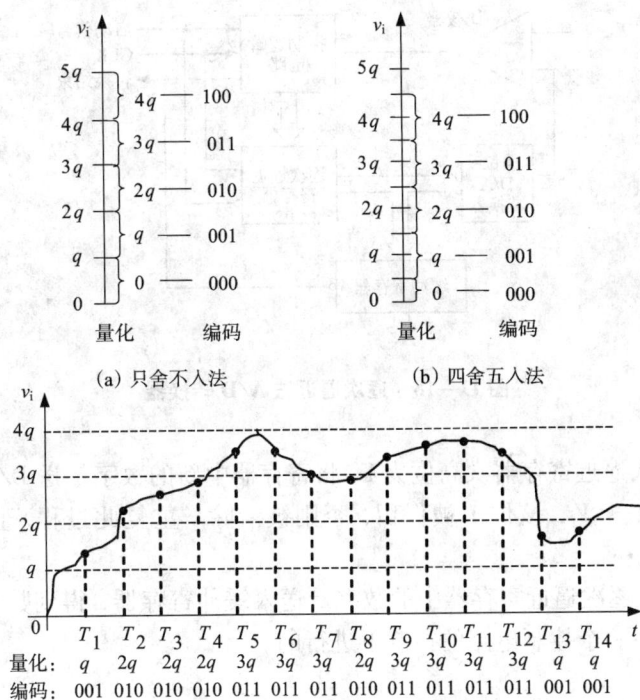

图 11-17　A/D 量化和编码示意图

准确值,如图 11-17(c)中 T_7 时刻所示。不然,量化的结果都只能是输入模拟量的近似值。这种由于量化而产生的误差,称之为量化误差,它直接影响了转换器的转换精度。量化误差是由于量化电平的有限性造成的,所以它是原理性误差,只能减小,而无法消除。

　　为减小量化误差,根本的办法是取小的量化电平。另外,在量化电平一定的情况下,一般采用四舍五入法带来的量化误差只是只舍不入法引起的量化误差的一半。

　　编码就是把已经量化的模拟数值(它一定是量化电平的整数倍)用二进制数码、BCD 码或其他码来表示,比如用二进制来对图 11-17(c)的量化结果进行编码,则可得到图中所示的编码输出。

　　至此,即完成了 A/D 转换的全过程,将各采样点的模拟电压转换成了与之一一对应的二进制数码。

2. A/D 转换器的工作原理

　　实现 A/D 转换的方法很多,常用的有逐次逼近法、双积分法及电压频率转换法等。

　　(1)逐次逼近法

　　采用逐次逼近法的 A/D 转换器是由一个比较器、D/A 转换器、缓冲寄存器及控制逻辑电路组成,如图 11-18 所示。它的基本原理是从高位到低位逐位试探比较,好像用天平称物体,从重到轻逐级增减砝码进行试探。

　　逐次逼近法转换过程是:初始化时将逐次逼近寄存器各位清零;转换开始时,先将逐次逼近寄存器最高位置 1,送入 D/A 转换器,经 D/A 转换后生成的模拟量送入比较器,该模拟量称为 V_o,与送入比较器的待转换的模拟量 V_i 进行比较,若 $V_o < V_i$,该位 1 被保留,否则被

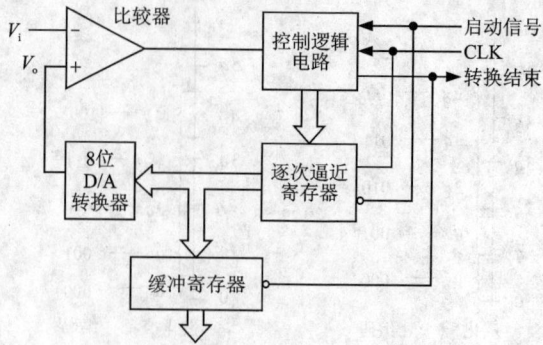

图 11-18 逐次逼近法 A/D 转换器

清除。然后再置逐次逼近寄存器次高位为 1，将寄存器中新的数字量送 D/A 转换器，输出的 V_o 再与 V_i 比较，若 $V_o < V_i$，该位 1 被保留，否则被清除。重复此过程，直至逼近寄存器最低位。

转换结束后，将逐次逼近寄存器中的数字量送入缓冲寄存器，得到数字量的输出。逐次逼近的操作过程是在一个控制电路的控制下进行的。

（2）双积分法

采用双积分法的 A/D 转换器由电子开关、积分器、比较器和控制逻辑等部件组成，如图 11-19 所示。它的基本原理是将输入电压变换成与其平均值成正比的时间间隔，再把此时间间隔转换成数字量，属于间接转换。

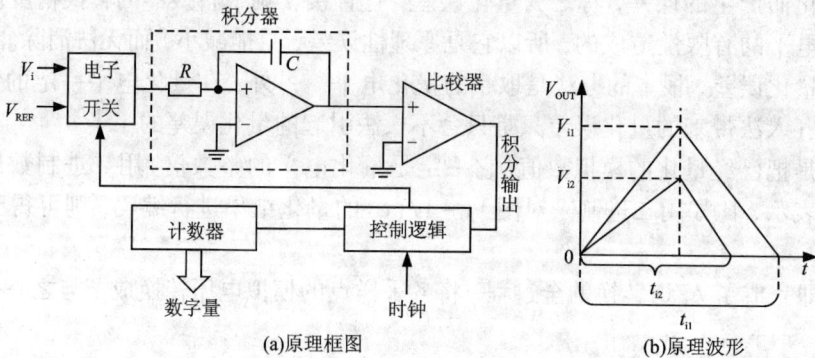

图 11-19 双积分法 A/D 转换器

双积分法 A/D 转换的过程是：先将开关接通待转换的模拟量 V_i，V_i 采样输入到积分器，积分器从零开始进行固定时间 T 的正向积分，时间 T 到后，开关再接通与 V_i 极性相反的基准电压 V_{REF}，将 V_{REF} 输入到积分器，进行反相积分，直到输出为 0 V 时停止积分。V_i 越大，积分器输出电压越大，反相积分时间也越长。

计数器在反相积分时间内所计的数值，就是输入模拟电压 V_i 所对应的数字量，实现了 A/D 转换。典型的双积分 A/D 转换芯片 7115 与 CPU 定时器和计数器配合起来完成 A/D 转换功能。

(3)电压频率转换法

采用电压频率转换法的 A/D 转换器，由计数器、控制门及一个具有恒定时间的时钟门控制信号组成，如图 11 – 20 所示。它的工作原理是把输入的模拟电压转换成与模拟电压成正比的脉冲信号。

采用电压频率转换法的工作过程是：当模拟电压 V_i 加到 V/F 的输入端，便产生频率 F 与 V_i 成正比的脉冲，在一定的时间内对该脉冲信号计数，时间到，统计到计数器的计数值，该计算值正比于输入电压 V_i，从而完成 A/D 转换。

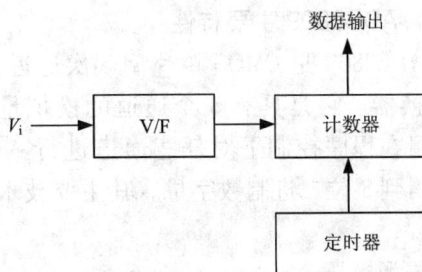

图 11 – 20   V/F 转换电路

11.3.2 模数转换器的主要技术指标

(1)分辨率

分辨率表示转换器对微小输入量变化的敏感程度，通常用转换器输出数字量的位数来表示。例如，对 8 位 A/D 转换器，其数字输出量的变化范围为 0 ~ 255，当输入电压满刻度为 5 V 时，转换电路对输入模拟电压的分辨能力为 5 V/255 ≈ 19.6 mV。目前常用的 A/D 转换集成芯片的转换位数有 8 位、10 位、12 位和 14 位等。

(2)转换精度

转换精度是指与数字输出量所对应的模拟输入量的实际值与理论值之间的差值。A/D 转换电路中与每一个数字量对应的模拟输入量并非是单一的数值，而是一个范围 Δ。

例如对满刻度输入电压为 5 V 的 12 位 A/D 转换器，$\Delta = 5$ V/FFFH = 1.22 mV，定义为数字量的最小有效位 LSB。

若理论上输入的模拟量 A，产生数字量 D，而输入模拟量 $A \pm \dfrac{\Delta}{2}$ 产生的还是数字量 D，则称此转换器的精度为 ±0LSB。当模拟电压 $A + \dfrac{\Delta}{2} + \dfrac{\Delta}{4}$ 或 $A - \dfrac{\Delta}{2} - \dfrac{\Delta}{4}$ 还是产生同一数字量 D，则称其精度为 ±1/4LSB。

目前常用的 A/D 转换器的精度为 1/4LSB ~ 2LSB。

(3)转换时间

完成一次 A/D 转换所需要的时间，称为 A/D 转换电路的转换时间。目前，常用的 A/D 转换集成芯片的转换时间约为几个微秒到 200 μs。在选用 A/D 转换集成芯片时，应综合考虑分辨率、精度、转换时间、使用环境温度以及经济性等诸因素。12 位 A/D 转换器适用于高分辨率系统；陶瓷封装 A/D 转换芯片适用于 – 25 ~ + 85℃ 或 – 55 ~ + 125℃，塑料封装芯片适且于 0 ~ 70℃。

(4)温度系数和增益系数

这两项指标都是表示 A/D 转换器受环境温度影响的程度。一般用每摄氏度温度变化所产生的相对误差作为指标，以 PPM/℃ 为单位表示。

11.3.3　8 位 A/D 转换器 ADC0809 的结构及引脚

1. ADC0809 主要特性

ADC0809 是 CMOS 单片型逐次逼近式 A/D 转换器。它是具有 8 个通道的模拟量输入线,可在程序控制下对任意通道进行 A/D 转换,得到 8 位二进制数字量。其主要技术指标如下:

电源电压	6.5 V
分辨率	8 位
时钟频率	640 kHz
转换时间	100 μs
未经调整误差	1/2LSB 和 1LSB
模拟量输入电压范围	0 ~ 5 V
功耗	15 mW

图 11 – 21　ADC0809 引脚图

2. ADC0809 引脚功能

ADC0809 芯片有 28 条引脚,如图 11 – 21 所示。其引脚功能如下:

(1)IN0 ~ IN7:8 路模拟信号输入端。

(2)ADDA、ADDB、ADDC:地址输入端,用于选通 8 路模拟输入中的一路。其与模拟输入通道的关系如表 11 – 1 所示。

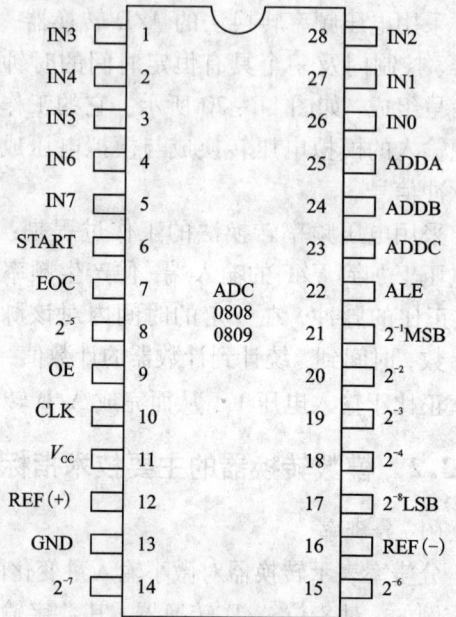

表 11 – 1　ADDA、ADDB、ADDC 与模拟输入通道的关系

ADDC	ADDB	ADDA	模拟输入通道
0	0	0	IN0
0	0	1	IN1
0	1	0	IN2
0	1	1	IN3
1	0	0	IN4
1	0	1	IN5
1	1	0	IN6
1	1	1	IN7

(3)ALE:地址锁存允许信号。输入,高电平有效。用来控制通道选择开关的打开与闭合。ALE = 1 时,接通某一路的模拟信号,ALE = 0 时,锁存该路的模拟信号。

(4)START:A/D 转换启动信号,输入,高电平有效。在使用时,该信号通常与 ALE 信号连在一起,以便在锁存通道地址的同时启动 A/D 转换。

（5）CLK：时钟脉冲输入端。允许最高输入频率为 1280 kHz，此时其转换时间为 75 μs。若时钟频率下降，换换时间随之增加。如 CLK 选 750 kHz，则转换时间为 100 μs。若 CLK 选 500 kHz，则转换时间为 128 μs。

（6）$2^{-1} \sim 2^{-8}$：8 位数字量输出端。其中，2^{-1} 是数字量高位，2^{-8} 是数字量低位。

（7）OE：数据输出允许端。当 OE = 0 时，三态门输出高阻状态；当 OE = 1 时，$2^{-1} \sim 2^{-8}$ 输出 A/D 转换数字量。

（8）EOC：A/D 转换结束信号，输出。该信号在 ADC0809 进行 A/D 转换期间保持低电平，直至 A/D 转换结束时，EOC 从低电平变为高电平，故此信号可直接接 8259A 的 IRQ 中断请求输入端，向 CPU 提出中断请求。

（9）REF(+)、REF(−)：基准电压。$V_{REF(+)}$ 为 + 5 V 或 0 V，$V_{REF(-)}$ 为 0 V 或 − 5 V。

3. ADC0809 内部结构

图 11 – 22 为 ADC0809 内部原理框图，片内有 8 路模拟开关、模拟开关的地址锁存与译码电路、比较器、256R 电阻 T 型网络、树状电子开关、逐次逼近寄存器 SAR、三态输出锁存缓冲存储器、控制与时序电路等。

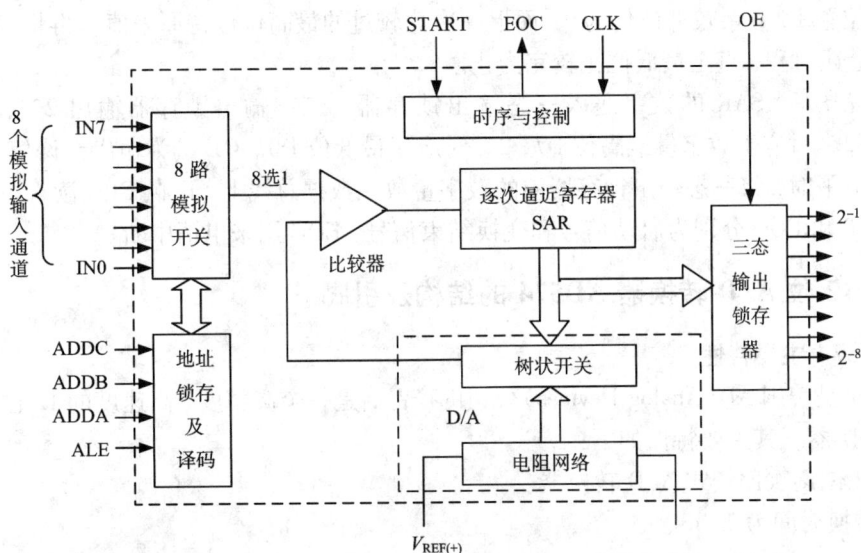

图 11 – 22　ADC0809 内部结构图

ADC0809 通过引脚 IN0，IN1，…，IN7 可输入 8 路单边模拟输入电压。ALE 将 3 位地址线 ADDA，ADDB，ADDC 进行锁存，然后由译码器选通 8 路中的一路进行 A/D 转换。

对于片内的 256R 电阻 T 型网络和电子开关树，为了简化问题，以 2 位 A/D 变换器为例加以说明。此时只需 $2^2 R = 4R$ 的电阻网络。如图 11 – 23 所示为 4R 电阻网络及相应的开关树。

图中 V_{ST} 输出的大小，除了与 V_{REF} 输入电压的大小有关外，还与开关树内各个开关的合、断状态有关。开关的合断又取决于一个二进制数字 D1D0。D1 控制右边两个开关 S_{10} 和 S_{11}：当 D1 = 1 时，上面的开关 S_{10} 闭合而下面的开关 S_{11} 断开；当 D1 = 0 时，则反之。D0 控制左边

4 个开关 S_{00} ~ S_{03}；当 D0 = 1 时，S_{00} 和
S_{02} 闭合而 S_{01} 和 S_{03} 断开；当 D0 = 0 时，
则反之。由此可见，这部分电路相当于
一个 D/A 转换器。可见，V_{ST} 电压的大小
取决于输入的数字量 D1D0。8 位的情况
与此类似。

　　SAR(逐次逼近寄存器)和比较器的
工作原理如下：在变换前，SAR 为全零。
变换开始，先使最高位为 1，其余位仍为
0，此"数字"控制开关树中开关的合、
断，开关树的输出 V_{ST} 和模拟量输入 V_{IN}
一起输入比较器进行比较。如果 V_{ST} >
V_{IN}，则比较器输出为 0，SAR 的最高位
置 0；如果 V_{ST} < V_{IN}，则比较器输出为 1，
SAR 的最高位保持 1。此后的 SAR 的下

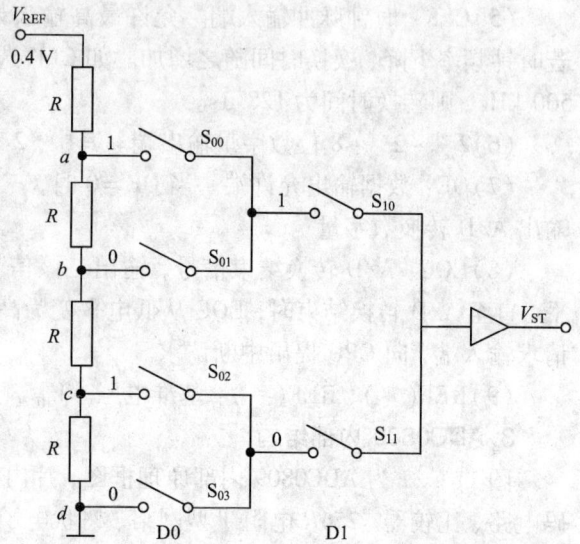

图 11 - 23　电阻网络及开关树示意图

一个最高位置 1，其余较低位仍为 0，而上一次比较过的最高位保持原来值。再将 V_{ST} 和 V_{IN} 比
较，重复上述过程，直至最低位比较完为止。

　　比较完毕后，SAR 的数字送入三态输出锁存器。三态输出锁存器输出 2^{-8}，2^{-7}，…，
2^{-1}，其中 2^{-1} 对应于数字量最高位 D7，2^{-8} 对应于最低位 D0。OE 端为输出允许信号，当 OE
端出现高电平时，将三态输出锁存器中的数字量放在数据总线上，以供 CPU 读入。

　　START 和 EOC 分别为启动信号和变换结束信号，EOC 用来申请中断。

11.3.4　12 位 A/D 转换器 AD574 的结构及引脚

1. AD574 主要特性

　　AD574 是美国 AD(Analog Devices)公司的产品，是一个高精度、高速度的 12 位逐次逼近
式 A/D 转换器。其主要特性如下：

　　(1)12 位逐次比较式 A/D 转换器。

　　(2)转换时间为 25 μs。

　　(3)输入电压可以是单极性 0 ~ + 10 V 或 0 ~ + 20 V，也可以是双极性 - 5 ~ + 5 V，- 10
~ + 10 V。

　　(4)可由外部控制进行 12 位转换或 8 位转换。

　　(5)12 位数据输出分为三段，A 段为高 4 位，B 段为中 4 位，C 段为低 4 位。分别经三态
门控制输出。

　　(6)内部具有三态输出缓冲器，可直接与 8 位或 16 位的 CPU 数据总线相连。

　　(7)功耗 390 mW。

2. AD574 的内部结构

　　如图 11 - 24 所示，AD574 由模拟芯片和数字芯片二者混合集成，其中模拟芯片为高性
能的 2 位 D/A 转换器及高精度的参考电压源；数字芯片包括低功耗的逐次逼近寄存器、转换
控制电路、时钟、比较器和三态缓冲器等。由于片内包含高精度的参考电压源和时钟电路，

使其在不需要任何外部参考电源和时钟的情况下便能完成 A/D 转换功能，应用非常方便。

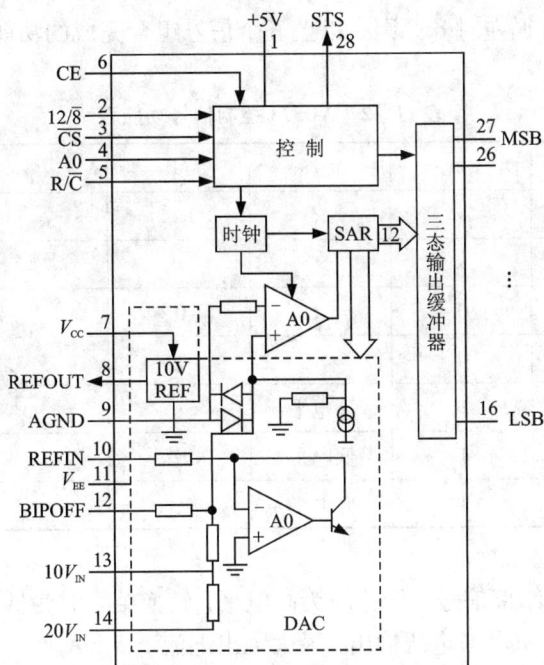

图 11-24　AD574 内部结构图

3. ADC574 引脚功能

AD574 芯片有 28 条引脚，如图 11-25 所示。其引脚功能如下：

（1）D11 ~ D0：12 位数字输出端。其最高有效位为 D11，最低有效位为 D0，均为三态输出，可直接与系统的数据总线相连。

（2）$10V_{IN}$：10 V 量程模拟量输入端，单极性输入为 0 ~ +10 V，双极性输入为 -5 ~ +5 V。

$20V_{IN}$：20 V 量程模拟量输入端，单极性输入为 0 ~ +20 V，双极性输入为 -10 ~ +10 V。

（3）$\overline{CS}$：片选信号，低电平有效。

CE：芯片允许信号，高电平有效。该信号与$\overline{CS}$信号同时有效时，AD574 才开始工作。

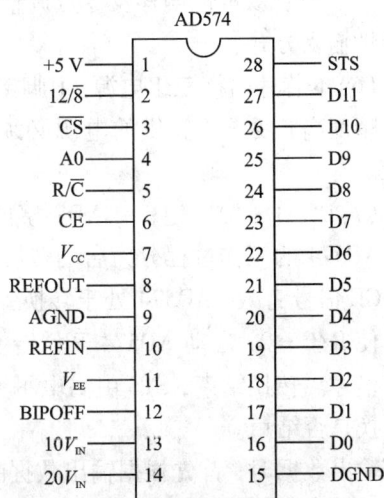

图 11-25　AD574 引脚图

$R/\overline{C}$：读出或转换控制选择信号。当为低电平时，启动转换；当为高电平时，可将转换后的数据读出。

$12/\overline{8}$：数据输出方式控制信号。当接高电平时，输出数据是 12 位字长；当接低电平时，12 位数据分两次作为两个 8 位字节输出。

A0：转换位数控制信号。在启动转换情况下（即 $R/\overline{C} = 0$），该端输入高电平时，进行 8 位 A/D 转换；该端输入低电平时，进行 12 位 A/D 转换。当 CPU 读取转换结果（即 $R/\overline{C} = 1$）

时，且设置数据输出方式为两个 8 位字节输出(即 12/$\overline{8}$ = 0)时，A0 起字节选择控制作用。即当 A0 = 0 时，高 8 位数据有效；当 A0 = 1 时，低 4 位数据有效，中间 4 位为 0。为此，分两次读取 12 位数据时，应遵循左对齐原则。以上五个信号组合完成的功能如表 11 - 2 所示。

表 11 - 2　AD574 控制信号功能表

CE	$\overline{CS}$	R/$\overline{C}$	12/$\overline{8}$	A0	AD574 功能操作
0	×	×	×	×	不允许转换
×	1	×	×	×	未接通芯片
1	0	0	×	0	启动一次 12 位转换
1	0	0	×	1	启动一次 8 位转换
1	0	1	高电平	×	一次输出 12 位
1	0	1	低电平	0	输出高 8 位
1	0	1	低电平	1	输出低 4 位

(4)STS：A/D 转换结束信号。转换时为高电平，转换结束时为低电平。

(5)REFOUT： + 10 V 参考电压输出，最大输出电流 1.5 mA。

REFIN：参考电压输入。

BIPOFF：双极性偏移及零点调整。当该端接 0 V 时，单极性输入；当该端接 + 10 V 时，双极性输入方式。

(6)本芯片需接三组电源：1 脚接 + 5 V，V_{CC} 接 + 12 ~ + 15 V，V_{EE} 接 - 12 ~ - 15 V。由于转换精度高，要求所提供的电源必须具有良好的稳定性，且加充分的滤波，以防高频噪声干扰。

(7)DGND：数字地；AGND：模拟地。

AD574 的工作过程分为启动转换和转换结束后读出数据两个过程。启动转换时，首先使 $\overline{CS}$、CE 信号有效，AD574 处于转换工作状态，且 A0 为 1 或为 0，根据所需转换的位数确定，然后使 R/$\overline{C}$ = 0，启动 AD574 开始转换。$\overline{CS}$ 视为选中 AD574 的片选信号，R/$\overline{C}$ 为启动转换的控制信号。转换结束，STS 由高电平变为低电平。可通过查询法，读入 STS 线端的状态，判断转换是否结束。

输出数据时，首先根据输出数据的方式，即是 12 位并行输出，还是分两次输出，以确定 12/$\overline{8}$ 是接高电平还是接低电平；然后在 CE = 1、$\overline{CS}$ = 0、R/$\overline{C}$ = 1 的条件下，确定 A0 的电平。若为 12 位并行输出，A0 端输入电平信号可高可低；若分两次输出 12 位数据，A0 = 0，输出 12 位数据的高 8 位，A0 = 1，输出 12 位数据的低 4 位。由于 AD574 输出端有三态缓冲器，所以 D0 ~ D11 数据输出线可直接接在 CPU 数据总线上。

11.3.5　A/D 转换器应用举例

例 11 - 5　设计 ADC0809 与 PC 机总线的接口图。编写一段轮流从 IN0 ~ IN7 采集 8 路模拟信号，并把采集到的数字量存入 0100H 开始的 8 个单元内的程序。

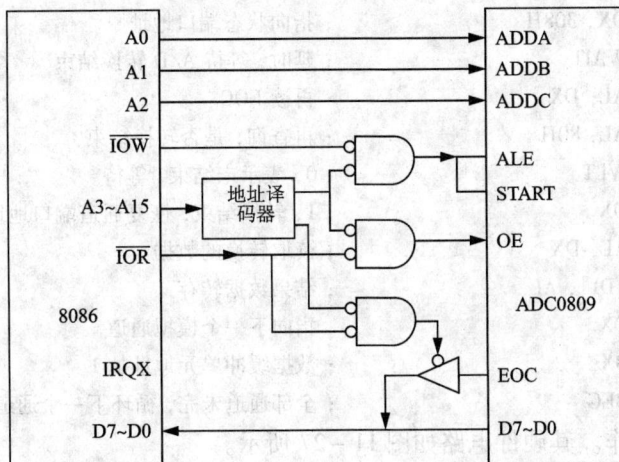

图 11 -26　ADC0809 查询方式工作连接图

设端口地址为 300H 开始

（1）查询方式工作。硬件电路如图 11 -26 所示。

```
        MOV   DI, 0100H          ; 设置存放数据的首址
        MOV   CX, 8             ; 模拟通道数计数器
        MOV   DX, 300H          ; 第 1 个模拟通道的端口地址
BEG:    OUT   DX, AL            ; 启动 A/D 转换
        PUSH  DX               ; 暂存通道端口地址
        MOV   DX, 308H          ; 指向状态端口地址
WAIT:   IN    AL, DX            ; 读 EOC 状态信号
        TEST  AL, 80H           ; 查询 EOC, 是否开始转换?
        JNZ   WAIT             ; 非 0, 表示未开始, 等待
WLT:    IN    AL, DX            ; 再读 EOC
        TEST  AL, 80H           ; 再查询, 是否转换结束?
        JZ    WLT              ; 0, 表示未结束, 等待
        POP   DX               ; 1, 转换结束, 恢复通道端口地址
        IN    AL, DX            ; 读取转换的数据
        MOV   [DI], AL          ; 结果数据转存
        INC   DX               ; 指向下一个模拟通道
        INC   BX               ; 数据缓冲单元地址加 1
        LOOP  BEG              ; 全部通道未完, 循环下一个通道
```

（2）无条件方式工作。ADC0809 的 EOC 信号不接。A/D 转换过程中调用一段延时程序，只要延时时间比 A/D 转换的时间略长一些，就可以保证 A/D 转换的数据精度。程序如下：

```
        MOV   DI, 0100H          ; 设置存放数据的首址
        MOV   CX, 8             ; 模拟通道数计数器
        MOV   DX, 300H          ; 第 1 个模拟通道的端口地址
BEG:    OUT   DX, AL            ; 启动 A/D 转换
        PUSH  DX               ; 暂存通道端口地址
```

```
        MOV    DX, 308H              ; 指向状态端口地址
WAIT:   LOOP   WAIT                  ; 延时, 等待 A/D 转换结束
WLT:    IN     AL, DX                ; 再读 EOC
        TEST   AL, 80H               ; 再查询, 是否转换结束?
        JZ     WLT                   ; 0, 表示未结束, 等待
        POP    DX                    ; 1, 转换结束, 恢复通道端口地址
        IN     AL, DX                ; 读取转换的数据
        MOV    [DI], AL              ; 结果数据转存
        INC    DX                    ; 指向下一个模拟通道
        INC    BX                    ; 数据缓冲单元地址加 1
        LOOP   BEG                   ; 全部通道未完, 循环下一个通道
```

(3)中断方式工作。其硬件电路如图 11-27 所示。

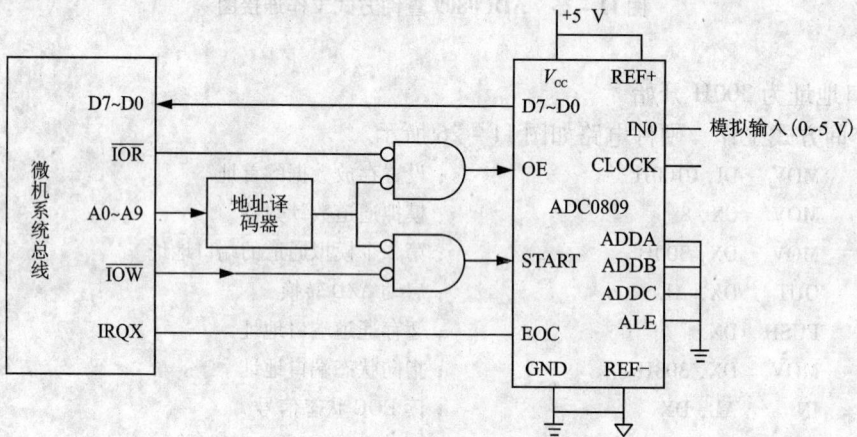

图 11-27 ADC0809 中断方式工作连接图

中断方式主程序:

```
        ⋮                            ; 设置中断向量, 8259 初始化
        MOV   DI, 0100H              ; 设置存放数据的首址
        MOV   CX, 8                  ; 模拟通道数计数器
        STI                          ; 开中断
        MOV   DX, 300H               ; ADC0809 端口地址
        OUT   DX, AL                 ; 启动 A/D 转换
        ⋮                            ; 执行其他程序, 同时等待中断
```

中断服务程序:

```
        PUSH AX 保护现场
        PUSH DX
        STI                          ; 开中断, 允许中断嵌套
        MOV   DX, 300H               ; ADC0809 通道端口地址
        IN    AL, DX                 ; 读取转换的数据
        MOV   [DI], AL               ; 结果数据转存
```

```
        INC   DX                    ;指向下一个模拟通道
        INC   BX                    ;数据缓冲单元地址加 1
        OUT   DX, AL                ;启动下一通道 A/D 转换
        LOOP  RETUN                 ;全部通道未完，循环下一个通道
        CLI                         ;关闭中断
        MOV   AL, 20H               ;送 EOI 中断结束命令
        OUT   20H, AL               ;8259 端口写
        POP   DX                    ;恢复现场
        POP   AX
RETUN： IRET                        ;中断返回
```

例 10 - 6 设计 12 位 AD574 与 8088CPU 的接口图，并编写一段启动 A/D 转换采集数据的程序。

AD574 的接口设计应考虑以下几个方面：

（1）因 AD574 是 12 位 A/D 转换器，若 CPU 的数据线是 8 位，则 AD574 的 12 位数据要分两次输出到 CPU，先输出高 8 位，再输出低 4 位。因而 AD574 的输出端 D11 ~ D4 接 CPU 系统总线的 D7 ~ D0，D3 ~ D0 接 CPU 系统总线的 D7 ~ D4。其接口图如图 11 - 28 所示。

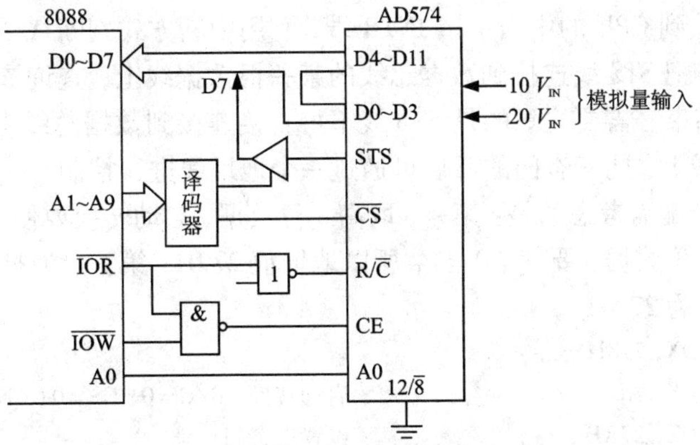

图 11 - 28　AD574 的接口设计

程序及执行过程如下：

```
        MOV   DX, PORT1             ;设置高 8 位数据口地址
        IN    AL, DX                ;采集高 8 位数据
        MOV   AH, AL                ;高 8 位数据保存在 AH 寄存器内
        MOV   DX, PROT2             ;设置低 4 位数据口地址
        IN    AL, DX                ;采集低 4 位数据，保存在 AL 寄存器中
```

在 AX 中存放 12 位数的排列结构形式是：

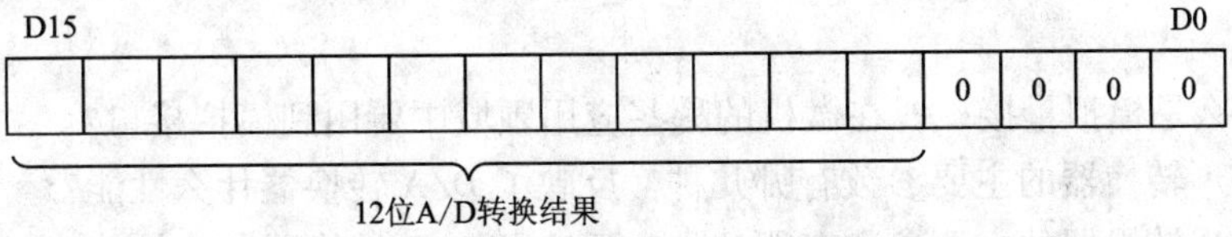

12 位 A/D 转换结果

若 CPU 有 16 位数据线, 则 AD574 的 D0～D11 12 位可直接接在 CPU 数据总线 D0～D11 位上, 执行一次输入指令, 即可把 12 位 A/D 转换结果输入到 CPU 中, 在 AX 中存放 12 位的数, 排列结构形式是:

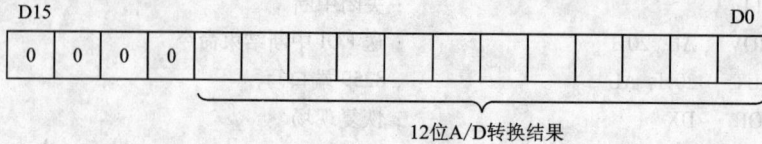

(2) 12/$\overline{8}$ 引脚的电平要求。由表 11-2 可看出, 在转换时, 12/$\overline{8}$ 的电平可高可低, 在输出数据时, 根据 12 位数据输出是一次输出还是两次输出决定。当 12 位数据一次输出, 12/$\overline{8}$ 引脚接高电平; 当 12 位数据分二次输出时, 12/$\overline{8}$ 引脚接低电平。在图 11-28 中设计为两次输出, 所以 12/$\overline{8}$ 接一固定低电平。

(3) 根据前面所讲述 AD574 的工作过程可知, 无论是转换过程还是输出数据, AD574 的控制引脚 $\overline{CS}$ = 0、CE = 1, 因而在图 11-28 中利用译码器的输出作为 $\overline{CS}$ 引脚的控制信号, 读、写信号经与非逻辑输出后的信号作为 CE 的控制信号, 即无论是读还是写, CE 信号都有效。

(4) STS 信号是由 AD574 芯片本身产生的一个状态信号, 该信号反映转换过程是否结束。因而该信号可以连接到 CPU 的中断申请 INTR 端, 利用中断方式判断 A/D 转换是否结束; 也可以通过查询方式, 把 STS 线连接到数据总线的某一根数据线上, 查询该根数据线的高低电平, 判断转换是否结束。需要注意的是 STS 线不可直接连接到数据总线上, 要经过一个三态门再连接到数据总线上, 此三态门的开启可通过一个地址线进行控制。

AD574 的地址分配需考虑的是: 第一, 取高 8 位数据, 启动转换要使 A0 = 0, 所以地址值 278H; 第二, 取低 4 位数据, 要使 A0 = 1, 所以地址值 279H; 第三, 为打开 STS 状态信号的通路, 三态门的地址为 27AH。

```
        MOV   DX, 278H
        OUT   DX, AL          ; 启动转换, R/C̄ = 0、CS̄ = 0、CE = 1, A0 = 0
        MOV   DX, 27AH        ; 设置三态门地址
AA1:    IN    AL, DX          ; 读取 STS 状态
        TEST  AL, 80H         ; 测试 STS 电平
        JNE   AA1             ; STS = 1 等待, STS = 0 向下执行
        MOV   DX, 278H
        IN    AL, DX          ; 读高 8 位数据, R/C̄ = 1, CS̄ = 0, CE = 1, A0 = 0
        MOV   AH, AL          ; 保存高 8 位数据
        MOV   DX, 279H
        IN    AL, DX          ; 读低 4 位数据, R/C̄ = 1, CS̄ = 0, A0 = 1, CE = 1
```

习题 11

11.1   什么是模拟量接口? 在微机的哪些应用领域中要用到模拟接口?

11.2   D/A 转换器的主要参数有哪几种? 反映了 D/A 转换器什么性能?

11.3   A/D 转换器的主要参数有哪几种? 反映了 A/D 转换器什么性能?

11.4　D/A 转换器和微机接口中的关键问题是什么？对不同的 D/A 芯片应采用何种方法连接？

11.5　DAC0832 有哪几种工作方式？每种工作方式使用于什么场合？

11.6　已知某 DAC 的输入为 12 位二进制数，满刻度输出电压 $V_{om} = 10$ V，试求最小分辨率电压 V_{LSB} 和分辨率。

11.7　A/D 转换器和微机接口中的关键问题有哪些？

11.8　ADC0809 中的转换结束信号（EOC）起什么作用？

11.9　D/A 转换器 DAC0832 接口电路如图 11 - 29 所示，分析该电路的连接和 DAC0832 的外部特性，然后回答以下 3 个问题：

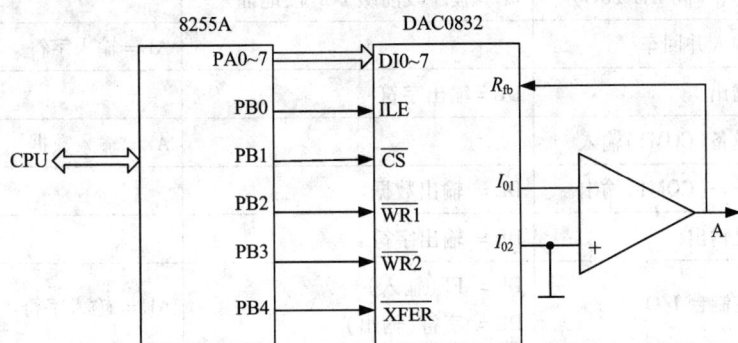

图 11 - 29　DAC0832 接口电路原理图

（1）若要求 DAC0832 按直通方式工作，则 8255A 的 B 口将如何设置？

（2）如何利用该图产生指定输出幅度范围（1 ~ 4 V）的锯齿波？

（3）编写幅度受限的锯齿波程序。

设 8255A 的端口地址为：300H（A 口），301H（B 口），302H（C 口），303H（命令口），DAC0832 的参考电压 $V_R = 5$ V。

11.10　试编制一段源程序。要求通过 ADC0809，采用中断法，采集 100 个数据，存到内存 BUFR 区。

11.11　试编制一段源程序。要求通过查询法，从 ADC0809 A/D 转换器的 0 ~ 7 通道轮流采集 8 路模拟信号的电压量，并把转换后的数据存入 0300H 开始的单元。

11.12　AD574 有哪些主要的控制信号？各有什么功能？

附录 A　DOS 系统功能调用(INT 21H)

AH	功能	调用参数	返回参数
00	程序终止(同 INT 20H)	CS = 程序段前缀 PSP 段地址	
01	键盘输入并回车		AL = 输入字符
02	显示输出	DL = 输出字符	
03	辅助设备(COM1)输入		AL = 输入数据
04	辅助设备(COM1)输出	DL = 输出数据	
05	打印机输出	DL = 输出字符	
06	直接控制台 I/O	DL = FF(输入) DL = 字符(输出)	AL = 输入字符
07	键盘输入(无回显)		AL = 输入字符
08	键盘输入(无回显) 检测 CTRL – Break 或 CTRL – C		AL = 输入字符
09	显示字符串	DS:DX = 串地址 字符串以' $ '结尾	
0A	键盘输入字符串到缓冲区	DS:DX = 缓冲区首址 (DS:DX) = 缓冲区最大字符数	(DS:DX + 1) = 实际输入字符数
0B	检验键盘状态		AL = 00 有输入 AL = FF 无输入
0C	清除输入缓冲区并 请求指定的输入功能	AL = 输入功能号 (1,6,7,8,A)	
0D	磁盘复位		清除文件缓冲区
0E	指定当前默认的磁盘驱动器	DL = 驱动器号(0 = A,1 = B,…)	AL = 系统中驱动器数
0F	打开文件(FCB)	DS:DX = FCB 首地址	AL = 00 文件找到 AL = FF 文件未找到
10	关闭文件(FCB)	DS:DX = FCB 首地址	AL = 00 目录修改成功 AL = FF 目录中未找到文件

续表

AH	功能	调用参数	返回参数
11	查找第一个目录项（FCB）	DS：DX = FCB 首地址	AL = 00 找到匹配的目录项 AL = FF 未找到匹配的目录项
12	查找下一个目录项（FCB）	DS：DX = FCB 首地址（使用通配符进行目录项查找）	AL = 00 找到匹配的目录项 AL = FF 未找到匹配的目录项
13	删除文件（FCB）	DS：DX = FCB 首地址	AL = 00 删除成功 AL = FF 文件未删除
14	顺序读文件（FCB）	DS：DX = FCB 首地址	AL = 00 读成功 = 01 文件结束，未读到数据 = 02 DTA 边界错误 = 03 文件结束，记录不完整
15	顺序写文件（FCB）	DS：DX = FCB 首地址	AL = 00 写成功 = 01 磁盘满或是只读文件 = 02 DTA 边界错误
16	建文件（FCB）	DS：DX = FCB 首地址	AL = 00 建文件成功 = FF 磁盘操作有错
17	文件改名（FCB）	DS：DX = FCB 首地址	AL = 00 文件被改名 AL = FF 文件未改名
19	取当前默认磁盘驱动器		AL = 00 默认的驱动器号 0 = A，1 = B，2 = C，…
1A	设置 DTA 地址	DS：DX = DTA 地址	
1B	取默认驱动器 FAT 信息		AL = 每簇的扇区数 DS：BX = 指向介质说明的指针 CX = 物理扇区的字节数 DX = 每磁盘簇数
1C	取指定驱动器 FAT 信息		同上
1F	取默认磁盘参数块		AL = 00 无错 = FF 出错 DS：BX = 磁盘参数块地址
21	随机读文件（PCB）	DS：DX = FCB 首地址	AL = 00 读成功 = 01 文件结束 = 02 DTA 边界错误 = 03 读部分记录
22	随机写文件（PCB）	DS：DX = FCB 首地址	AL = 00 写成功 = 01 盘满或是只读文件 = 02 DTA 边界错误

续表

AH	功能	调用参数	返回参数
23	测定文件大小(PCB)	DS:DX = FCB 首地址	AL = 00 成功,记录数填入 FCB = FF 未找到匹配的文件
24	设置随机记录号	DS:DX = FCB 首地址	
25	设置中断向量	DS:DX = 中断向量 AL = 中断类型号	
26	建立程序段前缀 PSP	DX = 新 PSP 段地址	
27	随机分块读(PCB)	DS:DX = FCB 首地址 CX = 记录数	AL = 00 读成功 　 = 01 文件结束 　 = 02 DTA 边界错误 　 = 03 读部分记录 CX = 读取的记录数
28	随机分块写(PCB)	DS:DX = FCB 首地址 CX = 记录数	AL = 00 写成功 　 = 01 磁盘满或是只读文件 　 = 02 DTA 边界错误
29	分析文件名字符串(PCB)	ES:DI = FCB 首地址 DS:SI = 文件名串(允许通配符) AL = 控制分析标志	AL = 00 分析成功未遇通配符 　 = 01 分析成功存在通配符 　 = FF 非法盘符
2A	取系统日期		CX = 年(1980~2099) DH = 月(1~12) DL = 日(1~31) AL = 星期(0~6)
2B	置系统日期	CX = 年(1980~2099) DH = 月(1~12) DL = 日(1~31)	AL = 00 成功 　 = FF 无效
2C	取系统时间		CH:CL = 时:分 DH:DL = 秒:1/100 秒
2D	置系统时间	CH:CL = 时:分 DH:DL = 秒:1/100 秒	AL = 00 成功 　 = FF 无效
2E	设置磁盘校验开关	AL = 00 关闭校验开关 AL = 01 打开校验开关	
2F	取盘传送地址(DTA)		ES:BX = DTA 首地址
30	取 DOS 版本号		AL = 版本号 AH = 发行号
31	结束并驻留	AL = 返回码 DX = 驻留区大小	

续表

AH	功能	调用参数	返回参数
33	Ctrl – Break 检测	AL = 00 取标志状态 AL = 01 置标志状态 DL = 00 关闭检测 = 01 打开检测	DL = 00 关闭 CTRL – Break 检测 = 01 打开 CTRL – Break 检测
35	取中断向量	AL = 中断类型	ES:BX = 中断向量
36	取空闲磁盘空间	DL = 驱动器号 0 = 默认,1 = A,2 = B,…	成功:AX = 每簇扇区数 BX = 可用簇数 CX = 每扇区字节数 DX = 磁盘总簇数
38	置/取国别信息	AL = 00 取当前国别信息 = FF 国别代码放在 BX 中 DS:DX = 信息区首地址 DX = FFFF 设置国别代码	BX = 国别代码(国际电话前缘码) DS:DX = 返回信息区码首址 AX = 错误代码
39	建立子目录	DS:DX = ASCⅡZ 串地址	AX = 错误码
3A	删除子目录	DS:DX = ASCⅡZ 串地址	AX = 错误码
3B	设置目录	DS:DX = ASCⅡZ 串地址	AX = 错误码
3C	建立文件	DS:DX = ASCⅡZ 串地址 CX = 文件属性	成功:AX = 文件代号 错误:AX = 错误码
3D	打开文件	DS:DX = ASCⅡZ 串地址 AL = 访问和文件共享方式 = 0 读, = 1 写, = 2 读/写	成功:AX = 文件代号 错误:AX = 错误码
3E	关闭文件	BX = 文件代号	失败:AX = 错误码
3F	读文件或设备	DS:DX = 数据缓冲区地址 BX = 文件代号 CX = 读取的字节数	成功:AX = 实际读入的字节数 AX = 0 已到文件尾 失败:AX = 错误码
40	写文件或设备	DS:DX = 数据缓冲区地址 BX = 文件代号 CX = 写入的字节数	成功: AX = 实际读入的字节数 失败:AX = 错误码
41	删除文件	DS:DX = ASCⅡZ 串地址	成功:AX = 00 失败:AX = 错误码
42	移动文件指针	BX = 文件代号 CX:DX = 位移量 AL = 移动方式	成功:DX:AX = 新指针位置 失败:AX = 错误码

续表

AH	功能	调用参数	返回参数
43	置/取文件属性	DS:DX = ASCIZ 串地址 AL = 00 取文件属性 AL = 01 置文件属性 CX = 文件属性	成功:CX = 文件属性 失败:AX = 错误码
44	设备 I/O 控制	BX = 文件代号 AL = 设备子功能代码 　= 0 取设备信息 　= 1 置设备信息 　= 3 写字符设备 　= 4 读块设备 　= 5 写块设备 　= 6 取输入状态 　= 7 取输出状态 …… BL = 驱动器代码 CX = 读/写的字节数	成功:DX = 设备信息 　　　AX = 传送的字节数 失败:AX = 错误码
45	复制文件代号	BX = 文件代号 1	成功:AX = 文件代号 2 失败:AX = 错误码
46	强行复制文件代号	BX = 文件代号 1 CX = 文件代号 2	失败:AX = 错误码
47	取当前目录路径名	DL = 驱动器号 DS:SI = ASCⅡZ 串地址(从根目录开始路径名)	成功:DS:SI = ASXIZ 串地址 失败:AX = 出错码
48	分配内存空间	BX = 申请内存字节数	成功:AX = 分配内存首址 失败:AX = 错误码 　　　BX = 最大可用空间
49	释放已分配内存	ES = 内存起始段地址	失败:AX = 错误码
4A	修改内存分配	ES = 原内存起始地址 BX = 新申请内存字节数	失败:AX = 错误码 　　　BX = 最大可用空间
4B	装入/执行程序	DS:DX = ASCⅡZ 串地址 ES:BX = 参数区首地址 AL = 00 装入并执行程序 AL = 03 装入程序,但不执行	失败:AX = 错误码
4C	带返回码终止	AL = 返回码	

续表

AH	功能	调用参数	返回参数
4D	取返回代码		AL = 子出口代码 AH = 返回代码 00 = 正常终止 01 = 用 Ctrl – C 终止 02 = 严重设备错误终止 03 = 用功能调用 31H 终止
4E	查找第一个匹配文件	DS:DX = ASC Ⅱ Z 串地址 CX = 属性	失败:AX = 错误码
4F	查找下一个匹配文件	DTA 保留 4EH 的原始信息	失败:AX = 错误码
54	取校验开关状态		AL = 00 校验关闭 = 01 校验打开
56	文件改名	DS:DX = 旧 ASC Ⅱ Z 串地址 ES:DI = 新 ASC Ⅱ Z 串地址	失败:AX = 出错码
57	置/取文件日期和时间	BX = 文件代号 AL = 00 读取日期和时间 = 01 设置日期和时间 (DX:CX) = 日期:时间	失败:AX = 错误码
58	取/置内存分配策略码	AL = 00 取策略代码 AL = 01 置策略代码 BX = 策略代码	成功:AX = 策略代码 失败:AX = 错误码
59	取扩充错误码	BX = 00	AX = 扩充错误码 BH = 错误类型 BL = 建议的操作 CH = 出错设备代码
5A	建立临时文件	CX = 文件属性 DS:DX = ASC Ⅱ Z 串地址	成功:AX = 文件代号 失败:AX = 错误代码
5B	建立新文件	CX = 文件属性 DS:DX = ASC Ⅱ Z 串地址	成功:AX = 文件代码 失败:ΛX = 错误代码
5C	锁定文件存取	AL = 00 封锁 = 01 开锁 BX = 文件代号 CX:DX = 文件区域偏移 SI:DI = 文件区域长度	失败:AX = 错误代码
62	取程序段前缀地址		BX = PSP 地址

附录 B BIOS 系统功能调用

INT	AH	功能	调用参数	返回参数
10	0	设置显示方式	AL =00 40 * 25 黑白文本,16 级灰度 =01 40 * 25 16 色文本 =02 80 * 25 黑白文本,16 级灰度 =03 80 * 25 16 色文本 =04 320 * 200 4 色图形 =05 320 * 200 黑白图形,4 级灰度 =06 640 * 200 黑白图形 =07 80 * 25 黑白文本 =08 160 * 200 16 色图形(MCGA) =09 320 * 200 4 色图形(MCGA) =0A 320 * 200 4 色图形(MCGA) =0D 320 * 200 16 色图形 (EGA/VGA) =0E 640 * 200 16 色图形(EGA/VGA) =0F 640 * 350 单色图形(EGA/VGA) =10 640 * 350 16 色图形 =11 640 * 480 黑白图形(VGA) =12 640 * 480 16 色图形(VGA) =13 320 * 200 256 色图形(VGA)	
10	1	置光标类型	$CH_{0\sim3}$ =光标起始行 $CL_{0\sim3}$ =光标结束行	
10	2	置光标位置	BH = 页号 DH/DL =行/列	
10	3	读光标位置	BH = 页号	CH = 光标起始行 CL = 光标结束行 DH/DL =行/列
10	4	读光笔设置		AH =00 光笔未触发 =01 光笔触发 CH/BX = 像素行/列 DH/DL = 字符行/列

续表

INT	AH	功能	调用参数	返回参数
10	5	置当前显示页	AL = 页号	
10	6	当前显示页上滚	AL = 0 整个窗口为空白 AL = 上滚行数 BH = 卷入行属性 CH/CL = 左上角行/列号 DH/DL = 右下角行/列号	
10	7	当前显示页下滚	AL = 0 整个窗口为空白 AL = 下滚行数 BH = 卷入行属性 CH/CL = 左上角行/列号 DH/DL = 右下角行/列号	
10	8	读光标位置字符和属性	BH = 显示页	AH/AL = 字符/属性
10	9	在光标位置显示字符和属性	BH = 显示页 AL/BL = 字符/属性 CX = 字符重复字数	
10	A	在光标位置显示字符	BH = 显示页 AL = 字符 CX = 字符重复字数	
10	B	置彩色调色板	BH = 彩色调色板 ID BL = 和 ID 配套使用的颜色	
10	C	写像素	AL = 颜色值 BH = 页号 DX/CX = 像素行/列	
10	D	读像素	BH = 页号 DX/CX = 像素行/列	AL = 像素值
10	E	显示字符(光标前移)	AL = 字符 BH = 页号 BL = 前景色	
10	F	取当前显示方式		BH = 页号 AH = 字符列数 AL = 显示方式
10	13	显示字符串	ES:BP = 字符串地址 AL = 写方式(0~3) CX = 字符串长度 DH/DL = 起始行/列 BH/BL = 页号/属性	

续表

INT	AH	功能	调用参数	返回参数
11		取设备清单		AX = BIOS 设备清单字
12		取内存容量		AX = 字节数(KB)
13	0	磁盘复位	DL = 驱动器号(00,01 为软盘,80,81,…为硬盘)	失败:AH = 错误码
13	1	读磁盘驱动器状态		AH = 状态字节
13	2	读磁盘扇区	AL = 扇区数 $CL_{6,7}$,$CH_{0\sim7}$ = 磁道号 $CL_{0\sim5}$ = 扇区号 DH/DL = 磁头号/驱动器号 ES:BX = 数据缓冲地址	读成功:AH = 0 　　AL = 读取的扇区数 读失败:AH = 错误码
13	3	写磁盘扇区	同上	写成功:AH = 0 　　AL = 写入的扇区数 写失败:AH = 错误码
13	4	检验磁盘扇区	AL = 扇区数 $CL_{6,7}$,$CH_{0\sim7}$ = 磁道号 $CL_{0\sim5}$ = 扇区号 DH/DL = 磁头号/驱动器号	成功:AH = 0 　　AL = 检验的扇区数 失败:AH = 错误码
13	5	格式化盘磁道	AL = 扇区数 $CL_{6,7}$,$CH_{0\sim7}$ = 磁道号 $CL_{0\sim5}$ = 扇区号 DH/DL = 磁头号/驱动器号 ES:BX = 格式化参数表指针	成功:AH = 0 失败:AH = 错误码
13	8	取驱动器参数	DL = 驱动器号	DL = 联机硬盘数 DH = 最大磁头号 $CL_{6,7}$,$CH_{0\sim7}$ = 磁道号 $CL_{0\sim5}$ = 扇区号 $CL_{6,7}$,$CH_{0\sim7}$ = 磁道号 $CL_{0\sim5}$ = 扇区号
14	0	初始化串口	AL = 初始化参数 DX = 串口号	AH = 串口状态 AL = 调制解调器状态
14	1	向串口写字符	AL = 字符 DX = 串口号	写成功:AH_7 = 0 写失败:AH_7 = 1 　　$AH_{0\sim6}$ = 串口状态
14	2	从串口读字符	DX = 串口号	读成功:AH_7 = 0 　　AL = 字符 读失败:AH_7 = 1 　　$AH_{0\sim6}$ = 串口状态

续表

INT	AH	功能	调用参数	返回参数
14	3	取串口状态	DX = 串口号	AH = 串口状态 AL = 调制解调器状态
15	0	启动盒式磁带机		
15	1	停止盒式磁带机		
15	2	磁带分块读	ES:BX = 数据传输区地址 CX = 字节数	AH = 状态字节 = 00 读成功 = 01 冗余检验错 = 02 无数据传输 = 04 无引导 = 80 非法命令
15	3	磁带分块写	DS:BX = 数据传输区地址 CX = 字节数	同上
16	0	从键盘读字符		AL = 字符码 AH = 扫描码
16	1	取键盘缓冲区状态		ZF = 0 AL = 字符码 AH = 扫描码 ZF = 1 缓冲区空
16	2	取键盘标志字节		AL = 键盘标志字节
17	0	打印字符	AL = 字符 DX = 打印机号	AH = 打印机状态字节
17	1	初始化打印机	DX = 打印机号	AH = 打印机状态字节
17	2	取打印机状态	DX = 打印机号	AH = 打印机状态字节
1A	0	读当前时钟		CH:CL = 时:分 DH:DL = 秒:1/100 秒
1A	1	置当前时钟	CH:CL = 时:分 DH:DL = 秒:1/100 秒	
1A	2	读电池供电时钟		CH:CL = 时:分(BCD) DH = 秒(BCD)
1A	3	置电池供电时钟	CH:CL = 时:分(BCD) DH = 秒(BCD) DL = 1 调整夏令时时钟 = 0 忽略夏令时方式	
1A	6	置闹钟	CH:CL = 时:分(BCD) DH = 秒(BCD)	
1A	7	复位闹钟		闹钟被复位

参考文献

[1] 沈美明. IBM – PC 汇编语言程序设计. 第 2 版, 北京: 清华大学出版社, 2001

[2] 戴梅萼. 微机计算机技术及应用——从 16 位到 32 位. 北京: 清华大学出版社, 1996

[3] 尹建华. 微型计算机原理与接口技术. 北京: 高等教育出版社, 2008

[4] 傅麒麟. 微型计算机接口技术. 北京: 中央广播电视大学出版社, 1994

[5] 徐　晨. 微机原理及应用. 北京: 高等教育出版社, 2004

[6] 徐惠民. 微机原理与接口技术. 北京: 高等教育出版社, 2007

[7] 熊　江. 微机系统与接口技术. 武汉: 华中科技大学出版社, 2011

[8] 何　宏. 微型计算机原理与接口技术. 天津: 天津大学出版社, 2007

[9] 陆　鑫. 微机原理与接口技术. 北京: 机械工业出版社, 2007

[10] 李顺增. 微机原理及接口技术. 北京: 机械工业出版社, 2006

[11] 王玉良, 戴志涛, 杨紫珊. 微机原理与接口技术. 北京: 北京邮电大学出版社, 2002

[12] 陈光军, 傅越千. 微机原理与接口技术. 北京: 北京大学出版社, 2007

[13] 王克义. 微机原理与接口技术. 北京: 清华大学出版社, 2012

[14] 孙德文. 微型计算机技术. 第 3 版. 北京: 高等教育出版社, 2010

[15] 周明德. 微型计算机系统原理及应用. 第五版. 北京: 清华大学出版社, 2007

[16] 钱晓捷. 16/32 位微机原理、汇编语言及接口技术教程. 北京: 机械工业出版社, 2011

[17] 钱晓捷. 微机原理与接口技术——基于 IA – 32 处理器和 32 位汇编语言. 北京: 机械工业出版社, 2008

[18] 龚尚福. 微机原理与接口技术. 第 2 版. 西安: 西安电子科技大学出版社, 2008

[19] 邹逢兴. 微型计算机原理与接口技术. 北京: 清华大学出版社, 2007